全国测绘地理信息类职业教育“十四五”规划教材
职业教育“互联网+”“课程思政”教材
普通高等教育“十一五”国家级规划教材

GNSS 与北斗定位测量

(第4版)

主　编　周建郑
主　审　陈　琳

本书数字资源二维码

黄河水利出版社
·郑　州·

内容提要

本书为全国测绘地理信息类职业教育"十四五"规划教材,以"自主创新、开放融合、万众一心、追求卓越"的北斗精神和工学结合、任务驱动、课程导入为教学理念。全书共分10个项目,分别是了解GNSS测量定位系统、坐标系统和时间系统、认识与使用GNSS接收机、GNSS定位系统与信号、GNSS卫星定位方法、认识GNSS卫星定位误差、GNSS卫星控制网的布测、GNSS控制网的数据处理、GNSS实时动态定位、GNSS网络RTK技术和连续运行参考站等。

本书主要供本科测绘工程、高职高专工程测量技术、测绘地理信息技术、摄影测量与遥感技术、地籍测绘与土地管理、摄影测量与遥感技术(无人机测绘技术方向)、测绘工程技术等测绘类专业教学使用,可作为水利水电工程、建筑工程等相关专业的教材,还可作为测量工程、建筑工程、水利工程技术人员的自学教材或参考书。

图书在版编目(CIP)数据

GNSS与北斗定位测量/周建郑主编. —4版. —郑州:黄河水利出版社,2022.9(2024.2 修订重印)
ISBN 978-7-5509-3354-5

Ⅰ.①G… Ⅱ.①周… Ⅲ.①卫星导航-全球定位系统-教材 Ⅳ.①P228.4

中国版本图书馆CIP数据核字(2022)第146561号

策划编辑:陶金志　　电话:0371-66025273　　E-mail:838739632@qq.com

出 版 社:黄河水利出版社　　网址:www.yrcp.com
地址:河南省郑州市顺河路黄委会综合楼14层　　邮政编码:450003
发行单位:黄河水利出版社
发行部电话:0371-66026940、66020550、66028024、66022620(传真)
E-mail:hhslcbs@126.com
承印单位:河南承创印务有限公司
开本:787 mm×1 092 mm　1/16
印张:23.75
字数:564千字
版次:2022年9月第4版　　印次:2024年2月第2次印刷
2024年2月修订

定价:59.00元

规划教材审定委员会

第4版前言

全球导航卫星系统发生了巨大的变化,由美国全球卫星导航定位系统 GPS 一家独大发展到中国的北斗 BDS、俄罗斯的 GLONASS、欧盟的 Galileo 以及区域卫星导航系统和相关的增强系统,可用的卫星数目达到 140 颗以上。我国明确提出“积极推进空间基础设施建设,促进卫星及其应用产业发展”。

为了及时反映 GNSS 全球导航卫星系统技术发展的最新成果,本书全面贯彻党的二十大精神,重点体现“自主创新、开放融合、万众一心、追求卓越”的北斗精神,进一步提高强化专业理论知识与操作技能,拓宽学生的知识面,鼓励学生追求奋斗创新,培养学生精益求精的大国工匠精神,适应社会发展及测绘地理信息行业的发展,以期满足学生就业及个人发展需要,增强学生的个性发展和就业竞争能力,同时便于广大读者阅读和理解。

全书共分 10 个项目,分别是了解 GNSS 测量定位系统、坐标系统和时间系统、认识与使用 GNSS 接收机、GNSS 定位系统与信号、GNSS 卫星定位方法、认识 GNSS 卫星定位误差、GNSS 卫星控制网的布测、GNSS 控制网的数据处理、GNSS 实时动态定位、GNSS 网络 RTK 技术和连续运行参考站等。在每个项目后面的阅读与应用中,都编写了可读性非常高的小短文,启发学生对本门课程的兴趣,融科技知识与科普知识为一体。书中标注 * 的为选修内容。

本书由周建郑教授担任主编,由朱德河、聂进入、曾晨曦、吕艳梅、张慧担任副主编。其中项目一、项目七、项目九由黄河水利职业技术学院周建郑教授和菏泽市测绘研究院朱德河研究员共同编写;项目二由北京力佳图科技有限公司聂进入高级工程师编写;项目三由陕西工业职业技术学院王宁编写;项目四由湖南城建职业技术学院卜璞编写;项目五和附录由黄河水利委员会新闻宣传出版中心吕艳梅编写;项目六和项目十由新疆交通职业技术学院张慧教授编写;项目八由自然资源部人力资源开发中心处长曾晨曦高级工程师编写。全书由周建郑教授担任主编并统稿。黄河水利职业技术学院陈琳教授主审了本教材,提出了宝贵的修改意见,在此表示诚挚的感谢。在本书编写过程中,得到了黄河水利出版社、全国测绘地理信息职业教育教学指导委员会和编者所在单位的大力支持,在此一并致谢。

为了不断提高教材质量,编者全面贯彻落实党的二十大精神,以习近平新时代中国特色社会主义思想为指导,落实职业教育立德树人根本任务,根据近年来国家及行业最新颁布的规范、标准、规定等,以及在教学实践中发现的问题和错误,对全书进行了修订完善。

在本书的编写过程中参考了大量的国家标准、行业标准,以及其他文献与书籍,引用了国内部分同行所著的相关文章、著作与教材中的部分素材,在此向有关作者深表感谢!因无法联系到作者本人,如有不妥之处,请通过出版社与主编沟通处理,邮箱:838739632@ qq.com。

限于编者的水平、时间及经验,书中难免有欠妥之处,敬请专家和广大读者批评指正。电子教案可从爱课程、国家精品课程资源网等网站下载。

编　者

2023 年 12 月

目 录

项目一 了解GNSS测量定位系统

项目概述

GNSS是全球导航卫星系统(Global Navigation Satellite System)的缩写。它包括了全球系统、区域系统和星基增强系统,是所有在轨工作的卫星导航定位系统的总称。本项目主要介绍美国的GPS、俄罗斯的GLONASS、中国的北斗(BDS)、欧盟的Galileo(伽利略)系统,日本的QZSS准天顶卫星系统和印度的IRNSS区域导航卫星系统。

学习目标

◆知识目标

1. 了解GPS导航定位系统的特点;
2. 理解北斗卫星导航系统的建设目标;
3. 理解中国为什么要搞北斗卫星导航系统;
4. 掌握具体的北斗卫星导航系统的服务类型。

◆技能目标

1. 能明确指出北斗服务民生的技术优势;
2. 能根据卫星健康状态图选择最佳观测时段;
3. 能根据空间精度因子找出适合观测的PDOP值;
4. 能根据北斗可见卫星数图查出测区的可见卫星数。

➤ 课程导入

说起卫星定位导航系统,人们就会想到GPS,但是现在,伴随着众多卫星定位导航系统的兴起,全球卫星定位导航系统有了一个全新的称呼:GNSS。

目前,全球系统有四家,即美国的GPS、俄罗斯的GLONASS、中国的BDS(北斗)、欧盟的Galileo(伽利略)系统,可用的卫星数目达到100颗以上。它可提供实时的三维位置、三维速度和高精度的时间信息,给测绘地理信息领域带来一场深刻的技术革命,它标志着测量工程技术的重大突破和深刻变革,对测绘地理信息科学和技术的发展,具有划时代的意义。区域系统包括日本的QZSS准天顶卫星系统和印度的IRNSS区域导航卫星系统。除此之外,还有美国的WAAS广域增强系统、俄罗斯的SDCM卫星差分改正检测系统、欧洲的EGNOS地球静止卫星导航重叠系统、日本的MSAS多功能运输卫星增强系统、印度的GAGAN辅助GPS静地星基增强导航系统、中国的BDS星基增强系统。

GNSS的发展最初是以军事为目的的,但是成熟完善则要依赖于民用市场的高度发展。目前,除应用于军事领域外,已广泛地应用于国家经济生活的方方面面,包括航天飞行器的定位控制、通信网与电力网的授时、交通导航与监控、海事和海洋渔业的风险躲避、灾害监测、抢险救灾的指挥等,这些应用都极大地增加了GNSS系统的影响力,促进了GNSS产业的发展。

任务一　GPS 全球卫星定位系统

1957 年 10 月 4 日,苏联发射了全世界第一颗人造地球卫星“斯普特尼克一号”(见图 1-1),迈出了人类探索太空的第一步,开创了人类的空间世纪。美国对此密切关注,数学家比尔·盖伊和物理学家乔治·威芬巴赫在霍普金斯的应用物理实验室里发现这颗卫星的频率出现了偏移,经研究发现是相对运动引起的多普勒频移效应。两位科学家对此进行了实验研究,发现如果在地面上架设多部接收机,就可以根据接收到的信号的不同频差推算出这个卫星的具体位置,于是就把这个研究成果告诉了实验室主任弗兰克·麦克卢尔,说他们已经实现了对苏联卫星的多普勒定位跟踪。弗兰克·麦克卢尔当时正在研究如何让五角大楼知道军舰在茫茫大海中的具体位置,听到两位科学家的汇报后他眼前一亮,既然你们能够发现卫星在哪里,如果把问题反过来,卫星就能发现你们在哪里,就可以解决海军军舰定位的问题。

图 1-1　斯普特尼克一号

1964 年,海军卫星导航系统(Navy Navigation Satellite System,NNSS)组网适用并开始进入民用领域(见图 1-2)。因为卫星的轨道与赤道的夹角为 90°,卫星就沿着地球的子午线做南北向运动,因此该星座被称为“子午卫星”系统。由于该系统卫星数目较少(每个轨道只有一颗,总计只有 6 颗)、卫星运行高度较低(平均约 1 000 km),故每隔 1~2 h 才有一颗卫星飞过地面观测站,不能同时观察多颗卫星;一台接收机要观测一次完整的卫星通过数据,才能定位,定位时间长(平均 10~15 min);无法提供快速连续实时三维导航定位。另外,受地球重力场影响大,受大气阻力影响大、定位精度低(单机 15 min 定位精度 200 m;双机相对定位 1 d,精度 1 m),只能用于低动态、低精度定位,难以满足飞机、导弹等高动态导航定位要求。

1973 年 12 月,为了满足全球战略的需要,美国国防部组织陆海空三军十多个单位共同组成联合计划局。在联合计划办公室的领导下,吸取其空军提出的“621-B”计划和海军提出的“TIMATION”计划的优点,共同研制了 Navigation by Satellite Timing And Ranging/Global Positioning System(缩写成 NAVSTAR/GPS),即导航卫星测时和测距/全球定位系统,简称 GPS 定位系统,或直接简写为 GPS。

GPS 系统就按这种思路启动了,方案中需要解决的第一个问题就是:卫星该采用低、中、高哪种轨道?如果采用低轨道的话,发射成本比较低,精度比较高,但若覆盖全球的话则需

图 1-2　海军卫星导航系统

要 200 颗卫星。

如果采用高轨道，理论上 3 颗卫星就能覆盖全球，但除高轨道卫星的发射难度大外，更主要的是定位精度会很低，原因有两个：一是轨道太高会导致测量误差大；二是静止轨道与地面物体的相对速度很小，不利于使用多普勒频移的解算方法。

中轨道是比较折中的方案，覆盖全球只需要 24～36 颗卫星，由于轨道是运动的，即使地面的物体不动，但相对卫星的速度也很大，这就可以充分利用多普勒频移的解算方法。

基于以上综合考虑，美国选择了 24 颗卫星的中轨道星座，见图 1-3。1978 年发射了第一颗卫星，全系统在 1995 年投入运行，现有卫星 30 颗，分为军用和民用两种定位模式，其中民用方式向全球开放。

GPS 工作卫星的外形如图 1-4 所示，卫星发射进入轨道后，星体两侧各伸展出由 4 叶拼成的太阳能电池翼板，总面积为 7.2 m^2。两侧翼板能自动对太阳定向，给 3 组 15A 的镉镍蓄电池不断充电，保证了卫星在地影区也能正常工作。GPS 卫星采用的是螺旋形天线阵列和圆极化式发送射电信号，12 根螺旋形天线组成了天线阵列，其发射波束的张角大约为 30°，可以覆盖卫星的可见地面。除上述部分外，卫星还包括入轨动力、反作用控制、姿态和速度控制系统、遥测和指令系统以及导航信号发送系统等。卫星姿态是采用三轴稳定方式，由 4 个斜装惯性轮和喷气控制装置构成三轴稳定系统，致使螺旋天线阵列所辐射的波速对准卫星的可见地面。

图 1-3　GPS 卫星星座

图 1-4　GPS 工作卫星

GPS 定位是一种被动定位的方法，必须建立高稳定的频率标准，因此每颗卫星上都必须安装高精度的时钟。当有 1×10^{-9} s 的时间误差时,将引起 30 cm 的距离误差。实验表明,一般原子钟能够提供高稳定的频率。氢原子频率标准的稳定性最好,在 100 s 至 1 d 的时间内,氢原子频率标准的稳定优于 1×10^{-14},比石英晶体频率标准要高出两个数量级以上。在每一个 GPS 工作卫星中,一般都要设置两台铷原子钟和两台铯原子钟,部分 GPS 工作卫星采用了氢原子钟。虽然 GPS 卫星发送几种不同频率的信号,但都来自同一个基准频率 10.23 MHz。所以只须启用一台原子钟,其余的作为备用,以备更替出现故障的时钟。

2000 年 5 月 1 日,美国政府取消了限制民用精度的"SA"政策,仅在局部或个别卫星上实施 SA 技术。2010 年 1 月,美国空军宣布执行 24+3 星座布局方案,这种新的星座布局方案目的是增加可见卫星数量,从而提高定位精度以便能满足用户尤其是使用实时动态差分技术(RTK)用户的定位需求。其基本参数是:卫星颗数为 24+3(24 颗工作卫星,3 颗备用卫星),6 个卫星轨道面,卫星高度为 20 200 km,轨道倾角为 55°,卫星运行周期为 11 h 58 min(12 恒星时),载波频率为 1.575 GHz 和 1.227 GHz。卫星通过天顶时,卫星的可见时间为 5 h,在地球表面上任何地点任何时刻,在卫星高度角 15°以上,平均可同时观测到 7 颗卫星,最多可达 12 颗卫星。截至 2016 年 2 月 5 日,GPS IIF-12 卫星被成功送入轨道。GPS IIF-12 是升级的 12 颗 IIF 系列卫星中的最后一颗,也是第 50 颗 GPS 卫星。运营了 25 年的 GPS IIA-10 卫星脱离星座被升至更高的墓地轨道后关机。现在正在运行的组网工作 GPS 卫星有 32 颗,包括 1 颗 Block IIA 卫星、12 颗 Block IIR 卫星、7 颗 Block IIR-M 卫星和 12 颗 Block IIF 卫星。从 2017 年开始启用 GPS 卫星——GPS Block IIIA,此后,美国的 GPS 布网频率逐渐加快,而卫星的定位精度更高、抗干扰能力更强。

GPS 全球定位系统可满足各种不同用户的需要,可从根本上解决人类在地球的任何位置进行导航和定位的问题。在海上,可用于海上协同作战、海洋交通管理、石油勘探、海洋捕鱼、浮标建立、管道铺设、暗礁定位、海港领航等方面;在空中,可用于飞机导航、飞机会合、空中加油、武器投掷和空中交通管理等;在陆地上,可用于各种部队的定位、各种军事设施和其他设施的定位等;在空间技术方面,可用于导弹、飞船、飞机的导航和定位等;在人们的生活中,如汽车、旅游、摄影、探险、狩猎、捕鱼、农业生产等都可方便地使用。

综上所述,GPS 导航定位系统的特点如下:

(1)定位精度高。应用实践证明,GPS 相对定位精度在 50 km 以内可达 10^{-6},100~500 km 可达 10^{-7},1 000 km 以上可达 10^{-9}。在 300~1 500 m 的工程精密定位中,1 h 以上观测的解其平面位置误差小于 1 mm,与 ME-5000 电磁波测距仪测定的边长比较,其边长较差最大为 0.5 mm,较差中误差为 0.3 mm。

(2)观测时间短。随着 GPS 系统的不断完善,软件的不断更新,目前,20 km 以内的相对静态定位,仅需 15~20 min;快速静态相对定位测量时,当每个流动站与基准站相距在 15 km 以内时,流动站观测时间只需 1~2 min;动态相对定位测量时,流动站出发时观测 1~2 min,然后可随时定位,每站观测仅需几秒钟。

(3)测站间无需通视。GPS 测量不要求测站之间互相通视,只需测站上空开阔即可,因此可节省大量的造标费用。由于无需点间通视,点位位置根据需要,稀可密,使选点工作甚为灵活,也可省去经典大地网中的传算点、过渡点的测量工作。

(4)可提供三维坐标。经典大地测量将平面与高程采用不同方法分别施测。GPS 可同时精确测定测站点的三维坐标。目前,GPS 水准可满足四等水准测量的精度。

(5)操作简便。随着GPS接收机不断改进,自动化程度越来越高;接收机的体积越来越小,重量越来越轻,极大地减轻了测量工作者的工作紧张程度和劳动强度。使野外工作变得轻松愉快。

(6)全天候作业。GPS观测可在一天24 h内的任何时间进行,不受阴天黑夜、起雾刮风、下雨下雪等气候的影响。但雷雨天气不要进行GPS观测,要注意防雷电。

(7)功能多,应用广。GPS系统不仅可用于测量、导航,还可用于测速、测时,其应用领域不断扩大。测速的精度可达0.1m/s,测时的精度可达几十毫微秒。

任务二　GLONASS全球卫星定位系统

GLONASS全球卫星导航系统的起步比GPS晚9年,在广泛使用GPS的同时,苏联在全面总结CICADA第一代卫星导航系统优、缺点的基础上,吸取美国GPS系统的成功经验,从1982年10月12日开始,逐步建立了第二代卫星导航系统——GLONASS全球卫星导航系统(Global Orbiting Navigation Satellite System)。

图1-5为不同年代的GLONASS卫星的外形结构,星体直径约为2.25 m,展开的太阳能电池翼板的宽度为7.23 m,可产生1.6 kW的电力;磁强仪拉杆的长度为7.84 m,卫星在轨重量为1 400 kg。

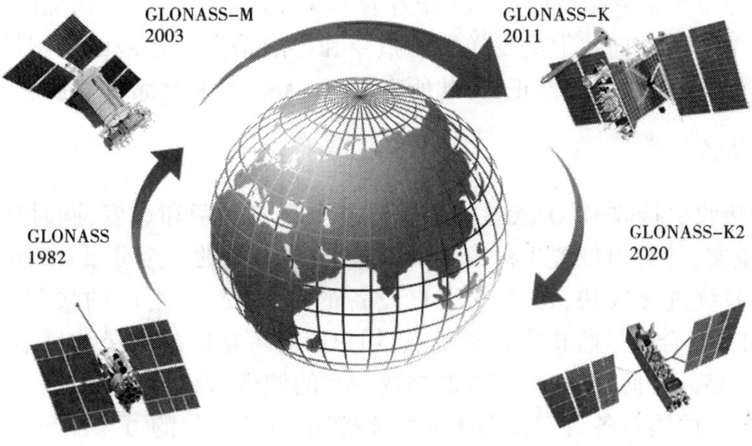

图1-5　不同年代的GLONASS卫星

一、GLONASS卫星星座

GLONASS卫星星座的轨道为3个等间隔椭圆轨道(见图1-6),3个轨道平面的相互夹角按升交点经度计算为120°,3个轨道平面的编号分别为No.1,No.2,No.3,按地球自西向东的旋转方向由No.1至No.3递增。No.1的卫星编号为1~8,No.2的卫星编号为9~16,No.3的卫星编号为17~24,在同一个轨道平面上的各颗卫星,其编号按卫星飞行的反方向递增。轨道倾角64.8°±0.3°,轨道的偏心率为±0.01,每个轨道上等间隔地分布8颗卫星。卫星离地面高度为19 100 km,运行周期为11 h 15 min 45 s。由于GLONASS卫星的轨道倾角大于GPS卫星的轨道倾角,所以在高纬度(50°以上)地区的可视性较好。地面上的用户每天可提前4.07 min见到同一颗GLONASS卫星,在中国境内可见到24颗GLONASS卫星中的卫星高度角5°以上的11颗卫星,这比能够见到的GPS卫星要多三四颗。每颗GLONASS卫星上装有铯原子钟,以产生高稳定的时标,并向所有星载设备提供同步信号。星载计算机将对从地面控制站接收到的信息进行处理,生成导航电文向地面的用户广播。每个GLONASS卫星传输的实时数据包含星历,描述了地球参数1990(PZ-90.11)地心坐标系中发射天线的相位中心角,其规定如下:

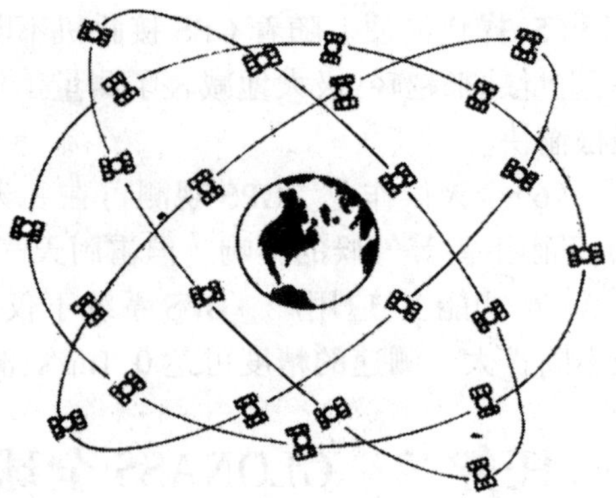

图1-6 GLONASS卫星星座

(1)参考系源于地球质心;

(2)*Z*轴指向由国际地球自转和参考系统服务(IERS)定义的常规参考极(常规国际起源);

(3)*X*轴指向由IERS和国际自然基金会(BIH)定义的赤道平面和零子午线的交点;

(4)*Y*轴完成右旋坐标系统。

二、地面控制系统

地面控制站(GCS)包括一个系统控制中心(在莫斯科区的Golitsyno-2),一个指令跟踪站(CTS),网络分布于俄罗斯境内。CTS跟踪着GLONASS可视卫星,遥测所有卫星,进行测距数据的采集和处理,并向各卫星发送控制指令和导航信息。在地面控制站(GCS)内有激光测距设备对测距数据作周期修正,为此所有GLONASS卫星上都装有激光反射镜。

三、用户设备

GLONASS接收机接收GLONASS卫星信号并测量其伪距和速度,同时从卫星信号中选出并处理导航电文,并算出位置坐标的3个分量、速度矢量的3个分量和时间。

GLONASS系统进展较快,但生产用户设备的厂家较少,生产的接收机多为专用型。GPS和GLONASS联合型接收机有很多优点:用户同时可接收的卫星数目增加约一倍,可以明显改善观测卫星的几何分布,在一些遮挡物较多的城市、森林等地区,可提高定位精度,还可有效地削弱美俄两国对各自定位系统的可能控制,提高定位的可靠性和安全性。

四、俄罗斯对GLONASS系统的使用政策

GLONASS系统可供国防和民间使用,不带任何限制,也不计划对用户收费,该系统运行时间至少15年。民用的标准精度通道(CSA)精度数据为:水平精度50~70 m,垂直精度75 m,并声明不引入选择可用性(SA)。测速精度15 cm/s。授时精度为1 μs。

2003年10月12日,第一颗GLONASS-M卫星入轨运行,并于2004年12月9日开始向广大用户发送导航定位信号,这标志着GLONASS现代化迈出了坚实的第一步。为维持系统在轨卫星的数目,2012—2020年,GLONASS系统将发射13颗GLONASS-M卫星及22颗新一代的GLONASS-K卫星,以替代过期服役的卫星。2012年6月20日,GLONASS在轨卫星达到31颗,其中24颗GLONASS卫星正常工作,4颗卫星在轨备份,2颗卫星在轨维护,1颗卫星在轨测试。2014年12月1日俄罗斯第五颗GLONASS-K导航卫星已经成功进入预

定轨道,这是俄罗斯2014年发射的第三颗GLONASS导航系统卫星。GLONASS-K是俄罗斯继GLONASS和GLONASS-M之后的第三代导航系统卫星,于2011年开始发射,于2020年完成组网。与此前的GLONASS-M卫星相比,GLONASS-K的预期使用寿命由7年提升至10年,重量由1 415 kg减少至935 kg。GLONASS-K卫星将逐步替代俄罗斯全球卫星导航系统中运行的GLONASS-M卫星,以提高导航精确度。

对于GLONASS导航系统而言,2020年标志着第一个10年发展阶段的结束。虽然GLONASS系统重建计划始于2006年,但轨道搭建、卫星同步等工程启动于2011年。经过十年的技术创新,GLONASS现已成为完备的全球导航系统,为上亿位用户提供精准、智能的现代化导航与定位服务。

GLONASS系统的迅速发展得益于其人工无线电导航场(the artificial radio-navigation)的日益完善。利用成熟的无线电导航场,可完成交通事故处理、紧急救援、海运交通监控、移动蜂窝通信及网络同步、能源管理与国家电网监控、农业设备检测、陆路运输管理等复杂工作。

GLONASS系统以2003年研发的第二代航天器GLONASS-MSC为基础,由21颗工作卫星和3颗备份卫星组成。24颗导航卫星均匀地分布在3个近圆形的轨道平面上,每个轨道有8颗卫星,轨道平面间相隔120°。同平面卫星之间相隔45°,轨道高度2.36万km,运行周期11 h 15 min,轨道倾角为64.8°。

GLONASS现代化计划的主要内容为:增加资金投入,对系统全面更新;寻求国际合作,开拓资金来源;实行军民两用,开发与GPS兼容的技术,拓展应用领域;启动生命安全,实施搜救服务,完善导航服务市场等,并积极地开展与美、欧、中、印等国家和地区的双边或多边合作。

2020年后,GLONASS的导航精度将达到1 m,与GPS的水平相同。2020年3月30日,第二代GLONASS卫星GLONASS-MSC(cosmo-2545)成功发射,平均测距误差缩小至0.38 m,最大误差缩小至0.63 m。此外,GLONASS-MSC卫星投入使用意味着全球第一个双频导航服务的诞生,不仅提升了定位的抗干扰性能,还能减少地球电离层所致的定位误差。2020年10月25日,第三代GLONASS卫星GLONASS SC-GLONASS-K在普列谢茨克卫星发射基地顺利升空。该卫星加入队列之后,GLONASS信号覆盖范围大幅提升,GLONASS的L3频段信号稳定性更强,还能消除由于部分干扰信号造成的定位偏移。2022年9月GLONASS-K2 SC卫星将首次入轨。据了解,GLONASS-K2是一种独特的SC近地卫星,它可为用户提供5个频段的导航信号,定位精度小于0.3 m,预期寿命不少于10年。在GLONASS-K2 SC卫星顺利发射之后,俄罗斯即将启动第四代SLONASS卫星的研发计划。

预计在2022~2025年,GLONASS将继续完善系统ICD(接口控制文档)、电离层模型参数,还将进一步优化单频和双频接口,减少由于对流层造成的定位延迟。

任务三 北斗导航卫星定位系统

北斗卫星导航系统(BeiDou Navigation Satellite System,英文缩写BDS)是中国正在实施的自主发展、独立运行的全球卫星导航系统。系统建设目标是:建成独立自主、开放兼容、技术先进、稳定可靠的覆盖全球的北斗卫星导航系统,促进卫星导航产业链形成,形成完善的国家卫星导航应用产业支撑、推广和保障体系,推动卫星导航在国民经济社会各行业的广泛应用。

在具体介绍北斗导航卫星定位系统前,先理解为什么要搞北斗卫星导航系统?用GPS不行吗?其实GPS对人们生活品质的提升相当大,如飞机、汽车和手机导航,使人们告别了在纸制地图上找路的历史。GPS对于探险航海就更重要了,关键时刻可以救命。这么好的东西,美国又投入了巨资,居然向全世界免费,其实即使GPS不免费那也收不上来钱,为啥这样说呢?因为GPS是单向通信体制,这跟广播电视塔类似,广播电视塔只管发射信号,到底有1个收音机收听还是1万个收音机收听,广播电视塔是不知道的,GPS卫星只管不停地向地面发信号,具体是谁在接收并使用这些信号,它是根本不知情的,既然不知情,那还怎样收钱?通过售卖高价解码芯片来收钱行不行?答案是不行,因为GPS采用的是只发不收的单向通信机制,这对加密传输来说是先天的障碍,即使搞了加密,没几天就会被破解了,尤其是民码还要求简单易用,接收设备要求成本低廉,这对加密来说就更加困难。

中国从20个世纪70年代就提出了多个导航卫星计划,并提出过单星、双星、三星、三到五颗星的区域性系统方案,以及多星的全球系统设想。研究、论证、再研究、再论证……从来就没有停止过。80年代初期提出的双星定位方案,是当时公认的最优方案,一定会有人问,在空间中3个坐标需3颗卫星才能定位,两颗卫星不够用啊?这是个好问题,双星定位方案中有个高度仪,用户需要自测高程,并将结果作为第三个坐标,这就好比是在地球中心装了一个虚拟的卫星,这就实现了三星定位。那为什么不干脆发射三颗卫星呢?原因很简单,高度仪很便宜,这个方案更省钱。

只有两颗卫星,当然不能像GPS那样搞中轨道,只能搞静止的高轨道,这样才能妥妥地停在中国大陆的上空。双星导航定位系统定位的基本原理是空间球面交会测量原理。地面中心站通过两颗卫星向用户询问,用户应答后测量并计算出用户到两颗卫星的距离,然后根据地面中心站的数字地图,由地面中心站算出用户到地心的距离,再根据两颗卫星和地面中心站的已知地心坐标计算出用户的三维位置,由卫星发给用户。

我国自行研制的第一颗北斗导航试验卫星,于2000年11月1日凌晨0时02分在西昌卫星发射中心发射升空,并准确进入预定轨道。2000年12月22日凌晨0时20分第二颗北斗导航试验卫星在西昌卫星发射中心发射成功,这两颗试验卫星构成了我国北斗双星导航定位系统。2003年5月25日又发射了导航定位系统的备份卫星,它与前两颗卫星组成了完整的卫星导航定位系统,确保全天候、全天时提供卫星导航信息。北斗双星导航定位系统的服务区域为东经70°~145°、北纬5°~55°范围。定位精度:平面±20m,高程±10m。北斗导航定位系统具有快速定位、短报文通信、精密授时三大功能。基本形成了覆盖全中国的区域导航和定位系统,这一系统被称为北斗一号,如图1-7所示。北斗一号卫星服务范围见图1-8。

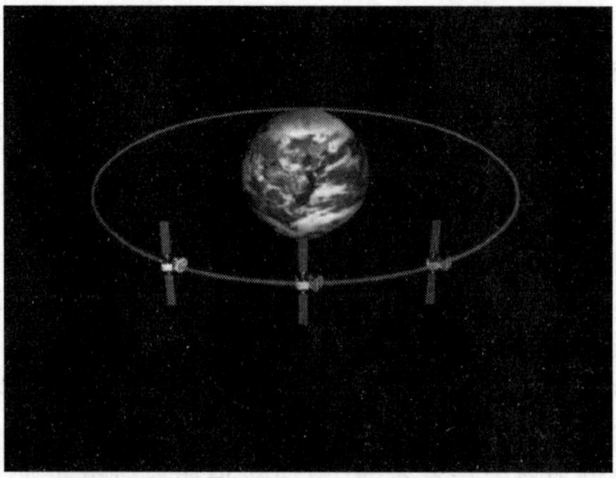

图1-7　北斗一号星座

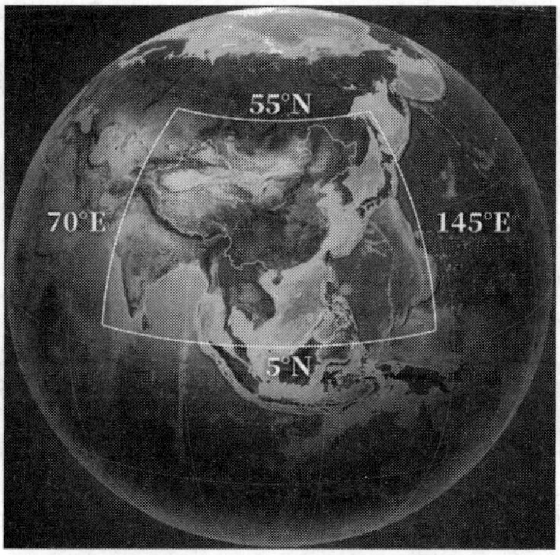

图 1-8 北斗一号卫星服务范围

甭看平时的通信非常方便,电话、短信、互联网等手段很多,但其实都是高度依赖光纤和基站的,当这些基础设施遭到大面积损坏时,就会发现 QQ、微信、微博、短信等所有平时很方便的通信手段全都不能用了,除了靠吼简直就没有一点办法。北斗的首次成功应用是 2008 年 5 月 12 日的汶川地震,当时北斗还是一代系统,但北斗一代在地震时却发挥出了不受地面影响的优势,它的定位和短信能力充分发挥了作用,成为救援指挥部队和前线救援人员最得力的通信助手,最大限度地保证了“72 小时黄金抢救时间”的有效利用,彰显了北斗服务民生的技术优势。

到 2007 年底,中国成功发射了第一颗“中轨道”导航系统,标志着北斗系统在技术和规划上的重大突破。有关覆盖全球的北斗二号系统计划已经浮出水面。从有源双星定位的北斗一号试验系统,步入无源定位的北斗二号先区域、后全球的新的发展阶段。2012 年 10 月 25 日 23 时 33 分,中国在西昌卫星发射中心用“长征三号丙”运载火箭,成功将第 16 颗北斗导航卫星发射升空并送入预定转移轨道。覆盖区域由东经 84°至 160°扩展到东经 55°至 180°,定位精度由平面 25 m、高程 30 m 提高到平面 10 m、高程 10 m,测速精度由 0.4 m/s 提高到 0.2 m/s。信号覆盖西至波斯湾霍尔木兹海峡,东至美国中途岛西部,北至俄罗斯腾达,南至澳大利亚、新西兰南部海域,这意味着中国的北斗卫星导航系统已经具备覆盖亚太大部分地区的服务能力。

2012 年 12 月 27 日,北斗卫星导航定位系统正式开始运行,这是 2011 年 12 月 27 日宣布试运行后,北斗卫星导航系统发展的又一个里程碑。建成后的北斗二代导航卫星星座见图 1-9,北斗二号卫星服务范围见图 1-10。

从 2015 年 3 月 30 日起,北斗导航卫星迎来密集发射期,2020 年 5 月发射最后一颗地球静止卫星,北斗三号全球星座部署全面完成。2020 年 7 月 31 日上午,北斗三号全球卫星导航系统建成暨开通仪式在北京举行仪式,北斗三号全球卫星导航系统正式开通。我国终于建成了一个包括 27 颗中高度圆轨道卫星(MEO)、3 颗倾斜地球静止轨道卫星(ISGO)和 5 颗地球静止轨道卫星(GEO)的庞大卫星导航星座,形成了覆盖全球的定位、导航及通信服务能力,如图 1-11 所示。这也意味着,在未来的太空中,它将有能力与美国的 GPS 和俄罗斯的 GLONASS 卫星导航定位系统一争高下。图 1-12 为北斗三号导航卫星,表 1-1 为北斗系统基本信息。

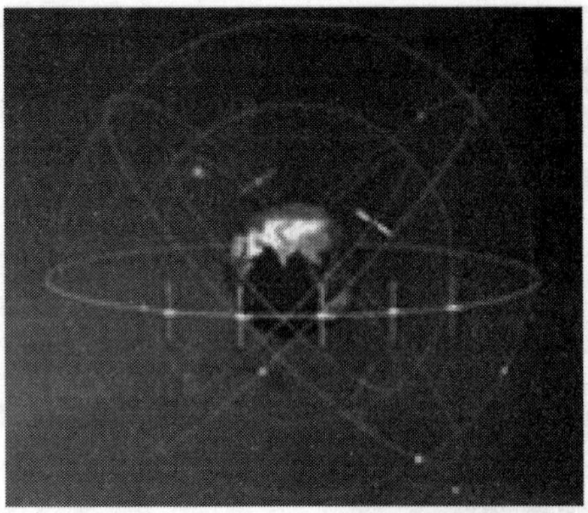

图 1-9　北斗二代导航卫星星座

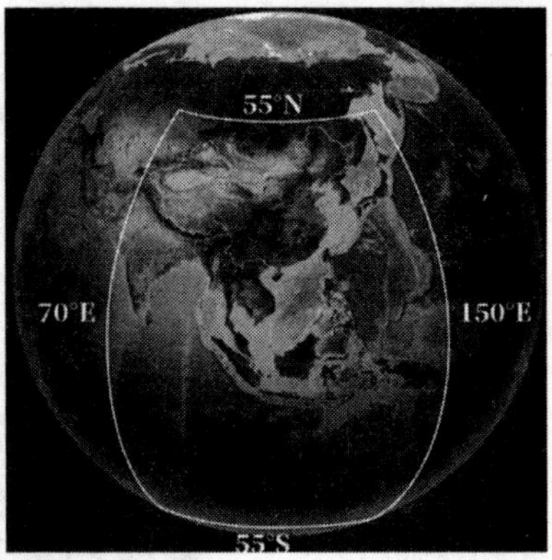

图 1-10　北斗二号卫星服务范围

北斗三号系统建成后,经全球范围测试评估,北斗系统服务性能为:

系统服务区:全球;

定位精度:水平 10 m、高程 10 m(95%置信度);

测速精度:0.2 m/s(95%置信度);

授时精度:20 ns(95%置信度);

系统服务可用性:优于 95%。

其中,亚太地区,定位精度水平 5 m、高程 5 m(95%置信度)。包括"一带一路"国家和地区在内的世界各地,均可享受到北斗系统服务。

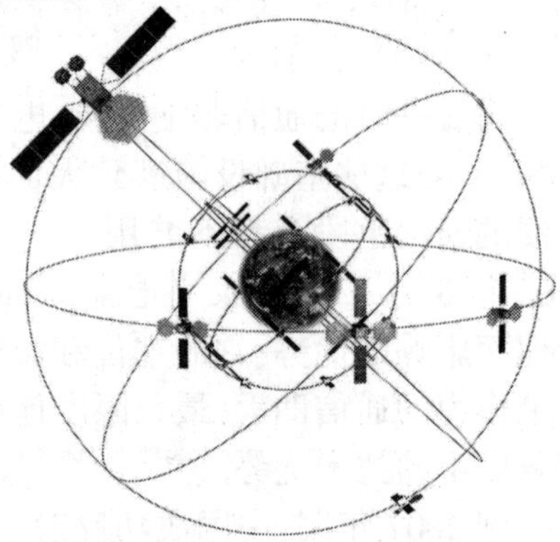

图 1-11　北斗三号星座

如图 1-13 所示,北斗三号导航卫星提供 B1I、B1C、B2a、B2b 和 B3I 五个公开服务信号。其中,B1I 频段的中心频率为 1 561.098 MHz,B1C 频段的中心频率为 1 575.420 MHz,B2a 频段的中心频率为 1 176.450 MHz,B2b 频段的中心频率为 1 207.140 MHz,B3I 频段的中心频率为 1 268.520 MHz。

(a)北斗GEO卫星　(b)北斗MEO卫星　(c)北斗IGSO卫星

图 1-12　北斗三号导航卫星

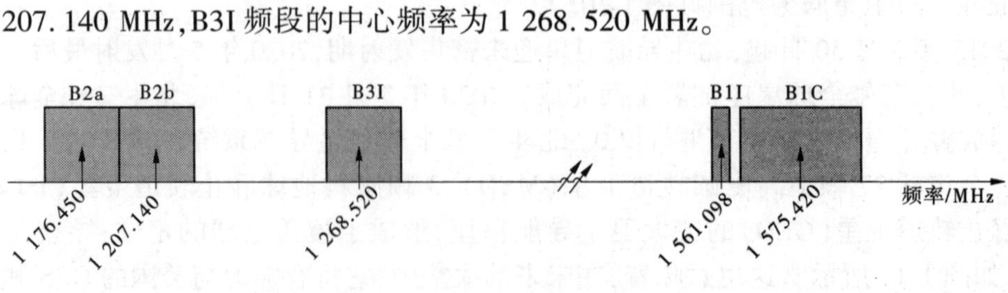

图 1-13　基本导航服务信号

表1-1　北斗系统基本信息

PRN	卫星编号	卫星类型	星钟	制造商	发射日期(年-月-日)	运行状态	运转情况	服务信号
01	GEO-8	BDS-2	铷钟	CASC	2019-05-17	正常	健康	B1I/B2I/B3I
02	GEO-6	BDS-2	铷钟	CASC	2012-10-25	正常	健康	B1I/B2I/B3I
03	GEO-7	BDS-2	铷钟	CASC	2016-06-12	正常	健康	B1I/B2I/B3I
04	GEO-4	BDS-2	铷钟	CASC	2010-11-01	正常	健康	B1I/B2I/B3I
05	GEO-5	BDS-2	铷钟	CASC	2012-02-25	正常	健康	B1I/B2I/B3I
06	IGSO-1	BDS-2	铷钟	CASC	2010-08-01	正常	健康	B1I/B2I/B3I
07	IGSO-2	BDS-2	铷钟	CASC	2010-12-18	正常	健康	B1I/B2I/B3I
08	IGSO-3	BDS-2	铷钟	CASC	2011-04-10	正常	健康	B1I/B2I/B3I
09	IGSO-4	BDS-2	铷钟	CASC	2011-07-27	正常	健康	B1I/B2I/B3I
10	IGSO-5	BDS-2	铷钟	CASC	2011-12-02	正常	健康	B1I/B2I/B3I
11	MEO-3	BDS-2	铷钟	CASC	2012-04-30	正常	健康	B1I/B2I/B3I
12	MEO-4	BDS-2	铷钟	CASC	2012-04-30	正常	健康	B1I/B2I/B3I
13	IGSO-6	BDS-2	铷钟	CASC	2016-03-30	正常	健康	B1I/B2I/B3I
14	MEO-6	BDS-2	铷钟	CASC	2012-09-19	正常	健康	B1I/B2I/B3I
16	IGSO-7	BDS-2	铷钟	CASC	2018-07-10	正常	健康	B1I/B2I/B3I
19	MEO-1	BDS-3	铷钟	CASC	2017-11-05	正常	健康	B1I/B3I/B1C/B2a/B2b
20	MEO-2	BDS-3	铷钟	CASC	2017-11-05	正常	健康	B1I/B3I/B1C/B2a/B2b
21	MEO-3	BDS-3	铷钟	CASC	2018-02-12	正常	健康	B1I/B3I/B1C/B2a/B2b
22	MEO-4	BDS-3	铷钟	CASC	2018-02-12	正常	健康	B1I/B3I/B1C/B2a/B2b
23	MEO-5	BDS-3	铷钟	CASC	2018-07-29	正常	健康	B1I/B3I/B1C/B2a/B2b
24	MEO-6	BDS-3	铷钟	CASC	2018-07-29	正常	健康	B1I/B3I/B1C/B2a/B2b
25	MEO-11	BDS-3	氢钟	SECM	2018-08-25	正常	健康	B1I/B3I/B1C/B2a/B2b
26	MEO-12	BDS-3	氢钟	SECM	2018-08-25	正常	健康	B1I/B3I/B1C/B2a/B2b
27	MEO-7	BDS-3	氢钟	SECM	2018-01-12	正常	健康	B1I/B3I/B1C/B2a/B2b
28	MEO-8	BDS-3	氢钟	SECM	2018-01-12	正常	健康	B1I/B3I/B1C/B2a/B2b
29	MEO-9	BDS-3	氢钟	SECM	2018-03-30	正常	健康	B1I/B3I/B1C/B2a/B2b
30	MEO-10	BDS-3	氢钟	SECM	2018-03-30	正常	健康	B1I/B3I/B1C/B2a/B2b
31	IGSO-1S	BDS-3S	氢钟	SECM	2015-03-30	在轨试验	—	—
32	MEO-13	BDS-3	铷钟	CASC	2018-09-19	正常	健康	B1I/B3I/B1C/B2a/B2b
33	MEO-14	BDS-3	铷钟	CASC	2018-09-19	正常	健康	B1I/B3I/B1C/B2a/B2b
34	MEO-15	BDS-3	氢钟	SECM	2018-10-15	正常	健康	B1I/B3I/B1C/B2a/B2b
35	MEO-16	BDS-3	氢钟	SECM	2018-10-15	正常	健康	B1I/B3I/B1C/B2a/B2b
36	MEO-17	BDS-3	铷钟	CASC	2018-11-19	正常	健康	B1I/B3I/B1C/B2a/B2b
37	MEO-18	BDS-3	铷钟	CASC	2018-11-19	正常	健康	B1I/B3I/B1C/B2a/B2b
38	IGSO-1	BDS-3	氢钟	CASC	2019-04-20	正常	健康	B1I/B3I/B1C/B2a/B2b
39	IGSO-2	BDS-3	氢钟	CASC	2019-06-25	正常	健康	B1I/B3I/B1C/B2a/B2b

续表 1-1

PRN	卫星编号	卫星类型	星钟	制造商	发射日期(年-月-日)	运行状态	运转情况	服务信号
40	IGSO-3	BDS-3	氢钟	CASC	2019-11-05	正常	健康	B1I/B3I/B1C/B2a/B2b
41	MEO-19	BDS-3	氢钟	CASC	2019-12-16	正常	健康	B1I/B3I/B1C/B2a/B2b
42	MEO-20	BDS-3	氢钟	CASC	2019-12-16	正常	健康	B1I/B3I/B1C/B2a/B2b
43	MEO-21	BDS-3	氢钟	SECM	2019-11-23	正常	健康	B1I/B3I/B1C/B2a/B2b
44	MEO-22	BDS-3	氢钟	SECM	2019-11-23	正常	健康	B1I/B3I/B1C/B2a/B2b
45	MEO-23	BDS-3	铷钟	CASC	2019-09-23	正常	健康	B1I/B3I/B1C/B2a/B2b
46	MEO-24	BDS-3	铷钟	CASC	2019-09-23	正常	健康	B1I/B3I/B1C/B2a/B2b
56	IGSO-2S	BDS-3S	氢钟	CASC	2015-09-30	在轨试验	—	—
57	MEO-1S	BDS-3S	铷钟	CASC	2015-07-25	在轨试验	—	—
58	MEO-2S	BDS-3S	铷钟	CASC	2015-07-25	在轨试验	—	—
59	GEO-1	BDS-3	氢钟	CASC	2018-11-01	正常	健康	B1I/B3I
60	GEO-2	BDS-3	氢钟	CASC	2020-03-09	正常	健康	B1I/B3I
61	GEO-3	BDS-3	氢钟	CASC	2020-06-23	在轨测试	—	B1I/B3I

注:MEO-1S,MEO-2S,MEO-3S,IGSO-1S,IGSO-2S 是北斗三号试验卫星,信号体制与北斗三号不完全相同。
本表数据来源于中国卫星导航系统管理办公室测试评估研究中心。

GPS 和北斗的中轨道运动卫星都是 30 颗,它们自在太空上织就了一张网,GPS 网眼最密处在美国上空,北斗二代网眼最密处在中国上空,为本土提供服务是第一要务,这个道理当然很好理解。加拿大和墨西哥当然会选择 GPS,而对于亚太国家来说,北斗却比 GPS 更有优势。如图 1-14 所示,可看出 2022 年 6 月 9 日覆盖在我国上空的北斗卫星颗数要远远多于其他国家和地区。

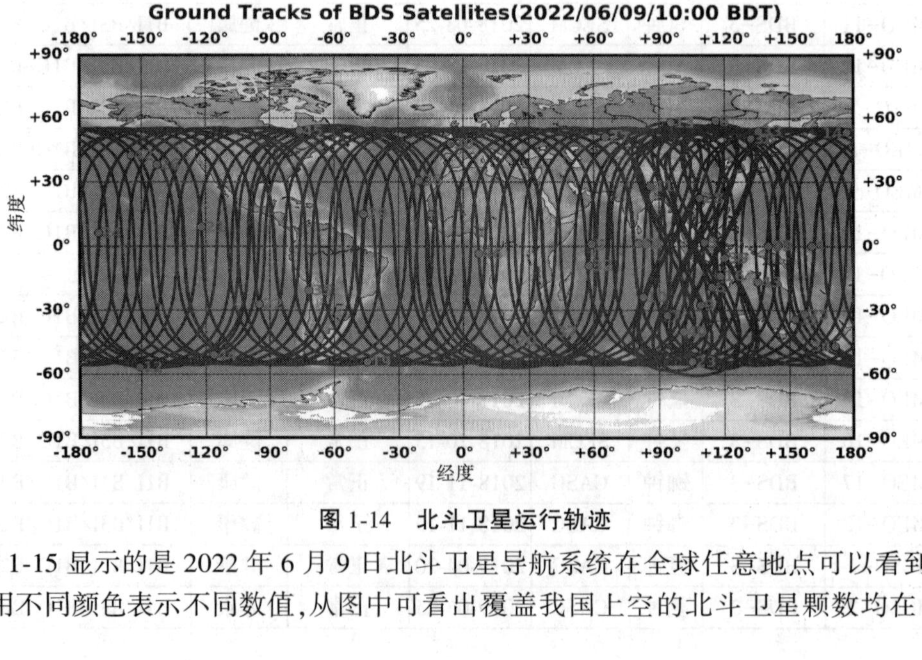

图 1-14　北斗卫星运行轨迹

图 1-15 显示的是 2022 年 6 月 9 日北斗卫星导航系统在全球任意地点可以看到的卫星数目,用不同颜色表示不同数值,从图中可看出覆盖我国上空的北斗卫星颗数均在 14 颗以

上。

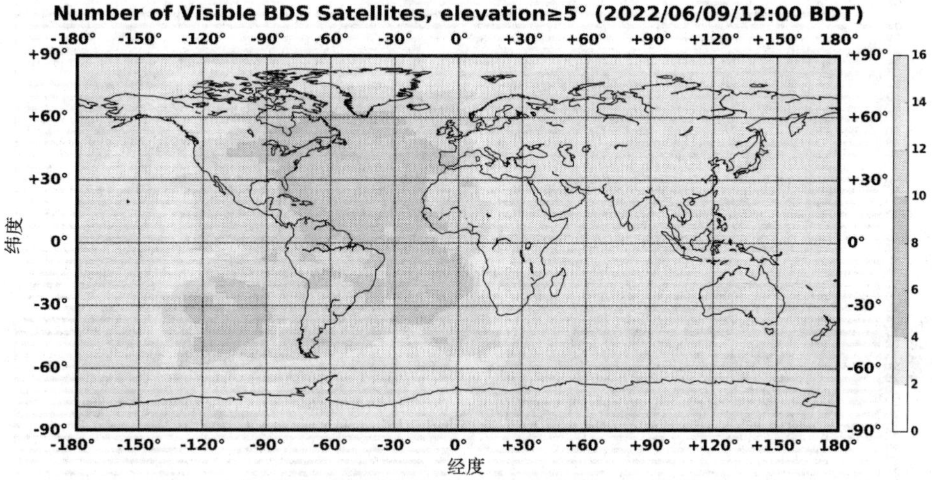

图 1-15　北斗可见卫星数

位置几何精度因子(PDOP)是表征卫星与用户相对位置关系几何强度的参数,用户的定位精度可以简单表示为 PDOP×UERE,在用户测距误差一定的情况下,PDOP 越大定位精度越差,PDOP 越小定位精度越高。从图 1-16 可得出 2022 年 6 月 9 日我国上空的 PDOP 值均在 2 以内,有的地方甚至小于 1,测量精度大大提高。

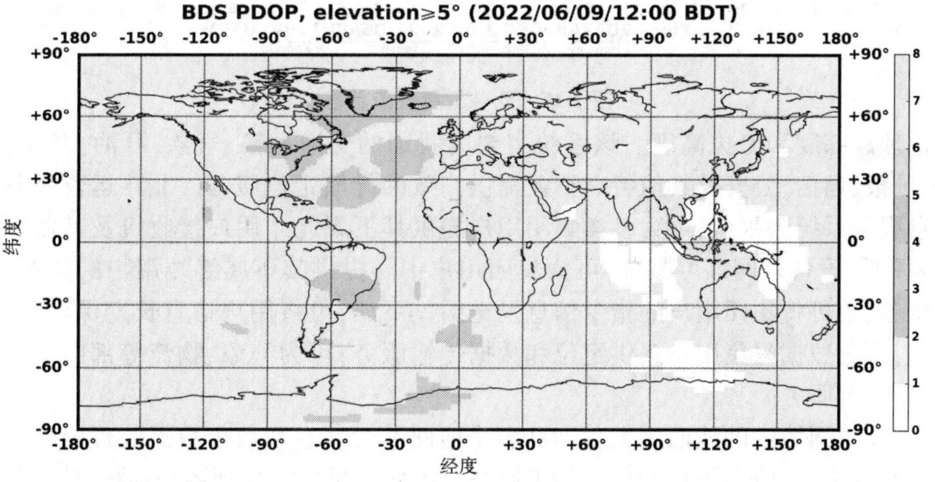

图 1-16　北斗空间精度因子

从北斗卫星健康状态来分析,在图 1-17 中,可看出凡绿色区域都是健康卫星,可用卫星多达 44 个,除 1 号卫星 12 时—15 时、35 号卫星 10 时—12 时、43 号卫星 22 时—23 时、15 号、17 号、18 号、47~58 号、61 号卫星不能使用外,其他的卫星均能正常工作。

2020 年 5 月 27 日 11 时整,中国珠峰高程测量登山队携带华测导航研制的北斗高精度定位设备登上珠峰峰顶,这是我国首次全程采用国产北斗高精度定位设备进行珠峰高程测量。测得珠峰的最新高度为 8 848. 86 m。

我国的北斗导航系统综合了天文导航定位和地面无线电导航定位的优点,相当于一个设置在太空的无线电导航台,可以在任何时间、在定位服务区域内的任何地点为用户确定其

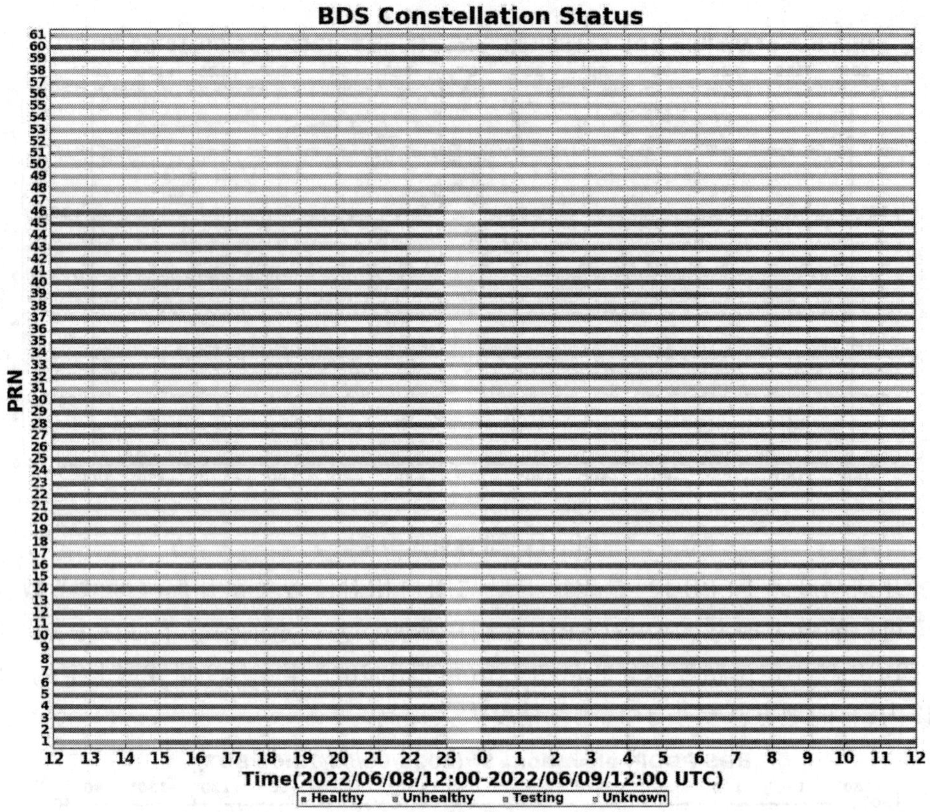

图 1-17　北斗卫星健康状态

所在的地理经纬度和海拔高度。该系统主要为我国的交通运输、气象、石油、海洋、森林防火、灾害预报、通信、公安及其他特殊行业提供高效的导航定位服务。北斗运营服务中心以北斗信息服务系统为平台,可为各类集团用户提供其下属北斗用户接收机及其监控与管理中心(指挥所)设备入网许可服务;可为集团用户中心提供其下属终端用户的位置、短报文等信息服务,也可将集团用户的指令信息发送给其下属;可将用户信息长期保存,以便用户随时查询;可为数据采集用户提供定位和数据传输服务;可为气象、物流等部门提供信息咨询、受托研究等服务。

同时,在中国境内的地面之上,2 700 多个地面参考站点和数个数据处理中心也在中国大地上铺展开来,组成一张地面数据加工网络。即便卫星信号受到各种地形、建筑物遮挡和反射,也能提供额外的地面信息补充,人称地基增强系统。

北斗应用具有五大优势:①同时具备定位与通信功能,无需其他通信系统支持;②融合北斗导航定位系统和卫星导航增强系统两大资源,提供更丰富的增值服务;③覆盖中国及周边国家和地区,24 h 全天候服务,无通信盲区;④定位解算都集中在地面控制中心站,特别适用于大范围移动目标的监控与管理;⑤自主系统,高强度加密设计,安全、可靠、稳定,适合关键部门应用。北斗卫星导航系统服务类型见表 1-2。

表 1-2 北斗卫星导航系统服务类型

服务类型		信号频点	卫星
基本导航服务		B1I、B1C、B2a、B2b、B3I	3IGSO+24MEO
		B1I、B3I	3GEO
星基增强服务		BDSBAS-B1C	3GEO
		BDSBAS-B2a	
短报文通信服务	区域	L(上行),S(下行)	3GEO
	全球	L(上行)	14MEO
		B2b(下行)	3IGSO+24MEO
国际搜救服务		UHF(上行)	6MEO
		B2b(下行)	3IGSO+24MEO
精密定位服务		B2b	3GEO
地基增强服务		移动通信实时播发、互联网事后下载	移动通信实时播发、互联网事后下载

北斗卫星导航系统提供基本导航、精密单点定位、星基增强、短报文通信和中轨搜救等服务。到 2035 年,基于北斗系统将建立“更加泛在、更加融合、更加智能的国家综合 PNT 时空体系”。

任务四 Galileo 全球卫星导航定位系统

意大利天文学家伽利略(Galileo Galilei,1564 年 2 月—1642 年 1 月),利用天文望远镜发现银河系由无数颗恒星组成,月亮表面凹凸不平,木星有 4 颗卫星,有时太阳会出现黑子等许多观测成果,证明了哥白尼的日心说,也使他成为利用望远镜观察天体取得丰硕成果的第一人。为了纪念这位卓越的天文学家,1999 年欧盟决定实施具有自主知识产权的卫星导航系统计划时,将这一计划命名为“Calileo”卫星导航计划。

一、Galileo 计划的提出

2002 年 3 月 24 日,欧盟首脑会议批准建设 Galileo 卫星导航定位系统的实施计划,在该次欧盟首脑会议之后,欧盟 15 国交通部长会议立即做出决定,首次拨款 5. 5 亿欧元,加上欧洲航天局(ESA)5. 5 亿欧元拨款,Galileo 系统在 2002—2005 年的首期 11 亿欧元建设费已经到位。

二、Galileo 卫星星座

Galileo 卫星星座将由 30 颗卫星(27 颗工作卫星和 3 颗备用卫星)组成,如图 1-18 所示。卫星采用中等地球轨道,卫星均匀地分布在高度约为 23 616 km 的 3 个中高度圆轨道面上,Calileo 倾角 56°。于 2004 年 1 月 10 日,在我国长江流域上进行了 EGNOS 欧洲静地卫星导航重叠系统的动态应用测试。Galileo 卫星导航系统头两颗卫星是 2011 年 10 月由欧空局库鲁发射中心发射的,2012 年 10 月,欧洲再次发射了两颗 Calileo 卫星,轨道验证阶段在 2012 年夏末完成。2018 年 7 月 25 日,欧洲在圭亚那太空中心用阿丽亚娜 5 号运载火箭一箭 4 星发射成功后,现有 26 颗卫星在轨,根据发射计划再发射 4 颗,伽利略导航系统全部完成时,将在 3 个绕地轨道上部署 30 颗卫星。基本实现全球覆盖。Galileo 卫星见图 1-19。

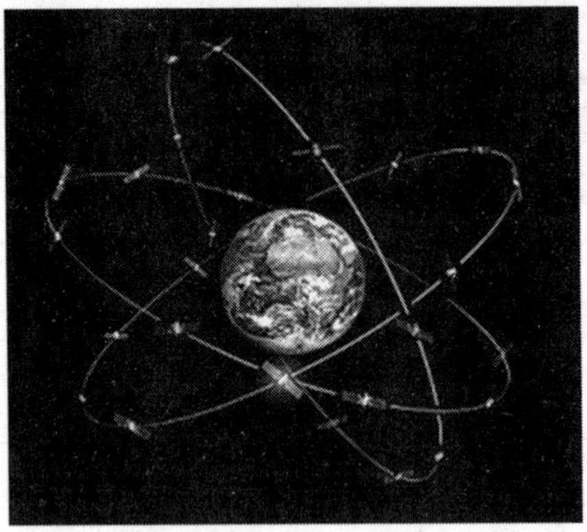

图 1-18　Galileo 卫星星座

图 1-19　Galileo 卫星

三、地面控制系统

地面控制设施包括卫星控制中心(用于卫星轨道改正的遥感和遥测中心)和提供各项服务所必需的地面设施。地面控制设施管理卫星星座及测定和播送集成信息。系统使用 4 个载频向全球播发 5 种导航信号,这些导航信号支持公开服务(OS)、商业服务(CS)、安全服务(SAS)、政府服务(PRS)和搜救服务。系统还划分为 8 个区域部分,用来发送针对各自区域的集成信息。

四、用户设备

种类齐全的 Galileo 接收机不仅可以接收本系统信号,而且可以接收 GPS、GLONASS 这两大系统的信号,并且实现导航功能和移动电话功能的结合,与其他飞行导航系统的结合。任何人只要装备了 Calileo 接收机就能接收 GPS、GLONASS 和 Galileo 卫星导航系统的信号。公开服务将与商业和生命安全服务共享两个开放的导航信号。公开服务将主要用于道路交通中的个人导航、道路信息和提供路线建议的系统、移动通信等应用领域。

商业服务将主要涉及专业用户,这些专业用户将来自测绘、海关、船舶和车辆管理以及关税征收等领域。商业服务将提供在独立频率上的第三种导航信号的接入服务,并使用户能利用三载波相位模糊分辨力技术(TCAR)来改善精度。政府服务的对象是那些对于精度、信号质量和信号传输的可靠性要求极高的用户。政府服务将包括以下三种:生命安全服务、政府管理服务和搜救服务。Calileo 系统的基本结构包括星座与地面设施、服务中心、用户接收机等。

任务五　印度区域卫星导航系统

印度“区域导航卫星系统”(Indian Regional Navigational Satellite System,简称IRNSS)由7颗位于地球静止轨道和地球同步轨道的卫星、地面控制段和用户段组成。根据印度空间研究组织(ISRO)的计划,印度自主研制的IRNSS区域导航卫星系统将由4颗倾斜同步轨道卫星和3颗静止轨道卫星所构成(轨道高度均为36 000 km)。其中3颗同步卫星(GEO)分别位于东经34°、83°及132°,另外4颗卫星(GSO)位于倾角29°的轨道上,分别与赤道交于东经55°及111°。通过这样的轨道设计,它能最大限度地提高覆盖区域内的定位精度,并将所需卫星数量降到最低。这样的安排意味着7颗卫星都可以持续地与印度控制站保持连络,卫星负载将包含原子钟及产生导航信号的电子装备。

如图1-20所示,IRNSS系统的设计星座覆盖范围为东经40°至东经140°和南纬40°至北纬40°印度及周边1 500 km以内区域,可以为用户播发单频和双频信号,标准服务定位精度优于20 m。印度区域导航卫星见图1-21。IRNSS卫星分布示意见图1-22。

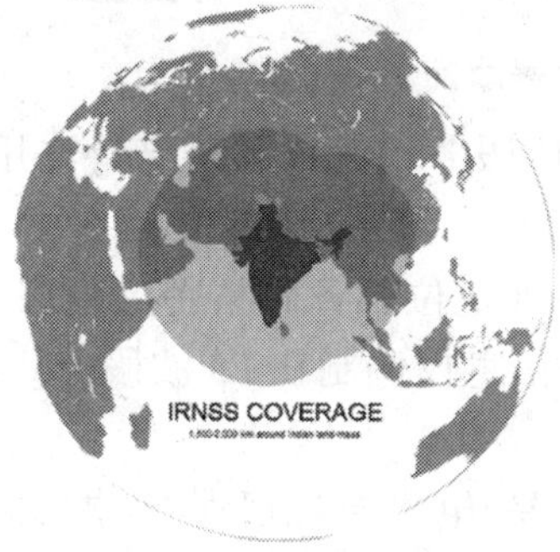

图1-20　印度区域导航卫星覆盖范围

图1-21　印度区域导航卫星

IRNSS系统地面控制段由2个IRNSS系统导航中心(INC),2个IRNSS卫星控制中心(SCC),9个遥测、跟踪与上行站(IRTTC),17个测距与完好性监测站(IRIMS),2个IRNSS授时中心(IRNWT)、4个CDMA测距站(IRCDR),IRNSS激光测距站(ILRS)和数据通信网络(IRDCN)组成。其中2个IRNSS系统导航中心,1个主中心,1个备份中心,主中心位于印度的班加罗尔市;卫星控制设施包括IRNSS卫星控制中心及遥测、跟踪与上行站等设施,位于哈桑和博帕尔两个城市;17个测距与完好性监测站中,印度本土有15个,印度境外有两个,分别位于毛里求斯和比亚克岛。IRNSS卫星发射情况如表1-3所示。

表1-3　IRNSS卫星发射情况

卫星编号	IRNSS-1A	IRNSS-1B	IRNSS-1C	IRNSS-1D	IRNSS-1E	IRNSS-1F	IRNSS-1G
发射时间	2013-07-01	2014-04	2014-10-16	2015-03-28	2016-01-20	2016-03-10	2016-04-28
轨道	地球静止	地球静止	地球静止	地球同步	地球同步	地球同步	地球同步
重量/kg	1 425	1 425	1 425	1 425	1 425	1 425	1 425
寿命/a	9.4	9.4	9.4	11	11	11	11

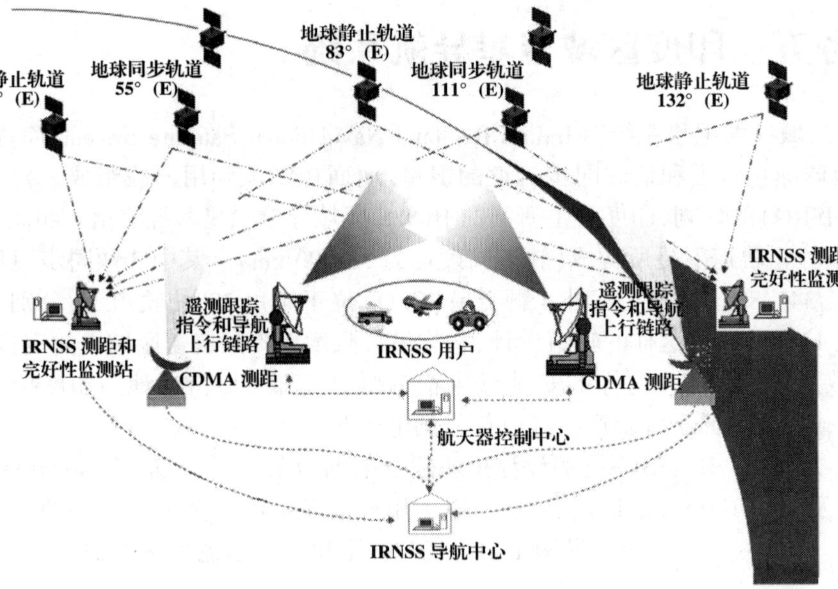

图 1-22　IRNSS 卫星分布示意图

IRNSS 系统可以提供标准定位服务(SPS)、精密定位服务(PPS)和政府特许用户(RS)服务。空间段采用 C 波段、S 波段和 L 波段 3 个载波波段。其中,C 波段频率主要用于测控,S 波段和 L 波段主要为用户提供导航定位服务。标准定位服务和精密定位服务信息调制在 S 波段和 L 波段的 L5 波段上。政府特许用户服务信息仅调制在 L5 波段上。IRNSS 采用 GPS 坐标系统 WGS-84。

IRNSS 卫星全天时可见,能实时为用户消除授时误差、电离层延迟误差,提供相应的完好性信息,包括标准定位服务、精密定位服务和特殊授权用户服务,以及信息传输、灾情评估、公共安全、对地监测等业务。IRNSS 的定位精度:在印度洋区域优于 20 m,在印度本土及邻近国家定位优于 10 m。

IRNSS 监测站主要功能是接收地球静止轨道卫星和倾斜地球同步轨道卫星数据,对它们的测距值进行修正后,传送到导航控制中心。导航控制中心主要计算卫星星历、卫星钟差改正参数、电离层延迟误差数及相应的完好性信息,并将计算结果传送给上行注入站,通过地球静止轨道卫星广播给用户。航天卫星控制中心主要负责管理、控制和维护在轨卫星的正常工作。CDMA 测距站和激光测距站负责采集 IRNSS 卫星测距信息,进行修正后传送到导航控制中心。用户终端主要包括特殊设计的单频用户接收机和双频用户接收机,除接收 IRNSS 信号外,也可以接收空间其他定位导航系统的信号(如 GPS、GLONASS 等)。

IRNSS 的导航原理与美国 GPS 类似,其向使用者传输至少来自 4 个卫星的信号。为了让位置信号准确无误,这些信号必须完全同步,每个卫星上都有 4 个铷原子钟,达到十亿分之一秒的稳定性,利用用户接收到的信号时间差,计算出用户位置。据悉,印度计划建成国产的 IRNSS 后,再发射大约 10 颗导航卫星,最终形成印度版全球卫星定位系统。

■ 任务六 日本准天顶卫星导航系统

2010 年 9 月 11 日,日本在种子岛宇宙中心使用 H-2A 火箭发射了首颗“准天顶”定位卫星“引路号”,这是日本首次发射本国自主研发的导航定位卫星(QZSS)。按照计划,“引路号”试运行后如果不出现技术问题,日本将陆续发射另外两颗“准天顶”定位卫星。QZSS 系统是一个兼具导航定位、移动通信和广播功能的卫星系统,旨在为在日本上空运行的美国 GPS 卫星提供“辅助增强”功能:一是可用性增强,即提高 GPS 的信号可用性;二是性能增强,即提高 GPS 信号强度和可靠性。QZSS 系统主要为移动用户提供基于通信(音频、视频和数据)和定位服务。通过播发差分修正数据及实验导航信号等辅助导航定位信号,QZSS 系统可使覆盖区内的 GPS 接收机到达亚米级定位精度。

日本准天顶卫星系统(QZSS)由 3 颗卫星组成,分别运行在倾角 45°,升交点赤经 140°,与地球自转周期相同的 3 条轨道上,如图 1-23 所示。相对于地球而言、每颗卫星每天都是沿着相同的轨迹运行。通过调整平均近点角,可以使 3 颗卫星以大约 8 h 的间隔在同一轨迹上等间隔运行。卫星轨道的长半径与地球静止轨道相差不多,约为 42 164 km。卫星每个恒星日(约 23 h 56 min)绕地球一圈。但与地球静止轨道卫星不同的是,这 3 颗卫星各自有不同的轨道,并且这 3 条轨道都与地球赤道所在平面成 45°的夹角。因此,从日本本土来看始终有 1 颗卫星停留在靠近天空顶点的地方,所以日本称之为“准天顶卫星系统”。日本的“准天顶”导航卫星,就是想以“打补丁”的方式,通过增加日本上空的卫星密度,来解决民用 GPS 导航信号的精度问题,如图 1-24 所示。

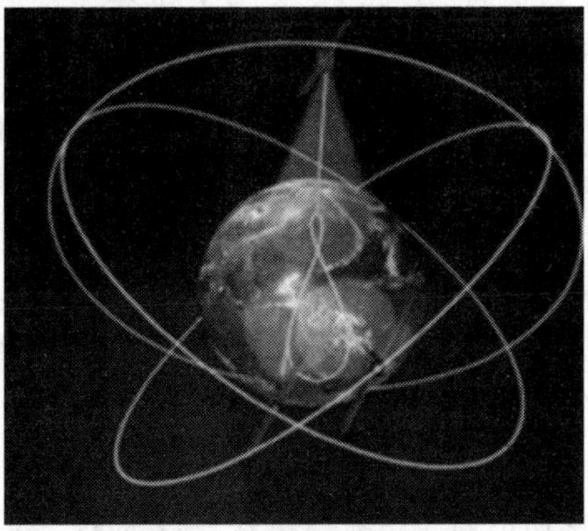

图 1-23 准天顶卫星星座

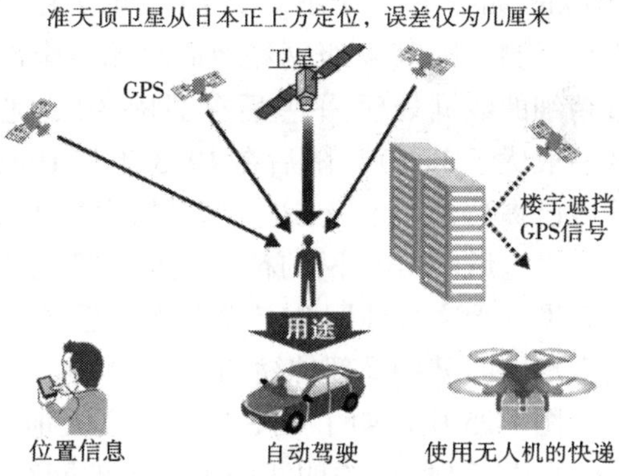

图 1-24 准天顶卫星应用

➢ 小贴士

目前 GNSS 全球导航卫星系统有 4 家,即美国的 GPS、俄罗斯的 GLONASS、中国的 BDS(北斗)、欧盟的 Galileo(伽利略)系统,区域系统包括日本的 QZSS 准天顶卫星系统和 IRNSS 印度区域导航卫星系统。可用的卫星数目达到 100 颗以上。它可提供实时的三维位置、三维速度和高精度的时间信息,标志着测量工程技术的重大突破和深刻变革,对测绘地理信息科学和技术的发展,具有划时代的意义。

➤ 知识链接

学习本项目时,学生应结合教师的讲解思考 GNSS 全球导航卫星系统的重要作用,为什么我国要建立自己的北斗系统,了解其他系统有什么意义,区域系统的作用是什么,可结合自己学习的过程查阅有关网站。

■ 阅读与应用

我国的 A 级、B 级 GPS 大地控制网

作为大地测量的科研任务是研究地球的形状及其随时间的变化,因此建立全球覆盖的坐标系和统一的高精度大地控制网是大地测量工作者多年来一直梦寐以求的。直到 GPS 技术逐步完善的今天才使全球覆盖的高精度 GPS 网得以实现,从而建立起了高精度的(1~2 cm)全球统一的动态坐标框架,为大地测量的科学研究及相关地学研究打下了坚实的基础。

1991 年国际大地学会(LAG)决定在全球范围内建立一个 IGS(国际 GPS 地球动力学服务)观测网,并于 1992 年 6—9 月间实施了第一期会战联测,我国积极配合并参与了这项工作。目的是在全国范围内确定精确的地心坐标,建立起我国新一代的地心参考框架及其与国家坐标系的转换参数;以优于 10^{-8} 量级的相对精度确定站间基线向量,布设成国家 A 级网,它将作为国家高精度卫星大地网的骨架并为地壳运动及地球动力学的研究奠定基础。

建成后的国家 A 级网共由 27 个主点和 6 个副点组成,它们均匀分布全国,平均点间距 650 km,如图 1-25 所示。从 1992 年 7 月 25 日至 8 月 5 日,在这 33 个点上进行了 9 昼夜的连续观测。国家 A 级网经地面联测后全部与国家天文大地点重合,且重合点分布均匀。经过精细的数据处理,平差后在 ITRF 91 地心参考框架中的点位精度优于 0.1 m,边长相对精度一般优于 1×10^{-8},随后在 1993 年和 1995 年又两次对 A 级网点进行了 GPS 复测,其点位精度已提高到厘米级,边长相对精度达 3×10^{-9}。

平差后的 GPS 网的精度比整体平差过的天文大地网的精度高出 1~2 个数量级。将 GPS 网与天文大地网合点成果化算至同一坐标系统后,用各种方法进行比较,就可以发现天文大地网的某些局部伸缩和变形。

图 1-25 中注明了 GPS 网与天文大地网的相应弦长之差。从图中可以看出,其差值超过 1 m 的共有 14 条,说明我国天文大地网存在的变形和位移,大多分布在周边地区,安多、拉萨、安西、下关、三亚等点比较明显。其主要原因是早年所布测的天文大地网是锁段控制、逐级传递的,距离大地原点愈远,系统误差积累也就愈大,所以边远地区的大地网存在变形是可以理解的。

作为我国高精度坐标框架的补充及为满足国家建设的需要,在国家 A 级网的基础上建立了国家 B 级网(又称国家高精度 GPS 网)。布测工作从 1991 年开始,经过 5 年努力完成外业工作,内业计算已经完成。全网基本均匀布点,覆盖全国,共布测 818 个点左右,总独立基线数 2 200 多条,平均边长在我国东部地区为 50 km,中部地区为 100 km,西部地区为 150 km,经整体平差后,点位地心坐标精度达±0.1 m,GPS 基线边长相对中误差可达 2.0×10^{-8},高程分量相对中误差为 3.0×10^{-8}。

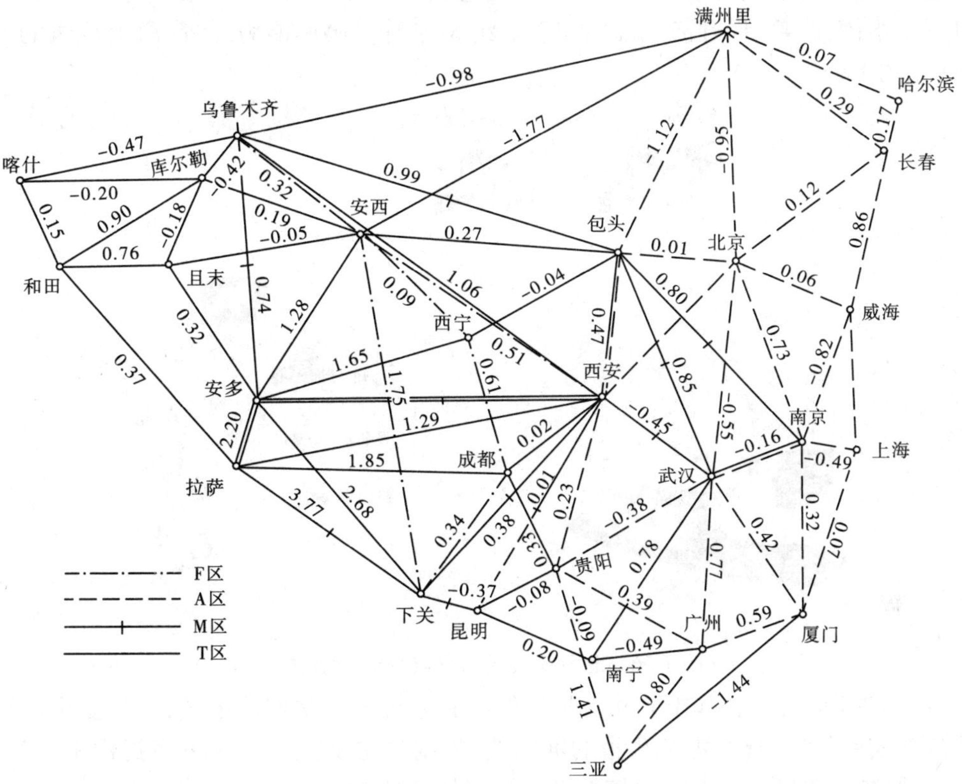

图 1-25　我国 A 级 GPS 网布设情况

我国 A 级和 B 级 GPS 大地控制网分别于 1996 年和 1997 年建成并先后交付使用，这标志着我国空间大地网的建设已进入一个新阶段。新布成的国家 A 级、B 级网已成为我国现代大地测量和基础测绘的基本框架，将在国民经济建设中发挥越来越重要的作用。国家 A 级、B 级网以其特有的高精度把我国传统天文大地网进行了全面改善和加强，从而克服了传统天文大地网的精度不均匀、系统误差较大等传统测量手段不可避免的缺点。通过求定 A 级、B 级 GPS 网与天文大地网之间的转换参数，建立起了地心参考框架和我国国家坐标的数学转换关系，从而使国家大地点的服务应用领域更广阔。A 级、B 级 GPS 网的高精度三维大地坐标，结合高精度水准联测，从而大大提高了确定我国大地水准面的精度，特别是克服我国西部大地水准面存在较大系统误差的缺陷。国家 A 级和 B 级 GPS 大地控制网的建成，标志着我国具有分米级绝对精度的三维大地控制坐标系统已基本建立，它将为我国空间技术和空间基础数据、动态实时定位等技术提供一个精确可靠的参照系。

北斗卫星导航系统在国民经济各方面的应用

北斗卫星导航系统在交通运输、海洋渔业、水文监测、气象测报、森林防火、通信系统、电力调度、救灾减灾和国家安全等诸多领域得到广泛应用，产生显著的社会效益和经济效益。

(1) 在海洋渔业方面，基于北斗卫星导航试验系统的海洋渔业综合信息服务平台，为渔业管理部门提供船位监控、紧急救援、信息发布、渔民短报文通信、渔船出入港管理等服务。利用北斗定位系统制作的渔船船位监控指挥管理系统能够预防和减少碰撞事故的发生，并在船舶遇险时进行快速、有效的救助。实现应急指挥数据综合查询,搜救行动辅助决策,搜救力量联动指挥,改善、提升渔业部门应急的组织、指挥、协调能力,提高海上搜救的效率和成功率(见图 1-26)。

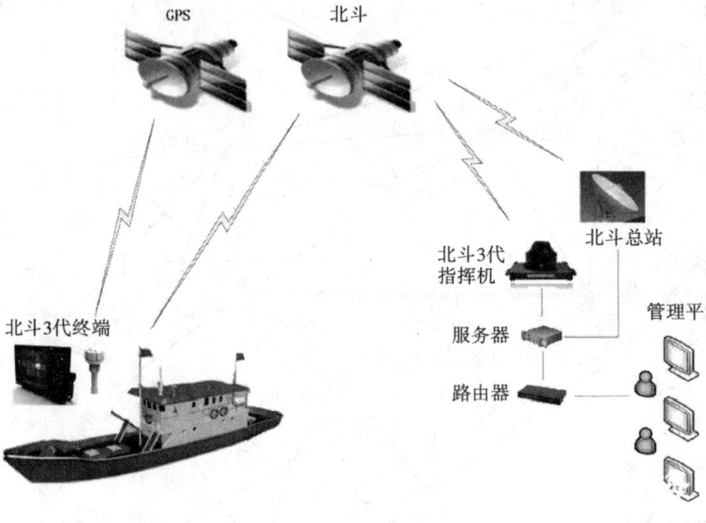

图 1-26　北斗系统对船只监控管理示意图

(2)在水文监测方面,基于北斗卫星导航试验系统的水文监测系统,实现多山地域水文测报信息的实时传输,提高灾情预报的准确性,为制订防洪抗旱调度方案提供重要的保障。图 1-27 是某江下游梯级水电站水情自动测报系统总体结构示意图。

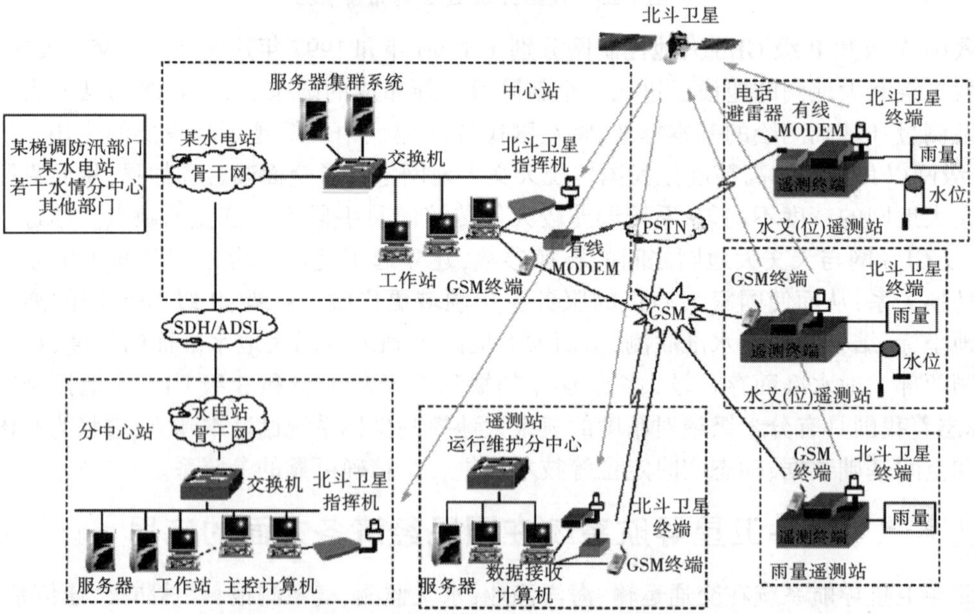

图 1-27　某江下游梯级水电站水情自动测报系统总体结构示意图

(3)在气象测报方面,成功研制一系列气象测报型北斗终端设备,形成实用可行的系统应用解决方案,解决中国气象局和各地气象中心气象站的数字报文自动传输问题。图 1-28

是北斗为登珠峰提供气象保障服务时设立在海拔5 200 m的珠峰自动气象站。

(4)在电力调度方面,成功开展基于北斗卫星导航试验系统的电力时间同步应用示范,为电力事故分析、电力预警系统、保护系统等高精度时间应用创造了条件。

(5)在救灾减灾方面,基于北斗卫星导航试验系统的导航定位、短报文通信(在完全没有手机信号的区域内,可通过系统的“北斗短信”功能与北斗系统进行信息的相互收发,这种短信功能也是国内导航仪的首创,见图1-29)及位置报告功能,提供全国范围的实时救灾指挥调度、应急通信、灾情信息快速上报与共享等服务,显著提高了灾害应急救援的快速反应能力和决策能力。

图1-28 珠峰自动气象站

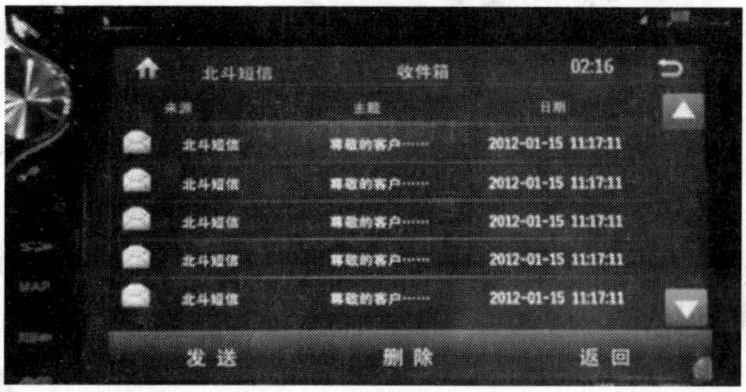

图1-29 北斗短信

(6)深海6 000 m到北斗卫星数据的实时传输。2019年1月,我国融合感应耦合和水声通信技术,首次实现了深海6 000 m水深数据的实时传输,在大洋上层实现了每100 m一个温盐流数据的实时传输,在大洋中深层实现每500 m一个温盐流数据的实时传输。改变了以往依赖国外通信卫星的历史,显著提高了深海数据实时传输的安全性、自主性和可靠性。

(7)在授时方面,北斗卫星手表应用于军事成为“军用标准时间表”。北斗卫星手表(见图1-30)是靠接收中国北斗卫星导航系统信号工作的微型计时器,产品通过接收信号对手表进行授时,授时精度可达到0.1 s,是全新一代的计时终端。北斗卫星手表具有对时、定时、定位、定向、测温度、测高度、测气压等功能,能够帮助使用者对环境做出准确判断。

(8)北斗导航智能手机。为了能更好地向北斗导航民用化方向发展,适应北斗导航需求,发挥手机短信服务和导航结合的优势,增加了通信功能,可做到全天候快速定位,信号盲区极少,精度高。

图1-30 北斗授时手表

(9)交通。北斗卫星导航系统是助力实现交通运输信息化和现代化的重要手段,对建立畅通、高效、安全、绿色的现代交通运输体系具有十分重要的意义。主要包括陆地应用,如车辆自主导航、车辆跟踪监控、车辆智能信息系统、车联网应用、铁路运营监控等;航海应用,如远洋运输、内河航运、船舶停泊与入坞等;航空应用,如航路导航、机场场面监控等。

(10)在各类建筑施工打桩的过程中,传统打桩方式效率低下已赶不上发展需求,而北斗桩机 3D 引导系统(见图 1-31)可以在保证施工质量的前提下,大幅提高打桩效率,大大缩短施工工期,降低施工成本。该系统采用北斗实时动态定位技术,经过读取安装在桩机上的北斗接收机数据,解算校准过的主要枢轴尺寸,获得桩头实时、精确的三维位置信息,不论白天、黑夜,都能轻松、精确、高效地完成工作。

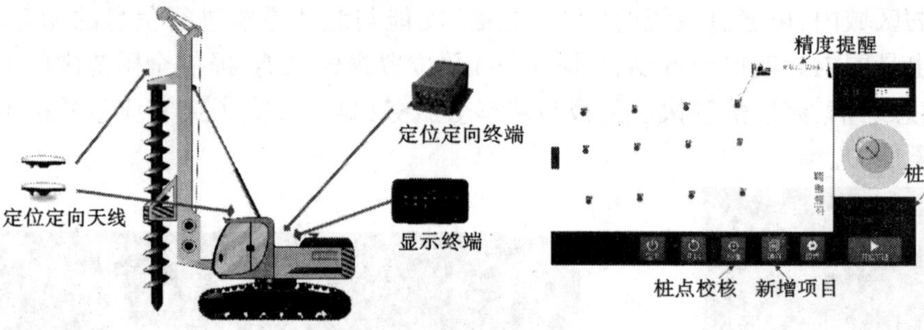

图 1-31　　北斗 3D 桩机引导系统

(11)公安,反恐、维稳、警卫、安保等大量公安业务,具有高度敏感性和保密性要求,推广应用北斗系统势在必行。基于北斗的公安信息化系统,实现了警力资源动态调度、一体化指挥,提高了响应速度与执行效率。

主要包括公安车辆指挥调度、民警现场执法、应急事件信息传输、北斗定位、人脸识别、动态多目标跟踪超速取证系统、公安授时服务等应用。其中,应急事件信息传输使用了北斗特有的短报文功能,如图 1-32 所示。

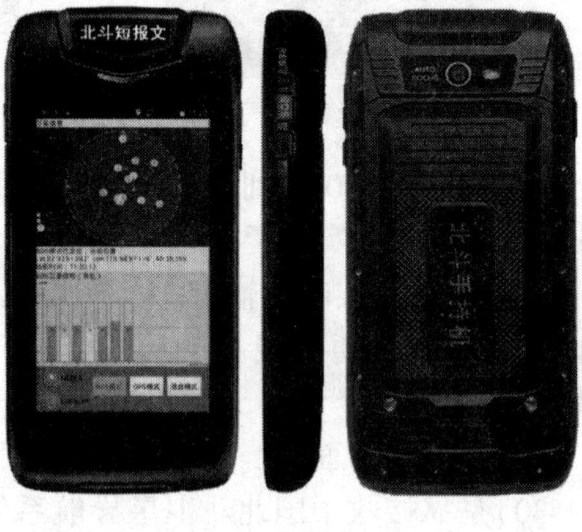

图 1-32　有短报文功能的北斗手持机

(12)特殊关爱,通过北斗系统导航、定位、短报文等功能,为老人、儿童、残疾人等特殊人群提供相关服务,保障安全。主要包括电子围栏、紧急呼救等应用,其中电子围栏,实现了相关人群走出设定的电子围栏范围,设置人手机就能收到及时提醒。

(13)大众应用。手机、可穿戴设备等北斗大众应用,逐步成为近年来北斗应用的新亮点。利用北斗定位功能,实现手机导航、路线规划等一系列位置服务功能,使人民生活更加便捷。

主要包括手机应用、车载导航设备、可穿戴设备等应用,通过与信息通信、物联网、云计算等技术深度融合,实现了众多的位置服务功能。

➤ 知识搜索

书目

夏林元. 北斗在高精度定位领域中的应用[M]. 北京:电子工业出版社,2016.

谢刚. 全球导航卫星系统原理——GPS、格洛纳斯和伽利略系统[M]. 北京:电子工业出版社,2019.

魏浩翰,沈飞,桑文刚,等. 北斗卫星导航系统原理与应用[M]. 南京:东南大学出版社,

2020.

黄丁发,张勤,张小红,等. 卫星导航定位原理[M]. 武汉:武汉大学出版社,2015.

周建郑. GPS 定位测量[M]. 郑州:黄河水利出版社,2017.

周建郑. GNSS 定位测量[M]. 北京:测绘出版社,2021.

相关词条

北斗卫星导航系统

GPS 卫星定位系统

格洛纳斯卫星导航系统

伽利略卫星定位系统

北斗卫星导航系统发展报告

项目小结

北斗卫星导航系统,我们的好智友(本视频来源于科普中国)

GNSS 的全称是全球导航卫星系统(Global Navigation Satellite System),它泛指所有的卫星导航系统,包括全球的、区域的和增强的,如美国的 GPS、俄罗斯的 GLONASS、中国的北斗、欧洲的 Galileo 卫星导航系统,印度的区域导航卫星系统 IRNSS、日本准天顶卫星系统 QZSS 及相关的增强系统,如美国的 WAAS 广域增强系统、欧洲的 EGNOS 欧洲静地导航重叠系统和日本的 MSAS 多功能运输卫星增强系统等,还涵盖在建和以后要建设的其他卫星导航系统。国际 GNSS 系统是个多系统、多层面、多模式的复杂组合系统。

本项目主要学习和了解 GNSS 导航定位系统的特点,理解北斗卫星导航系统的建设目标,理解中国为什么要搞北斗卫星导航系统,掌握具体的北斗卫星导航系统的服务类型。

通过本项目的学习能明确北斗服务民生的技术优势在哪里,能根据各种 GNSS 卫星健康状态图选择最佳的观测时段,能根据 GNSS 卫星空间精度因子找出适合观测的 PDOP 值,能根据北斗可见卫星数图查出测区的可见卫星数。

复习和思考题

1-1 GPS 定位的实质是什么?

1-2 GPS 定位技术的优点是什么?

1-3 GPS 导航定位系统的特点是什么?

1-4 北斗导航定位系统采用什么定位原理? 其优、缺点是什么?

1-5 北斗卫星导航系统的三大功能是什么?

1-6 北斗三号卫星导航系统与 GPS 系统相比有哪些优缺点?

技能训练

导航卫星应用

一、技能训练题目及训练目的

在学习完本项目的理论学习内容之后，学生可在课余和周末时间，下载“导航卫星”APP，也可以通过浏览器下载。

二、技能训练要求

“导航卫星”APP已在“华为应用市场”“腾讯应用宝”等应用商店上线，可以通过应用商店下载，学生可从中学习如何在手机中看到自己所心仪的卫星以及一些简易功能。

(1)查看“导航卫星”APP用户手机能够跟踪的导航卫星：如图1-33所示，显示界面为星空图和卫星参数列表。查出各种卫星颗数。

(2)查看“导航卫星”APP常用的工具属性：如图1-34所示，比如罗盘和地图定位(没有导航功能，需要导航功能请转到高德和百度)。查出所在位置和方向。

(3)查看“导航卫星”APP北斗用户支持信息：如图1-35所示，如北斗导航卫星的星下点轨迹、全球可见卫星数目、所有北斗导航卫星的运行状态等。查出星下点轨迹、全球可见卫星数目、所有北斗导航卫星的运行状态等。

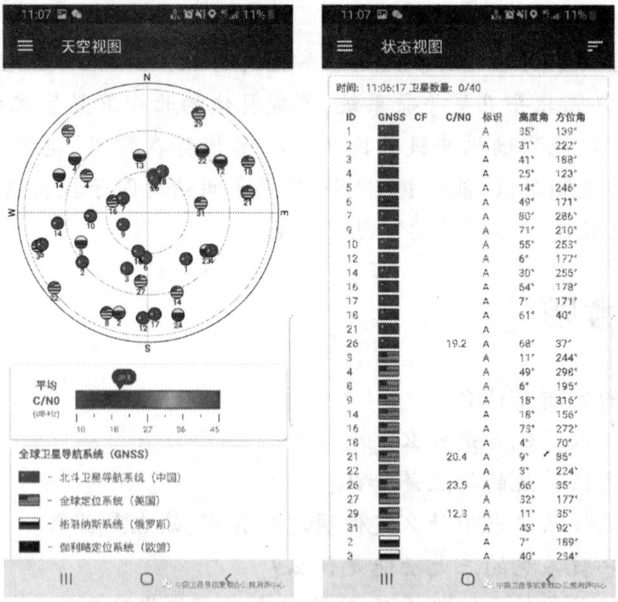

(a)星空图　　(b)卫星参数列表

图1-33　能够跟踪的导航卫星

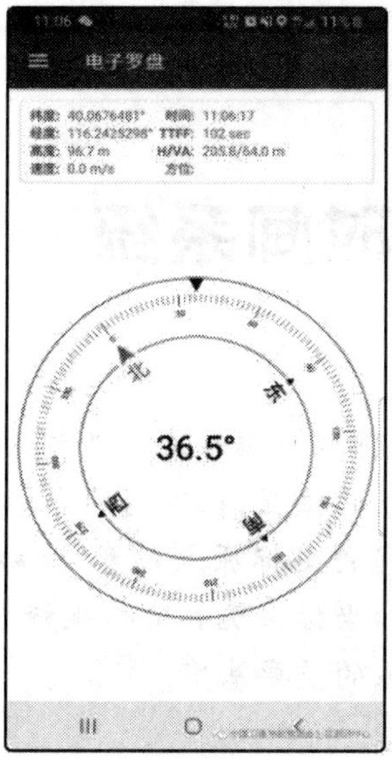

(a)罗盘

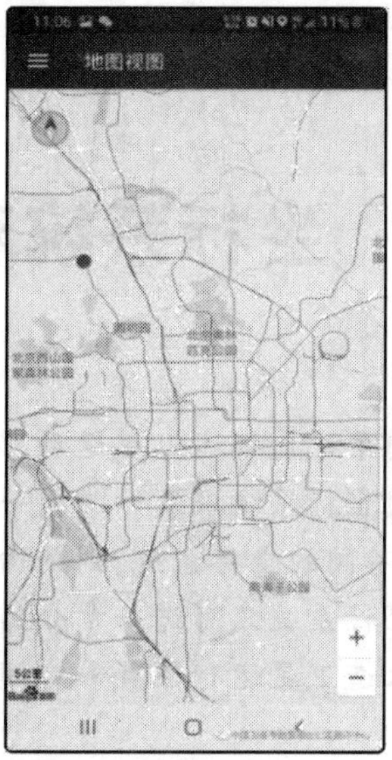

(b)地图定位

图 1-34　罗盘和地图定位功能

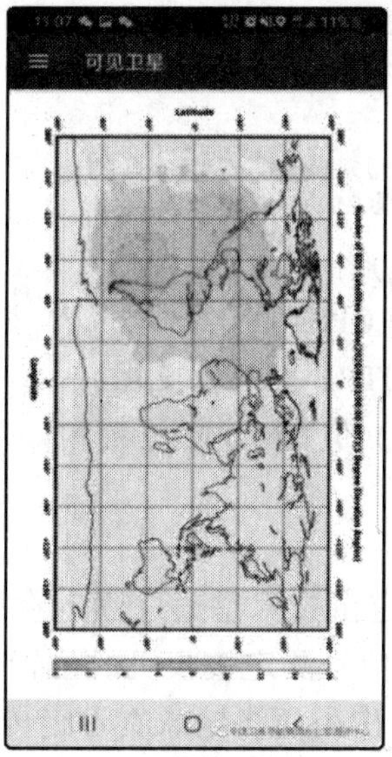

(a)可见卫星

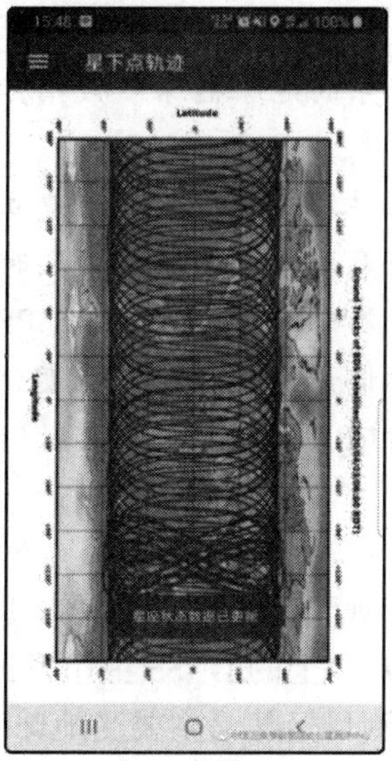

(b)星下点轨迹

图 1-35　可见卫星和星下点轨迹

项目二 坐标系统和时间系统

项目概述

坐标系统与时间系统是描述卫星运动,处理观测数据和表达观测站位置的数学与物理基础。点的位置可用坐标系统来表示。同一个点的位置,在不同的坐标系统中,可有不同的表达方式和数据,而不同的坐标系统,则是由不同的坐标原点位置、坐标轴的指向和尺度比例所决定的。地球坐标系统又可进一步分为参心坐标系统和地心坐标系统。而时间系统则是精确描述天体和人造卫星运行位置和空间关系的重要基准。

学习目标

◆知识目标

1. 了解参心大地坐标系的建立;
2. 了解地心大地坐标系的几何定义;
3. 掌握大地坐标系的地球椭球参数指标。

◆技能目标

1. 能叙述我国三种参心大地坐标系建立过程;
2. 能在地球上任意地点求取需要的区时(T_n);
3. 能根据协调世界时(UTC)计算出 GPS 时(GPST);
4. 关注每年国际协议地极原点 CIO 变化和 ITRF 框架的变化;
5. 能根据北斗时(BDT)与协调世界时(UTC)的整数秒时差换算。

➢ 课程导入

与传统大地测量观测技术不同,GNSS 卫星定位技术是通过固定在地球表面上的 GNSS 接收机,同时接收 4 颗以上的 GNSS 卫星发出的信号测定接收机的位置,其空间位置随同地球自转而运动,但观测目标却是主要受地球引力作用而绕地球质心旋转的人造地球卫星,它与地球自转无关。因此,为了统一描述卫星在其轨道上的运动,正确处理地面测站及卫星的观测数据,需要采用两类坐标系统来实现各种坐标系之间的转换。

任务一 参心坐标系的作用

在经典大地测量中,为了处理观测成果和传算地面控制网的坐标,通常须选取一参考椭球面作为基本参考面,选一参考点作为大地测量的起算点(称为大地原点),利用大地原点的天文观测量来确定参考椭球在地球内部的位置和方向。参心坐标系中的“参心”二字意指参考椭球的中心,所以参心坐标系和参考椭球密切相关。由于参考椭球中心无法与地球质心重合,故又称其为非地心坐标系。参心坐标系按其应用又分为参心大地坐标系和参心空间直角坐标系两种。

参心大地坐标系的应用十分广泛,它是经典大地测量的一种通用坐标系。根据地图投影理论,参心大地坐标系可以通过高斯投影计算转化为平面直角坐标系,为地形测量和工程测量提供控制基础。由于不同时期采用的地球椭球不同或其定位与定向不同,我国历史上出现的参心大地坐标系主要有 BJZ54(原)、GDZ80 和 BJZ54 等三种。

参心空间大地直角坐标系是用三维坐标 x、y、z 表示点位的,它可按一定的数学公式与参心大地坐标系相互换算。通常在由 GNSS 定位结果(地心空间大地直角坐标系)计算参心大地坐标系时,作为一种过渡换算的坐标系(见图 2-1)。

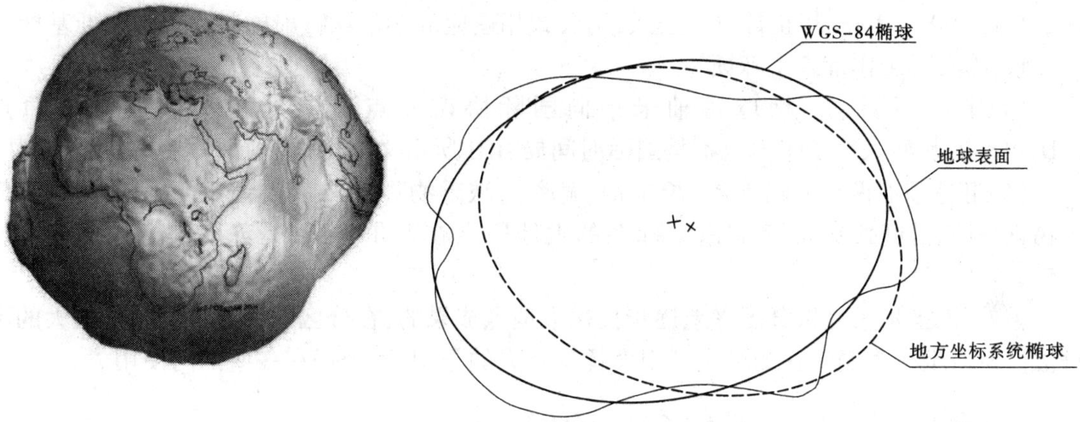

图 2-1 地球表面与各种椭球之间的关系

建立一个参心大地坐标系,必须解决以下问题:

(1)确定椭球的形状和大小;

(2)确定椭球中心的位置,简称定位;

(3)确定椭球中心为原点的空间直角坐标系坐标轴的方向,简称定向;

(4)确定大地原点。

解决这些问题的过程,也就是建立参心大地坐标系的过程。

一、1954 年北京坐标系(BJZ54(原))

中华人民共和国成立初期,我国大地坐标系是采用河北省石家庄市的柳新庄一等天文点作为原点的独立坐标系统,采用该点的天文坐标作为其大地坐标,以海福特(Hayford)椭球进行定位。

随着我国大地网的扩展,采用海福特椭球元素误差太大,且没有顾及垂线偏差的影响。为此,1954 年解放军总参谋部测绘局在有关方面的建议与支持下,采取先将我国一等锁与苏联远东一等锁相连接,然后以连接呼玛、吉拉林、东宁基线网扩大边端点的苏联 1942 年普尔科沃坐标系的坐标为起算数据(大地原点在圣彼得堡普尔科沃天文台圆形大厅中心),平差我国东北及东部地区一等锁。这样传算过来的坐标,定名为 1954 年北京坐标系。该坐标系是以苏联当时采用的 1942 年普尔科沃坐标系为基础建立起来的,所不同的是 1954 年北京坐标系的高程异常是以苏联 1955 年大地水准面差距重新平差结果为起算值,且以 1956 年青岛验潮站求出的黄海平均海水面为基准面,按我国的天文水准路线传算出来的。

几十年来,我国在该坐标系上完成了大量的测绘工作,实施了天文大地网局部平差,通过高斯-克吕格投影,得到点的平面坐标,测制了各种比例尺地形图。但是随着测绘新理论、新技术的不断发展,人们发现该坐标系存在如下缺点:

(1)因 1954 年北京坐标系采用了克拉索夫斯基椭球,与现在的精确椭球参数相比,长半轴约长 109 m。

(2)参考椭球面与我国所在地区的大地水准面不能达到最佳拟合,存在自西向东明显的系统性倾斜,在我国东部地区大地水准面差距最大达+68 m。

(3)几何大地测量和物理大地测量应用的参考面不统一。我国在处理重力数据时采用赫尔默特 1900—1909 年正常重力公式,与公式相适应的赫尔默特扁球和克拉索夫斯基椭球不一致,给实际工作带来了麻烦。

(4)定向不明确。椭球短轴未指向国际协议原点 CIO,也不是我国地极原点 JYD1968. 0;起始大地子午面也不是国际时间局 BIH 所定义的格林尼治平均天文台子午面。

(5)椭球只有两个几何参数(长半轴、扁率),缺乏物理意义,不能全面反映地球的几何与物理特征。同时,1954 年北京坐标系的大地原点在普尔科沃,是苏联进行多点定位的结果。

另外,该坐标系是按分区平差逐步提供大地点成果的,在分区的结合部产生了较大的不符值。但该坐标系确实在测绘生产中发挥了巨大的作用,至今仍在一些部门使用。

二、1980 年国家大地坐标系(GDZ80)

为了进行全国天文大地网整体平差,采用新的椭球参数和进行新的定位与定向,来弥补因 1954 年北京坐标系存在的椭球参数不够精确、参考椭球与我国大地水准面拟合不好等缺点,所以建立我国新的大地坐标系是必要的、适时的。

(一)椭球的参数

在几何大地测量学中,通常用椭球长半径 a 和扁率 f 两个参数表示椭球的形状和大小,但是从几何和物理两个方面来研究地球,仅有两个参数是不够的。

在物理大地测量中研究地球重力场时,需要引进一个正常椭球所产生的正常重力场。关于物理的重力场,有著名的司托克斯定理:如果物体被水准面 S 包围,已知它的总质量为 M,并绕一定轴以常角速度 ω 旋转,则 S 面上或外部空间任一点的重力位,都可以唯一确定。

正常重力位的球函数展开式为:

$$U = \frac{GM}{\rho}\left[1 - \sum_{n=1}^{\infty} J_{2n}\left(\frac{a}{\rho}\right)^{2n} P_{2n}(\cos\theta)\right] + \frac{\omega^2}{2}\rho^2\sin^2\theta \tag{2-1}$$

式中 ρ ——地心矢径;

θ ——余纬度,;

$P_{2n}(\cos\theta)$ ——勒让德多项式;

a 、J_{2n} 、GM、ω ——正常椭球的 4 个参数,式中其他的偶阶带谐系数 J_4、J_6 等可根据这 4 个参数按一定的公式算得。

1967 年国际大地测量与地球物理联合会(IUGG)第十四届大会上,开始采用这 4 个参数全面描述地球的几何特性和物理特性。

这 4 个量通常称为基本大地参数,在 4 个基本参数中,长半径 a 通常由几何大地测量提供,地球自转角速度 ω 由天文观测确定,它们的精度都比较好。地球的质量 M 虽难测定,但是 GM(G 是地球引力常数)利用卫星大地测量学可精确测定至千万分之一。通过观测人造地球卫星,确定与 a 等价的二阶带谐系数 J_2,其精确度提高了二个数量级。这些参数,可以充分确定地球椭球的形状、大小及其正常重力场,从而使大地测量学与大地重力学的基本参数得到统一。

(二)极移和地极原点

地球自转轴与地球表面的交点叫地球极点。由于地球内部和外部的动力学因素,地球极点在地球表面上的位置随时间而变化,这种现象称为地极移动,简称极移。1765 年,欧拉最先从力学上预言了极移的存在。1888 年,德国的屈斯特纳从对纬度变化的观测中发现了极移。1891 年,美国天文学家张德勒指出,极移包括两个主要周期成分:一个是周年周期,另一个是近 14 个月的周期,称为张德勒周期。前者主要是由于大气的周年运动引起地球的受迫摆动,后者是由于地球的非刚体引起的地球自由摆动。极移的振幅约为±0.4 角秒,相当于在地面上一个 12 m×12 m 范围。观测瞬间地球自转轴所处的位置,称为瞬时地球自转轴,相应的极点称为瞬时极,某一时期瞬时极的平均位置,叫做平地极,简称平极。

对于与地球固联的坐标系来说,地球极点作为地球坐标系的一个重要基准点,人们自然希望它在地球上的位置是固定的,否则地球参考系的 Z 轴方向将有所改变,也就是说,地球赤道面和起始子午面的位置均将有所改变,从而引起地球上点的坐标变化。

如果地极在移动,那么经度相同的两地,其纬度变化的大小和符号应相同;而经度相差 180°的两地,其纬度变化的大小应相同而符号则相反。为了用实测数据来说明地极移动的存在,国际弧度测量委员会于 1891—1892 年组织了观测队在欧洲的柏林、布拉格和太平洋中的檀香山等地进行纬度变化的观测。结果表明,在相距不远的柏林和布拉格两地的纬度变化,符号相同,大小也几乎一致;距柏林经度相差 180°的檀香山的纬度变化则与前两地的大小相同而符号相反。由此证明,纬度变化确是由地极移动引起的。地极在地球表面移动的轨迹近似圆形,约 14 个月移动一周。

地极的移动,将使地球坐标系坐标轴的指向发生变化,这样一来,将对实际工作造成许多困难。因此,在 1967 年国际天文学联合会和国际大地测量学与地球物理学联合会共同召开的 32 次讨论会上,建议平极的位置用国际纬度服务站 5 个台站的"1900—1905 年"的平均纬度来确定,见表 2-1。平极的这个位置相对于 1900—1905 年平均历元(1903.0),叫作国际协议原点(Conventional International Origin,简称 CIO)。如图 2-2 所示为 1971 至 1975 年间相对于 CIO 地极运动的轨迹。

表 2-1 国际纬度站分布

站址	纬度 φ	经度 λ
卡洛福特(Carloforte)/意大利	39°08′09″	8°18′44″
盖瑟斯堡(Gaithersburg)/美国	39°08′13″	−77°11′57″
基塔布(Kitab)/苏联	39°08′02″	66°52′51″
水泽(Mizusawa)/日本	39°08′04″	141°07′51″
尤凯亚(Ukiah)/美国	39°08′12″	−123°12′35″

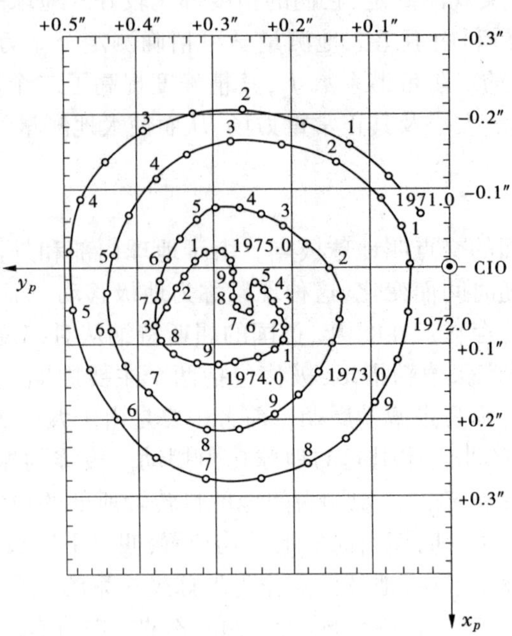

图 2-2　地极运动轨迹

1975 年,观测北磁极的地理坐标约为北纬 76.2°、西经 100.6°,在加拿大北部巴瑟斯特岛西北;南磁极为南纬 65.8°、东经 139.4°,在南极洲威尔克斯地东北岸海边。在实际应用时,多采用把地磁场按偶极磁场推算的理论磁极,通称“地磁极”。即磁北极的地理坐标为北纬 79°、西经 110°,磁南极的地理坐标为南纬 79°、东经 111°。

1977 年,我国极移协作小组利用 1949—1977 年国内外观测质量好、成果比较连续的 41 架光学仪器的测纬资料,运用滤波方法求得各测纬仪器的纬度长期变化,进而解出极移的长期分量(x_0,y_0);而周期分量(x_1,y_1)则按单站法用我国的测纬资料计算得出。根据以上长期分量和周期分量的分析研究后,确定了我国的地极原点,记作 JYD1968.0(历元平极)。

在 1979 年 4 月以前,国际时间局(BIH)数据均相对于 1968 年 BIH 系统。此后,因加入了美国国防部测绘局(DMA)的多普勒极移成果而改用 1979 年 BIH 系统。随着观测技术和手段的发展,以及观测台站和数据的增加,国际极移服务机构(IPMS)所定期公布的瞬时地极坐标,严格地说,已不再是以原来所定义的 CIO 为极移原点。国际时间局所建立的 1979BIH 系统作为协议地面参照系以及所发布的瞬时地极坐标已加入了卫星多普勒及激光测月技术来求定极移,其地极原点与原有的 CIO 自然也不一致,1988 年后完全摒弃了天文光学观测成果,国际协议原点(CIO)作为历史上曾沿用过的名词已失去原来的意义,目前可以这样认为,由国际时间局所公布的瞬时地极坐标所相应的坐标原点即为 BIH 系统中的协议地极原点。

(三)起始天文子午线

1884 年国际经度会议决定,以通过英国格林尼治天文台艾黎仪器中心的子午线作为全世界计算天文经度的起始天文子午线(见图 2-3)。起始天文子午线与赤道的交点 E,就是天文经度零点。

图 2-3 起始子午线标志(本初子午线)

但是,地极位置的变化,势必引起起始子午线的变化。加之格林尼治天文台已于 1959 年搬迁至 75 km 以外的赫斯特莫尼尤克斯,新的格林尼治天文台已经失去了它的特殊意义。

考虑到极移的影响和格林尼治天文台迁址,为使沿用成习的经度计算尽量不变,1968 年国际时间局(BIH)决定,采用通过国际协议原点(CIO)和原格林尼治天文台的经线为起始子午线。起始子午线与相应于 CIO 的赤道的交点 E 为经度零点。这个系统称为“1968BIH”系统。

显然,起始子午线或经度零点,只靠一个天文台是难以保持的。所以,国际时间局的 1968BIH 系统是由分布在世界各地的许多天文台所观测的经度,反求出各自的经度原点,取它们的权中数,作为平均天文台所定义的经度原点。国际时间局再根据 1954—1956 年的观测资料求出格林尼治天文台所定义的经度零点 E 与平均天文台所定义的经度原点的经度差值,来修定各天文台的经度值,从而保持了用 E 点作为经度零点。

由于上述原因,国际时间局的 1968BIH 系统改为以平均天文台为准,习惯上仍称以“格林尼治平均天文台”为准。自然,这种称呼事实上已经和格林尼治没有直接的关系。

通过投影计算可以证明,虽然地极位置发生改变,起始天文子午线的定义发生了变化,导致了不同赤道上的经度零点发生变化。但是这种变化很小,实际上仍然可以认为不变。我国采用 JYD1968.0 作为地极原点,其对应的经度零点和 1968BIH 系统的经度零点相比较,差异很小,可以忽略不计。

起始天文子午线和起始大地子午线紧密相关,后者直接关系到大地坐标系的定义和不同系统的大地坐标换算。

(四)1980 年国家大地坐标系的建立

1978 年 4 月,我国在西安召开了全国天文大地网整体平差会议,在会议上决定建立我国新的国家大地坐标系。有关部门根据会议记要,开展并进行了多方面的工作,建成了 1980 年国家大地坐标系(GDZ80)。

1980 年国家大地坐标系采用了全面描述椭球性质的 4 个基本参数(a、GM、J_2、ω),这就同时反映了椭球的几何特性和物理特性。4 个参数的数值采用的是 1975 年国际大地测量与地球物理联合会第 16 届大会的推荐值:

地球椭球长半径 $a = 6\ 378\ 140$ m;

地球引力常数(含大气层) $GM = 3\ 986\ 005 \times 10^8 \mathrm{m^3/s^2}$;

地球重力场二阶带谐系数　$J_2 = 1\ 082.63 \times 10^{-6}$；

地球自转角速度　$\omega = 7\ 292\ 115 \times 10^{-11}$ rad/s。

我国大地坐标系原点(见图 2-4)，设在我国中部陕西省泾阳县永乐镇西流村，在西安以北 60 km，简称西安原点。具体位置为：北纬 34°32′27.00″、东经 108°55′25.00″，海拔 417.20 m。

图 2-4　我国大地坐标系原点

1980 年国家大地坐标系的椭球定位，是按局部密合条件实现的。依据 1954 年北京坐标系大地水准面差距图，按 1°×1°间隔，在全国均匀选取 922 点，列出高程弧度测量方程式按最小，求得椭球中心的位移 Δ_{X0}、Δ_{Y0} 和 Δ_{Z0}，进而可以求出大地原点上的垂线偏差分量(η_k、ξ_k)和高程异常(ζ_k)。再由大地原点上测得的天文经纬度(λ_k、φ_k)和正常高(H_k)及至另一点的天文方位角(α_k)，即可算得大地原点上的大地经纬度(L_K、B_K)和大地高(h_K)及至另一点的大地方位角(A_K)，以此作为 1980 年国家大地坐标系的大地起算数据。

1980 年国家大地坐标系的椭球短轴平行于由地球质心指向我国地极原点 JYD1968.0 的方向，起始大地子午面平行于我国起始天文子午面。

大地点高程是以 1956 年青岛验潮站求出的黄海平均海水面为基准。

新的国家大地坐标系的建立，标志着我国测绘科学技术的进步和发展。无论是椭球的选择及其定位、定向，还是其后的全国天文大地网平差，都体现着世界当时的先进水平。

1980 年国家大地坐标系与 1954 年北京坐标系其实是一种椭球参数的转换，作为这种转换在同一个椭球里的转换都是严密的，而在不同的椭球之间的转换是不严密的，因此不存在一套转换参数可以在全国通用，在每个地方会不一样，因为它们是两个不同的椭球基准。

1954 年北京坐标系和 1980 年国家大地坐标系是两种不同的大地基准面，不同的参考椭球体，因而两种地图下，同一个点的坐标是不同的，无论是 3°带 6°带坐标还是经纬度坐标都是不同的。

三、1954 年新北京坐标系(BJZ54)

尽管 1980 年国家大地坐标系具有先进性和严密性，但 1954 年北京坐标系毕竟在我国测绘工作中潜移默化，影响深远。40 年来，数十万个国家控制点都是在这个系统内完成计算的，一切测量工程和测绘成果均无例外地采用着这个系统。

为了既体现 1980 年国家大地坐标系的严密性，又照顾到 1954 年北京坐标系的实用性，有关部门和单位想出一种两全其美的办法，就是将 1980 年国家大地坐标系的空间直角坐标经 3 个平移参数平移变换至克拉索夫斯基椭球中心，于是就产生了 1954 年新北京坐标系。所以说，1954 年新北京坐标系的成果实际上就是从 1980 年大地坐标系整体平差成果转换而来的。

因此，1954 年新北京坐标系的成果既具有整体平差成果的科学性，其坐标精度和 1980 年国家大地坐标系的坐标精度是一致的，改变了 1954 年北京坐标系局部平差成果的局限性。同时，由于参考椭球又恢复成克拉索夫斯基椭球，使 1954 年新北京坐标系内的坐标值与 1954 年北京坐标系内的坐标值相差很小。

据统计，1954 年新北京坐标系与 1954 年北京坐标系相比较，就控制点的平面直角坐标而言，纵坐标 x 差值在-6.5～+7.8 m，横坐标 y 的差值在-12.9～+9.0 m，差值在 5 m 以内者约占全国 80%的地区。这样的差异没有超过以往资用坐标与平差坐标差异的范围。反映在 1∶5万比例尺地形图上，绝大部分不超过 0.1 mm。

四、地方独立坐标系

在我国的许多城市、大型工程项目中，出于实用、方便和科学的目的，将地方独立测量控制网建立在当地的平均高程面上，并以当地子午线作为中央子午线进行高斯投影求得平面坐标。这些地方独立坐标系隐含着一个与当地平均高程相对应的参考椭球，我们称之为地方参考椭球。地方参考椭球与国家参考椭球的关系是：中心一致、轴向一致、扁率相等、长半径有一增量。建立独立坐标系的主要目的就是减小高程规划与投影变形产生的影响，将它们控制在一个微小的范围，是计算出来的长度，在实际利用时（如工程放样）不需要作任何改算。

建立地方独立坐标系时，有以下三种方法：

（1）把中央子午线移到城市或工程建设地区中央，规划高程面提高到该地区的平均高程面（严格地讲，要提到到那个地区的大地高平均面）。这样既可使该测区的高程规划改正和中央地区的投影变形几乎为零，又可保证在离中央子午线 45 km 以内的地区其投影变形的相对误差小于 1/4 万，这种独立坐标系最适合工程建设区的需要，因为工程建设的所辖面积不会太大，东西跨度 90 km 完全可以满足需要。

（2）在建立城市独立坐标系时，上面第一种方法对某些城市不太适合，因为城市独立坐标系不但要满足市区的测图，而且满足它所管辖的郊县地区的测图的精度，跨度 90 km 可能对某些城市来说是不够的，这就需要利用高程归划改正和投影变形可以相互抵消的特点，把它们结合起来进行设计。如果把中央子午线设计在城市中央，而把高程归划面设在城市地区平均高程面以下 100 m 左右的地方，可以算出城市中央地区的长度变形小于 1/6.4 万，而离开中央子午线各 55 km 左右的距离亦可保证长度变形小于 1/4 万，东西 110 km 的跨度一般可以满足城市及郊县的测图精度需要。

（3）建立新的坐标系可以不变动高程归化面（还是把长度归算到国家坐标系的参考椭球面上），而只移动中央子午线的办法。

➤ 小贴士

20 世纪 50 年代，为满足测绘工作的迫切需要，中国采用了 1954 年北京坐标系。1954 年之后，随着天文大地网布设任务的完成，通过天文大地网整体平差，于 20 世纪 80 年代初中国又建立了 1980 年国家大地坐标系。随着情况的变化和时间的推移,上述两个以经典测量技术为基础的局部大地坐标系已经不能适应科学技术特别是空间技术发展,不能适应中国经济建设和国防建设需要。中国大地坐标系的更新换代是经济建设、国防建设、社会发展和科技发展的客观需要。

任务二　地心坐标系的作用

描述人造卫星的运动常采用空间直角坐标系。任一点的空间位置可由该点的三维坐标唯一地确定。通过坐标平移、旋转和尺度转换,可以将一点的位置向量方便地转换为另一坐标系中的位置向量。根据坐标轴指向的不同,可划分为两大类坐标系——天球坐标系和地球坐标系。地球坐标系随同地球自转,可看作为固定在地球上的坐标系,便于表述地面观测站的空间位置和处理 GNSS 观测数据,它在经典大地测量学中,具有多种表达形式和广泛的应用;天球坐标系则与地球自转无关,对于描述人造地球卫星的位置和状态极其方便。

地心坐标系分为地心空间大地直角坐标系和地心大地坐标系等。地心空间大地直角坐标系又可分为地心空间大地平直角坐标系和地心空间大地瞬时直角坐标系。通常所说的地心坐标系都是指地心空间大地平直角坐标系,简称地心直角坐标系,它是卫星大地测量中的一种常用坐标系,这里主要介绍地心直角坐标系。

一、建立地心坐标系的意义和方法

地心坐标系中的“地心”二字指地球的质心。在地心空间大地平直角坐标系中用(X_D、Y_D、Z_D)表示点的位置,地心大地坐标系中用(L_D、B_D、H_D)表示点的位置。由于前者可以通过卫星大地测量获得点的空间三维直角坐标,并不涉及椭球及其定位。但地心大地坐标系则要涉及椭球的大小和定位。所以,地心直角坐标系是 GNSS 定位中采用的基本坐标系。

仅从地形图测绘来说,地心直角坐标系并不十分需要,因为参考椭球面已经和测区范围的大地水准面达到最佳密合,按参心坐标系测绘地形图还是方便的。但是,就整个地球空间而言,参心坐标系就表现出不足,主要是以下 3 点:

(1)不适合建立全球统一坐标系的要求;

(2)不便于研究全球重力场;

(3)水平控制网和高程控制网分离,破坏了空间点三维坐标的完整性。

从这 3 方面看,地心坐标系有明显的优势。因人造地球卫星围绕地球运转,其轨道平面随时通过地球质心,所以通过对卫星的跟踪观测来处理与观察站位置有关的问题时,就需要建立以地心为坐标原点、与地球体相固连的三维空间直角坐标系统。因此,建立并不断精化地心直角坐标系统,对于发展空间技术和解决卫星大地测量等问题具有特殊意义。

从理论上讲,建立地心直角坐标系的方法很多,例如可按重力方法建立,还可按天文大地测量方法建立,但实际上又各有困难,难以完成。更重要的是椭球中心很难做到和地球质心重合。

建立地心坐标系的最理想方法是采用空间大地测量的方法。20 世纪 60 年代以来,随着空间技术的发展,美、苏等国利用卫星进行洲际联测,并综合天文、大地、重力测量等资料,开展了建立地心坐标系的工作。我国有关部门在建立地心坐标系方面也已取得一定的成果。1978 年建立了地心一号(DX-1)转换参数,1988 年建立了更为精确的地心二号(DX-2)转换参数,用于将 1954 年北京坐标系与 1980 年国家大地坐标系的坐标转换为我国地心坐标系 DXZ_{78} 或 DXZ_{88} 的坐标。

二、地心坐标系的表述形式

地心直角坐标系如图 2-5 所示,它的定义是:原点 O 与地球质心重合;Z 轴指向国际协议原点 CIO,X 轴指向 1968BIH 定义的格林尼治平均天文台的起始子午线与 CIO 的赤道焦点 E,Y 轴垂直于 XOZ 平面构成右手坐标系。地面点 D 的位置用 X_D、Y_D、Z_D 三个坐标量来表示(见图 2-5)。

地心大地坐标系如图 2-6 所示,它的定义是:地球椭球的中心与地球质心重合,椭球的短轴与地球自转轴重合,大地纬度 B 为过地面点的椭球法线与椭球赤道面的夹角,大地经度 L 为过地面点的椭球子午面与 BIH 定义的起始大地子午面之间的夹角,大地高 H 为地面点沿椭球面法线至椭球面的距离。地面点 D 的位置用 L_D,B_D,H_D 三个量来表示。

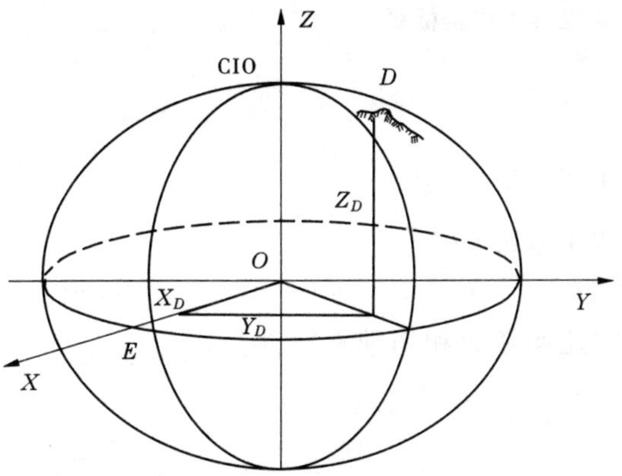

图 2-5　地心直角坐标系

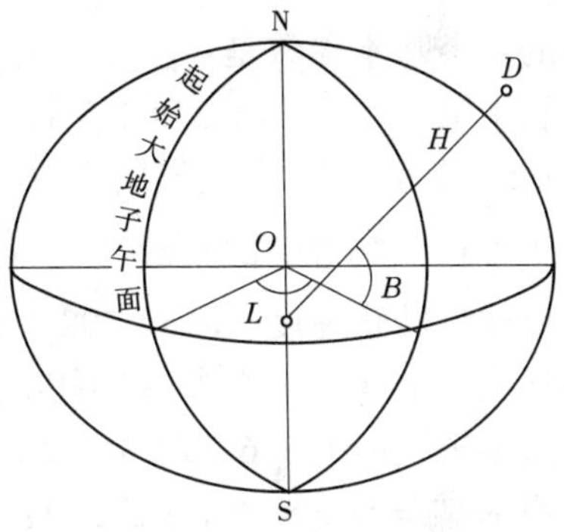

图 2-6　地心大地坐标系

三、WGS-84 大地坐标系

自 20 世纪 60 年代以来,美国国防部制图局(DMA)为建立全球统一坐标系统,利用了大量的卫星观测资料以及全球地面天文、大地和重力测量资料,先后建成了世界大地坐标系(World Geodetic System,简称 WGS)WGS-60、WGS-66 和 WGS-72,并于 1984 年开始,经过多年修正和完善,发展了一种新的更为精确的世界大地坐标系,称之为美国国防部 1984 年世界大地坐标系,简称 WGS-84,如图 2-7 所示。

WGS-84 于 1985 年开始使用,1986 年生产出第一批相对于地心坐标系的地图、航测图和大地成果。由于 GPS 导航定位全面采用了 WGS-84,用户可以获得更高精度的地心坐标,也可以通过转换,获得较高精度的参心大地坐标系坐标。

WGS-84 坐标系的几何定义是:坐标系的原点是地球的质心,Z 轴指向 BIH1984.0 定义的协议地球极(CTP)方向,X 轴指向 BIH1984.0 的零度子午面和 CTP 赤道的交点,Y 轴和 Z 轴、X 轴构成右手坐标系,如图 2-7 所示。

WGS-84 椭球采用国际大地测量与地球物理联合会第 17 届大会大地测量常数推荐值,

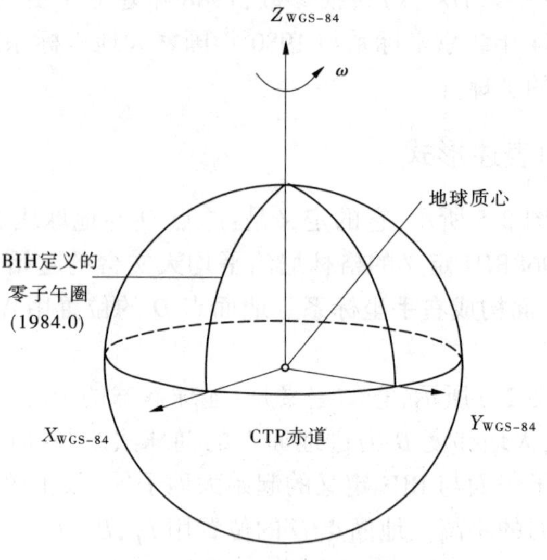

图 2-7　WGS-84 世界大地坐标系

采用的 4 个基本参数是：

长半轴　　$a = 6\ 378\ 137$ m；

地球引力常数(含大气层)　$GM = 3\ 986\ 005 \times 10^8 m^3/s^2$；

正常化二阶带球谐系数*　$\overline{C}_{2.0} = -484.166\ 85 \times 10^{-6}$；

地球自转角速度　$\omega = 7\ 292\ 115 \times 10^{-11}$ rad/s。

利用以上 4 个基本参数,可以计算其他的几何常数和物理常数,例如：

短半轴　$b = 6\ 356\ 752.314\ 2$ m；

扁率　$f = 1/298.257\ 223\ 563$；

第一偏心率平方　$e^2 = 0.006\ 694\ 379\ 990\ 13$；

第二偏心率平方　$e'^2 = 0.006\ 739\ 496\ 742\ 227$；

椭球正常重力位　$U_0 = 62\ 636\ 860.849\ 7\ m^2/s^2$；

赤道正常重力　$\gamma_0 = 9.970\ 326\ 771\ 4\ m/s^2$。

当 GPS 定位确定了测站点的大地高 H 后,可按下式求出该点的正高 h：

$$h = H - N \tag{2-2}$$

式中　N——该点的 WGS-84 大地水准面差距,它可以根据 WGS-84 地球重力场模型 WGS-84EGM 的一套球谐系数,利用球谐函数展开式计算得出,其均方根差为 ±(2~6) m。

自 1987 年 1 月 10 日之后,GPS 卫星星历均采用 WGS-84 坐标系统,因此 GPS 网的测站坐标均属于 WGS-84 坐标系统,若要求得 GPS 测站点在参心坐标系中的坐标,就必须进行坐标系的转换。

四、CGCS2000 国家大地坐标系

随着经济发展和社会的进步,我国航天、海洋、地震、气象、水利、建设、规划、地质调查、国土资源管理等领域的科学研究需要一个以全球参考基准为背景的、全国统一的、协调一致

的坐标系统,来处理国家、区域、海洋与全球化的资源、环境、社会和信息等问题,需要采用定义更加科学、原点位于地球质量中心的三维国家大地坐标系。以地球质量中心为原点的地心大地坐标系,是当今空间时代全球通用的基本大地坐标系。以空间技术为基础的地心大地坐标系,是我国新一代大地坐标系的适宜选择。

2008 年 3 月,由国土资源部正式上报国务院《关于中国采用 2000 国家大地坐标系的请示》,并于 2008 年 4 月获得国务院批准。自 2008 年 7 月 1 日起,中国全面启用 2000 国家大地坐标系,国家测绘地理信息局受权组织实施。2018 年 3 月开始由中华人民共和国自然资源部国土测绘司管理。

2000 国家大地坐标系,是我国当前最新的国家大地坐标系,英文名称为 China Geodetic Coordinate System 2000,英文缩写为 CGCS2000。其属于地心大地坐标系统,该系统以 ITRF 97 参考框架为基准, 参考框架历元为 2000. 0。

2000 国家大地坐标系是全球地心坐标系在我国的具体体现,其原点为包括海洋和大气的整个地球的质量中心。Z 轴指向 BIH1984. 0 定义的协议极地方向(BIH 国际时间局),X 轴指向 BIH1984. 0 定义的零子午面与协议赤道的交点,Y 轴按右手坐标系确定。2000 国家大地坐标系采用的地球椭球参数如下:

长半轴　$a=6\ 378\ 137$ m;

扁率　$f=1/298.257\ 222\ 101$;

地心引力常数　$GM=3.986\ 004\ 418\times10^{14}\ m^3/s^2$;

自转角速度　$\omega=7.292\ 115\times10^{-5}$ rad/s。

我国新一代大地坐标系建立的基本原则是:

(1)坐标系应尽可能对准 ITRF(国际地球参考框架);

(2)坐标系应由空间大地网在某参考历元的坐标和速度体现;

(3)参考椭球的定义参数选用长半轴、扁率、地球地心引力常数和地球角速度,其参数值采用 IUGG(国际大地测量与地球物理联合会)或 IERS(国际地球旋转与参考系服务局)的采用值或推荐值。

CGCS2000 的定义与 WGS-84 实质一样,采用的参考椭球非常接近。扁率差异引起椭球面上的纬度和高度变化最大达 0. 1 mm。当前测量精度范围内,可以忽略这点差异。可以说两者相容至厘米级水平,但若一点的坐标精度达不到厘米水平,则不认为 CGCS2000 和 WGS-84 的坐标是相容的。

CGCS2000 和 1954 年北京坐标系或 1980 年国家大地坐标系,在定义和实现上有根本区别。局部坐标和地心坐标之间的变换是不可避免的。坐标变换通过联合平差来实现,而一般通过一定变换模型来实现。当采用模型变换时,变换模型的选择应依据精度要求而定。对于高精度(小于 0. 5 m)要求,可采用最小曲率法或其他方法的格网模型,对于中等精度(0. 5~5 m)要求,可采用七参数模型,对于低精度(5~10 m)要求,可采用四参数或者三参数模型。

五、ITRF 坐标框架简介

国际地球参考框架 ITRF(International Terrestrial Reference)是一个地心参考框架,是目前精度最高和影响最大的地球参考框架,它是由空间大地测量观测站的坐标和运动速度来定义的,是国际地球自转服务局 IERS(International Earth Rotation Service)的地面参考框架。由于章动、极移影响,国际协议地极原点 CIO 变化,故 ITRF 框架每年也都在变化。

ITRF 框架实质上也是一种地固坐标系,是综合应用甚长基线射电干涉测量(VLBI)、卫星激光测距(SLR)、地月激光测距(LLR)、GPS 卫星定位和星载多普勒无线电定轨定位系统(DORIS)的测量成果而建立的地球参考框架,其坐标原点是包括海洋和大气的整个地球的质量中心,其坐标轴的定向与国际时间局 BIH1984.0 一致,以 WGS-84 椭球为参考椭球。

自 1988 年以来,国际地球自转服务局(IERS)连续发布了国际地球参考系 ITRF88、ITRF89、ITRF90、ITRF91、ITRF92 、ITRF93、ITRF94、ITRF96、ITRF97、ITRF2000、ITRF2005、ITRF2008、ITRF2014 等 13 种改进型的国际地球基准坐标系。较为常用的有 ITRF97、ITRF2000,最新的应用框架是 ITRF2014。

1994 年 6 月,美国国防制图局(DMA)对 WGS-84 世界大地坐标系进行了精化,称之为 WGS-84(G730)系。此处的 G 为 GPS,730 表示 GPS 星期数,经研究表明,WGS-84(G730)坐标和 ITRF92 坐标的较差优于 10 cm。1996 年 9 月,美国国家图像制图局 NIMA(美国国防制图局的现用名)对 WGS-84 世界大地坐标系再次进行了精化,得到了称之为 WGS-84(G873)的世界大地坐标系。经研究表明,WGS-84(G873)坐标和 ITRF94 坐标的较差优于 2 cm。1996 年,National Imagery and Mapping Agency (NIMA) 为美国国防部 (U. S. Departemt of Defense, DoD)做了一个新的坐标系统。这样实现了新的 WGS 版本:WGS(G873)。其因为加入了 USNO 站和北京站的改正,其东部方向加入了 31~39 cm 的改正。所有的其他坐标都有在 1 dm 之内的修正。此后,WGS-84(G1150)于 2002 年 1 月 20 日启用。现行的 GPS 广播星历和 NIMA 精密星历,均采用 WGS-84(G1150)世界大地坐标系。

➢ 小贴士

WGS-84 大地坐标系和 CGCS2000 国家大地坐标系均为以地球质量中心为原点的地心大地坐标系,是当今空间时代全球通用的基本大地坐标系,以空间技术为基础的地心大地坐标系。国际地球参考框架 ITRF(International Terrestrial Reference)是一个地心参考框架,是目前精度最高和影响最大的地球参考框架,它是由空间大地测量观测站的坐标和运动速度来定义的。

任务三　天球坐标系的作用

以上所讨论的各种坐标系都属于地球坐标系,它们对于表示地面测站点的位置是方便的。对于不随地球自转而运动的人造卫星和其他天体,使用天球坐标系表示它们的运行位置和状态,则更为方便。

一、天球上的点和圈

在夜晚仰望晴朗的天空,好似一个巨大的半圆球。满天的星斗,似乎就分布在这个球面上。我们把以地球 M 为中心,以无穷远的距离为半径所形成的球称作天球。地球与天球相比,可以看成是无限小的一个点。欲建立天球坐标系统,必须要了解一些基本的点和圈(见图 2-8)。

天极：地球自转的中心轴线简称地轴，将其延伸就是天轴，天轴与天球的交点称为天极，P_N 在北称作北天极，P_S 在南称作南天极。

天球赤道：通过地球质心 M 与地轴垂直的平面称为天球赤道面，天球赤道面与天球相交的大圆就称为天球赤道。

天球子午圈：包含天轴的平面均称天球子午面，天球子午面与天球相交的大圆称为天球子午圈。

时圈：包含地轴的平面与天球相交的大圆称为时圈。显然，时圈也是一个子午圈。

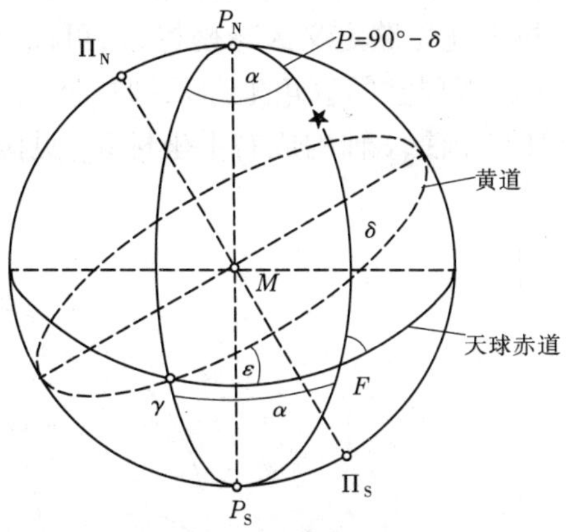

图 2-8 天球上的点和圈

黄道：地球绕太阳公转的轨道平面称为黄道面，它与天球相交的大圆称为黄道。它就是当地球绕太阳公转时，观测者所看到的太阳在天球上运动的轨迹。

天球赤道面与黄道面的交角 ε 约为 23.5°，称为黄赤交角。天球赤道与黄道的交点 γ 称为春分点。

黄极：过天球中心垂直于黄道面的直线与天球的交点称为黄极，Π_n 在北称为北黄极，Π_s 在南称为南黄极。

二、岁差与章动的影响

当地球是一个均质球体且没有其他天体摄动力影响时，春分点在天球上的位置保持固定不变。事实上，地球是一个长短直径相差约 43 km 近于椭球的非匀质非规则的形体，其赤道面对地球公转平面（黄道面）和月球公转平面（白道面）均有一定交角，在这种情况下受日、月及其他天体的引力作用将产生力矩，使地球自转轴在空间产生进动。所以，地球在绕太阳运行时，地球自转轴的方向在天球上缓慢地移动，春分点在黄道上随之缓慢向西移动，这种现象称为岁差。岁差现象的存在，使北天极的轨迹近似于以北黄极 Π_n 为中心的一个小圆，北天极以顺时针方向每年西移约 50.371″，周期大约为 25 800 年。这种缓慢移动的北天极，称为平北天极，与之相应的天球赤道和春分点，称之为瞬时天球平赤道和瞬时平春分点。

除岁差现象外，还存在另外一种现象。它是在太阳和其他行星引力的影响下，月球绕地球的运行轨道以及月球与地球之间的距离都在不断发生变化。如果将这时的北天极称为瞬时北天极，与之相应的天球赤道和春分点称为瞬时天球赤道和瞬时春分点，在日月引力等因素的影响下，瞬时北天极将绕平北天极顺时针转动，其轨迹大致为椭圆形，这种现象称为章动，周期约为 18.6 年。

三、天球坐标系的建立

地面点位置是在地球坐标系内表示的，而 GPS 卫星的位置则在天球坐标系内表示更为方便。因此，GPS 定位需要把卫星与地面点的几何位置统一在一个坐标系内，所以天球坐标系的选择应该尽量便于在两种坐标系之间的相互变换。如果两个坐标系的原点均取地球质心，且使两个坐标系的 z 轴重合，取为瞬时地球自转轴，此时所定义的天球坐标系与地心直角坐标系具有最简便的变换关系。

按上述思路定义天球坐标系,可以分为两种形式:

(1)天球空间直角坐标系:原点位于地球质心 M,z 轴指向天球北极 P_N,x 轴指向春分点 γ,y 轴与 z 轴、x 轴构成右手坐标系(见图 2-9)。

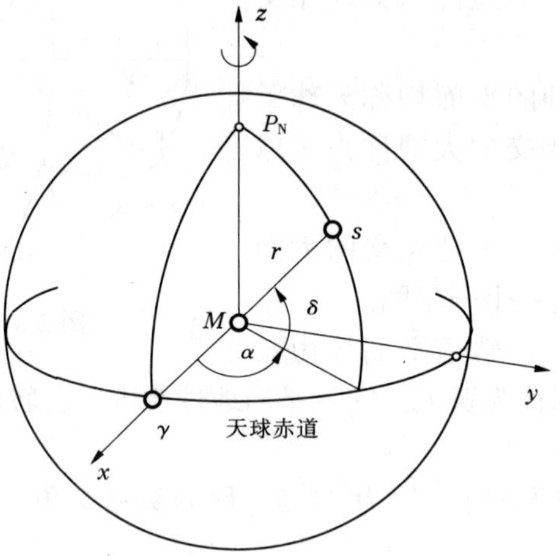

图 2-9　天球坐标系

(2)天球球面坐标系:原点位于地球质心 M,赤经 α 为过春分点的天球子午面与过天体 s 的天球子午面之间的夹角,赤纬 δ 为原点 M 和天体 s 的连线与天球赤道面之间的夹角,向径长度 r 为原点 M 至天体 s 之间的距离。各坐标值以图 2-9 中箭头所指方向为正。

上述两种坐标系对于表达同一天体的位置是等价的,它们之间的关系是:

$$\begin{bmatrix} x \\ y \\ z \end{bmatrix} = r \begin{bmatrix} \cos\delta\cos\alpha \\ \cos\delta\sin\alpha \\ \sin\delta \end{bmatrix} \tag{2-3}$$

或

$$\left.\begin{aligned} r &= \sqrt{x^2 + y^2 + z^2} \\ \alpha &= \arctan\frac{y}{x} \\ \delta &= \arctan\frac{z}{\sqrt{x^2 + y^2}} \end{aligned}\right\} \tag{2-4}$$

但是,由于岁差和章动的影响,天球坐标系的坐标轴方向在不断地旋转变化,为此我们只能选择某一标准时刻的瞬时地球自转轴和地心至瞬时春分点的方向,经该时刻的岁差和章动改正后,作为 z 轴和 x 轴的方向,并称它们为协议天球坐标系。国际大地测量协会和国际天文学联合会决定,从 1984 年 1 月 1 日后启用的协议天球坐标系是:原点仍为地球质心,z 轴指向 2000 年 1 月 15 日质心力学时为标准历元(标以 J2000.0)的瞬时地球自转轴方向,x 轴指向该标准历元的地心至瞬时春分点方向,y 轴与 x 轴和 z 轴构成右手坐标系。卫星的星历就是在该坐标系统中表示的。

实用中是将卫星在上述协议天球坐标系中的坐标,分别顾及岁差和章动的影响,转换成实际观测历元的瞬时天球坐标系的坐标,以取得卫星与测站点相关位置在时间系统上的一致。当然,此种转换工作无须观测人员逐一计算,由计算机自动完成。

➤ 小贴士

了解天球上的点和圈以及岁差和章动的影响,天球坐标系是如何建立的。实用中是将卫星在上述协议天球坐标系中的坐标,分别顾及岁差和章动的影响,转换成实际观测历元的瞬时天球坐标系的坐标,以取得卫星与测站点相关位置在时间系统上的一致。

任务四　时间系统的作用

一、概述

时间具有"时间间隔"(时间段)和"时刻"两种含意。时间间隔是时间轴上的一个区间,而时刻则只是指某一点。时间分恒星时和太阳时两大时间系统。利用春分点的周时视运动周期来量度地球自转周期而建立的以恒星日为时间单位的时间系统为恒星时系统;以太阳的周日视运动周期来量度地球自转周期而建立的以太阳日为单位的时间系统为太阳时系统;太阳时又分为真太阳时和平太阳时两种。平太阳时是以平太阳的周日视运动周期来量度地球自转周期的以平太阳日为单位的时间系统。这里所指的平太阳,是以赤道为周年视运动轨道、周期等于真太阳周年视运动周期,速度等于真太阳周年视运动平均速度且速度均匀的假设的太阳。地球自转一周平太阳视运动的周期为一个平太阳日,世界时就是以平太阳日为基础的。

时间的计算方法随用途的不同而有所不同。日常的计时有平年,闰年和大月、小月之分,但在一些科技领域,如天文测量和卫星大地测量中,为了使用方便不以年、月来计算,而用日来计算,这种计算方法称为儒略日(JD)记日法。儒略日是从公元前 4713 年 1 月 1 日格林尼治平午正开始,连续以日累计,需用时可从《中国天文年历》的"儒略日"附表中查取。儒略日按日累计,年复一年,数字越积越大,对使用又带来不便,所以 1973 年第 15 届国际天文学联合会(JAU)通过了使用以 1958 年 11 月 17 日世界时 0 时为起点的准儒略日(MJD)的决定,于是有

$$MJD = JD - 2\,400\,000.5 \text{ 日} \tag{2-5}$$

准儒略日又称为改进儒略日,儒略日与改进儒略日之差为 2 400 000. 5 日。

各国各地区由于民族、文化和地理位置的关系,计时的方法和单位虽有不同,但都是以地球绕太阳公转、月球绕地球运转和地球的自转的运转周期为基础的,因而都用年、月、日来计时。当今,多数国家都以格里历作为年、月、日的计时单位,即以地球自转轴运转一周的平均时间叫作一日,而将地球绕太阳公转一周的平均时间长度 365. 242 5 日叫作一年,这就是人们所称的公元年,这种计时的起点是公元元年 1 月 1 日。我国正式采用格里历并采用公元纪年,是 1949 年 10 月 1 日中华人民共和国成立的那天起正式开始的。计时的单位,除了年、月、日以外,还有时、分、秒等小于一日的单位。

在 GPS 卫星定位中,时间系统有着重要的意义。卫星的在轨运动以及所发射的电磁波的运动也是和时间紧密相关的,所以测距也是个测时的过程。天文测量中测量经纬度和方

位角要用到时间,同样在 GPS 导航和定位中也要用到时间。

时间系统的重要意义主要表现在以下几点:

(1) GPS 卫星是一个位置不断变化的高空观测目标,因此在给出卫星运行位置的同时,必须给出相应的瞬间时刻。例如,当要求 GPS 卫星的位置误差小于 1 cm 时,则相应的时刻误差应小于 2.6×10^{-6} s。

(2) GPS 定位是通过接收和处理 GPS 卫星发射的无线电信号,来确定用户接收机至卫星间的距离,进而确定观测站的位置。因此,准确地测定观测站至卫星的距离,必须精密地测定信号的传播时间。如果要求上述距离误差小于 1 cm,则信号传播时间的测定误差应不超过 3×10^{-11} s。

(3) 由于地球的自转现象,在天球坐标系中,地球上点的位置是不断变化的。若要求赤道上一点的位置误差不超过 1 cm,则时间的测定误差须小于 2×10^{-5} s。

显然,利用 GPS 进行精密的导航与测量,尽可能获得高精度的时间信息,其意义至关重要。因此,了解有关时间系统的基本概念,对于 GPS 的应用来说,是甚为必要的。

在 GPS 定位中,具有重要意义的时间系统主要有三种,即恒星时、力学时和原子时。

另外还有世界时、历书时、协调世界时、GPS 时和区时等,现分述如下。

二、世界时(UT)

世界时是以平太阳时为基准的。它基于假想的平太阳,是从经度为 0°的格林尼治子午圈起算的一种地方时,这种地方时属于包含格林尼治的零时区,所以称为世界时。由天文学理论知道,世界时与恒星时、真太阳时都是以地球的自转周期为基本单位的一种时间系统,其均匀性达 10^{-8} s,因此在经典测量中都认为它是一种均匀的时间系统。由于原子钟的发明和观测精度的提高,发现地球自转速度并不均匀,由它所确定的时间也不均匀。

(一) 影响地球自转速度变化的因素

1. 长期变化

产生这种变化的主要原因是日、月引力所引起的地球表面潮汐摩擦的影响,长年累月下去,是地球自转速度逐步变慢,日的长度以每百年约 0.001 6 s 增长。这种变化,在短期内不太显著,因而对短期行为的测量工作而言不是主要问题。

2. 季节性变化

地球表面随季节移动的大气团产生的阻力,使地球自转速度不均匀,产生一种季节性的周期变化。春季变慢,秋季变快。一年中,日的长度约有 0.001 s 的变化;而在同一个季节里还有一月、半月等较小的周期性变化。这种变化,属于一种短周期变化,其影响虽然较大,但可根据其周期性,用经验公式求出其影响值予以改正,因而可在很大程度上消除或减小其影响。

3. 不规则变化

这是由于地球内部物质的移动或地球转动惯量的改变等原因所产生的一种变化,表现在地球自转速度无规律性的时快时慢,一年内日长可能会产生千分之几秒的差值。正因为这种变化是不规则的,因而不可预见,且其数值也较大,所以是一项难以解决的问题。

除上述变化外,在世界时的测量中,极移使子午圈随时发生变化,也影响到世界时的均匀性,所以世界时的不均匀是每时、每分,每秒的长度都在变化,这就影响了一些要求时间精度较高的部门的应用。因此,在 1955 年 9 月国际天文学联合会的爱尔兰都柏林会议上,决定在世界时中加入不同的改正。根据改正项的不同,世界时被划分为三种形式,自 1956 年 1 月 1 日起在世界各地正式使用。

(二)世界时(UT)的三种形式

1. UT_0 世界时

UT_0 世界时是 1955 年以前各国所使用的一种世界时形式,它是利用天文测量的方法直接对天体观测得到的,其基准是观测台站的瞬时子午圈,所以它既包含了地球自转速度不均匀的影响,也包含了极移的影响。

2. UT_1 世界时

UT_1 世界时是对 UT_0 世界时观测瞬间的地极移动进行改正(改正数为 $\Delta\lambda$)得到的,即

$$UT_1 = UT_0 + \Delta\lambda \tag{2-6}$$

式中

$$\Delta\lambda = \frac{1}{15}(x_p\sin\lambda - y_p\cos\lambda)\tan\varphi$$

这种世界时,一般用于实用天文测量中。

3. UT_2 世界时

UT_2 世界时在 UT_1 世界时中虽然考虑了极移改正,但尚存在地球自转速度不均匀的影响。为此,在 UT_1 世界时中加入观测瞬间的季节性变化改正数 ΔTS,即

$$UT_2 = UT_1 + \Delta TS \tag{2-7}$$

$$\Delta TS = a\sin2\pi t + b\cos2\pi t + c\sin4\pi t + d\cos4\pi t$$

式中 $a = +0.022$ s, $b = -0.012$ s, $c = -0.006$ s, $d = +0.007$ s,从 1972 年起正式使用;这些数据是根据国际时间局按 1967—1969 年间全世界天文观测资料得出的,可从《地球自转参数公报》中查取;t 为小数,以年为单位,从观测当年的 1 月 1 日起算。

尽管对世界时加入了 $\Delta\lambda$ 和 ΔTS 改正而形成 UT_2 世界时,但 UT_2 中仍包含着地球自转速度的长期变化、季节性变化和不规则变化的影响,所以 UT_2 世界时仍是一种不均匀的时间系统。

三、历书时(ET)

UT_2 世界时仍是以地球自转为基础,存在不均匀的问题,于是人们考虑以地球绕太阳公转为基础建立一种新的时间系统。1952 年国际天文协会第八届大会决定建立一种以地球公转周期为标准的时间系统,称为历书时(ET)。历书时虽比世界时的精度大为提高,但仍不能满足现代需要高精度时间部门的要求,而且计算和提供结果比较迟缓,不能及时投入使用,故该时间系统的使用受到一定的局限。

四、原子时(TAI)

因世界时和历书时都存在不均匀性和精度低的缺点,导致使用受到局限。1967 年国际计量委员会决定采用位于海平面上的 ^{133}Cs 原子基态两个超精细能级,在零磁场中跃迁辐射振荡 9 192 631 770 周所持续的时间,为一原子时秒。该原子时秒作为国际制秒(SI)的时间单位,以此为基准的时间系统,称为原子时。原子时秒比由地球运转所确定的秒长稳定,且

精度达到 10^{-13} s。

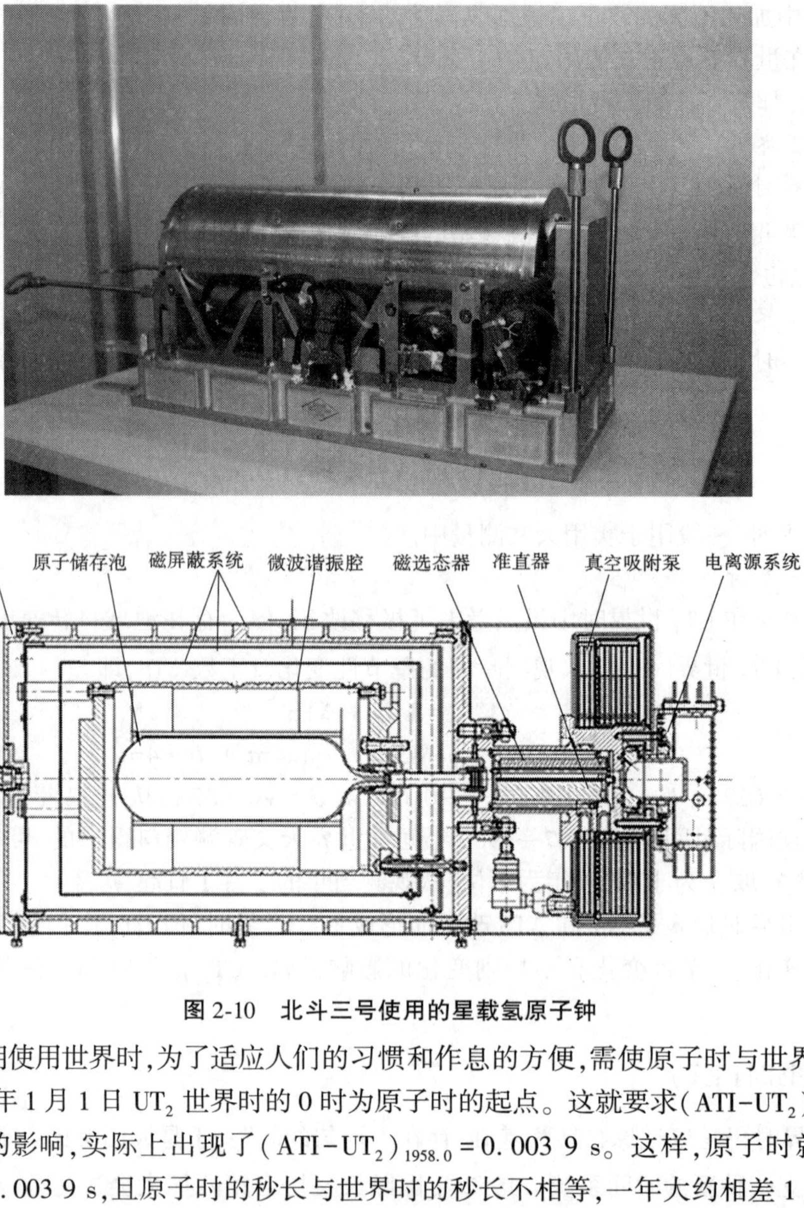

图 2-10　北斗三号使用的星载氢原子钟

人们长期使用世界时,为了适应人们的习惯和作息的方便,需使原子时与世界时相一致,选定以 1958 年 1 月 1 日 UT_2 世界时的 0 时为原子时的起点。这就要求 $(ATI-UT_2)_{1958.0}=0$,但因各种因素的影响,实际上出现了 $(ATI-UT_2)_{1958.0}=0.003\ 9$ s。这样,原子时就比世界时 UT_2 提前了 0.003 9 s,且原子时的秒长与世界时的秒长不相等,一年大约相差 1 s。

计量原子时的时钟称为原子钟,常用的有铯原子钟、铷原子钟和氢原子钟三种,其频标的特性见表 2-2。国际上是以铯原子钟为基准的,原子钟的计时精度满足了一些高精度时间部门的需要,特别是空间技术和地面高精度定位的需要。GNSS 卫星上全部配置了原子钟。我国在 2015 年 9 月 30 日,北斗二代二期试验星,第一台氢原子钟上星;2016 年 2 月 1 日,北斗二代二期第二颗试验星,第二台氢原子钟上星;2018 年 1 月 12 日北斗三号组网一箭双星,第三台、第四台氢原子钟随之而上,截至 2020 年 8 月,已有 16 台氢原子钟上星,助力精准定位(见图 2-10)。

国际原子时(TAI)是全球统一的原子时,由国际计量局(BIPM)的时间部门在维持,根据全球约 60 个实验室中的大约 240 台自由运转的原子钟提供的数据进行处理,得出的“国际时间标准”称为国际原子时(TAI)。

表 2-2 几种常用频标的特性比较

特征值		振荡器的种类			
		晶体振荡器	铷汽泡	铯原子束	氢原子激射器
相对频率稳定度	1 s	$10^{-6} \sim 10^{-12}$	$2\times10^{-11} \sim 5\times10^{-12}$	$5\times10^{-11} \sim 5\times10^{-12}$	5×10^{-13}
	1 d	$10^{-6} \sim 10^{-12}$	$2\times10^{-12} \sim 5\times10^{-13}$	$10^{-13} \sim 10^{-14}$	$10^{-13} \sim 10^{-14}$
钟误差达 1 μs 的时间		1 s~10 d	1~10 d	7~30 d	7~30 d
相对频率再现性		不可应用必须校准	10^{-10}	$10^{-11} \sim 2\times10^{-12}$	5×10^{-13}
相对频率漂移		$10^{-9} \sim 10^{-11}$/d	10^{-11}/月	$<5\times10^{-13}$/d	$<5\times10^{-13}$/a

五、协调世界时(UTC)

从 1972 年起,世界上采用了一种以原子时的秒长为基础,在时刻上尽量接近于世界时的一种折中的时间系统。所以,严格地讲,这不是一种时间系统,而是一种使用方法。由于原子时的精度高且稳定性好,满足了要求高精度时间的部门的需要,但与地球运转有关的一系列工作又都需要用的习惯相适应,这样为了达到既满足高精度要求,又适应各方面的需要而采用这种介于世界时与原子时之间的计时方法,称为协调世界时,简称为协调时。由于世界时与原子时的秒长不一致,在相互换算和应用中会产生矛盾,解决的办法是采用跳秒来“协调”。所谓跳秒,就是规定当 $|UTC-UT|>0.9$ s(1974 年以前规定为 0.7 s)时,进行 1 s 的整数跳动,叫做闰秒。闰秒日期由国际时间局(BIH)通知,一般是在每年 12 月 31 日的 23 时 59 分 60 秒上加或减 1 s。若是加 1 s,则这一年的时间长度就多 1 s,为正闰秒;若是减 1 s,则这一年就少 1 s,为负闰秒。经过正(负)跳秒后,才开始下一年元月一日零时的计时,如果这样还不够,则在每年 6 月 30 日与 7 月 1 日的交界处再跳秒一次。

目前,几乎所有国家发播的时号,均以 UTC 为准,各时号的互差一般不超过±1 ms,除了发播 UTC 时号外,还同时给出 UTC 与 UT_1 的差值,以便用户获得所需的 UT_1。

六、力学时(DT)

这是天文力学理论及其历表所用的时间系统。力学时分两种,即相对于太阳系质心运动的太阳系质心力学时(TDB)和以地心视位置为基础的地球质心力学时(TDT)。力学时的基本单位为日,1 日包含 86 400 国际单位值秒,秒值采用国际原子时(ATI)秒长。地球质心力学时 TDT 的 1977 年 1 月 1.000 372 5 日(1 日 0 时 00 分 32.184 秒)对应于国际原子时 ATI 的 1977 年 1 月 1 日 0 时 0 分 0 秒。

可见地球质心力学时与国际原子时的关系为

$$TDT = ATI + 32.184 \text{ s} \tag{2-8}$$

而它与世界时的关系则为

$$TDT = UT_1 + \Delta T \tag{2-9}$$

式中 ΔT——由世界时化算为地球质心力学时的改正值,通常载于天文年历中。

在 GPS 定位中,地球质心力学时作为一种严格均匀的时间尺度和独立的变量,被用于描述卫星的运动。

七、GPS 时(GPST)

GPS 时间系统简称为 GPS 时,是以原子频率标准为基础,由主控站按照美国海军天文台(USNO)的协调时 UTC 进行调整的,在 1980 年 1 月 6 日零时,使两个时系对齐。GPS 时与协调时 UTC 相似,都属于原子时,所不同的是协调时在年末(必要时在 6 月 30 日)可能通过跳秒来保持与世界时接近;而为了保持导航的连续性,GPS 时不能跳秒,若有必要,可由主控站对卫星钟的运行状态进行调整,即对卫星钟的速度进行调整,使 GPS 时与世界时保持一致。

GPS 时与协调时的关系为

$$GPST = UTC + 1\ s \times n - 19\ s \tag{2-10}$$

式中　n——调整参数,其值由国际地球自转服务组织(IERS)发布。

八、GLONASS 时(GLOT)

GLONASS 系统通过一组氢原子钟构成的 GLONASS 中央同步器来维持时间系统。C 采用莫斯科时间为标准,GLONASS 时间系统与 UTC 时间联系紧密,具有相同的闰秒,不存在整秒差,但相差一个微小偏差(1 ms 以内),还有一个 3 h 的常数偏移,即莫斯科时间和格林尼治时差。其相互关系为:

$$GLONASST \approx UTC(SU) + 3\ h - 14\ s$$

但在实际测量的 GLONASS 星历文件中,往往采用的时间系统并非 GLOT,而是 UTC,因此在与 GPS 组合定位的数据处理中,两者之间只相差一个整数跳秒。

九、北斗时(BDT)

北斗卫星导航系统时间(BDT)也称之为北斗“系统时”,是北斗系统定位导航授时(PNT)的基础。作为在授时、定时、时间同步、时间标准化以及定位导航领域广泛使用的时间术语。BDT 与其他卫星导航系统时间及与 UTC 的整数秒时差换算如表 2-3 所示。

表 2-3　BDT 和其他卫星导航系统时间与 UTC 的整数秒时差换算　(单位:s)

时间系统	UTC	TAI	GPST	GLOT	GST	BDT
UTC	0	-DTAI	19-DTAI	0	32-DTAI	33-DTAI
TAI	DTAI	0	19	DTAI	32	33
GPST	DTAI-19	-19	0	DTAI-19	13	14
GLOT	0	-DTAI	19-DTAI	0	32-DTAI	33-DTAI
GST	DTAI-32	-32	-13	DTAI-32	0	1
BDT	DTAI-33	-33	-14	DTAI-33	-1	0

注:UTC 为协调世界时,TAI 为国际原子时,GPST 为 GPS(系统)时间,GLOT 为 GLONASS(系统)时间,GST 为 Galileo(系统)时间,BDT 为 BeiDou/Compass(系统)时间,DTAI=TAI-UTC。

2012 年 12 月 27 日中国卫星导航管理办公室发布的”北斗卫星导航系统空间信号接口控制文件(ICD 文件)公开服务信号 BII(1.0 版)中,陈述 BDT 是这样的:“北斗系统的时间基准为北斗时(BDT)。BDT 采用国际单位制(SI) 秒为基本单位连续累计,不闰秒,起始历元为 2006 年 1 月 1 日协调世界时(UTC)00 时 00 分 00 秒,该时刻为 BDT 的原点;此刻,国际规定 DTAI=TAI−UTC=33 s,北斗时与 UTC 同步精度为±1 μs。BDT 是(地方)原子时.不作闰秒调整.任何时候都(在整数秒上)与 TAI 相差 33 s,即

$$BDT \approx UTC + DTAI - 33\ s \tag{2-11}$$

十、伽利略时(GST)

伽利略系统时间(GST)是一个连续的原子时系统,采用两个氢原子钟无缝切换,避免频率和时间的偏移,为实现精确同步,通过高精度多通道比相仪(MCPC),对两个氢原子钟的 10 MHz 信号进行闭环相位测量来实现。它与 TAI 有一个标称常数偏差(整数秒)。与 UTC 相比,由于跳秒的插入,模除 1 s 后小数秒是可变的。

十一、区时(T_n)

1884 年,在美国华盛顿召开的国际会议决定采用一种分区统一时刻,把全球按经度划分为 24 个时区,每个时区的经度差为 15°,则相邻时区的时间相差 1 h。这种时刻叫区时(见图 2-11)。划分的次序是,从格林尼治子午圈 0°起算,向东向西各取 7.5°,这个 15°的区域称为零时区,零时区的区时(T_0)即为世界时。从零时区开始向西、向东各有 12 个时区,东 12 区与西 12 区重合。设 n 为区时号,则其区时 T_n 与世界时(零时区的区时 T_0)的关系为:

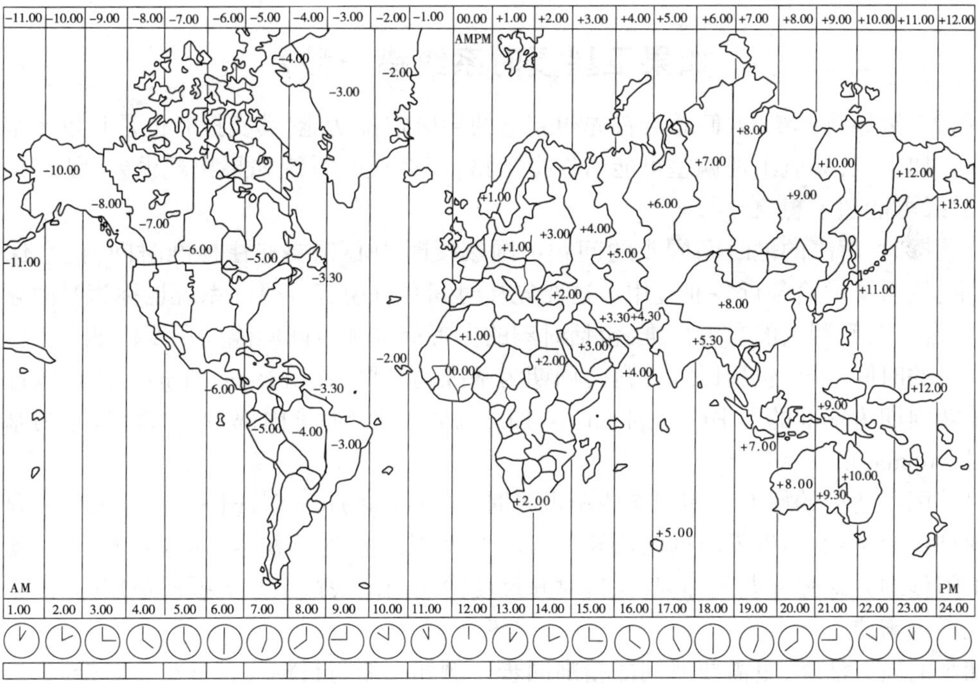

图 2-11 国际时区图

东区 $$T_n = T_0 + n \tag{2-12}$$

西区 $$T_n = T_0 - n \tag{2-13}$$

我国西起东经 72°,东至东经 135°,共跨有 5 个时区,我国采用东 8 区的区时作为统一

的标准时间,称作北京时间。

➤ 小贴士

时间具有"时间间隔"(时间段)和"时刻"两种含意。时间间隔是时间轴上的一个区间,而时刻则只是指某一点。与北斗时均以原子频率标准为基础,不同的是 GPS 时由主控站按照美国海军天文台(USNO)的协调时 UTC 进行调整,在 1980 年 1 月 6 日零时,使两个时系对齐。北斗时起始历元为 2006 年 1 月 1 日协调世界时(UTC)00 时 00 分 00 秒,该时刻为 BDT 的原点。

➤ 知识链接

当使用 GNSS 接收机进行测量时,你可能会发现,测量的结果与地图位置坐标或已知坐标相差几百米,这是为什么呢?有人很快就会想到,这是坐标系统的问题。GNSS 所采用的坐标系统可能跟我们平时使用的不一样,这样就存在了差异。同一个点的位置,在不同的坐标系统中,可有不同的表达方式和数据,而不同的坐标系统,则是由不同的坐标原点位置、坐标轴的指向和尺度比例所决定。

■ 阅读与应用

如果卫星授时系统错一秒?

提起卫星导航系统,人们总会首先想到它的导航定位功能,其实授时也是其重要基础功能之一。如果说,导航出现偏差可能给你指错路,那么授时系统如果出现误差,哪怕只是错一秒,后果可能超乎想象。

所谓授时,解决的是时间同步的问题。国家授时中心先要守住标准时间,让它保持连续、稳定,然后播发给各行各业应用。这要先从时间系统说起。时间系统也称为时间频率基准,它规定了时间测量的参考标准,包括时刻的参考标准和时间间隔的尺度标准。

常见的时间系统,包括以地球自转周期为基准的世界时(Universal Time,UT)、以地球绕太阳公转周期为基准的历书时(Ephemeris Time,ET)、以铯原子内部电磁振荡频率为基准的原子时(Atomic time,AT)等。

目前国际通用的标准时间叫作协调世界时(Universal Time Coordinated,UTC),它是以原子时的秒长为基础,与世界时的时刻相结合。当两者之差逐年积累,达到 0.9 s 时,就通过正负 1 闰秒的方式弥补误差,同时保持时间尺度的均匀。我国最早的授时应用,是出于航天事业发展的需要。

如今的航天活动,更需要时间的精准同步。例如飞船与目标飞行器交会对接时,双方的对接机构必须精确对准,严丝合缝,这就需要地面多个测控站对 2 个飞行器的姿态同步观测,实时发出测控指令。若稍有差错,"太空之吻"就会变成"车祸现场"。

卫星导航系统出现后,作为强大的授时工具,将授时应用推向了各行各业。在生活中感觉微不足道的一秒钟,在许多行业里影响巨大。

例如在通信领域,通信基站对时间同步有很高要求,一秒的误差足以使通信中断。尤其是在5G时代,这一要求将更加严格。

在金融领域,时刻有大量交易在进行,系统时间跳一秒,许多单子就无法成交。在瞬息万变的股市,这可能给股民的账户带来令人悲伤的变化。

在电力行业,并网发电的基本要求除电压相等、频率稳定外,相位相同也是重要的一环。这需要精确的时间同步,如果稍有偏差,在零线上会产生电流,浪费电能。

因此,中国建设北斗卫星导航系统的重要性也不言而喻。

一层一层剥开你的心——卫星导航原子钟

原子钟是什么钟,跟导航有什么关系?原子钟就是导航卫星的"心脏"。从根本上说,导航的核心就是时间测量。在由导航卫星搭建的星地坐标系中,每个星座都有自己的坐标信息,通过测量我们与星座间的距离,就能解算出我们在该坐标系的位置。在信号传播速度(光速)已知的前提下,时间测量越精密,位置解算就越精确。

在卫星导航系统中,1 ns(十亿分之一秒)的时间误差将导致0.3 m的距离误差。要实现如此精密的时间测量,只有原子钟能做到。原子钟是通过原子这一微小量子构件,实现普通钟表一般的"嘀嗒"声。不同的是,这种"嘀嗒"更均匀,表现为一种电磁波形式,通常听不见,只有通过微波信号处理技术才能输出。如何让原子钟的精密测量为我们所用?举例说,跳大绳是大家非常熟悉的运动,当有人进入匀速摇动的大绳,随着它的节奏跳动,并记录一定时间内跳动的次数,就相当于人为地将这种时间间隔进行了输出。原子内部存在着上下两个能级结构,原子在其间跃迁发出的电磁波精度非常高。如果把原子量子构件比作大绳,当我们往里注入一个电磁波,让电磁波与原子二能级发生共振,就能将产生电磁波的振荡器锁定到原子二能级跃迁频率上。振荡器输出高精度频率信号,即可实现精密时间测量。目前导航卫星中普遍应用的氢、铷、铯原子钟(通称"老三样"原子钟),都是基于这一工作原理。

在当前全球四大卫星导航系统中,美国GPS采用了铯原子钟和铷原子钟结合的方式,后来又增加了氢原子钟。欧盟的Galileo、俄罗斯的三代GLONASS及我国的北斗三号,均采用铷原子钟和氢原子钟相结合的授时方式。

在"老三样"原子钟里,铷原子钟具有体积小、重量轻、功耗低、技术难度较低、可靠性高等优势,被四大导航系统普遍采用。2007年,我国自主研制的铷原子钟上天服役,中国人终于有了自己的星载原子钟。北斗三号卫星采用了更高性能的铷原子钟和氢原子钟,我国自制的铷原子钟天稳定度为10^{-14}量级,氢原子钟天稳定度为10^{-15}量级。

氢原子钟分为主动和被动两种类型。主动型稳定度指标最优,但体积较大,一般用于地面守时。被动型的体积、重量和功耗相对较小,稳定度指标仅次于主动型,多用于地面移动平台和卫星,被动型氢原子钟凭借独有的选态组件和储存泡结构特性,可获得较为理想的原子跃迁谱线,使其稳定度指标在"老三样"原子钟中最优,但研制难度也最高。其漂移率虽不及优选型铯原子钟,但足以保障导航系统实现半年以上的自主导航,这使它成为目前最具有竞争力的星载原子钟。

➢ 知识搜索

书目

魏二虎. GPS 测量操作与数据处理[M]. 武汉:武汉大学出版社,2004.

黄秉英. 新一代原子钟[M]. 武汉:武汉大学出版社,2006.

周建郑. GPS 定位测量[M]. 郑州:黄河水利出版社,2017.

周建郑. GNSS 定位测量[M]. 北京:测绘出版社,2021.

相关词条

中国科学院国家授时中心

氢原子钟

铯原子钟

铷原子钟

时区

北斗团队如何搞定铷原子钟

星载氢原子钟

项目小结

本项目主要学习卫星导航定位的时间系统和坐标系统,时间系统和坐标系统是描述卫星运动、处理观测数据和表达观测站位置的数学与物理基础,了解 GNSS 定位测量中的一些常用坐标系统和时间系统,熟悉它们之间的转换关系,是极为重要的。

为什么要建立坐标系?坐标系可以准确完善地描述物体在空间的位置、运动速度和运动轨迹。要完全定义一个三维空间直角坐标系必须明确三个要求:①坐标原点的位置;②三个坐标轴的指向;③尺度单位。一经定义坐标系,空间一点对应一组坐标,坐标系不同,坐标值也不同。任一点的空间位置可由该点在三个坐标面的投影(X,Y,Z)唯一的确定,通过坐标平移、旋转和尺度转换,可以将一个点的位置方便的从一个坐标系转换至另一个坐标系。坐标轴的指向具有一定的选择性,为了使用方便,国际上都是通过协议来确定某些全球性坐标系统的坐标轴指向,这些共同确认的坐标系,通常称为协议坐标系。在 GNSS 定位测量中,采用两种坐标系,即天球坐标系与地球坐标系,两坐标系的坐标原点均在地球的质心,而坐标轴指向不同。天球坐标系其坐标原点及各坐标轴指向在空间保持不变,用于描述卫星运行位置和状态。地球坐标系随同地球自转,可看作固定在地球上的坐标系,用于描述地面观测站的位置。同时,我们要顾及岁差和章动产生的原因与影响、极移产生的原因、各坐标系间转换的基本思路,掌握如何建立协议天球坐标系和协议地球坐标系。

ITRF 框架实质上也是一种地固坐标系,其原点在地球体系(含海洋和大气圈),以 WGS-84 椭球为参考椭球,近年来已经被广泛地应用于地球动力学研究,高精度、大区域控制网的建立等方面，如青藏高原地球动力学研究、国家 A 级网平差等。

在 GNSS 测量定位中，时间具有非常重要的意义。GNSS 卫星作为一个高空观测的目标，其位置是不断变化的，因此在给出卫星运行位置的同时，也必须给出相应的瞬间时刻。例如，当要求 GNSS 卫星的位置误差小于 1 cm 时，则相应的时刻误差应小于 2.6×10^{-6} s（卫星运行速度为 3~4 km/s）。GNSS 测量定位是通过接收和处理 GNSS 卫星发射的无线电信号，来确定用户接收机（观测站）至卫星的距离（或距离差），进而确定观测站的位置，因此准确的确定观测站至卫星的距离，必须精确地测定信号的传播时间，如要求上述距离误差小于 1 cm，则信号传播时间（时间间隔）的测定误差应不超过 3×10^{-11} s。

复习和思考题

2-1　建立一个参心大地坐标系，必须解决哪些问题？

2-2　1954 年北京坐标系的缺点有哪些？

2-3　简述极移的概念。

2-4　建立 1980 年国家大地坐标系的意义是什么？

2-5　1954 年新北京坐标系的特点有哪些？

2-6　参心坐标系的缺点有哪些？

2-7　建立地心直角坐标系的方法有哪几种？哪种方法最好？

2-8　WGS-84 坐标系的几何定义是什么？

2-9　CGCS2000 国家大地坐标系的几何定义是什么？

2-10　在我国的许多城市、大型工程项目中，为什么要建立地方独立坐标系？

2-11　天球坐标系有哪两种形式？

2-12　计量原子时的时钟有哪几种？它们的精度各是多少？

2-13　GPS 时的定义。

2-14　北斗时的定义。

技能训练

时区查验

一、技能训练题目及训练目的

在学习完本项目的理论学习内容之后，学生可在课余和周末时间，在图 2-11 国际时区图中选取中国地图所在位置并查验我国占据几个时区。

二、技能训练要求

1. 熟悉世界地图，并能在图 2-11 国际时区图中任意找出 3 个国家，求取需要的区时（T_n）。

2. 在互联网上任意查取 3 个国家的区时（T_n）。

项目三　认识与使用 GNSS 接收机

项目概述

GNSS 接收机是一种能够接收、跟踪、解码和和处理 GNSS 卫星信号并用于定位的无线电接收设备。它既具有常用无线电接收设备的共性,又具有捕获、跟踪和处理 GNSS 卫星微弱信号的特性。利用 GNSS 测量定位技术布测测量控制网和进行 RTK 实时动态测量定位,必然面临到 GNSS 接收机的选择问题。接收机的最佳选择应该综合考虑一系列因素,例如结构性能、可靠程度、操作难易、供应渠道等。GNSS 接收机可根据各种用户的不同需求分为测地型、导航型和授时型。本项目主要介绍 GNSS 测地型、导航型接收机的组成以及如何挑选、使用和检验 GNSS 接收机。

学习目标

◆知识目标

1. 掌握 GNSS 接收机的组成及工作原理;
2. 了解 GNSS 接收机的分类和特征;
3. 掌握 GNSS 接收机的基本配置。

◆技能目标

1. 能根据仪器说明书的要求独立操作使用测地型 GNSS 接收机;
2. 能根据仪器说明书的要求独立操作使用导航型 GNSS 接收机;
3. 能根据各类测绘工程需要挑选适用的 GNSS 接收机及配套设备;
4. 能根据仪器说明书的要求独立完成 GNSS 接收机的一般检验工作。

➢ 课程导入

GNSS 接收机广泛应用于各种位置服务,高精度的测地型接收机主要应用于测量方面。要想全面了解各种 GNSS 接收机,就要了解接收机各部件的功能以及用户使用接收机能完成哪些任务。

任务一　了解与使用 GNSS 接收机

一、GNSS 接收机的组成

GNSS 接收机的主要作用是首先接收由多颗卫星发射的信号,对信号进行放大,然后将电磁波信号转换成电流,并对这种信号电流进行放大和变频处理,再对经过放大和变频处理的信号进行跟踪、处理和测量(见表 3-1)。图 3-1 描述了 GNSS 信号接收机的基本结构。

表 3-1　GNSS 接收机部件作用

接收机部件		功能
硬件部分	天线单元	接收由天空中运行的 GNSS 卫星发射的微弱电磁波并转化为信号电流，对这种信号电流进行放大和变频处理
	接收单元	对经过放大和变频处理的信号电流进行跟踪、处理和测量
	电源	为天线单元和接收机单元供电
软件部分	内软件	控制接收机信号通道、按时序对各卫星信号进行量测的软件以及内存或固化在中央处理器(CPU)中的自动操作程序等
	外软件	观测数据后处理的软件系统

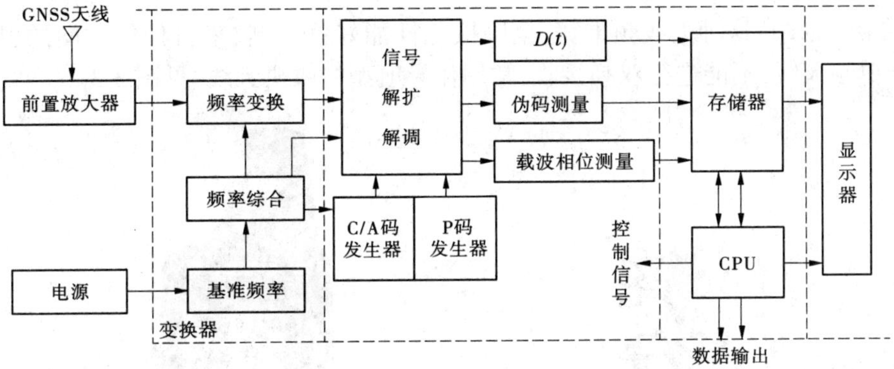

图 3-1　GNSS 接收机的工作原理

(一)天线单元

GNSS 天线主要在同频转发系统中作发射天线使用，也可在 GNSS 导航、定位系统中作接收天线使用。天线为微带形式，方向图基本实现了半球形辐射。天线由天线罩、接收天线和前置放大器、底板和高频输出插座等部分组成(有的天线也与接收机合成一体)，结构简单、体积小。其基本功能是接收 GNSS 卫星信号，并把卫星信号的能量转化为相应的电流量，经过前置放大器，将微弱的 GNSS 信号电流予以放大，送入频率变换器进行频率变换，以便接收机对信号进行跟踪和量测。

1. 接收机天线必须具备的特性

(1) GNSS 天线(见图 3-2)与前置放大器两部分应有较小的重量和尺寸，机械稳定性能好，并且密封为一体，以达到防水防尘、减少信号损失的目的，以保障其在恶劣的工作环境中能正常工作。

(2)天线均应呈全圆极化。使天线的作用范围为整个上半球，不产生死角，以保证能接收到来自天空任何方向的卫星信号的多个载波频率。

(3)天线必须采取适当的防护和屏蔽多路径信号的措施。以最大限度地减弱信号的多

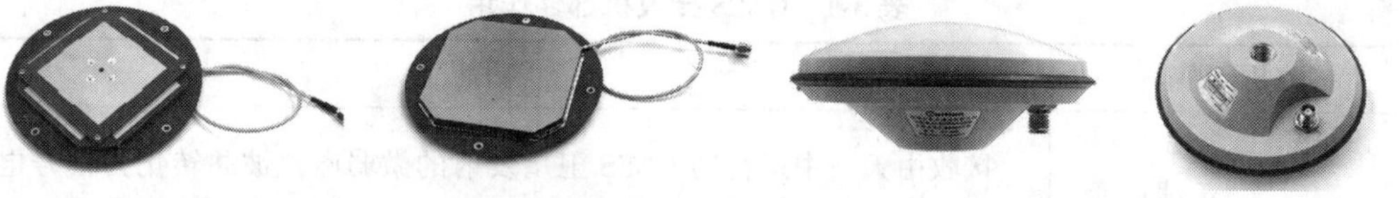

(a)内置天线正面　(b)前置放大器面　(c)天线外观

图 3-2　GNSS 天线

路径效应的影响。

(4)天线的相位中心与几何中心之间的偏差应尽量小,且保持高度稳定。由于 GNSS 测量的观测量,是以天线的相位中心为准的,在作业过程中,应尽可能保持两个中心的一致性。

2. 接收机天线的类型

GNSS 接收机的天线有多种类型。如:

(1)单极天线。这种天线属单频天线,具有结构简单、体积小的优点。需要安装在一块基板上,以减弱多路径对其影响。

(2)螺旋天线。这种天线频带宽,全圆极化性能好,可接收来自任何方向的卫星信号。但也属于单频天线,不能进行双频接收,常用作导航型接收机天线,见图 3-3。

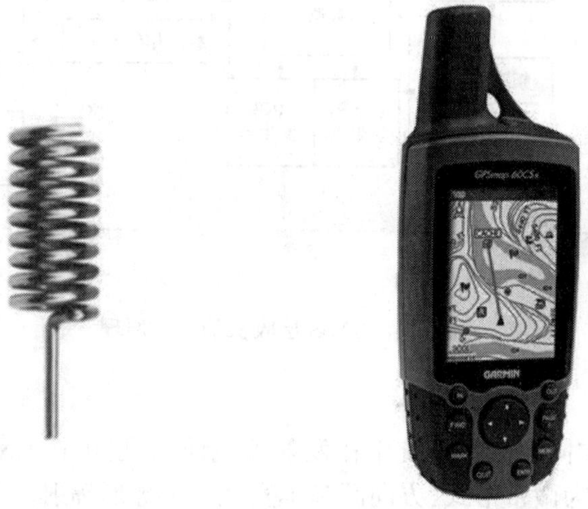

(a)内置螺旋天线　(b)在导航接收机上的螺旋天线

图 3-3　螺旋天线

(3)微带天线。微带天线(见图 3-4)是在一块厚度远小于工作波长的介质基片(厚度一般为 0.5~1.2 mm)的两面贴以用微波集成技术制作的辐射金属片,其中覆盖底部的辐射金属片为接地板,另一面的辐射金属片称为辐射元,其大小近似等于工作波长。微带天线结构简单且坚固,重量轻,既可用于单频机,也可用于双频机,目前大部分测量型天线都是微带天线。这种天线更适合用于飞机、火箭等高速飞行物上。微带天线分 2 种:贴片形状是一细长带条的,则为微带振子天线。贴片是一个面积单元的,则为微带天线。如果把接地板刻出缝隙,而在介质基片的另一面印制出微带线时,缝隙馈电,则构成微带缝隙天线。

(4)锥形天线。这种天线是在介质锥体上,利用印刷电路技术在其上制成导电圆锥螺旋表面,也称盘旋螺线型天线[见图 3-5(a)]。这种天线可同时在两个频道上工作,主要优

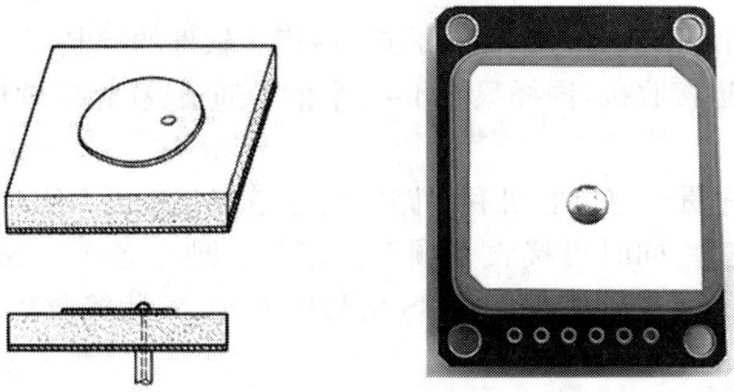

图 3-4 微带天线

点是增益性好。其专为参考站设计,零相位中心。采用四馈源技术,保证了天线的相位中心不随卫星的运动而变化,真正实现了天线的电学相位中心与天线的几何中心重合,提高了基线的观测精度,是世界独有的双频单深度低多路径扼流圈天线。

(5)带扼流圈的振子天线。也称扼流圈天线[见图 3-5(b)]。这种天线的主要优点是,可以有效地抑制多路径误差的影响。但目前这种天线体积较大且重,多应用在高精度的静态测量中。

(a)锥形天线 (b)扼流圈天线

图 3-5 锥形天线与扼流圈天线

(二)接收单元

GNSS 信号接收机的接收单元主要由信号通道、存储器、微处理机等三部分组成。

1. 频率变换器

将射频(RF)信号转换成较低的频率,从而易于进行放大与处理,这种变换通常称之为混频。通常是将天线送来的输入信号,经过低噪声放大器(LNA)的滤波和放大,与基准频率产生的正弦波信号进行混频而形成低频信号。大部分 GNSS 接收机的基准频率采用的是精密的石英晶体振荡器为基准的频率综合器。

2. 信号通道

信号通道是接收单元的核心部分,它不是一种简单的信号通道,而是一种由硬件和相应的控制软件结合的有机体。它的主要功能是跟踪、处理和量测卫星信号,以获得导航定位所需要的数据和信息。随着接收机的类型不同,接收机所具有的通道数目不等。每个通道在某一时刻只能跟踪一颗卫星的一种频率信号,当某一颗卫星被锁定后,该卫星占据这一通道直到信号失锁。当接收机需同步跟踪多个卫星信号时,原则上可能采用三种跟踪方式:

(1)多通道接收机:具有多个分离的信号通道,每个通道都可连续地跟踪一个卫星信号。

(2)序贯通道接收机:只有一个信号通道,在相应软件的控制下,可跟踪多个卫星信号。

(3)多路复用通道接收机:同样只设 1~2 个信号通道,在相应软件的控制下按顺序测量多个卫星信号。

由于技术进步,序贯通道接收机和多路复用通道接收机已不再生产,目前大部分接收机均采用并行多通道技术,同时可接收多颗卫星信号。现在各个厂家均已推出可同时接收 GPS、GLONASS、北斗、Galileo、QZSS、IRNSS 信号的 6 星 26 频接收机,对于不同类型的接收机,信号通道的数目最大可达 1 598 个。

信号通道是一种软件和硬件相结合的复杂电子装置,是接收单元中的核心部分。其主要功能是跟踪、处理和量测卫星信号,以获得导航定位所需要的数据和信息,通道数目有 1~220 个不等,由接收机的类型而定。总的来讲,按照捕获伪噪声码的不同方式,信号通道分成相关型、平方型和码相位型等三种。三者的基本特点如下所述。

1)相关型通道

相关型通道能迅速地从伪噪声码中解译出卫星电文,从而测得运动载体的实时位置。它主要由伪噪声跟踪环路和载波跟踪环路组成。

伪噪声跟踪环路工作原理如图 3-6 的方框图所示。其主要作用是从 C/A 码或 P 码中提取伪距观测量,同时对卫星信号进行解调,以获得导航电文和载波。所谓跟踪,就是使本地噪声码与接收噪声码"对齐","对齐"的功能是由环路滤波器和压控时钟构成的反馈环路等完成的。

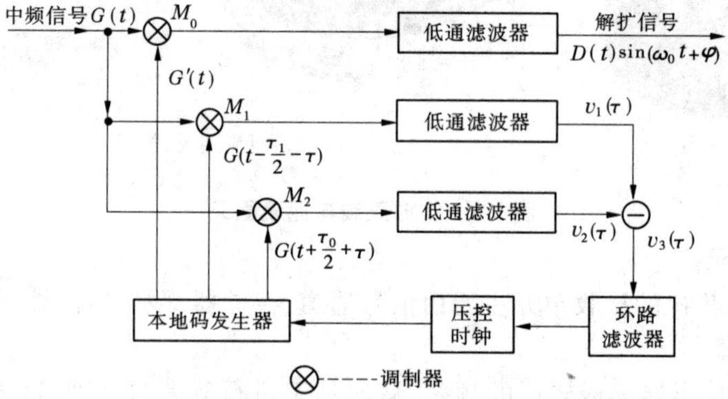

图 3-6　伪噪声码跟踪环路工作原理

载波信号跟踪环路的工作原理如图 3-7 的方框图所示。图中 M_i 为同相乘法器,M_g 为正交乘法器,压控振荡器在误差电压的调节下工作。当压控振荡器的振荡频率与 GNSS 信号的中心频率相同时,$\varphi=0$。这时误差电压 U_d 为零,即不起调节作用,这时振荡器的振荡频率稳定不变,这种情况下就叫作载波跟踪环路的相位锁定,即达到了跟踪载波的目的,这时 M_i 经过低频滤波器输出的信号是纯净的数据码 $D(t)$,这就可以解译 GNSS 导航电文了。

相关型通道的主要优点是:既可进行伪距测量,又可进行载波相位测量,同时还可获得导航电文。

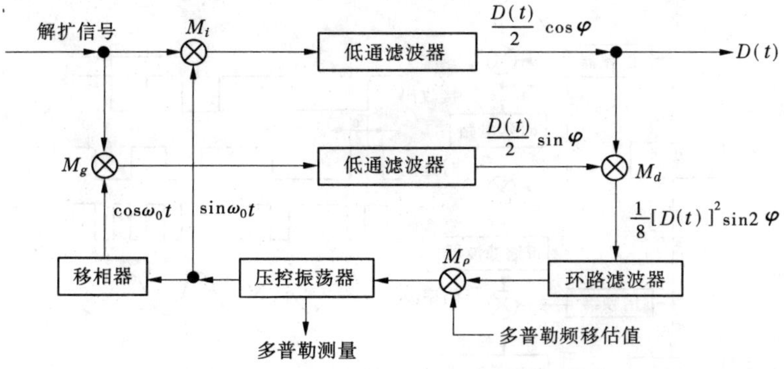

图 3-7 载波信号跟踪环路工作原理

2) 平方型通道

如图 3-8 所示的平方型通道，在用户接收到 GNSS 信号以后，经过变频而得到中频 GNSS 信号。于是载波频率降低了，将中频 GNSS 信号

$$U = A(t)\cos(\omega_0 t + \varphi)$$

自乘，得

$$U^2 = A^2\cos^2(\omega_0 t + \varphi) = \frac{A^2}{2}[1 + \cos(2\omega_0 t + 2\varphi)]$$

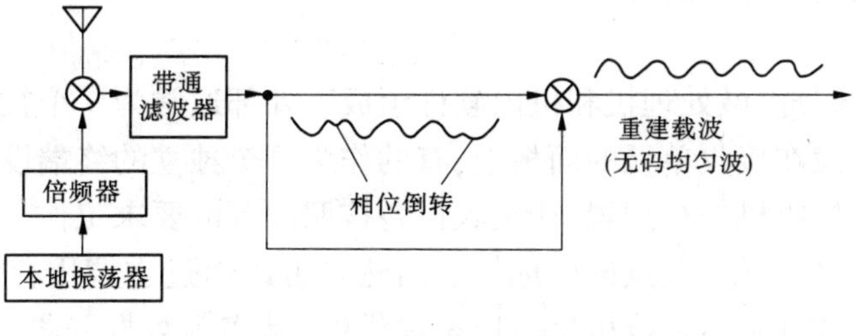

图 3-8 平方型波道原理图

中频信号 U 的调制波 A 是取值为±1 的二进制信号波形，其自乘结果恒等于 1。因此，乘法器 B 的输出信号是一种纯净载波，但其频率却是中频的 2 倍，该信号称为重建载波。平方型波道压缩了频带宽度，但抑制数据码 $D(t)$，无法检译出 GPS 卫星发送的导航电文。必须通过其他方法获取卫星星历和时间信息。

3) 码相位通道

码相位通道也是一种平方型通道，如图 3-9 所示。其区别是它所得到的信号不是重建载波，而是一种码率正弦波。图中，接收码(C/A 码或 P 码)从 A 点输入，经延时 $\tau_0/2$(二分之一码元宽度)，经 C 点滤波得复合码，再经 D 点得码率正弦波，即接收机时钟所产生的秒脉冲启开时间间隔计数器后开始计数，遇到码率正弦波，其正向过零点时关闭计数器。这样由开、关计数器的时间之差便可确定测站和卫星间的距离。这里要说明的是码相位波道只能测得不足一个码元宽度的时间间隔，因此存在多值解的问题，这可通过多普勒测量来解决。

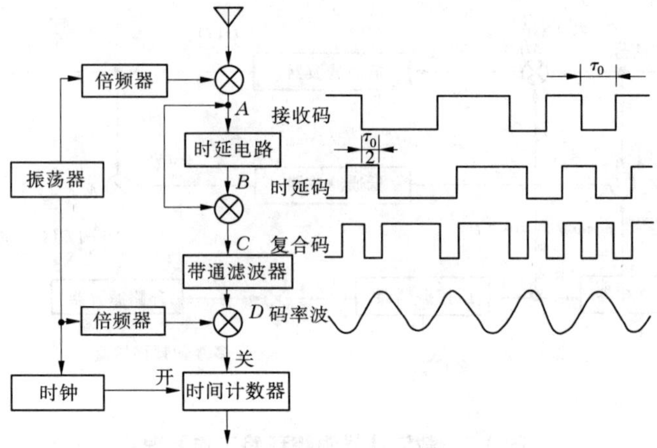

图 3-9　码相位波道示意图

目前使用的测量型 GPS 接收机,多为混合型接收机,其通道普遍采用了相关型和平方型技术的优点,它可以同时获得码相位和载波相位观测量,导航电文和时间信息。

3. 存储器

接收机内设有存储器,以存储卫星星历、卫星历书,接收机采集到的码相位伪距观测值、载波相位观测值及人工测量数据。目前,GNSS 接收机采用 PC 卡或内存作为存储设备。在接收机内还装有多种工作软件,如自测试软件、卫星星历预报软件、导航电文解码软件、GNSS 单点定位软件等。为了防止数据溢出,当存储设备达到饱和容量的 95%时,便会发出报警,以提醒作业人员进行及时处理。

4. 微处理机

接收机的计算部分由微处理机和机内软件组成。外部通常为一个视屏显示窗和一组控制键盘,它们有的安设在接收单元的面板上,有的作为一个独立的终端设备。它是人机对话的窗口,通过它可对接收机进行配置,让接收设备按照配置的要求工作。通过它可输入一些必要的信息,如测站名、天线高、点的坐标等。当然也可以通过它调用存储在接收机里的数据信息和功能,机内软件是由接收机生产厂家提供的,是实现数据采集、波道自校自动化的重要组成部分,它是实时载波相位差分(real-time kinematic, RTK)作业流动站的必不可少的工具。接收机内的处理软件是实现 GNSS 定位数据采集和通道自校检测自动化的重要组成部分,它主要用于信号捕获、环路跟踪和点位计算。在机内软件的协同下,微处理机主要完成下述计算和数据处理:

(1)接收机开机后,立即指令各个通道进行自检,适时地在视屏显示窗内展示各自的自检结果,并测定、校正和存储各个通道的时延值。

(2)接收机对卫星进行捕捉跟踪后,根据跟踪环路所输出的数据码,解译出 GNSS 卫星星历。当同时锁定 4 颗及以上卫星时,将 C/A 码伪距观测值连同星历一起计算出测站的三维位置,并按照预置的位置数据更新率,不断更新(计算)点的坐标。

(3)用已测得的点位坐标和 GNSS 卫星历书,计算所有在轨卫星的升降时间、方位和高度角,并为作业人员提供在视卫星数量及其工作状况,以便选用“健康”的且分布适宜的定位卫星,达到提高点位精度的目的。

(4)接收用户输入的信号,如测站名、测站号、天线高和气象参数等。

(三)电源

GNSS接收机的电源有两种:一种是内电源,一般采用锂电池,主要用于为随机存储器(random access memory, RAM)供电,以防止数据丢失;另一种为外接电源,这种电源常采用可充电的12 V直流镉镍电池组或锂电池,也可采用12 V汽车电瓶。当用交流电时,需经过稳压电源或专用电流交换器。当机外电池下降到11.5 V时,便自动接通内电池。当机内电池低于10 V时,若没有连接上新的机外电池,接收机便自动关机,停止工作,以免缩短其使用寿命。在用机外电池作业过程中,机内电池能够自动地被充电。

二、GNSS接收机的认识与使用

按接收机的用途分类可分为测地型、导航型和授时型接收机。

(1)测地型接收机,主要是指适于进行各种测量工作的接收机。这类接收机,一般均采用载波相位观测量进行相对定位,精度很高。测地型接收机与导航型接收机相比,其结构较复杂,价格较贵。

(2)导航型接收机,主要用于确定船舶、车辆、飞机和导弹等运动载体的实时位置和速度,以保障这些载体按预定的路线航行。导航型接收机,一般采用以测码伪距为观测量的单点实时定位,或实时差分定位,精度较低。这类接收机的结构较为简单,价格便宜,应用极为广泛。

(3)授时型接收机,结构根据授时精度而定,一般授时精度分为:50 ns、30 ns、20 ns、10 ns、1 ns。这类接收机主要利用GNSS卫星提供的高精度时间标准进行授时,常用于天文台及无线电通信中时间同步。

接收机还可以根据接收到的卫星信号、通道数、作业模式等方法进行分类。

(一)测地型GNSS接收机

GNSS空间站提供了许多不同的频率、测距码和导航电文等。其大部分针对于某些服务,但接收机制造商可以选择信号的处理方式为用户提供最佳的性能。除定位功能外,接收机制造商还需要考虑其他的设计准则,如功耗、尺寸、价格等。下面主要介绍测地型接收机最重要的特征。

(1)生产商和类型:标明公司的名称和接收机型号。

(2)通道:给出跟踪卫星的通道数,通常一个通道对应于一颗卫星和一个频率。典型的GNSS C/A码伪距接收机的通道数为12个。有些类型的接收机可提供的通道数为440个,最高可达1 598个,这类接收机通常也具有跟踪其他GNSS导航定位系统的功能。

(3)信号跟踪:指定码和频率。如"L_1 only, C/A-code"表示为GNSS C/A码伪距接收机。也有一些更复杂的描述,如GLONASS　$L_1/L_2/L_5$ 载波　L_1CA、L_2CA、L_1P、L_2P;伽利略E2-L1-E1,E5a,WAAS/EGNOS。

(4)最大跟踪卫星数:这个数与通道数和跟踪信号数量有关。因些,对于双频接收机,如果跟踪12颗卫星,则通常需要24个通道。最大跟踪卫星数由6到最多可视卫星数。

(5)用户环境和应用:特定应用宜使用的相应类型,如航空、航海、陆地、导航、测绘与地理信息、气象、娱乐、国防等。其特性同时还包括产品的信息,如为最终产品,还是提供给原始设备制造商的板卡、芯片与模块产品。这些信息关系到特性、尺寸和质量等方面。

(6)定位精度:这是一个粗略指标,与仪器类型有关,涉及自主码、实时差分(码)、后处理差分与实时动态等。

(7)时间精度:典型值在几纳秒到 1 000 ns 之间。

(8)定时更新率:以秒为单位给出,通常为 0.01~0.1 s。

(9)冷启动:表明在未知历书、初始位置及时间的情况下定位所需要的时间。通常为几十秒到几分钟。

(10)热启动:表明给定最近历书、初始位置以及当前时间,但没有最新星历的情况下定位所需时间。通常热启动的数据要稍微好于冷启动的数据。

(11)重捕获:该量以秒给出,定义为信号失锁至少一分钟后重捕获的时间。通常为 1 s,非常好的值为 0.1 s 或更小。

(12)接口数、接口类型、波特率:这些参数对数据传输很重要。采用串口、蓝牙等不同类型的接口,以每秒比特数计的传输率通常为 4 800~115 200 b/s,若采用以太网则会更高。

(13)工作温度:-30~+80 ℃。

(14)电源和功耗:电源主要区分内接电源和外接电源,也有用太阳能电池的。

(15)天线类型:通常表示为一体式和分体式。

随着 GNSS 定位技术的迅速发展,GNSS 接收机的研制发展很快,新产品不断推出。目前国内通常使用的测地型 GNSS 信号接收机主要有:国外的天宝(Trimble)、徕卡(Leica)、拓普康(TOPCON)、宾得(PENTAX)、索佳(SOKKIA)等公司,以及我国的中海达、司南、合众思壮、南方、科利达、瑞得、三鼎、华测、苏一光、中纬、博飞、千寻星耀等公司生产的系列产品,如表 3-2 所示。

表 3-2　常用的测量型 GNSS 接收机介绍

公司	品牌	通道数/个	支持星座	定位精度/mm	工作温度/℃	仪器外观
天宝	R12	672	北斗 GPS GLONASS Galileo SBAS QZSS IRNSS	静态/快速静态 平面:±$(3.0+0.1\times10^{-6}\times D)$ 高程:±$(3.5+0.4\times10^{-6}\times D)$ RTK: 平面:±$(8.0+1\times10^{-6}\times D)$ 高程:±$(15+1\times10^{-6}\times D)$	-40~+65 ℃	
徕卡	GS15	120/500	北斗 GPS GLONASS Galileo SBAS	静态: 平面:±$(3.0+0.5\times10^{-6}\times D)$ 高程:±$(6.0+0.5\times10^{-6}\times D)$ RTK: 平面:±$(10+1\times10^{-6}\times D)$ 高程:±$(20+1\times10^{-6}\times D)$	-40~+65 ℃	

续表 3-2

公司	品牌	通道数/个	支持星座	定位精度/mm	工作温度/℃	仪器外观
拓普康	HiPer V	226	北斗 GPS GLONASS Galileo SBAS	静态 平面：$\pm(3.0+0.5\times10^{-6}\times D)$ 高程：$\pm(5.0+0.5\times10^{-6}\times D)$ RTK： 平面：$\pm(10+1\times10^{-6}\times D)$ 高程：$\pm(15+1\times10^{-6}\times D)$	−40～+65 ℃	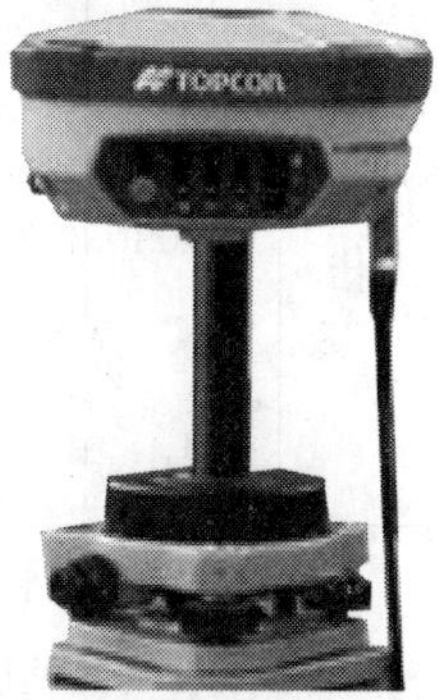
宾得	888-3G	136	北斗 GPS GLONASS Galileo SBAS	静态： 平面：$\pm(2.0+1\times10^{-6}\times D)$ 高程：$\pm(5.0+1\times10^{-6}\times D)$ RTK： 平面：$\pm(10+1\times10^{-6}\times D)$ 高程：$\pm(15+1\times10^{-6}\times D)$	−20～+65 ℃	
索佳	GCX3	226	北斗 GPS GLONASS Galileo SBAS	静态、快速静态 平面：$\pm(3.0+0.4\times10^{-6}\times D)$ 高程：$\pm(5.0+0.6\times10^{-6}\times D)$ RTK： 平面：$\pm(10+0.8\times10^{-6}\times D)$ 高程：$\pm(15+1\times10^{-6}\times D)$	−20～+63 ℃	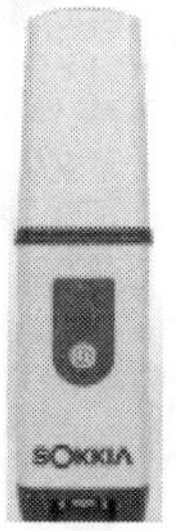
中海达	VRTK2	1 408	北斗 GPS GLONASS Galileo QZSS IRNSS	静态： 平面：$\pm(2.5+0.5\times10^{-6}\times D)$ 高程：$\pm(5.0+0.5\times10^{-6}\times D)$ RTK： 平面：$\pm(8+1\times10^{-6}\times D)$ 高程：$\pm(15+1\times10^{-6}\times D)$	−30～+60 ℃	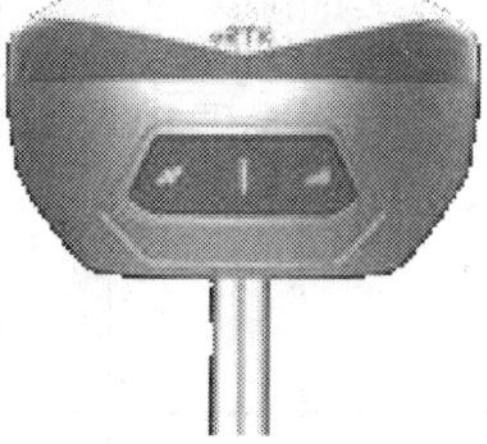
司南	T50	1 198	北斗 GPS GLONASS QZSS SBAS IRNSS	静态 平面：$\pm(2.5+0.5\times10^{-6}\times D)$ 高程：$\pm(5.0+0.5\times10^{-6}\times D)$ RTK： 平面：$\pm(8+1\times10^{-6}\times D)$ 高程：$\pm(15+1\times10^{-6}\times D)$	−30～+65 ℃	

续表 3-2

公司	品牌	通道数/个	支持星座	定位精度/mm	工作温度/℃	仪器外观
合众思壮	G990Ⅱ	800	北斗 GPS GLONASS Galileo QZSS SBAS IRNSS	静态 平面：$\pm(2.5+0.5\times10^{-6}\times D)$ 高程：$\pm(5.0+0.5\times10^{-6}\times D)$ RTK： 平面：$\pm(8+1\times10^{-6}\times D)$ 高程：$\pm(15+1\times10^{-6}\times D)$	-30～+65 ℃	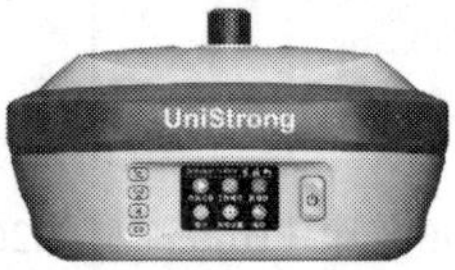
南方	银河1号	1 598	北斗 GPS GLONASS Galileo QZSS IRNSS	静态： 平面：$\pm(2.5+0.5\times10^{-6}\times D)$ 高程：$\pm(5.0+0.5\times10^{-6}\times D)$ RTK： 平面：$\pm(8+1\times10^{-6}\times D)$ 高程：$\pm(15+1\times10^{-6}\times D)$	-45～+60 ℃	
科利达	K9	1 598	北斗 GPS GLONASS Galileo QZSS IRNSS	静态： 平面：$\pm(2.5+0.5\times10^{-6}\times D)$ 高程：$\pm(5.0+0.5\times10^{-6}\times D)$ RTK： 平面：$\pm(8+1\times10^{-6}\times D)$ 高程：$\pm(15+1\times10^{-6}\times D)$	-30～+65 ℃	
瑞得	金牛 R1	1 598	北斗 GPS GLONASS Galileo QZSS IRNSS	静态： 平面：$\pm(2.5+0.5\times10^{-6}\times D)$ 高程：$\pm(5.0+0.5\times10^{-6}\times D)$ RTK： 平面：$\pm(8+1\times10^{-6}\times D)$ 高程：$\pm(15+1\times10^{-6}\times D)$	-30～+65 ℃	
三鼎	天擎	1 598	北斗 GPS GLONASS Galileo	静态： 平面：$\pm(2.5+0.5\times10^{-6}\times D)$ 高程：$\pm(5.0+0.5\times10^{-6}\times D)$ RTK： 平面：$\pm(8+1\times10^{-6}\times D)$ 高程：$\pm(15+1\times10^{-6}\times D)$	-25～+65 ℃	

续表 3-2

公司	品牌	通道数/个	支持星座	定位精度/mm	工作温度/℃	仪器外观
华测	K90	1 408	北斗 GPS GLONASS Galileo QZSS	静态 平面：$\pm(2.5+0.5\times10^{-6}\times D)$ 高程：$\pm(5.0+0.5\times10^{-6}\times D)$ RTK： 平面：$\pm(8+1\times10^{-6}\times D)$ 高程：$\pm(15+1\times10^{-6}\times D)$	−45～+75 ℃	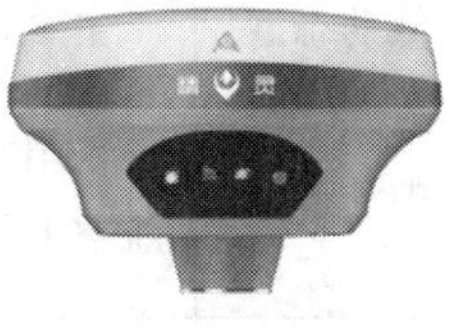
苏一光	N60 PRO	800	北斗 GPS GLONASS Galileo QZSS SBAS	静态： 平面：$\pm(2.5+0.5\times10^{-6}\times D)$ 高程：$\pm(5.0+0.5\times10^{-6}\times D)$ RTK： 平面：$\pm(8+1\times10^{-6}\times D)$ 高程：$\pm(15+1\times10^{-6}\times D)$	−30～+65 ℃	
中纬	Zenith15 Pro	120	北斗 GPS GLONASS Galileo QZSS SBAS	静态/快速静态 平面：$\pm(2.5+0.5\times10^{-6}\times D)$ 高程：$\pm(5.0+1\times10^{-6}\times D)$ RTK： 平面：$\pm(10+1\times10^{-6}\times D)$ 高程：$\pm(20+1\times10^{-6}\times D)$	−45～+65 ℃	
博飞	F98	220	北斗 GPS GLONASS Galileo SBAS	静态： 平面：$\pm(2.5+0.5\times10^{-6}\times D)$ 高程：$\pm(5.0+0.5\times10^{-6}\times D)$ RTK： 平面：$\pm(8+1\times10^{-6}\times D)$ 高程：$\pm(15+1\times10^{-6}\times D)$	−40～+75 ℃	
千寻星耀	SE	800	北斗 GPS GLONASS Galileo QZSS SBAS	静态： 平面：$\pm(2.5+0.5\times10^{-6}\times D)$ 高程：$\pm(5.0+0.5\times10^{-6}\times D)$ RTK： 平面：$\pm(8+1\times10^{-6}\times D)$ 高程：$\pm(15+1\times10^{-6}\times D)$	−30～+65 ℃	

注：D 为测量距离，单位 km。表中排名不分先后。

(二)认识导航型接收机

导航型接收机又可分为：低动态型、中动态型、高动态型 3 种，具体情况见表 3-3。

表 3-3　导航型接收机分类表

分类	用途
低动态型	主要是指车载和船载导航接收机
中动态型	指用于飞行速度低于 400 km/ h 的民用机载接收机，由于飞机运行速度很快，因此用于航空上的接收机要求能适应高速运动
高动态型	指用于飞行速度大于 400 km/h 的飞机、导弹的机载接收机，拥有这类接收机的用户往往为特许用户，一般为军事用户，并可利用 P 码进行导航，因此精度较高，可达 2 m 左右

导航型接收机目前应用较多的有车载型、手机型。车载 GNSS 导航系统，其内置的 GNSS 天线会接收到至少 3 颗环绕地球的 GNSS 卫星所传递的数据信息，结合储存在车载导航仪内的电子地图，通过 GNSS 卫星信号确定的位置坐标与此相匹配，确定汽车在电子地图中的准确位置，这就是平常所说的定位功能。如图 3-10 所示。

手机定位是指通过特定的定位技术来获取移动手机或终端用户的位置信息(经纬度坐标)，在电子地图上标出被定位对象的位置的技术或服务。定位技术有两种：一种是基于 GNSS 的定位，一种是基于移动手机定位系统的基站的定位。基于 GNSS 的定位方式是利用手机上的 GNSS 定位模块将自己的位置信号发送到定位后台来实现手机定位的。基站定位则是利用基站对手机的距离的测算来确定手机位置的，见图 3-11。此外，还有手持和船用 GNSS，分别见图 3-12 和图 3-13。

图 3-10　车载导航接收机

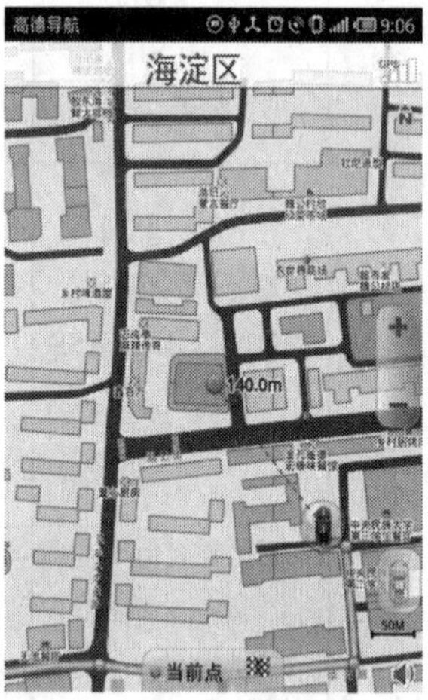

图 3-11　手机导航

图 3-12　船载导航接收机

图 3-13　麦哲伦 GNSS

1. 导航接收机使用术语

认识和使用导航型接收机要先了解使用过程中常用的一些术语。

(1)坐标(coordinate)。当接收机能够收到 4 颗及以上卫星的信号时,能计算出三维坐标,即经度、纬度、高度。大部分接收机不仅能以经/纬度的方式显示坐标,而且可以用通用横轴墨卡托投影(universal transverse Mercator projection,UTM)等坐标系统显示坐标。坐标的水平精度在 10 m 左右,视接收到卫星信号的多少和强弱而定。高度的精确性由于系统结构的原因则更差些。

经纬度的显示方式一般都可以根据自己需要设置,一般有“hddd. ddddd”,“hddd * mm. mmm”,“hddd * mm″ss. s”(其中的“ * ”代表“度”)。大部分接收机都有计算两点距离的功能,可给出两个坐标间的精确距离。高度的显示会有英制和公制两种方式,可以在设置界面进行设置。

(2)路标(landmark 或 waypoint)。路标也即 GNSS 接收机内存中保存的一个点的坐标值。在有 GNSS 信号时,按一下 MARK 键,就会把当前点记成一个路标。路标是 GNSS 数据的核心,它是构成路线的基础。标记路标是接收机的主要功能之一,但是也可以从地图上读出一个地点的坐标,手工或通过计算机接口输入接收机,成为一个路标。一个路标可以用于走向(GOTO)功能的目标,也可以选择一条路线,作为一个支点。

(3)路线(route)。路线是接收机内存中存储的一组数据,包括一个起点和一个终点的坐标,还可以包括若干中间点的坐标,每两个坐标点之间的线段叫一条“腿”(leg)。常用 GNSS 接收机能存储 20 条线路,每条线路 30 条“腿”。各坐标点可以从现有路标中选择,或是手工/计算机输入数值,输入的路点同时作为一个路标保存。实际上,一条路线的所有点都是对某个路标的引用,例如在路标菜单下改变一个路标的名字或坐标,如果某条路线使用了它,这条线路也发生了同样的变化。可以有一条路线是“活跃”(Activity)的。活跃路线的路点是导向功能的目标。

(4)前进方向(heading)。GNSS 接收机没有指北针的功能,静止不动时它是不知道方向的。但是一旦动了起来,就能知道接收机的运动方向。GNSS 接收机每隔一秒更新一次当前地点信息,每一点的坐标和上一点的坐标一比较,就可以知道前进的方向。不同 GNSS 接收机关于前进方向的算法是不同的,基本上是最近若干秒的前进方向,所以除非走了一段并仍然在走直线,否则前进方向是不准确的,尤其是在拐弯的时候你会看到数值在变个不停。方向是以多少度显示的,这个度数是手表表盘朝上,12 点指向北方,顺时针转的角度。有些接收机还可以用指向罗盘和标尺的方式来显示这个角度。一般同时还显示前进平均速度,也是根据最近一段的位移和时间计算的。

(5)导向(bearing)。导向功能在以下条件下起的作用:一是以设定"走向"(goto)目标。"走向"目标的设定可以按"GOTO"键,然后从列表中选择一个路标。以后"导向"功能将导向此路标 。二是目前有活跃路线(activity route)。活跃路线一般在"设置"(setup)→"路线"菜单下设定。如果目前有活动路线,那么"导向"的点是路线中第一个路点,每到达一个路点后,自动指到下一个路点。

在"导向"页面上部都会标有当前导向路点名称(路线里的点也是有名称的)。它是根据当前位置,计算出导向目标对用户的方向角,以与前进方向相同的角度值显示,同时显示离目标的距离等信息。读出导向方向,按此方向前进即可走到目的地。有些 GNSS 接收机把前进方向和导向功能结合起来,只要用 GNSS 接收机的头指向前进方向,就会有一个指针箭头指向前进方向和目标方向的偏角,跟着这个箭头就能找到目标。

(6)日出日落时间(sun set/raise time)。大多数 GNSS 接收机能够显示当地的日出、日落时间,这在计划出发/宿营时间时是有用的。这个时间是 GNSS 接收机根据当地经度和日期计算得到的,是指平原地区的日出、日落时间,在山区因为有山脊遮挡,日照时间根据情况要早晚各少半个小时以上。GNSS 接收机的时间是从卫星信号得到的格林尼治时间,在"设置"(setup)菜单里可以设置本地的时间偏移,对中国来说,应设加 8 h,此值只与时间的显示有关。

(7)足迹线(Plot trail)。接收机每秒更新一次坐标信息,所以可以记载自己的运动轨迹。一般接收机能记录 1 024 个以上足迹点,在一个专用页面上,以可调比例尺显示移动轨迹。足迹点的采样有自动和定时两种方式,由 GNSS 接收机自动决定足迹点的采样方式,一般是只记录方向转折点,长距离直线行走时不记点;定时采样可以规定采样时间间隔,比如 30 s、60 s、300 s 或其他时间,每隔这么长时间记一个足迹点。在足迹线页面上可以清楚地看到自己足迹的水平投影,可以开始记录、停止记录、设置方式或清空足迹线。足迹线上的点都没有名字,不能单独引用,查看其坐标,主要用来画路线图和回溯(trace back)功能。接收机的回溯会把足迹线转换为一条路线,路点的选择由接收机内部程序完成,一般选用足迹线上大的转折点。同时,把此路线激活为活跃路线,用户即可按导向功能原路返回。要注意的是回溯功能一般会把回溯路线放进某一默认路线中,使用前要先检查此线路是否已有数据,若有,就先用拷贝功能复制到另一条空线路中去,以免覆盖。

2. 导航型接收机性能指标

导航接收机主要的指标是定位精度、接收灵敏度、接收机通道数、首次定位时间、接收频率等,此外还有其他一系列电气和物理机械性能指标。

(1)定位精度。定位精度是最重要的指标,通常是由系统性能和接收机接收的环境条件决定的。以 GPS 接收机为例,GPS 接收机正常的定位精度为十多米到几十米。目前,由于 GPS 卫星数量远超过额定数量,所以一般接收机的定位精度都能达到 5~6 m。

通常 GNSS 导航接收机产品都是单个频点,接收的是民用粗码(C/A)信号,其定位方法是利用测量码相位来实现的。而高端的定位接收机,一般都是双频接收机,利用载波相位方法来实现定位,其定位精度比单频要高。

(2)接收灵敏度。接收灵敏度是指接收机能够接收最弱信号的能力。随着卫星导航接收机应用领域的不断扩大,尤其在车内、室内、城市、峡谷和稠密森林中的应用,对灵敏度要求越来越高。

(3)接收机通道数。接收机通道数又称信道数,是指接收机能够同时接收多少个可见卫星信号的能力。常用的 GNSS 导航接收机大多是 12 个信道,现在也有 220 个信道的。由于 GNSS 多系统的工作,可见卫星数量越来越多。

(4)首次定位时间。首次定位时间是个很重要的指标,因为开机后是否能够很快接收锁定信号直接影响到用户的感受。首次定位时间定义有很多,简单地说有两种:一是冷启动情况下的首次定位时间,二是热启动情况下的首次定位时间。冷启动是指第一次开机,或者长期没有开机,接收机内没有任何卫星星历和历书数据,也没有进行任何的时间和位置数据的设置,由接收机自行搜索捕获、锁定跟踪信号,实现定位。通常,在冷启动情况下实现定位至少需要数分钟,在某些不利情况下甚至达 20~30 min。热启动是指最近开过机,机内已经存有卫星星历和历书数据,或者进行了时间和位置数据的设置。在这种情况下,接收机首次定位时间较短,大概在 3 min 之内可以完成搜索捕获、锁定跟踪信号,实现定位。

(三)授时型接收机

随着科学技术的发展,高精度的时间和频率传递在国民经济发展中的地位日趋重要。在国民经济建设和高新技术产业诸如通信、电力、交通、高速数字网同步等领域有着广泛的应用。

近年来,随着国防和空间技术的发展,对高精度时间和频率传递提出了更高的要求,特别是 SDH(同步数字体系)通信网的时间同步和频率校准,空中目标的探测和拦截(类似美国爱国者导弹系统),对时间和频率传递精度要求达纳秒量级。

导航定位和授时系统是最重要而且也是最关键的国家基础设施之一。现代武器实(试)验、战争需要其保障,智能化交通运输系统的建立和数字化地球的实现需要其支持。现代通信网和电力网建设也越来越增强了对精度时间和频率的依赖。从建立一个现代化国家的大系统工程总体考虑,导航定位和授时系统应该说是基础的基础。它对整体社会的支撑几乎是全方位的,星基导航和授时是未来发展的必然趋势。美国投入巨资建成了全球定位系统(GPS),俄罗斯的全球导航卫星系统(GLONASS)、我国的北斗、欧盟的伽利略卫星导航系统(Galileo)也投入了运行。为了提高民用定位定时的性能和可靠性、安全性,利用这些卫星系统建立广域增强系统(WAAS)在美国、日本、欧洲和俄罗斯也已研制完成。

这些系统导航定位的基本概念都是以精度时间测量为基础的。正如有人所指出的那样,人类生活在余割四维的世界(x、y、z、t)其中一维就是时间,而另外三维的精度确定,就今天而言,没有精确的定时也是难以实现的。

单从授时出发,不难理解系统发播时间的精确控制是不可缺少的。而对于导航定位,系统内部钟(星载钟、地面监测和控制台站的钟)的同步就极为关键。没有原子钟的支持,没有钟同步和保持技术的支持,实现星基导航和定位是不可能的。在完成精确时间的传递过程,需要对传播时间延迟作精确修正,而这又需要知道用户的精确地理位置。

从以上分析可以看出,无论在系统概念、技术、装备或管理上,与其他通信和卫星系统相比,导航定位卫星系统与高精度卫星授时系统有很好的兼容性和互补性,二者是相辅相成的。从资源共享和合理利用出发,先进的卫星系统应该成为一个导航、授时一体化的高精度星基四维(x、y、z、t)信息源,就像目前已投入工作的 GPS、GLONASS、伽利略和正在研制中的各种 WAAS 系统中,无不把其授时功能提到仅次于导航定位的重要地位,以便满足个行各业对精度时间和频率日益增长的需求。

面对国际上风云变幻的局势,作为一个独立自主的大国,建立我们自己的星基的导航定位和授时系统无论对于保障国民经济的日常运作还是国家安全都至关重要。系统定时是其中需要解决的最关键技术之一。系统用原子钟的研制,系统钟时间同步的建立和保持,构成了这一研究的两个核心。司南 M300TD 精密授时型接收机(见图 3-14)为我国自主研发的基于中国北斗卫星定位系统和美国 GPS 卫星定位系统的高精度授时 GNSS 接收机,在授时上填补了国内空白,其精度达到了世界先进水平。整体授时系统采用基准站和授时移动站组成,采用双机共视差分原理。

双机共视授时原理:GNSS 双机共视就是指两个站同时观察同一颗或同一组卫星,实现两个站之间的时间同步(如图 3-15 所示),为了能标定出两个接收机之间的钟差,授时主要完成两方面的工作:第一,精确确定用户时钟对于标准时间的偏差;第二,在两个或两个以上的不同地点实现时钟同步(又称时钟或时间比对)应用差分授时。我们采用司南 M300TD(北斗、GPS,双星四频)专用授时接收机,采用伪距差分,通过移动站同步伪距差分,直接计算并输出两个接收机之间的钟差。A 接收机(基准站)与 B 接收机(移动站)之间的准确时钟差用 CDTpps 表示,从图 3-16、图 3-17 可以看出,N、M、Δt、CDT_{pps} 的关系。

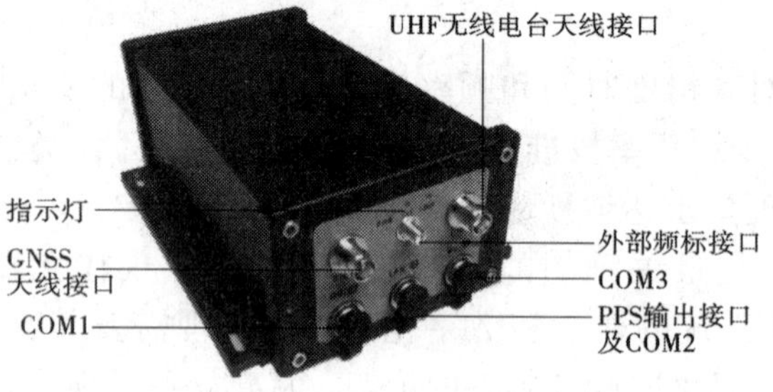

图 3-14　司南 M300TD 精密授时型接收机

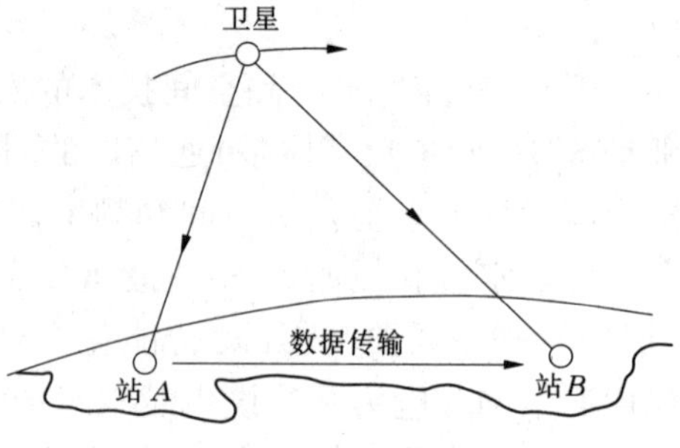

图 3-15　双机共视授时

RTD 差分计算出 Δt,有 $\Delta t=t_B-t_A$,$t_A=t'_A+N$,$t_B=t'_B+M$

$$
\begin{aligned}
CDT_{pps}&=t'_B-t'_A=(t_B-M)-(t_A-N)\\
&=(t_B-t_A)-(M-N)\\
&=\Delta t-(M-N)
\end{aligned}
$$

其中,N、M 是固定数值,通过接收机内部计数器可以算出,精度在 10^{-11} s 以上,而对于共视差精度即为 Δt 的精度,Δt 为通过伪距差分得出来的结果,而伪距的精度为 0.5 m,甚至精度更高,伪距精度为 0.5 m 则对应时间精度为 $0.5/3\times10^8$(距离除以光速)1.67 ns。

推出:$\sigma(A-B_{改正后})\leqslant 1.67$ ns

M300AT 精密授时型 GNSS 接收机输出的 CDT,即为两个接收机之间的准确时钟差值,输出数值分正负,理论上:移动站的时间 t 加上 CDT 即等于基准站时间,可用图 3-20 简易描

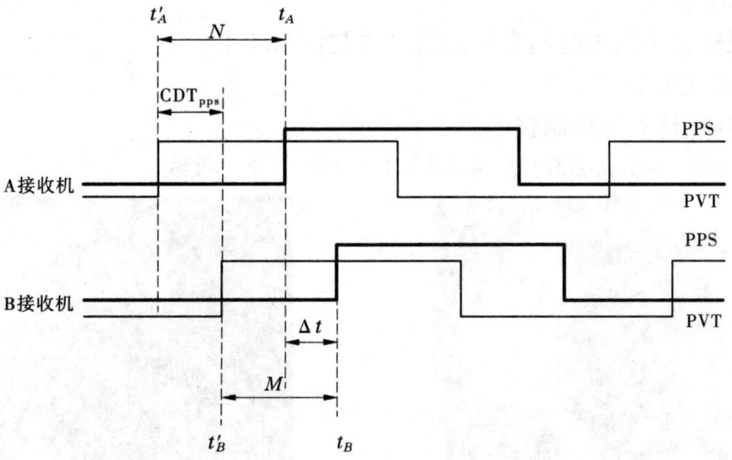

图 3-16　N、M、Δt、CDT_{pps} 的关系

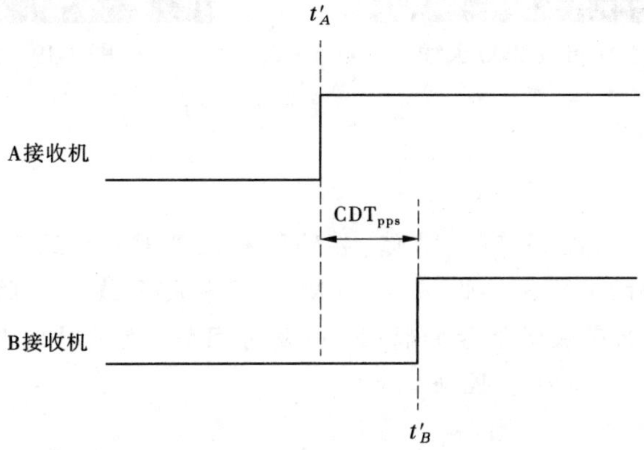

图 3-17　简易描述 N、M、Δt、CDT_{pps} 的关系

述(此种情况下的 CDT 值为正值)。

卫星导航、定位和授时系统中需解决的技术问题有以下几个方面:

(1)系统时间建立的概念及实现方法。

在现代卫星导航系统中,为了保证系统中各个钟的精确同步,需要一个准确、稳定和可靠的时间参考,这通常是以系统中的部分钟或全部的钟为基础。利用统计平均的方法建立一个系统时间来实现。其建立的概念和实现方法,直接影响到系统时间的好坏,进而影响到整个卫星导航系统中各个钟的同步。这个研究对系统中原子钟的选择与配置也有指导意义。

(2)系统时间与 UTC 协调方法。

系统时间与 UTC 协调是授时所需要的。这需要研究国际标准时间到系统时间传递的各个环节,是提高授时准确度中的最要一环。

(3)系统钟的同步方法。

这主要涉及系统中各个钟的精确数据的收集方法和控制方法,要研究相对论效应对星载钟同步的影响。比对测量和钟驾驭方法的研究是它的基础。

(4)系统授时方法。

这包括卫星电文中的与时间有关的信息的制订与产生。

(5)用户终端定时技术。

主要涉及接收、比对及控制技术。

图 3-18 为天宝 Acutime2000 天线,图 3-19 为北斗授时天线。

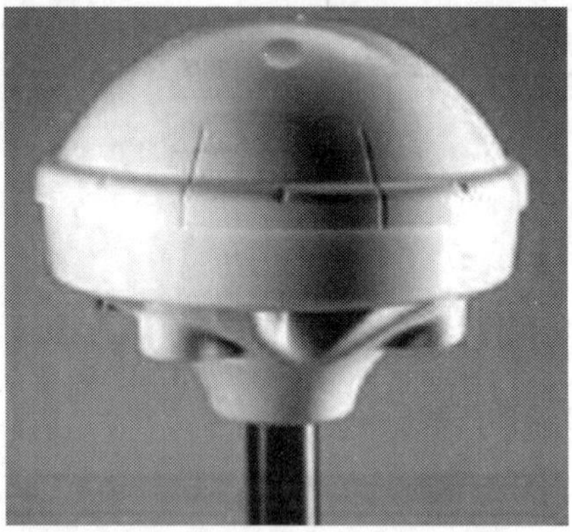

图 3-18 天宝 Acutime2000 天线

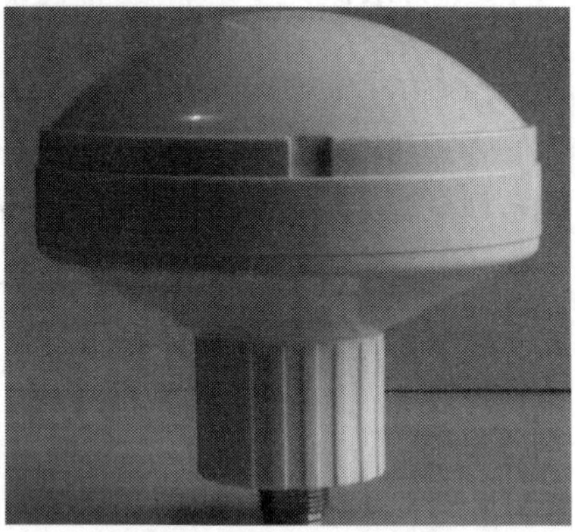

图 3-19 北斗授时天线

小贴士

GNSS 接收机是一种能够接收、跟踪、解码和和处理 GNSS 卫星信号并用于定位的无线电接收设备。一个好的 GNSS 接收机,必须既具有常用无线电接收设备的共性,又具有捕获、跟踪和处理 GPS 卫星微弱信号的特性,测量时间短、使用时间长、精度高、功能强、重量轻、抗摔打、可靠性高、作业适应性强。

任务二 GNSS 接收机挑选与检验*

如今市场上接收机的种类繁多,价格也相差很大,想要购买到一个价格合理、质量可靠、性能好的接收机就要先了解接收机的类型及最佳的接收机应该具备的条件。针对较高的精度要求,测量人员在选用接收机时还要考虑工程项目的精度问题。接收机选定后还要对接收机进行检验。

一、GNSS 接收机的类型

GNSS 技术的迅速发展和应用领域的不断开拓,使得世界各国对 GNSS 接收机的研制与生产极为重视。目前世界上 GNSS 接收机的生产厂家约有数十家,而接收机的型号超过上百种。

(一)按接收机用途分类

按用途分类接收机可分为导航型、测地型和授时型接收机。

(二)按接收卫星信号分类

接收机按所接收的卫星信号的频率,可分为码相位接收机、单频接收机、多频接收机和信标接收机。

(1)码相位接收机:采用 C/A 码、P 码作测距信号,虽然可以利用导航电文提供的参数,对观测量进行电离层折射影响的改正,但由于 C/A 码、P 码测距精度较差,所以码相位接收机主要用于导航型和手持型低精度接收机。

(2)单频接收机:单频接收机只能接收经调制的 L_1 信号。它虽然可以利用导航电文提供的参数,对观测量进行电离层影响的改正,但由于改正模型的不完善,误差较大,所以单频接收机主要用于基线较短(例如<10 km)的精密定位工作。

(3)多频接收机:首先,多频接收机可以同时接收两个频率的信号,利用多频技术可以消除或减弱电离层折射对观测量的影响,所以定位精度较高,基线长度不受限制。其次,多频接收机解算整周未知数的时间较短,约为单频接收机的一半,所以作业效率较高。

(4)信标接收机:同时接收 GNSS 卫星测距码信号和无线电指向标-差分全球定位系统信号。因而在 300 km^2 范围内仍然可以获得 1~3 m 实时定位结果。信标接收机主要用于沿海地区无线电指向标覆盖区域海上船只导航定位。如图 3-20、图 3-21 所示。

图 3-20　天宝 SPS356 信标接收机

图 3-21　华测 B40 信标接收机

(三)按接收机的通道数分类

GNSS 接收机在导航和定位工作中,需要跟踪多颗卫星。对于来自不同卫星的信号,必须首先把它们分离开来,以便进行处理,量测获得不同卫星信号的观测量。而 GNSS 接收机的通道,主要作用就是将接收到的不同卫星信号加以分离,以实现对各卫星信号的跟踪、处理和量测。

接收机根据其信号通道的类型,可分为多通道接收机、序贯通道接收机和多路复用通道接收机。

(1)多通道接收机:具有多个卫星信号通道,而每个通道只连续跟踪 1 个卫星信号的接收机。所以,这种接收机也称为连续跟踪型接收机。

(2)序贯通道接收机:为了跟踪多个卫星信号,它在相应软件的控制下,能按时序依次对各个卫星信号进行跟踪和量测。由于对所测卫星依次量测 1 个循环所需要时间较长(大于 20 ms),所以其对卫星信号的跟踪是不连续的。

(3)多路复用通道接收机:在相应软件的控制下,按时序依次对所有观测卫星的信号进行量测,其与序贯通道接收机的区别主要是,对所测卫星信号量测 1 个循环的时间较短(小于等于 20 ms),可以保持对卫星信号的连续跟踪。

(四)按接收卫星系统分类

(1)单星系统:通常只具有跟踪 1 个卫星导航定位系统能力的卫星信号接收机。目前主要有 GPS 接收机、GLONASS 接收机、北斗接收机、伽利略接收机等。

(2)双星系统:同时具有跟踪 2 个卫星导航定位系统能力的卫星信号接收机。目前主要有 GPS、GLONASS 集成接收机,GPS、北斗集成接收机。

(3)多星系统:同时具有跟踪 2 个以上卫星导航定位系统能力的卫星信号接收机。目前主要有 GNSS、GLONASS 、伽利略、北斗集成接收机。

(五)按接收机的作业模式分类

(1)静态接收机:具有标准静态、快速静态功能的接收机。

(2)动态接收机:具有动态、准动态功能和实时差分技术的接收机。

(六)按接收机的结构分类

(1)分体式接收机:指将组成接收机的接收机主机、天线、控制器、电台、电源各单元全部或部分设计为独立的整体,它们之间需利用电缆或蓝牙技术进行数据通信,但从仪器基本结构分析,则可概括为天线单元和接收单元两大部分,如图 3-22(a)所示。将图示的两个单元分别安装成两个独立的部件,以便天线单元安设在测站上,接收单元置于测站点附近的适当位置,用电缆将两者联成一个整体。

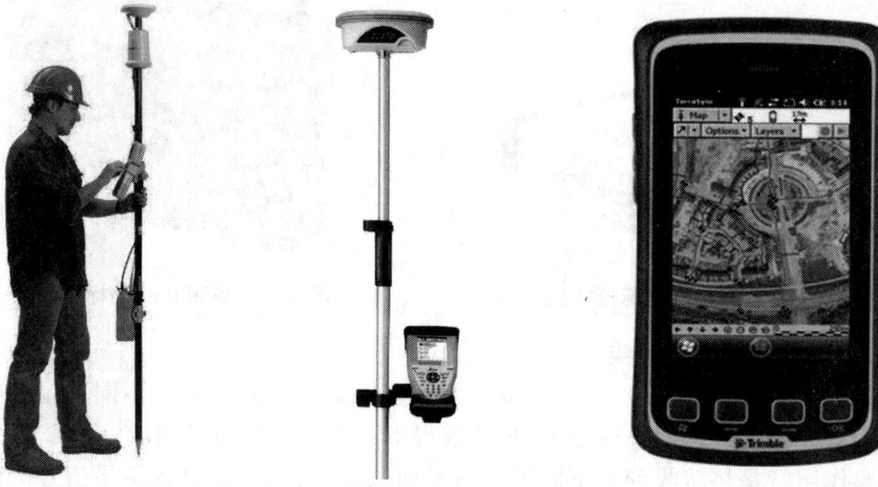

(a)分体式接收机　　(b)整体式接收机　　(c)手持式接收机

图 3-22　按接收机的结构分类

(2)整体式接收机:所谓整体式是将组成接收机的接收机主机、天线、控制器、电台、电源各单元在制造过程中全部或部分集成成一个整体,或各单元之间模块化集成,无电缆连接。如图 3-22(b)所示。

(3)手持式接收机:整体式结构,接收机主机、天线、控制器、电源各单元全部高度集成一体化,接收机系统根据手持特点设计封装,具有功耗小、重量轻、价格低廉等特点,应用十分广泛。如图 3-22(c)所示。

(七)按接收机的工作原理分类

根据接收机的工作原理可分为码相关型接收机、Z 跟踪技术接收机、窄距相关技术接收机、共同跟踪技术接收机和多星技术接收机。

(1)码相关型接收机:第一代 GNSS 接收机,其特点是能够产生与所测卫星的测距码结构完全相同的复制码。在工作过程中通过逐步相移,使接收码与复制码达到最大相关,以测定卫星信号到达用户接收机天线的传播时间。码相关型接收机可利用 C/A 码,也可利用 P

码，其工作条件是必须掌握测距码的结构，所以这种接收机也称码接收机。

(2)Z跟踪技术接收机：第二代GNSS接收机，L_1、L_2载波相位完全独立，且信号强度增加，噪声减弱。在C/A码常规宽带相关伪距、P码伪距或反电子欺骗政策(anti-spoofing，AS)条件下自动切换为Ashtech公司专利的Z码伪距，信号强度比互相关伪距强10倍。

(3)窄距相关技术接收机：第三代GNSS接收机，在这种接收机中，相关过程分为三步：在码发生器中除产生准点码(P)外，还产生早码(E)和晚码(L)，借助这三种码可确定三个自相关函数。早码或晚码是在早或晚$T/2$瞬间产生。此处T称为相关间距。由于生成这三种码，故可利用这三种码的自相关函数，也可在时延锁环(delay-lockedloop，DLL)中，将本机码跟踪接收的卫星码，利用早、晚码鉴频器，求出早、晚码自相关函数之差。自相关函数具有对称性，只要早、晚码鉴频器在零点附近呈线性特征，自相关函数即可达到最大值。P码伪距自动切换为NavAtel公司专利的精码伪距，信号强度比互相关伪距强。窄距相关技术接收机使C/A码达到P码的精度，而且能使多路径误差减小一半，效果极好。

(4)共同跟踪技术接收机：第四代GNSS接收机，采用载波相位的共同跟踪技术，其改进的基础是同时用两种类型的锁相环(phase locked loop，PLL)。第1种PLL跟踪接收机存在动力学特性(包括接收机的运动和内部振荡器)，这种锁相环利用的是所有可见卫星的总功率，具有20 Hz左右的宽带宽。第2种锁相环是专门为跟踪某一颗卫星的动力学而设计的。这些单独的环路具有比较窄的带宽(约2 Hz)。这两种环路的组合，既能改进跟踪能力，又能降低测量噪声。

共同跟踪的能力不仅能跟踪低信号场强的卫星(密林中或低仰角)，而且能跟踪高动态和强干扰条件下(低信噪比)的卫星信号。

(5)多星技术接收机：同时接收两个及以上卫星导航系统信号，世界上任何地方和任何时候的陆海空用户，都能准确地测得它们的三维位置、三维速度和时间，甚至三维姿态参数，并确保它们稳定可靠的高精度。

二、最佳GNSS接收机具备的条件

(1)可靠性高。接收机本身产生的周跳、半周跳和1/4周跳极少。

(2)耐用性强。耐用性强表现在平均无故障工作时间上。平均无故障时间(mean time been without failure，MTBF)表征GNSS信号接收机的耐用性。美国军用标准定为MTBF≥13 000 h。而现行GNSS信号接收机的平均无故障时间为5 000~60 000 h。

(3)测量精度高。现行GNSS信号接收机的C/A码测距精度最高可达±20 cm，最低仅为几米。单频机的出厂精度达到$5\ \text{mm}+2\times10^{-6}D$，双频机达到$5\ \text{mm}+1\times10^{-6}D$。$D$为测量距离，单位为km。

(4)具有同时跟踪和测量4颗以上GNSS卫星的能力。一台GNSS信号接收机能否同时跟踪和测量多颗GNSS卫星，取决于它具有的波道数；其最少不能够低于8个波道，最佳者为24个波道，甚至48个波道(对于双星集成接收机而言)。卫星跟踪性能良好不易失真，最好还具有WAAS信号和无线电信标的接收波道。

(5)作业适应性强。一台较理想的GNSS信号接收机，既能用于静态定位，又能用于快速静态和动态测量，既能在高低动态环境条件下用于七维状态参数测量，又具有极微弱信号的探测能力和抗客体干扰能力。例如，能够在森林或街区正常作业，又能担任差分GNSS和地理信息系统（geographic information system，GIS）任务。

（6）具有多频的接收能力。单频接收机的制作成本和售价虽较低，但它们不适宜用于过长距离和厘米级精度的差分 GNSS 测量。一台理想的 GNSS 信号接收机，应具有多频（对于 GNSS IIF 卫星而言）的接收能力。在海、陆、空应用时，都能跟踪全部可见卫星。

（7）较低的 C/A 码测距噪声（小于等于 10 cm）和载波相位噪声（小于 1 mm）。

（8）具有削弱多路径误差的功能。

（9）较高的原始数据率。原始数据率最好是 20 次/s，以便在高动态条件下应用。

（10）较大的存储器。测地型 GNSS 信号接收机，其内存容量一般为 0.5～80 Mb，它们的存储时间的长短，既取决于 GNSS 定位数据的更新率，又取决于被测 GNSS 卫星的多少。例如，当内存容量为 1 Mb，被测卫星为 5 颗，采用 15 s 数据更新率时，可存储 14 h 的 GNSS 数据。若其他条件不变，仅改用 1 s 数据更新率，则只能存储 56 min 的 GNSS 数据。

（11）数据处理软件功能强。GNSS 信号接收机的内置软件，既能解算用户的位置、速度和时间，又能作数据编辑、数据压缩、数据管理、周跳探测及其注记、仪器自诊断及其控制。

GNSS 信号接收机的测后数据处理软件，能够作观测数据的初加工、预处理、基线向量解、网平差计算、坐标变换（包括从通用横轴墨卡托平面坐标变换成高斯平面坐标）等。

（12）体积小、功耗低。非手持式的 GNSS 信号接收机，应具有交直流电的适应能力，而且对供电电源的电压范围不作过高要求。最好在 GNSS 信号接收机内部安设有锂电池，可供 GNSS 信号接收机在野外作业 10 h 以上。而且整机的功耗小（1～3 W），重量轻（<2 kg），以便野外作业使用。

（13）工作温度。在−40～+65 ℃，以便在炎热和酷寒地区均能工作。

三、接收机基本配置

GNSS 接收机完成测量任务的关键指标精度、数量与测量的精度有关，可根据需要参照表 3-4（《全球定位系统（GPS）测量规范》（GB/T 18314—2009））和表 3-5。

表 3-4　接收机选用（《全球定位系统（GPS）测量规范》（GB/T 18314—2009））

级别	A	B	C	D、E
单频/双频	双频/全波长	双频/全波长	双频/全波长	双频或单频
观测量至少有	L_1、L_2 载波相位	L_1、L_2 载波相位	L_1、L_2 载波相位	L_1 载波相位
同步观测接收机数	≥4	≥4	≥3	≥2

表 3-5　接收机技术指标

项目	等级				
	二等	三等	四等	一级	二级
接收机类型	双频	双频或单频	双频或单频	双频或单频	双频或单频
标称精度	≤(5 mm+ $2\times10^{-6}\times D$)	≤(10 mm+ $2\times10^{-6}\times D$)	≤(10 mm+ $5\times10^{-6}\times D$)	≤(10 mm+ $5\times10^{-6}\times D$)	≤(10 mm+ $5\times10^{-6}\times D$)
观测量	载波相位	载波相位	载波相位	载波相位	载波相位
同步观测接收机数	≥4	≥3	≥3	≥3	≥3

四、GNSS 接收机检验

观测中所选用的接收机,必须对其性能与可靠性进行检验,合格后方可参加作业。对新购和经修理后的接收机,应按规定进行全面检验。接收机全面检验的内容,包括一般性检视、通电检验和实测综合性能检验。

(一)一般性检验

主要检查接收机设备各部件及其附件是否齐全、完好,紧固部分是否松动与脱落,使用手册及资料是否齐全等。另外,天线底座的圆水准器和光学对中器,应在检验前进行测试和校正,光学对中器的对中误差小于 1 mm。对气象测量仪表(通风干湿表、气压表、温度表)等应定期送省级气象部门检验。

(二)通电检验

主要检查接收机通电后有关信号灯、按键、显示系统和仪表的工作情况,以及自测试系统的工作情况,当自测正常后,按操作步骤检验仪器的工作情况。接收机锁定卫星能力不大于 15 min,实时载波相位差分(RTK)与实时伪距差分(real-time differential,RTD)初始化时间不大于 3 min。

(三)实测综合性能检验

实测综合性能检验是 GNSS 接收机检验的主要内容。其检验方法有:用标准基线检验;已知坐标、边长检验,零基线检验,相位中心偏移量检验等。以上各项测试检验应按作业时间的长短,至少每年进行一次。

1. 测地型 GNSS 接收机天线相位中心一致性检验

用相对定位法检定天线相位中心一致性(天线任意指向)时,在超短基线或短基线上先将 GNSS 接收机、天线按规范要求正确安置,按统一约定的方向指向北,观测一个时段。然后固定一个天线,其余天线依次转动 90°、180°、270°,各观测一个时段。分别求出各时段基线向量,最大值与最小值之差应小于 GNSS 接收机的标称固定标准差。

2. 测地型 GNSS 接收机的测量检验

测地型 GNSS 接收机的测量检验在 GNSS 校准场进行,分短基线测量检验和中、长基线测量检验。

(1)短基线测量检验。在 GNSS 检定场的短基线上进行,按 GNSS 仪器的正确操作方法工作,调整基座使 GNSS 接收机天线严格整平居中,天线按约定统一指向正北方向,天线高量取至 1 mm。每台 GNSS 接收机必须保证同步观测时间在 1 h 以上。两台套的检验结果不得少于 3 条边长。经随机软件解算出的基线与已知基线值比较,其差值应小于 GNSS 接收机的标称标准差。若 GNSS 接收机标称值为($a+b\times D$),则 GNSS 接收机测量误差的最大允许值为

$$\sigma = \sqrt{a^2 + (b \times D \times 10^{-6})^2} \tag{3-1}$$

式中 σ——标准差,mm;

a——固定误差,mm;

b——比例误差系数,取每千米误差的毫米数;

D——测量距离,km。

(2)中、长基线测量检验。可分为已知基线长度和已知坐标两种方法。在已知中、长基

线上按静态测量模式进行检验,最短观测时间如表 3-6 所示。

表 3-6　中、长基线测量检验最短观测时间表

基线长度分类/km	最短观测时间/h
$D \leqslant 5$	1.5
$5<D \leqslant 15$	2.0
$15<D \leqslant 30$	2.5
$D>30$	4.0

观测数据可以用随机处理软件进行解算,所解得的基线向量与已知基线值之差作为校准结果。

GNSS 接收机校准场应选择在地质构造坚固稳定,利于长期保存,交通方便,便于使用的地方建设。各点位应埋设成强制归心的观测墩,周围无强电磁信号干扰,点位环视高度角 15°以上应无障碍物。校准场点位布设应含有超短基线、短基线和中长基线,组成网形以便进行闭合差检验。

《全球定位系统(GPS)接收机(测地型和导航型)校准规范》(JJF 1118—2004)对基线长度分类进行了定义,具体如表 3-7 所示。

表 3-7　基线长度分类表

基线长度分类	长度范围/m
超短基线	$0.2 \leqslant D<24$
短基线	$24 \leqslant D<2\ 000$
中、长基线	$2\ 000<D \leqslant 30\ 000$

已知基线长度的中、长基线测量的误差 Δd 应符合下列要求

观测距离　　$D \leqslant 5$ km 时,$\Delta d_1 \leqslant \sigma$

观测距离　　$D>5$ km 时,$\Delta d_1 \leqslant 2\sigma$

式中　Δd——基线向量与已知长度值之差,mm;

σ——GNSS 接收机标准差,mm,按式(3-1)计算。

已知坐标的中、长基线测量的误差 Δd_x、Δd_y 均应小于等于 2σ。其中,Δd_x、Δd_y 为解算出的坐标与已知坐标之差,mm。

(3)导航型 GNSS 接收机的定位检验

导航型 GNSS 接收机的定位检验在 GNSS 校准场上进行。按仪器操作要求正确安置和操作仪器,记录测量数据,经解算 GNSS 接收机所得点位坐标与标准点的坐标应在同一坐标系下用直角坐标进行比较,其定位误差不大于 GNSS 接收机出厂的标称值。定位误差由下式计算

$$\delta = \sqrt{(X_i - X_0)^2 + (Y_i - Y_0)^2} \tag{3-2}$$

式中　δ——定位误差,m;

X_i——测试数据 X 轴方向分量;

Y_i——测试数据 Y 轴方向分量；

X_0——标准点 X 轴方向分量；

Y_0——标准点 Y 轴方向分量。

五、仪器维护

GNSS接收机是贵重的精密电子仪器，对于它的运输、使用、存放，用户均需制订严格的维护办法。

（1）GNSS接收机等仪器应指定专人保管，不论采用何种运输方式，均应有专人押运，并应采取防震措施，不得碰撞、倒置或重压。

（2）作业期间，应严格遵守技术规定和操作要求，未经允许非作业人员不得擅自操作仪器。

（3）接收机仪器应注意防震、防潮、防晒、防尘、防蚀、防辐射；电缆线不应扭折，不应在地面拖拉、辗砸，其接头和连接器应保持清洁。

（4）作业结束后，应及时擦净接收机上的水汽和尘埃，及时存放在仪器箱内。仪器箱应置于通风、干燥阴凉处，箱内干燥剂呈粉红色时，应及时更换。

（5）仪器交接时应按规定的一般检验项目进行检查，并填写交接情况记录。

（6）接收机在使用外接电源前，应检查电源电压是否正常，电池正负极切勿接反。

（7）当天线置于楼顶、高标及其他设施的顶端作业时，应采用加固措施，雷雨天气时应有避雷设施或停止观测。

（8）接收机在室内存放期间，应定期通风，每隔1~2个月应通电检验一次，接收机内电池要保持充满电状态，外接电池应按其要求按时充放电。

（9）严禁拆卸接收机各部件，天线电缆不得擅自切割改装、改换型号或接长。如发生故障，应认真记录并报告有关部门，请专业人员维修。

六、GNSS接收机的新发展

随着GNSS的应用技术越来越完善，其应用领域也越来越广泛，要求GNSS接收机的性能也越来越高，促使其不断发展。

（1）由于电子技术和微处理技术的发展，GNSS接收机的集成化程度越来越高，整机尺寸和重量大大减少，价格也在迅速下降。

（2）近年GNSS快速发展，美国的GPS、俄罗斯的GLONASS、中国的北斗、欧洲的Galileo、日本的QZSS、印度的IRNSS等导航系统日趋完善，接收机正朝着兼容互操作的方向前进。

（3）在室内环境中，GNSS信号衰减严重，因此需要提高接收机的灵敏度来降低信号强度的损失。高灵敏度GNSS定位技术已经成为当今导航领域的一个研究热点。

（4）接收机接收来自天空中卫星发射的信号，信号功率小，通信环境复杂恶劣，易受到多种形式的有意或无意干扰，导致接收机导航定位性能下降，甚至无法正常工作。因此，要求GNSS接收机不断提高抗干扰技术。

➢ 小贴士

主要检查接收机设备各部件及其附件是否齐全、完好，紧固部分是否松动与脱落。天线底座的圆水准器和光学对中器,应在检验前进行测试和校正,光学对中器的对中误差小于 1 mm。检查接收机通电后有关信号灯、按键、显示系统和仪表的工作情况,以及自测试系统的工作情况,当自测正常后,按操作步骤检验仪器的工作情况。

➤ 知识链接

学习本项目时,学生应结合教师的讲解知道市场上接收机的种类繁多,价格也相差很大,想要购买到一个价格合理、质量可靠、性能好的接收机,就要先了解接收机的类型,最佳接收机应该具备哪些条件。另外,测量人员在选用接收机时还要考虑工程项目的要求和精度问题。接收机选定后还要对接收机进行检验。

阅读与应用

惯导 RTK 开创倾斜测量新纪元

什么是惯导?简单来说就是惯性导航,原理是从一个初始位置开始,连续测得物体运动的航向角与加速度,推算出现在物体所在位置。惯导内部自成体系,可以从根本上解决磁场干扰的问题。其最早是运用在火箭上的一种导航技术,后来因为其隐蔽性好,不受干扰,高动态的特点,被用在如飞机、潜艇、火箭、导弹的军事科研等领域。随着惯导技术的成熟,它的民用步伐逐渐加快,也让惯导技术与 RTK 技术有结合的可能。

惯导 RTK 接收机采用了新的支持北斗三号卫星的板卡,带来了卫星数的提升,再结合惯性导航定位,提升了它的可用性。同时利用惯导模块,在 60°倾角内能达到 2 cm 的定位精度(见图 3-23),实现“免对中”测量。在面对复杂难测的环境时,可以通过倾斜仪器去测量,因此惯导 RTK 接收机相比普通 RTK 接收机,在环境适应性上要高出许多。基于以上这些优势,惯导 RTK 接收机测量的综合效率能够提升 20%以上,节省了大量作业时间。下面从 4 个方面说明惯导 RTK 接收机相比普通 RTK 接收机的优点。

图 3-23　60°倾角测量放样

1. 测量环境的变革,谁说这些地方不能测

测量员手持一般的RTK接收机,眼睛盯着手簿屏幕,渐渐走进树林里。抬头一看,发现树林遮蔽了大片天空。RTK接收机没有信号,没法测量了,随即把RTK接收机收起来,返回去拿全站仪。在路上算了一笔账,这块测区如果用RTK测量,1 d就可以测完,如果用全站仪,光测控制点就得半天,整个测区测完怎么也得2 d左右,而且又有个新活要做……。如果RTK接收机能在树林里测量多好!

如图3-24所示,有了惯导RTK,深入树林茂密、高楼林立的地方去试一试,选取在树下、高楼之间、屋檐墙角,这几个最常见的恶劣环境,天空遮挡十分严重,甚至在最严峻的高楼间,高度截止角甚至超过了70°,惯导RTK依然能够固定信号。

图3-24 各种倾斜测量和放样

2. 测量方式的变革,谁说斜着不能测

做市政测量的时候,经常碰见房角屋檐要测,RTK接收机贴着墙就没信号,拿出来精度又不够,如果有一种RTK接收机,能斜着把墙角的点测了,岂不美滋滋?

没过多久,市面上果然出现了倾斜测量RTK,买过来用后,结果发现测出的结果根本用不了。目前国内在用的MEMS倾斜测量,原理是用磁场来计算仪器的偏转角,然后算出地面测点的坐标,这个方案理论上可行,但倾斜角度不能太大,而且容易受到磁场的影响,精度很不稳定,可见,倾斜测量的关键,是精度如何保障?

惯导RTK内置了高精度惯导模块,采用惯导+卫星组合解算,相比较MEMS倾斜测量精度要更高,而且不受外界干扰,60°以内的倾角,2 cm精度妥妥的。采用了倾斜点放样精度测试,不管是360°摇晃放样,还是倾斜与竖直的测量结果对比,误差都严格控制在2 cm以内,让人斜着就把点测了。

3. 测量效率的变革,气泡免对中

如果RTK测量不用对中,我们能省多少时间?为了解答这个疑惑,我们做了一个测量

竞速测试:25 m,15 个点,用普通 RTK 接收机测量,花费 119 s,而用惯导 RTK 接收机,仅仅 75 s。15 个点,就节约了 44 s,测点效率提升了 36.97%。

4. 测量体验的变革,动如虹,疾如风

延迟,在测量工作中也同样存在。放样时,只要挪动对中杆,就要停下等手簿反应过来,对测量员而言,流畅的操作和灵敏感知坐标变化,同样重要。而加入了惯导的 RTK 接收机,200 Hz 的超高频输出,就能改变这种延迟,可以指哪打哪。为了测试惯导 RTK 对于位置变化的感应,通过放样模式,来测试惯导 RTK 接收机的灵敏度。不管是倾斜还是竖直,只要对中杆一动,手簿上就会迅速做出反应,方便更好地操作仪器。这对于 RTK 用户而言,能够极大提升测量放样时的体验。

从以上情况总结出:①惯导 RTK 接收机无惧测量环境,房角、树下、高楼、屋檐下都能测;②真正的倾斜测量,不受地磁及人为因素干扰,更精准、更可靠;③提高测量效率,免对中,高效,从节约时间开始;④崭新的测量体验,加入惯导的 RTK,灵敏感知位置变化,极大提升测量放样体验。

GNSS 在农业领域中的应用

利用 GNSS 技术,配合遥感(remotesensing,RS)技术和 GIS,能够监测农作物产量分布,土壤成分和性质分布,做到合理施肥、播种和喷洒农药,以及农业机械无人驾驶(见图 3-25)、农田起垄播种、无人机植保等应用。节约费用,降低成本,达到增加产量、提高效益的目的,使得传统农业向智慧农业农业加快发展,如图 3-26 所示。利用差分技术可以做到以下几个方面。

图 3-25　北斗农机无人自动导航精准驾驶系统

(1)土壤养分分布调查:在播种之前,用车辆(配有 GNSS 接收机和计算机)按一定要求在农田中采集土壤样品,并将样品采集点的位置精确测定出来,输入计算机后,计算机依据 GIS 将采样点标定,绘出土壤样品点位分布图。

(2)监测作物产量:在联合收割机上配置 GNSS 接收机、计算机和产量监视器,就构成了作物产量监视系统。在收割作物时,同时记录作物的位置和产量,通过计算机绘制出每块土地产量的分布图。

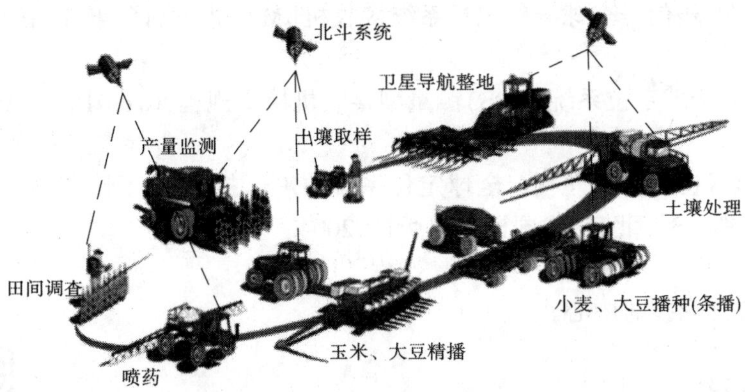

图 3-26　北斗系统支持的智慧农业

(3)合理施肥、精确农业管理:在 GNSS 的控制下,依据土壤养分含量分布图,能够合理地给田地的各点施肥,施用的化肥种类和数量由计算机根据养分含量分布图控制。

(4)国土资源执法监察动态巡查:系统提供不同级别的差分数据服务,配合多星系终端产品应用在国土资源动态监测中,会使监测速度和精度大大提高,克服传统监测方法的种种弊端,适应各种复杂的变更情况,真正实现动态监测的实时性、数值化,确保土地利用现状调查的时效性,如图 3-27 所示。

在作物生长期的管理中,利用遥感影像并结合 GIS 可绘出作物色彩变化图,利用 GNSS 可采集一定数量的土壤及作物样品进行分析,并绘制出作物生长的不同时期的土壤养分含量的系列分布图,可做到精确地对作物生长进行管理。

图 3-27　国土资源执法监察动态巡查

➢ 知识搜索

书目

谢刚. GPS 定位原理与接收机设计[M]. 北京:电子工业出版社,2017.

鲁郁. GPS 全球定位接收机:原理与软件实现[M]. 北京:电子工业出版社,2009.

[美] 齐德娜.弱信号全球导航卫星系统接收机[M].张欣,译.北京:国防工业出版社,2008.

国家测绘局.全球定位系统(GPS)测量型接收机检定规程:CH8016—1995[S].北京:测绘出版社,1995.

国家质量监督检验检疫总局.全球定位系统(GPS)接收机(测地型和导航型)校准规范:JJF 1118—2004[S].北京:中国标准出版社,2004.

相关网站

中国科学院国家授时中心

科利达惯导 RTK

项目小结

GNSS 接收机的类型有测地型接收机、导航型接收机和授时型接收机。GNSS 接收机的结构主要有天线单元、接收单元和电源;测地型接收机一般均采用载波相位观测量进行相对定位,精度很高,与导航型接收机相比,其结构较复杂,价格较贵。导航型接收机主要分为低动态型、中动态型和高动态型三种,一般采用以测码伪距为观测量的单点实时定位,或实时差分定位,精度较低,接收机的结构较为简单,价格便宜,应用极为广泛。通过学习,大家应能根据 GNSS 接收机具备的条件,选择适合测绘工程需要的 GNSS 接收机,并能对检验 GNSS 接收机进行一般检验、通电检验和实测综合性检验。

复习和思考题

3-1　GNSS 接收机是如何分类的?

3-2　测地型 GNSS 接收机的工作原理是什么?

3-3　GNSS 接收机如何测定伪距的?

3-4　GNSS 接收机检验有哪些,如何进行检验?

3-5　写出与接收机有关的误差?

3-6　GNSS 信号接收机,按用途的不同,可分为＿＿＿＿＿型、测地型和＿＿＿＿＿型等三种。

3-7　GNSS 伪距法定位进行测距时,主要量测 GNSS 信号中的＿＿＿＿＿,伪距观测值中所包含的卫星钟差改正可由 GNSS 信号中的＿＿＿＿＿获取。

3-8　距离测量主要采用两种方法:一种方法是测量 GNSS 卫星发射的测距码信号到达用户接收机的传播时间,即＿＿＿＿＿测量;另一种方法是测量具有载波多普勒频移的 GNSS 卫星载波信号与接收机产生的参考载波信号之间的相位差,即＿＿＿＿＿测量。

技能训练

GNSS 接收机认识及使用

一、实训目的

(1)了解 GNSS 接收机基本功能。
(2)掌握 GNSS 接收机指示灯的作用,能实现接收机的动、静态之间切换。

二、实训内容

(1)打开、关闭 GNSS 接收机。
(2)说出接收机各按键的作用。
(3)说出接收机各指示灯的作用。
(4)量取 GNSS 接收机仪器高。
(5)写出 GNSS 接收机的型号与仪器号。

三、仪器设备

(1)静态 GNSS 接收机一台。
(2)观测记录手簿一个、钢尺一把、脚架一个。

四、实训步骤

(1)了解 GNSS 接收机各部件、功能按键和指示灯的作用。

GNSS 接收机一般由接收机部分和天线部分组成,在使用 GNSS 接收机时,要让接收机天线部分对空通视。接收机的按键比较少,不同品牌不同型号的接收机各不相同,但一般都有开关机键和切换键的功能。有的接收机没有单独的切换键,由开关机键来实现动态与静态模式的切换。指示灯有电量灯、卫星灯、数据记录灯、无线电台灯或蓝牙连接灯等几种。

(2)查看接收机电池的位置,并练习更换电池。

(3)架设 GNSS 接收机,量取天线高(仪器高)。天线高量取方法有三种,一是量取到天线底部,二是量取到天线中部,三是量取到天线顶部。

(4)打开 GNSS 接收机。注意不要频繁开关机,开机后要让 GNSS 接收机进行初始化。

(5)练习 GNSS 接收机动静态切换,并能查看当前 GNSS 接收机状态为动态定位模式还是静态定位模式。

在动态定位模式下,GNSS 接收机本身不记录数据,数据由与接收机相连接的手簿记录,所以动态模式下 GNSS 接收机的数据记录灯不闪。如果与基准站正常连接,无线电台灯会正常闪烁。

在静态定位模式下,观测数据由 GNSS 接收机记录,隔一个历元记录一组数据,所以在静态定位模式下,GNSS 接收机的数据记录灯会隔一个历元闪烁一次。

(6)练习查看 GNSS 接收机的品牌、型号、仪器的标识号,并根据接收机的使用说明书对接收机进行分类。

五、实训练习

(1)判断 GNSS 接收机是动态定位模式还是静态定位模式。
(2)开机在静态定位模式下进行观测填写下面表 3-8 的内容。
(3)在动态定位模式下连接手簿,查看接收机接收到几颗卫星,分别是哪几颗?
(4)写出接收机有几个指示灯,各个指示灯的作用是什么?

表 3-8　外业观测记录手簿

观测组别		观测日期		天气状况		仪器型号	
每站观测记录信息							
时段	点号	开机时间	开机仪器高/m	仪器电量	观测卫星数	关机时间	关机仪器高/m

注:1. 外业观测过程中要注意一定切换成静态定位模式。
2. 观测过程中要注意接收机电池电量。
3. 观测过程中要注意数据记录灯是否闪烁。

GNSS 接收机挑选与检验*

一、实训目的

(1)了解 GNSS 接收机的挑选时需要注意的问题。
(2)了解 GNSS 接收机如何检验。

二、实训内容

(1)了解 GNSS 接收机基本配置。
(2)掌握 GNSS 接收机一般性检验。
(3)掌握 GNSS 接收机通电检验。
(4)掌握 GNSS 接收机天线相位中心一致性检验。
(5)掌握短基线测量检验。
(6)掌握已知坐标的中、长基线测量检验。
(7)掌握已知基线长度的中、长基线测量检验。

三、仪器设备

(1)静态 GNSS 接收机 3 台。

(2)静态数据处理软件。

(3)计算机一台。

四、实训步骤

(1)领取GNSS接收机,查看接收机外观,主要检查是否有摔痕、人为划痕;各按键是否有损坏;电池是否完好;检验天线底座的圆水准器和光学对中器,并填写仪器检查说明。

(2)架设GNSS接收机,考虑GNSS接收机本身误差,应将指北标志指向北方向。

(3)打开接收机,查看接收机各指示灯是否正常工作,是否能正常接收卫星信号。由于接收机一般没有面板,无法显示具体内容,可以使用手簿连接到GNSS接收机上,在手簿里查看卫星数量及相关信息。如有问题及时向实训教师反映。

(4)天线相位中心一致性检验。选择短基线,基线两侧架设GNSS接收机进行观测,完成后,将其中一个天线按照指定的角度进行转动并进行观测,填写表3-9。

表3-9 天线相位中心一致性检验表(短基线)

短基线	基线长度	最大值-最小值
向北		
90°		
180°		
270°		

(5)零基线检验。即使用一副GNSS接收机天线同时连接两台接收机。两台接收机同时开机,观测一定时间(一般为1 h或更长),使用与接收机配套的内业数据处理软件解算基线长度、坐标增量、高差。由于零基线信号由一副天线获得,故这些测得值的基线长度、坐标增量、高差值均应为零。完成表3-10。

表3-10 天线相位中心一致性检验表(零基线)

基线序号	基线长度	备注

(6)已知坐标基线测量检验。要求已知点位要提前获取其正确坐标。将待检验接收机分别安置在相应点位上进行观测,观测时间根据已知点之间的距离长短,如表3-7所示。基线长度不同限差也不尽相同。填写表3-11。

表 3-11　已知坐标的基线测量检验表

点号	已知点坐标		观测点坐标		Δd_x	Δd_y
	X	Y	X	Y		

(7)已知基线长度检验,将 GNSS 接收机架设到已知长度的基线两端进行静态观测。填写表 3-12。

表 3-12　已知基线长度的基线测量检验表

基线序号	已知基线长度	观测基线长度	Δd

项目四　GNSS 定位系统与信号

项目概述

对于导航定位而言,GNSS 卫星是一种动态已知点,每颗 GNSS 卫星所播发的星历,都是地面监控系统提供的。GNSS 工作卫星的设计寿命为 12~15 年,当它们入轨运行以后,地面监控系统还要进行监测和控制。GNSS 系统包括地面监控部分、空间卫星部分、用户接收部分等三大部分。三大部分之间还要用数字通信技术联络传达各种信号信息,靠各种计算软件处理繁复的数据,最后由用户接收信号来解决导航定位问题。

学习目标

◆知识目标

1. 了解理想情况下的卫星运动;
2. 掌握 GPS 卫星地面监控站的分布原理;
3. 了解星间链路主要解决地面站不足的问题;
4. 知道六分仪是如何确定所在位置的地理纬度。

◆技能目标

1. 掌握北斗的星间链路原理及其目的;
2. 知道星间链路是实现导航星座自主导航的核心;
3. 能根据图 4-1 掌握 GPS 卫星地面监控站的分布要求;
4. 能根据六分仪的使用要求独立操作六分仪完成一个定位工作。

课程导入

本项目主要介绍 GNSS 系统的组成部分,主控站、注入站和监控站的作用,卫星的运行与卫星星历,北斗的星间链路,GNSS 卫星坐标计算,导航电文,GNSS 卫星信号及其传播等。

任务一　GNSS 定位系统的组成

一、GPS 定位系统的组成

GPS 定位系统包括三大部分:地面监控部分、空间卫星部分和用户接收部分。以下分别介绍它们的作用、工作原理和工作状况。

(一)地面监控部分

1. 地面监控站的分布

如图 3-1 所示,GPS 工作卫星地面监控系统包括 1 个主控站,3 个注入站和 5 个监控站。其分布情况是:主控站设在美国本土科罗拉多洲斯平士(Colorado Spings)的联合空间执行中心

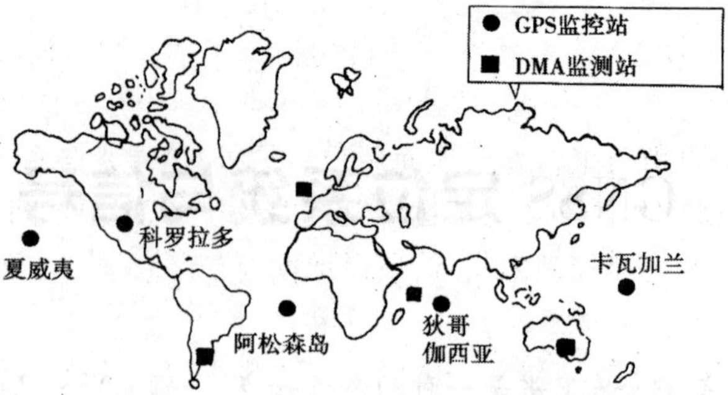

图 4-1　GPS 卫星地面监控站的分布

CSOC (Consolidated Space Operation Center);3 个注入站分别设在大西洋的阿森松岛(Ascension),印度洋的狄哥·伽西亚(Diego Garcia)和太平洋的卡瓦加兰 (Kwajalein)的 3 个美国空军基地上;5 个监测站,除 1 个单独在夏威夷(Hawaii)外,其余 4 个都分设在主控站和注入站上;这 5 个监测站也称为空军跟踪站(air foce tracking station)。其坐标如表 4-1 所示。

表 4-1　GPS 监控站在 WGS-84 系中的坐标

站名	X/km	Y/km	Z/km	ΔE/cm	ΔN/cm	Δh/cm
Colorado Spings	-1 248. 597 221	-4 819. 433 246	3 976. 500 193	0. 1	1. 3	3. 3
Ascension	6 118. 524 214	-1 572. 350 829	-876. 464 089	2. 0	4. 0	-1. 1
Diego* Garcia	1 917. 032 190	6 029. 782 349	-801. 376 113	-3. 3	-8. 5	5. 2
Kwajalein	-6 160. 884 561	1 339. 851 686	960. 842 977	4. 7	0. 3	4. 1
Hawaii	-5 511. 982 282	-2 200. 248 096	2 329. 481 654	0. 6	2. 6	2. 7

另外,美国国家图像制图局 NIMA 的 7 个跟踪站(NIMA Tracking Station)也参与了监测。其坐标如表 4-2 所示。

表 4-2　NIMA 跟踪站在 WGS-84 系中的坐标

站名	X/km	Y/km	Z/km	ΔE/cm	ΔN/cm	Δh/cm
Australia	-3 939. 181 976	3 467. 075 383	-3 613. 221 035	-6. 2	-2. 7	7. 5
Argentina	2 745. 499 094	-4 483. 636 553	-3 599. 054 668	-1. 0	4. 1	6. 7
England	3 981. 776 718	-89. 239 153	4 965. 284 609	8. 8	7. 1	1. 1
Bahrain	3 633. 910 911	4 425. 277 706	2 799. 862 677	-4. 3	-4. 8	-8. 1
Ecuador	1 272. 867 278	-6 252. 772 267	-23. 801 890	-2. 0	2. 5	10. 7
WashingtonD. C.	1 112. 168 441	-4 842. 861 714	3 985. 487 203	39. 1	7. 8	-3. 7
China	-2 148. 743 914	4 426. 641 465	4 044. 656 101	31. 0	-8. 1	-1. 5

注:表 4-1 和表 4-2 中的坐标为 WGS-84(G873),时元为 1997. 0,G 为 GPS 星期,873 是星期数。G873 表示 1997 年 1 月 29 日定义的站坐标,站坐标是天线相位中心的三维位置。G730 表示 1994 年 6 月 29 日定义的站坐标。E、N、h 分别表示东、北向坐标和大地高。ΔE 为 E_{G730} 和 E_{G873} 之差。* 表示 1997 年 3 月 2 日以前的 Diego Garcia 站坐标,1997 年 3 月 2 日以后的 Diego Garcia 站坐标为 $X=1\ 916.197\ 323$ km,$Y=6\ 029.998\ 996$ km,$Z=-801.737\ 517$ km。

2. 地面监控系统的作用

GPS 卫星作为一种动态已知点，其“已知数据”为表述卫星运动及其轨道参数的“卫星星历”，不可能也无须在卫星上设置庞杂的机构去测算和编制，而是由地面站测算好后编成电文形式发送给卫星，再由卫星转发至地面用户。另外，卫星上各种设备是否正常工作，要否启用配件、卫星运行情况、要不要纠正运行轨道以及使各卫星处于同一时间标准——GPS 时间系统等，都需要由地面监控站来完成，所以地面监控站有下列主要作用。

1) 主控站的作用

主控站拥有以大型电子计算机为主体的数据收集、计算、传输、诊断等设备，其主要作用如下：

(1) 收集数据。收集各监测站获得监测的伪距和积分多普勒观测值、卫星时钟和工作状态数据、气象、监测站自身状态以及参考星历等数据。

(2) 数据处理。根据所收集的前述数据计算各卫星的星历、卫星状态、时钟改正、大气传播改正等，具体地就是卫星位置和速度的 6 个轨道根数的摄动，每个卫星的 3 个太阳压力常数，卫星的时钟偏差、漂移和漂移率，各个监测站的时钟偏差、对流层残余偏差及极移偏差等状态数据。将这些数据按一定格式编制成导航电文，并将导航电文及时传送给注入站。

(3) 监测与协调。主控站一方面承担控制和协调各监控站与注入站的工作，另一方面还要监测整个地面监控系统是否正常，检验注入卫星的电文是否正确，监控卫星是否按预定状态将电文发送给用户。

(4) 调度卫星。修正卫星的运行轨道，调用备用卫星去接替失效卫星的工作。

主控站的星历编算工作分成两步：第一步是编算参考星历，根据 5 个 GPS 监控站一星期左右的观测数据，估算 GPS 卫星轨道参数的初始值，以形成误差约为 100 m 的参考星历。第二步是编算注入星历，根据每个监控站对每颗可见 GPS 卫星每 6 s 所作的伪距测量和积分多普勒观测值，用联机卡尔滤波器计算参考星历的线性摄动，以后者改正参考星历，并外推出 26 h 轨道弧段的全部数据，称之为预报星历。主控站将预报星历按照一定的格式编制成导航电文发送给注入站，由注入站注入给卫星。由于甚长基线射电干涉测量（VLBI）和卫星激光测距（SLR）能够精化定轨观测站的站坐标，以及双频接收机对 GPS 卫星的精密定轨观测。当 GPS 作卫星全部入轨运行后，预报星历的精度，据估算径向误差约为 1 m，切向误差约为 7 m，法向误差约为 3 m（见图 4-2）。

主控站按上述程序所编算的星历，由 GPS 卫星发送给广大用户，称之为广播星历。它的实际精度一般为 $(1\sim2)\times10^{-6}$（百万分之一），有时又只有 $(3\sim4)\times10^{-6}$。低精度的广播星历，主要用于解算实时位置。但在某些高精度应用场合，广播星历的精度远不能满足 GPS 数据处理的需要，而需要用一种精度较高的用于测后数据处理的“精密星历”。目前，除几种用于测后数据处理的商品精密星历外，还有下列几种形式。

(1) 官方精密星历。它是美国国家图像制图局（NIMA，national inagery and mapping agency）、国家大地测量局（NGS）和美国航空航天局（NASA）联合测量和计算的。为此，他们采用了来自下列 GPS 定轨观测站的数据：地面监控系统的 5 个监测站，位于澳大利亚、塞舌尔、英格兰和阿根廷的 DMA 跟踪站，位于西班牙、澳大利亚和美国加利福尼亚州的 NASA 跟踪站，位于美国德克萨斯州、马萨诸塞州和佛罗里达州的 VLBI 站上的 NGS 跟踪站。根据这

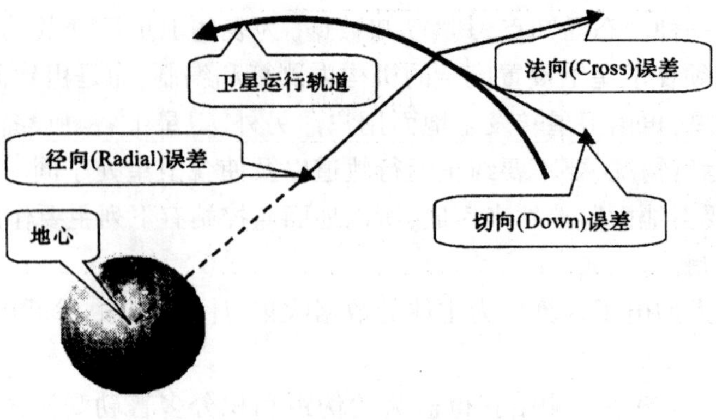

图4-2　卫星轨道的三向误差

些跟踪站对GPS卫星的观测数据计算出各颗GPS卫星的精密星历。官方精密星历的精度一般在1×10^{-6}以内。美国国防制图局不仅负责计算精密星历,而且向国外特许用户提供精密星历用于事后数据处理。美国国家大地测量局负责向国内用户发布精密星历。

(2)CIGNET国际定轨网。1986年9月,美国联邦地质局(USGS)和德克萨斯大学合作,用美国本土的3个跟踪站(Austin、Westford、Mojave)定轨数据计算精密星历。1987年,加拿大的Yellowkife站、德国的Wettzell站、瑞典的Onsala站和挪威的Tromso站加入后构成了一个国际性的定轨观测网,并命名为CIGNET(cooperative international GPS network)。它是专门用来测得GPS卫星的精密星历。目前已有分布在欧、亚、非、美、大洋五大洲的20个跟踪站参加了CIGNET国际定轨网。

(3)全球GPS多用网。随着GPS工作卫星星座的全面建成,在全球各大洲和若干海岛上布设GPS跟踪站,就具有更大的实用价值。用这些长期和周期性的国际大会战数据,不仅可以计算特高精度的GPS卫星星历,而且可以广泛地研究全球性的地球动力学和地球物理学的问题。1991年1月22日至2月13日全球有124个GPS测站共同观测的GIG91网,就是一种具有上述作用的全球GPS多用网。

在GIG91试验成功的促进下,国际大地测量协会(IGS)决定在全球范围内建立1个近200个GPS跟踪站的IGS(international GPS service)观测网,并成立了1个国际性的组织协调机构——国际GPS服务局,负责组织全球性的GPS跟踪观测和GPS数据处理、分析与成果生成。IGS网分布在世界各地,它包括我国上海、武汉、拉萨和西安的4个GPS跟踪站。自1992年6月21日至9月22日进行了IGS网的第一期观测以来,一直在连续工作着。IGS网的建设目的在于研究地球自转和定向、地球构造运动和地壳形变监测、全球海平面变化、冰后期回弹、全球精密地球坐标系,并测得厘米级精度的GPS卫星星历,供各个参加观测单位和有关行业使用。IGS中心局在全球GPS跟踪站观测两个星期后,方可提供出该观测期的GPS卫星精密星历,称之为后处理IGS星历;其精度为5 cm。美国喷气推进实验室的IGS中心局向全球用户提供包括GPS卫星精密星历在内的所有IGS最终成果。

对于GPS用户而言,IGS最终星历是一种易于获取从而应用广泛的高精度后处理星历。此外,IGS还提供快递GPS卫星星历和预报GPS卫星星历。它们的生成时间和精度,如表4-3所示。

表 4-3 3 种 IGS 星历的精度

星历名称	生成时间	精度
最终 GPS 卫星星历	两个星期	5 cm
最终 GPS 卫星时钟改正		0.3 ns
快递 GPS 卫星星历	2 d	10 cm
快递 GPS 卫星时钟改正		0.5 ns
预报 GPS 卫星星历	实时	50 cm

2)监控站的作用

监控站是无人值守的数据自动采集中心,它在主控站的遥控下自动地采集定轨数据,其位置经精密测定。各个监控站均用 GPS 信号接收机对飞越其上空的所有可见 GPS 卫星每 6 s 进行 1 次伪距测量和积分多普勒观测。监控站的主要设备包括 1 台双频接收机、1 台高精度原子钟、1 台电子计算机和若干台环境数据传感器。各监控站根据其接收到的卫星扩频信号求出相对于其原子钟的伪距和伪距差,检测出所测卫星的导航定位数据,利用环境传感器测出当地的气象数据,并对它们进行各项改正(如电离层、对流层、天线相位中心、相对论效应等项改正),每 15 min 平滑 1 次观测数据,依此算出每 2 min 间隔的观测值,然后将算得的伪距、导航数据、气象数据及卫星状态数据传送给主控站,为主控站编算导航电文提供可靠的数据。地面监控系统的方框图如图 4-3 所示。

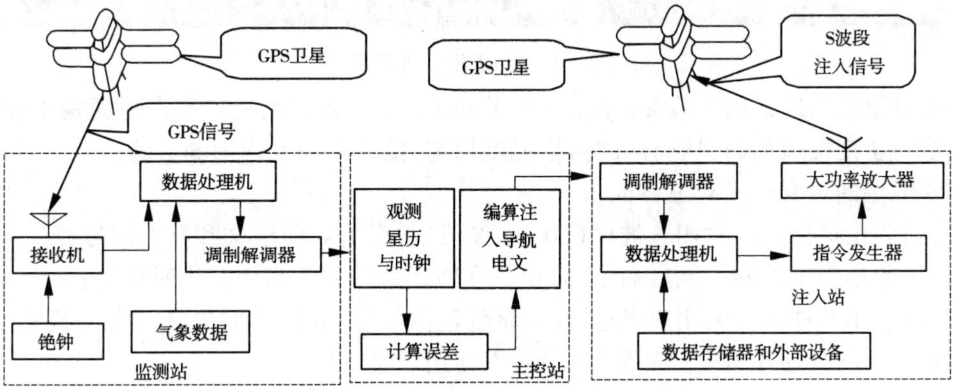

图 4-3 地面监控系统的方框图

3)注入站的作用

注入站是无人值守的工作站,设有 3.66 m 抛物面天线,1 台 C 波段发射机和 1 台电子计算机。其主要作用是将主控站需传输给卫星的资料以既定的方式注入到卫星存储器中,供 GPS 卫星向用户发送。

(二)空间卫星部分

空间卫星部分是由空间运行的多颗卫星按一定的规则组成的 GPS 卫星星座,本书前已述及。这里仅就空间卫星的作用和有关情况作些说明。

美国发射的 GPS 卫星,有多种编号方式。比如可以按 GPS 卫星发射的先后顺序编号;也可以根据 GPS 卫星所采用的伪随机噪声码 PRN 编号;还可以根据美国和加拿大联合组成的北美空军指挥部给定的内部距离操作码 IRON 编号;以及根据美国航空航天局在其序列文件中编的 NASA 编号和根据卫星发射年代与该年代中的发射序列编的识别号。其中,PRN 编号是供导航定位用的,识别号是供用户查询卫星有关数据用的。

目前已入轨的 GPS 工作卫星 BlockⅢ编号方法与试验卫星的编号方法基本相同,其轨道近于圆形,最大偏心率为 0.01,轨道长半径也是 26 560 km,轨道倾角为 55°,卫星的高度为 20 200 km,运行周期为十二恒星时,即每天绕地球运行 2 周,地面观测者能够观测到的 GPS 卫星圆弧度约 152.26°。考虑到 GPS 卫星刚从地平线上升起时,GPS 信号受大气层影响较大,一般均待 GPS 卫星升起 10°以后,才用它进行导航定位测量。因此,GPS 卫星的实际观测弧段为 132°左右。GPSⅢ信号的准确度比当前 GPS 卫星的信号精确 3 倍,卫星的抗干扰能力也提高了 8 倍,卫星使用寿命提高到了 15 年。由于采用新的 L_1C 民用信号,使得它成为可与北斗和 Galileo 全球导航卫星系统互操作的 GPS 卫星。

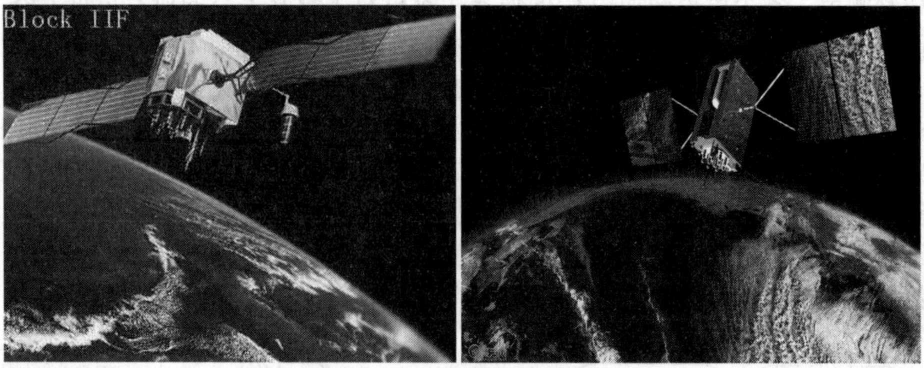

图 4-4　BlockⅡF/Ⅲ卫星

工作卫星之所以采用 2 万 km 高近于圆形的轨道,一方面是为了增大地面覆盖面积;另一方面是为了使覆盖均匀,从而达到信号强度均匀、接收时间也均匀的目的。

GPS 卫星的主要作用有三方面:

(1)接收由地面注入站用 S 波段(10 cm 波段)发送的导航电文和其他信号;

(2)接收地面主控站的调度命令,修正其在轨运行偏差及启用备用时钟等;

(3)连续不断地向广大用户发送 GPS 导航定位信号,并用导航电文的形式提供卫星自身的现势位置与其他在轨卫星的概略位置,以便用户接收使用。

可见,GPS 卫星定位是以被动定位原理进行工作的,GPS 卫星最根本的作用就是向用户发送用户所需要的信号和电文。既然如此,对卫星的寿命长短和时间的精确度就必须高度重视。GPS 工作卫星的设计寿命是 12 年,但使用寿命一般都会超过甚至远远超过设计寿命。GPS 工作卫星中安置 2 台铷原子钟和 2 台铯原子钟(部分工作卫星安置有氢原子钟),以便随时启用更替。采用原子钟是因为它的频率稳定度优于 10^{-12},3 万年仅差 1 s(见表 4-4),远高于稳定度为 10^{-9} 的石英钟,因而可大幅度提高导航和定位精度。

表 4-4　卫星时钟的稳定性

钟型	时钟频率/Hz	每日稳定度 $\Delta f/f$	钟差 1 s 所需时间/a
石英钟	5 000 000	10^{-9}	30
铷钟	6 834 682 613	10^{-12}	30 000
铯钟	9 192 631 770	10^{-13}	300 000
氢钟	1 420 405 751	10^{-15}	30 000 000

GPS卫星的空间布局和运行速度决定了地面观测者具备下列观测条件：

(1)同一卫星每天可提前4 min出现，其在地平线以上的可见运行时间为5 h。

(2)由于观测者所处的位置和时间的不同，可同时观测的卫星个数也各异，但最少能观测到5颗卫星，最多可观测到13颗卫星。

(三)用户接收部分

用户接收部分的基本设备，就是GPS信号接收机、机内软件以及GPS数据的后处理软件包。其作用是接收、跟踪、变换和测量GPS卫星所发射的GPS信号，以达到导航和定位的目的。

GPS信号接收机的任务是：跟踪可见卫星的运行，捕获一定卫星高度截止角的待测卫星信号，并对GPS信号进行变换、放大和处理，解译出GPS卫星所发送的导航电文，测量出GPS信号从卫星到接收机天线的传播时间，实时地计算出测站的三维位置、三维速度和时间。

在静态定位中，GPS接收机在捕获和跟踪GPS卫星的过程中固定不变，接收机高精度地测量GPS信号的传播时间，利用GPS卫星在轨的已知位置，解算出接收机天线所在位置的三维坐标。而动态定位则是用GPS接收机测定一个运动物体的运行轨迹。载体上的GPS接收机天线在跟踪GPS卫星的过程中相对地球而运动，接收机用GPS信号实时地测得运动载体的瞬间三维位置和三维速度。

GPS接收机一般采用机内、机外两种直流电源。设置机内电池的目的在于更换外电池时不中断连续观测(见图4-5)。在用机外电池的过程中，机内电池自动充电。关机后，机内电池为RAM存储器供电，以防止丢失数据。

图4-5 某型号接收机内置两块锂电池位置

目前，各种类型的GPS信号接收机体积越来越小，重量越来越轻，便于野外观测。它们按用途的不同，可分为导航型、测地型和授时型等3种；按携带形式的不同可分为袖珍式、背负式、车载式、舰用式、空(飞机)载式、弹载式和星载式等7种；按工作原理可分为码接收机和无码接收机，前者动态、静态定位都能用，后者只能用于静态定位。按使用载波频率的多少可分为单频接收机(用1个载波频率L_1)和用多个载波频率的多频接收机，以多频接收机为今后精度定位的主要用机；按型号分，种类就更多了。

二、北斗的星间链路

美国的GPS很重要的一点是在全球布设地面站，让其在任意位置都处在地面站的监控范围内，可以随时注入改正信号，实现星地传输，指导GPS卫星在轨准确运行。而我国北斗导航卫星系统不具备这个条件，只能在本国国土上布站，地球同步轨道和倾斜同步轨道上的卫星，在我国国土上可以实现80%的测控弧段，而中轨卫星轨道上的卫星，依托我国领土只能实现40%的观测弧段，所以中国卫星专家在北斗二号星座设计时就没有照抄GPS或者GLONASS的星座方案。如图4-6所示，北斗系统地面段包括主控站、时间同步/注入站和监测站等若干地面站。

由于北斗系统很难像GPS系统那样在全球大范围建立自己的地面站，当卫星飞越中国

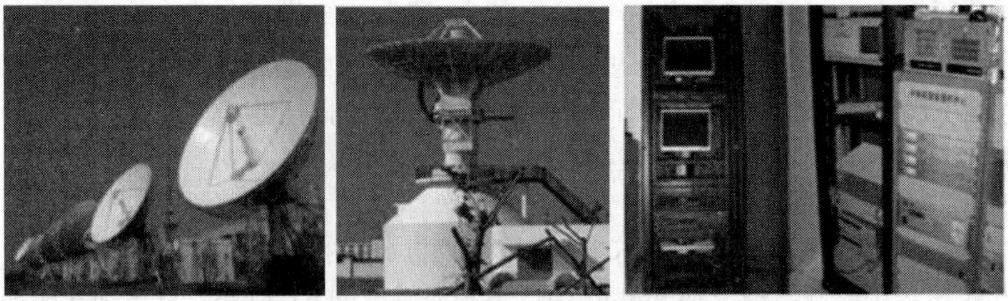

图 4-6　北斗系统地面段

境外时,在缺少地面控制指令的的情况下,卫星无法保证在正常轨道运行。为此,北斗三号系统创新性地提出了“国内地面站+星间链路”(domestic ground stations plus inter-satellite links)的技术方案,如图 4-7 所示。利用星间链路持续进行全星座星间精密测量并提供数据传输,实现全星座精密定轨与时间同步,构建全球卫星导航系统,保证全球系统导航业务运行,确保全球系统服务性能指标的均匀性。星间链路在卫星之间搭建起桥梁,彼此间能进行通信和测距,互相监督、自动保持队形,组成错综复杂的星间链路。这大大减少了系统对地面站的依赖,即使地面站点全部失效,北斗系统依然可以通过星间链路保持自主运行长达 60 d 之久。

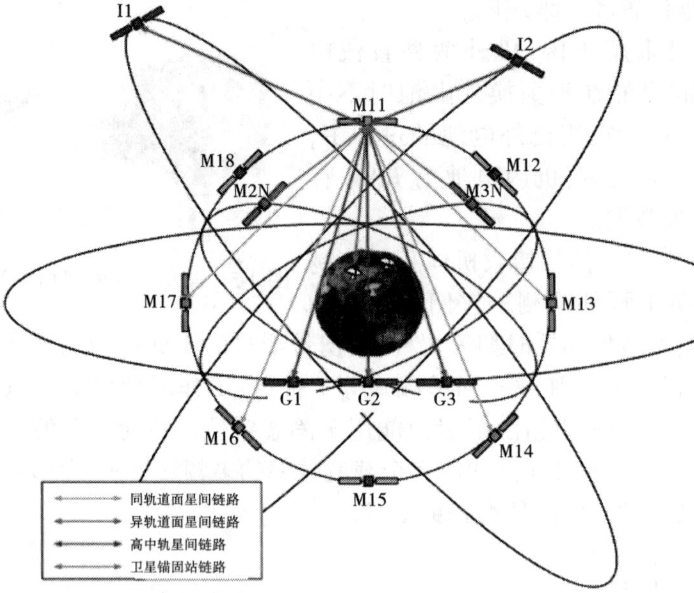

图 4-7　星间链路

星间链路是实现导航星座自主导航的核心,是提升卫星导航系统自主运行能力的关键。2015 年,拥有我国自主产权的星间链路载荷在北斗试验卫星上首次亮相,对建链方式、测距精度和数据传输时间延迟及效率等多项内容进行了试验验证。在频率选择上,北斗星间链路通过高-中轨、中-中轨卫星链路和星-地(地面锚固站设备)链路,实现“一星通,星星通”。该方法是:通过在卫星之间搭建通信测量链路,北斗采用 Ka 频段星间链路,实现星间、星地传输,以及卫星与卫星、卫星与地面站的链路互通。如图 4-8 所示。

星间链路目的是降低导航卫星对地面运控系统的依赖,通过星间测距、星间通信和星上

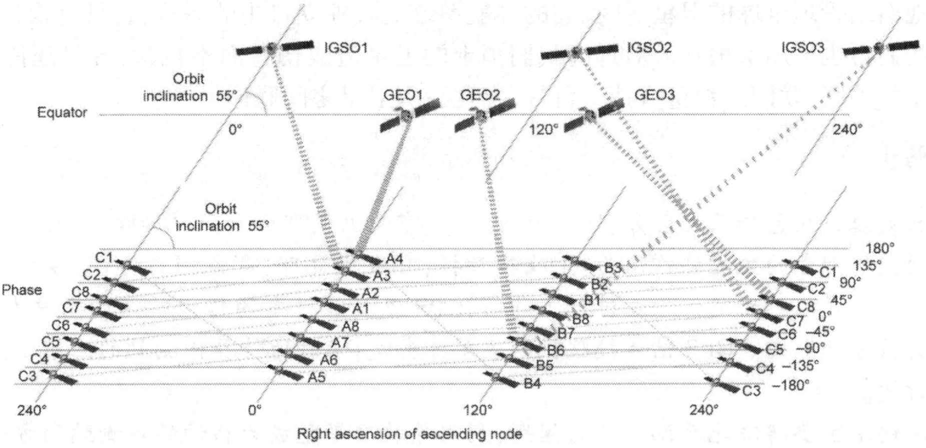

图 4-8 北斗三号系统星间链路示意图

数据处理,实现导航星历的自主更新。但对于我国北斗卫星导航系统而言,意义绝不仅限于此。

(1)可以弥补地面测站分布稀疏性的缺陷。受各方因素限制,北斗系统不可能像 GPS 一样实现全球布站以支持系统日常运行和控制。有了星间链路,导航卫星也成为移动的观测站,弥补监测站分布局限性和稀疏性对星座精密星历确定的不利影响。

(2)可以提高导航星历更新频度。在常规地面运控模式下,导航星历更新需要经过监测站数据采集、主控站数据处理以及导航星历上注 3 个阶段,需要经过远程地面站之间数据传输、星地之间数据传输等过程,受地面注入站与卫星之间可见性的影响,降低导航星历更新频度的受限因素更多。自主导航直接利用星间测量和星载处理更新导航星历,减少了星地之间数据传输环节,相比而言,导航星历数据龄期可以更短。此外,通过境内注入、星间转发的方式,可以解决境外卫星星历的难题。

(3)可以提高导航系统可靠性。自主导航产生的导航星历作为一种相对独立的数据源可用于在轨评估地面运控系统上注星历,为地面预报星历精度在轨实时评估提供了一种新的手段,增强了系统运行稳定性。另外,星间测量的高可见性及测量频度可有效提高卫星可监测弧段,增强系统完好性监测能力。

不仅如此,星间链路还能让卫星之间在太空中相互测距校准,自动保持队型,“卫星之间手拉手,革命路上一起走”,这就好比北斗卫星拉了一个微信群,大家可以愉快地“聊天”。即使和地面中断联系,它也能照常提供服务!

北斗三号系统星间链路采用 Ka 频段相控阵技术、时分半双工体制。按照混合星座中各个轨道上每颗卫星的在轨工作状态,星上综合信息控制单元按照一定的网络路由规划、建链策略,控制卫星上相控阵链路的信号波束指向,建立周期变化的星间链路,从而完成不同卫星相互间的精密测距和数据传输。北斗三号系统星间链路具备更高的测距精度、更优的数据传输能力和更强的抗干扰能力,在全球卫星导航系统中处于领先水平。北斗三号系统在轨测试结果表明:相对仅利用星地测量数据,在利用星间链路数据后,北斗三号系统的中圆地球轨道卫星的轨道预报精度从 0.4 m 提升到 0.15 m,钟差预报误差从 3 ns 减小到 1 ns,导航星座实现了“一站式管理”。

有了星间链路,我们就可以不依赖于全球建站,与星座中的任何卫星相连,就可以依靠境内的地面站管理全球的卫星,使我们的导航系统能够独立自主的运行,且具有很强的抗干扰性。我们再也不用惧怕别人对远离我们国土的卫星造成伤害而不自知,并且还能与其他类型卫星相关联,联网的数量可达上百颗,实现我国卫星之间联网。

➢ 小贴士

GPS 定位系统包括三大部分:地面监控部分、空间卫星部分和用户接收部分。

地面监控部分的主控站作用为:①收集数据;②数据处理;③监测与协调;④调度卫星。GPS 卫星定位是以被动定位原理进行工作的,GPS 卫星最根本的作用就是向用户发送用户所需要的信号和电文。GPS 信号接收机的主要任务是:实时地计算出测站的三维位置、三维速度和时间。

星间链路主要解决地面站不足的问题,利用导航卫星也成为移动的观测站的方法,弥补监测站分布局限性和稀疏性对星座精密星历确定的不利影响。

任务二　卫星的运行及其轨道

GPS 卫星的导航与定位的起算基准依 GPS 卫星的已知瞬时位置为准。为了确定卫星的瞬时位置,必须了解卫星的运动状态和运行轨道。

GPS 卫星在空间绕地球运行,取决于它所受的作用力。这些作用力包括:地球重力场对卫星的引力,日、月等天体对卫星的引力,以及太阳光压、大气阻力和地球潮汐力等。这些作用力的情况复杂多变,所以卫星的实际运动状况和状态也就比较复杂,很难用既精确又简单的数学模型进行描述。

在对卫星的所有作用力中,地球重力场的引力是最主要的。如果将地球重力场的引力视为 1,则其他作用力均小于 10^{-5}。为了研究和实际应用的方便,通常将作用于卫星上的各种作用力按其影响的大小分成两类:一类是地球质心引力,即假设地球为匀质球体的引力,其质量集中于球体的中心(中心引力),它决定着卫星运动的基本规律和特征,这时由地球引力所决定的卫星运行轨道可视为理想轨道,也称为无摄轨道;另一类是摄动力,也称为非中心力,它包括地球非球形对称的作用力、日月引力、大气阻力、光辐射压力、地球潮汐力等。摄动力作用的结果,使卫星的运动产生一些小的附加变化而偏离理想轨道。在摄动力的作用下,卫星的运动称为受摄运动,相应的卫星轨道称为受摄轨道。摄动力与地球质心引力相比,仅为 10^{-3} 量级。

一、理想情况下的卫星运动

所谓理想情况下的卫星运动,是将地球视作匀质球体,且不顾及其他摄动力的影响,卫星只是在地球质心引力作用下而运动。在理想情况下的卫星运动是我们的首要研究对象。这是因为:①它是卫星运动的第一近似描述;②它是至今唯一能得到的严密分析解的运动;③它是全部作用力下的卫星运动更精确解的基础。

根据牛顿万有引力定律,在上述理想情况下,卫星相对于地球的引力加速度为

$$\ddot{r} = -\frac{G(M+m)}{r^3}r \tag{4-1}$$

式中　G——地球引力常数；

M——地球质量；

m——卫星质量；

$\ddot{r}$——卫星的地心向径。

因卫星的质量 m 相对于地球的质量 M 很小，若忽略卫星的质量 m，则有

$$\ddot{r} = -\frac{GM}{r^3}r \tag{4-2}$$

引力加速度 $\ddot{r}$ 决定着卫星绕地球运行的基本规律，这些基本规律可以用开普勒(JohannesKepler)三定律来具体描述。

(1)开普勒第一定律——卫星运行的轨道是一个椭圆，地球质心位居该椭圆的一个焦点上。

该定律表明，卫星相对于地球质心的运动轨道是一个椭圆，该椭圆有着固定的形状和大小，椭圆上距离地球质心最远的一点称为远地点，距离地球质心最近的一点称为近地点，如图 4-9 所示。

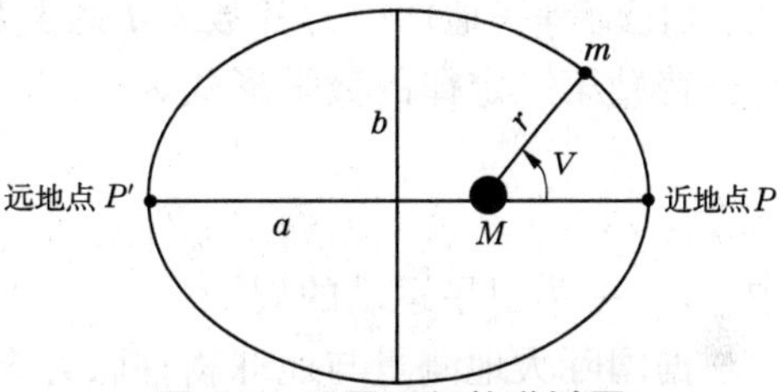

图 4-9　卫星运行轨道椭圆

根据式(4-2)的解，可得卫星绕地球质心运动的轨道方程：

$$r = \frac{a(1 - e^2)}{1 + e\cos V} \tag{4-3}$$

式中　r——卫星的地心距离；

a——开普勒椭圆的长半径；

e——开普勒椭圆的偏心率；

V——真近点角。

当 $V = 0$ 时，$r = a(1 - e)$，为卫星的近地点距离；当 $V = 180°$时，$r = a(1 + e)$ 为卫星的远地点距离。它描述了任意时刻卫星在轨道上相对近地点的位置，是时间的函数。

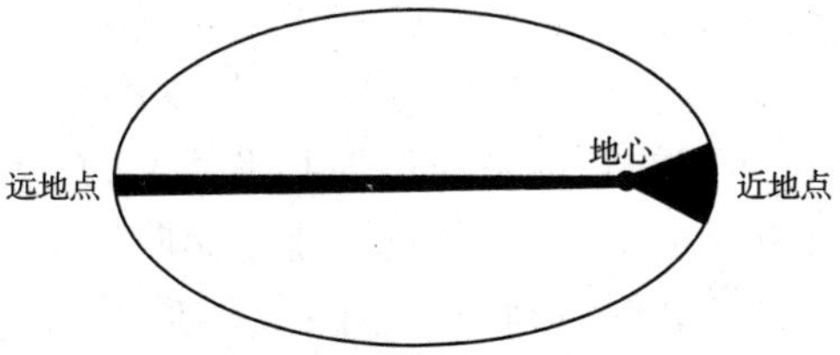

图 4-10　相等时间地心向径扫过的面积

(2)开普勒第二定律——卫星的地心向径，即地球质心与卫星质心间的距离向量，在相同的时间内所扫过的面积相等。

开普勒第二定律表明，卫星沿轨道的运行速度在不断变化，在近地点处速度最大，在远地点处速度最小，如图 4-10 所示。

和其他物体运动一样，卫星的运动也具有两种能量：势能(位能)和动能。

势能是由地球重力场的作用而引起的,其大小和卫星在轨道上所处的位置有关,在近地点处势能最小,远地点处势能最大,卫星在任一时刻 t 所具有的势能为 $-\frac{GMm}{r}$。

动能则是由卫星自身运动所引起的,其大小是卫星运动速度的函数。如果取卫星的运动速度为 v,则其动能为 $\frac{1}{2}mv^2$,所以卫星运行至近点处动能最大,远地点处动能最小。根据能量守恒定理,卫星在运动期间,势能与动能之和为一常量,即

$$\frac{1}{2}mv^2-\frac{GMm}{r}=\text{常量} \tag{4-4}$$

(3)开普勒第三定律——卫星围绕地球运行的周期的平方与轨道椭圆长半径的立方成正比,其比值等于地球引力常数 GM 的倒数。

开普勒第三定律的数学形式为

$$T^2=\frac{4\pi^2}{GM}a^3 \tag{4-5}$$

式中　T——为卫星运动的周期。

根据国际大地测量与地球物理联合会(IUGG)1975 年大会的确认:

$$GM=3.986\ 005\times10^{14}\ \mathrm{m^3/s^2}$$

即卫星绕地球运行一周所需的时间。根据 GM 的值可计算出:

$$T=\frac{2\pi a^{\frac{3}{2}}}{\sqrt{GM}}=3.147\ 1\times10^{-7}\sqrt{a^3} \tag{4-6}$$

式中　a——以米为单位的椭圆轨道长半轴。

GPS 卫星的 a=26 562 km,根据式(4-6)可算出 GPS 卫星的运行周期为 11 h 58 min。

若假设卫星运动的平均角速度为 n_0,则顾及式(4-5)可得:

$$n_0=\frac{2\pi}{T}=\left(\frac{GM}{a^3}\right)^{\frac{1}{2}}=\frac{1.996\ 498\times10^7}{\sqrt{a^3}} \tag{4-7}$$

当轨道椭圆的长半径一经确定时,卫星运行的平均角速度便随之确定,且保持不变。

二、卫星运行的轨道

由开普勒定律可知,卫星运行的轨道是通过地心平面上的一个椭圆,且椭圆的一个焦点与地心相重合。轨道参数可以有很多,它们的选择也不是唯一的。但是无论如何选择,必须有利于下列问题的解决:①轨道椭圆的形状和大小;②轨道平面与地球体的相关位置;③轨道椭圆在轨道平面上的方位;④卫星在轨道上的瞬时位置。只有这些问题得到确定,卫星运行的轨道以及卫星在轨道上的瞬时位置才是唯一确定的。确定椭圆的形状和大小至少需要两个参数,即轨道椭圆长半径 a 和轨道椭圆偏心率 e。这里仅将最为适宜的一组轨道参数的符号和含义介绍如下(见图 4-11)。

轨道椭圆长半径 a:是近地点通过地球质心到远地点距离的 1/2,它决定了椭圆的大小。

轨道椭圆偏心率 e:是椭圆两个焦点之间距离(焦距)的一半与其长半轴的比值,它确

定了椭圆的形状;其他的几何参数都可以由 a 和 e 推导出来。

升交点赤经 Ω:升交点即是卫星由南向北的运行轨道与天球赤道的交点。地球绕太阳公转的一圈中有一个点(日历上表示的春分时间),它反映在天球赤道平面上的固定位置,叫做春分点。而升交点赤经就是春分点轴向东量至升交点的弧度。

轨道面倾角 i:卫星轨道平面与天球赤道平面之间的夹角。

Ω 和 i 唯一地确定了卫星轨道平面与地球体之间的相对定向。

近地点角距 ω:在轨道平面上近地点与升交点所对应的地心夹角。该参数表达了开普勒椭圆在轨道平面上的定向。

真近点角 V:在轨道平面上卫星与近地点所对应的地心夹角。该参数为时间的函数,它确定了卫星在轨道上的瞬时位置。

对于 GPS 卫星来说,上述轨道参数的具体数值,则是由不同卫星的发射条件决定的。

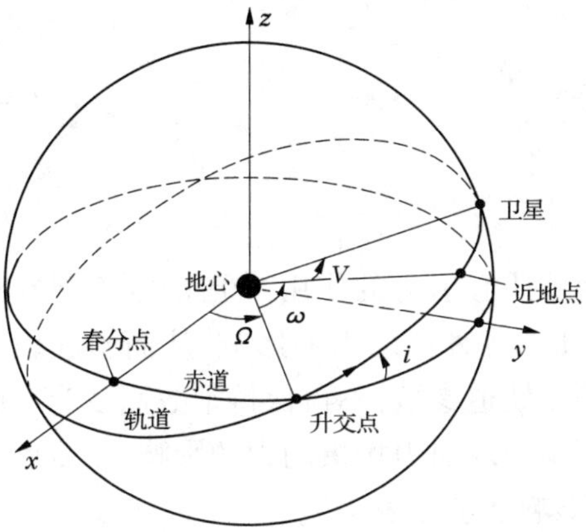

图 4-11 卫星轨道参数

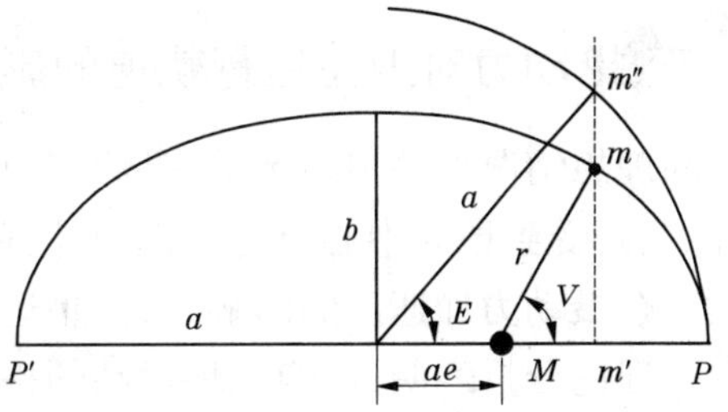

图 4-12 真近点角与偏近点角

在上述描述卫星运动的 6 个开普勒轨道参数中,只有真近点角 V 是时间的函数,其余参数均为常数。所以,确定卫星瞬时位置的关键,在于确定参数 V。为此,需要引入计算 V 的两个辅助参数 E 和 M_0。

E 称为偏近点角,如图 4-12 所示。过卫星质心 m 作平行于椭圆短轴的直线,分别交于近地点于椭圆中心连线的 m'点和以长半径 a 所作大圆的 m''点,于是 E 就是近地点 P 至 m'' 的圆弧对应的圆心角。

M_0 称为平近点角,它是一个假设量。如果卫星通过近地点的时刻为 t_0,观测瞬间的时刻为 t,卫星运行的平均角速度为 n,则平近点角由式(4-8)定义:

$$M_0 = n(t - t_0) \tag{4-8}$$

式中 n——对某一卫星而言是个常数,所以观测时刻一旦确定,平近点角也就相应确定。

根据开普勒方程,偏近点角 E 与平近点角 M_0 的关系为

$$E = M_0 + e\sin E \tag{4-9}$$

若已知 M_0 的值,就可以采用迭代法按式(4-9)计算 E。迭代计算时先令 $E = M_0$,因偏心率 e 仅为 0.01 左右,所以迭代两次便可求得偏近点角 E。

为了计算卫星的瞬时位置,还需要确定真近点角 V 与偏近点角 E 之间的关系。由

图 4-12 可知:

$$a\cos E = r\cos V + ae$$

于是

$$\cos V = \frac{a}{r}(\cos E - e) \tag{4-10}$$

将式(4-10)代入轨道方程(4-3),则得

$$r = a(1 - e\cos E) \tag{4-11}$$

由式(4-10)和式(4-11)可得真近点角与偏近点角之关系:

$$\left.\begin{aligned} \cos V &= \frac{\cos E - e}{1 - e\cos E} \\ \sin V &= \frac{\sqrt{1 - e^2}\sin E}{1 - e\cos E} \end{aligned}\right\} \tag{4-12}$$

以及

$$\tan V = \frac{\sqrt{1 - e^2}\sin E}{\cos E - e} \tag{4-13}$$

三、摄动力对卫星运行轨道的影响

在理想情况下的卫星运动,是假定卫星只受地球质心引力的作用。但 GPS 卫星在运行中,除主要受到地球中心引力的作用外,还将受到其他各种摄动力的影响,从而引起轨道的摄动。在摄动力加速度的影响下,卫星运行的开普勒轨道参数,不再保持常数而变为时间的函数。理论分析表明,影响卫星运动的摄动力主要是地球引力场摄动力的影响、日月引力的影响和太阳光压的影响。GPS 卫星所受摄动力的影响度参见表 4-5。

表 4-5　GPS 卫星所受摄动力的影响度

摄动源		加速度/(m/s^2)	卫星轨道受摄度/m	
			3 h 弧段	2 d 弧段
地球的非对称性	$\bar{C}_{20}$	5×10^{-5}	2 000	14 000
	其他调和项	5×10^{-7}	5~80	100~1 500
日、月点质影响		5×10^{-6}	5~150	1 000~3 000
地球潮汐位	固体潮	5×10^{-9}	—	0.5~1.0
	海洋潮汐	5×10^{-9}	—	0~2.0
太阳光辐射压力		5×10^{-7}	5~10	100~800
卫星体反射压力		5×10^{-8}	—	1.0~1.5

➤ 小贴士

用既精确又简单的数学模型进行描述理想情况下的卫星运动,是将地球视作匀质球体,且不顾及其他摄动力的影响,卫星只是在地球质心引力作用下运动。根据理论分析得知,影响卫星运动的摄动力主要是地球引力场摄动力的影响、日月引力的影响和太阳光压的影响。

任务三 卫星星历与卫星位置计算

利用 GPS 卫星进行导航和定位,就是根据已知的卫星轨道参数计算出卫星瞬时位置,通过观测和数据处理,确定接收机的位置和载体的运动速度。所以,获取准确的卫星轨道参数,计算出卫星在观测瞬间的位置,是 GPS 导航定位的基础。

一、GPS 卫星星历

卫星的星历就是一组对应某一时刻的轨道参数值,它是计算卫星瞬时位置的依据。这些参数的数值确定了卫星的运行轨道和运行状态,有了卫星星历就可以计算出任一时刻的卫星位置,所以卫星星历其实就是赋值后的轨道参数。

GPS 卫星星历可以分为两种:广播星历(预报星历)和实测星历(精密星历)。

卫星将地面监测站注入的有关卫星轨道的信息,通过发射导航电文传递给用户,用户接收到这些信号进行解码即可获得所需要的卫星星历。即广播星历。

广播星历是根据某一参考历元的观测资料向外推算的星历。它的好处是用户在观测同时即可得到实时星历参数和卫星位置,这对导航和实时定位是非常需要的。但是,由于卫星星历是外推出来的,特别是美国政府实施的限制政策,大幅度降低了广播星历的精度,所以它很难满足高精度定位的需要。

实测星历是一些国家根据自己的卫星跟踪站观测资料,经过事后处理直接计算的卫星星历,它向广大用户提供有偿服务,所以大大提高了卫星星历的精度。不过这种星历难以在用户观测期间获得,通常是在用户观测后一段时间才能利用磁盘或 Internet 网提供,所以它对导航和实时定位意义不大。

二、GPS 卫星在轨道平面内位置的计算

前面介绍的卫星星历是以 WGS-84 大地坐标系为坐标框架的。GPS 定位成果亦属于 WGS-84 大地坐标系,它是一种地心空间直角坐标系统。

为了计算卫星在 WGS-84 大地坐标系中的位置,首先需要计算卫星在其轨道平面内的位置。此时定义:原点与地心 M 相重合,x 轴指向升交点,y 轴在轨道平面内垂直于 x 轴,我们称其为轨道平面直角坐标系,它是一种过渡性的坐标系,如图 4-13 所示。

(一)计算卫星运行的实际平均角速度 n

由式(4-7),可算得卫星运行的平均角速度

$$n_0 = \left(\frac{GM}{a^3}\right)^{\frac{1}{2}}$$

式中 a ——卫星轨道的长半轴;

GM ——地球引力常数(含大气层)。

a 和 GM 都有确定值。利用导航电文中给出的摄动改正数 Δn ,则可算出卫星运行的实际平均角速度

$$n = n_0 + \Delta n \tag{4-14}$$

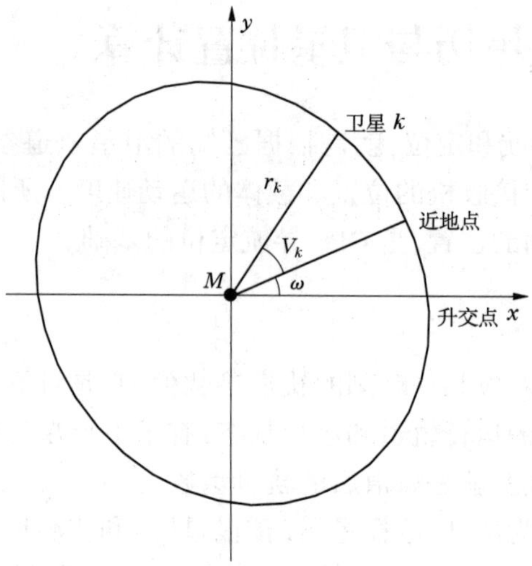

图 4-13　轨道平面直角坐标系

(二)计算归化时间 t_k

导航电文提供的轨道参数是相应于参考时刻 t_{Oe} 时的数值,为了求得观测时刻 t 的参数,需求出此时刻相对于参考时刻 t_{Oe} 的时间差:

$$t_k = t - t_{Oe} \tag{4-15}$$

在 GPS 时间系统中,时间是从一周的开始(星期日子夜)连续以秒计算的,所以计算归化时间 t_k 时应顾及到一个星期(604 800 s)的开始或结束。亦即当 t_k >302 400 s 时, t_k 应减去 604 800 s;当 t_k <−302 400 s 时, t_k 应加上 604 800 s。

(三)计算真近点角 V_k

首先计算观测瞬间的卫星平近点角 M_k 。因为导航电文中已经给出参考时刻 t_{Oe} 的平近点角 M_0,所以有

$$M_k = M_0 + nt_k \tag{4-16}$$

其次计算偏近点角 E_k 。根据导航电文中给出的偏心率 e 和上面计算的平近点角 M_k ,根据公式(4-9)可以写出:

$$E_k = M_k + e\sin E_k \tag{4-17}$$

上述开普勒方程仍按前述的迭代法计算,即先令 $E_k = M_k$,代入上式。通常只需两次迭代计算即可求得偏近点角 E_k 。

然后计算出真近点角 V_k 。由式(3-13)可得:

$$V_k = \arctan \frac{\sqrt{1 - e^2}\sin E_k}{\cos E_k - e} \tag{4-18}$$

(四)计算升交距角 u_0

根据计算出的其近点角 V_k 和导航电文提供的近地点角距 ω ,按式(4-19)计算升交距角

$$u_0 = V_k + \omega \tag{4-19}$$

(五)计算经过摄动改正的升交距角 u_k 、卫星的地心距离 r_k 及轨道倾角 i_k

在卫星导航电文中,给出了 6 个卫星轨道摄动的修正参数。根据这些参数,计算出轨道

参数的修正量：

$$\left.\begin{aligned}&\text{升交距角修正量} \quad \delta u = C_{us}\sin 2u_0 + C_{uc}\cos 2u_0\\&\text{地心距离修正量} \quad \delta_r = C_{rs}\sin 2u_0 + C_{rc}\cos 2u_0\\&\text{轨道倾角修正量} \quad \delta_i = C_{is}\sin 2u_0 + C_{ic}\cos 2u_0\end{aligned}\right\} \tag{4-20}$$

经过摄动改正的升交距角、卫星的地心距离、轨道倾角则为：

$$\left.\begin{aligned}u_k &= u_0 + \delta_u\\r_k &= a(1 - e\cos E_k) + \delta_r\\i_k &= i_0 + \delta_i + \dot{i}t_k\end{aligned}\right\} \tag{4-21}$$

（六）计算卫星的轨道平面直角坐标

$$\left.\begin{aligned}x_k &= r_k\cos u_k\\y_k &= r_k\sin u_k\end{aligned}\right\} \tag{4-22}$$

三、卫星在地心空间直角坐标系中的位置计算

（一）计算观测时刻的升交点经度 Ω_k

为了计算卫星在地心空间直角坐标系中的位置，必须知道卫星升交点在观测时刻 t 的经度 Ω_k。

假若观测时刻 t 的升交点赤经为 Ω（升交点与春分点所对应的地心夹角），观测时刻 t 时的春分点格林尼治恒星时为 GAST，此时的升交点经度应为

$$\Omega_k = \Omega - \text{GAST} \tag{4-23}$$

如果参考时刻 t_{0e} 的升交点赤经为 Ω_{0e}，其变率为 Ω，则观测时刻 t 时的升交点赤经为

$$\Omega = \Omega_{0e} + \Omega(t - t_{0e}) \tag{4-24}$$

式(4-23)中的 GAST 将随地球自转而不断增加，其增值速率即为地球自转的速率 ω_e。设一个星期开始（星期日子夜）时刻的格林尼治恒星时为 GAST(t_0)，则

$$\text{GAST} = \text{GAST}(t_O) + \omega_e t \tag{4-25}$$

式中　ω_e ——$7.292\,115\,67 \times 10^{-5}$ rad/s。

导航电文给我们提供的不是 t_{0e} 时的升交点赤经 Ω_{0e}，而是始于格林尼治起始子午线到升交点的准经度 Ω_O，它们之间的关系是：

$$\Omega_{0e} = \text{GAST}(t_O) + \Omega_O \tag{4-26}$$

将式(4-24)、式(4-25)、式(4-26)一并代入式(4-23)，则得升交点的经度为

$$\Omega_k = \Omega_O + (\Omega - \omega_e)(t - t_{0e}) - \omega_e t_{0e} \tag{4-27}$$

（二）计算卫星在地心空间直角坐标系中的坐标

由式(4-22)可求出卫星在其轨道平面直角坐标系中的坐标，在该坐标系统中卫星的空间位置可表示为

$$\left.\begin{aligned}x_k &= r_k\cos u_k\\y_k &= r_k\sin u_k\\z_k &= 0\end{aligned}\right\} \tag{4-28}$$

此时 z 轴过地心指向轨道平面的垂直方向。

这样,轨道直角坐标系(x , y , z)与地心直角坐标系(X,Y,Z)具有相同的原点(见图 4-6),其差别仅是坐标轴的定向不同。为了使两坐标系取得一致,可将坐标系(x , y , z)做如下旋转:①绕 x 轴方向顺转角度 i_k ,使轨道平面与赤道平面重合, z 轴与 Z 轴相重合;②绕 z 轴顺转角度 Ω_k ,使 x 、y 轴与 X、Y 轴同时重合。

这一过程用旋转矩阵表示如下:

$$\begin{bmatrix} X_k \\ Y_k \\ Z_k \end{bmatrix} = R_3(-\Omega_k)R_1(-i_k)\begin{bmatrix} x_k \\ y_k \\ z_k \end{bmatrix} = \begin{bmatrix} \cos\Omega_k & -\sin\Omega_k\cos i_k & \sin\Omega_k\sin i_k \\ \sin\Omega_k & \cos\Omega_k\cos i_k & -\cos\Omega_k\sin i_k \\ 0 & \sin i_k & \cos i_k \end{bmatrix}\begin{bmatrix} x_k \\ y_k \\ z_k \end{bmatrix}$$

$$= \begin{bmatrix} \cos\Omega_k x_k - \sin\Omega_k\cos i_k y_i \\ \sin\Omega_k x_k + \cos\Omega_k\cos i_k y_k \\ \sin i_k y_k \end{bmatrix} \tag{4-29}$$

四、用精密星历计算卫星位置

精密星历是按一定的时间间隔(通常为 15 min)来给出卫星在空间的三维坐标、三维运动速度及卫星钟改正数等信息。著名的 IGS(国际 GPS 地球动力学服务局)综合精密星历需 1~2 周后才能获得。由 IGS 提出的格式被广泛采用,其中 ASCII 格式的 SP1 和二进制格式的 E(F)格式不仅给出了卫星的三维位置信息(km),也给出了卫星的三维运动速度信息(km/s)。而 SP2(ASCII 格式)和 ECF2(二进制格式)则仅给出了卫星的三维位置信息。速度信息需通过位置信息用数值微分的方法来求出。采用这种格式时存储量可减少一半左右。在 SP3(ASCII 格式)和 ECF3(二进制格式)中增加了卫星钟的改正数信息。

观测瞬间的卫星位置及运动速度可采用内插法求得。其中拉格朗日(Lagrange)多项式内插法被广泛采用,因为这种内插法速度快且易于编程。拉格朗日插值公式十分简单:已知函数 $y=f(x)$ 的 $n+1$ 个节点 $x_0,x_1,x_2,\cdots,x_n$ 及其对应的函数值 $y_0,y_1,y_2,\cdots,y_n$,对插值区间内任一点 x,可用下面的拉格朗日插值多项式来计算函数值:

$$f(x) = \sum_{k=0}^{n}\prod_{\substack{i=0 \\ i\neq k}}^{n}\left(\frac{x-x_i}{x_k-x_i}\right)y_k$$

研究表明,对 GPS 卫星而言,如果要精确至 10^{-8},用 30 min 的历元间隔和 9 阶内插已足够保证精度。用 40 min 的历元间隔以及 17 阶多项式就能获得毫米级(10^{-10})的精度。

➢ 小贴士

卫星星历其实就是赋值后的轨道参数,它是计算卫星瞬时位置的依据。这些参数的数值确定卫星的运行轨道和运行状态,有了卫星星历就可以计算出任一时刻的卫星位置。卫星星历可以分为广播星历(预报星历)和实测星历(精密星历)两种。精密星历是按一定的时间间隔(通常为 15 min)来给出卫星在空间的三维坐标、三维运动速度及卫星钟改正数等信息。

任务四　GPS 卫星信号

GPS 卫星播发的信号,包含载波信号、测距码数据码等多种分量,它能满足多用户系统的导航、高精度定位的需要。GPS信号的产生、构成和复制等，都涉及现代数字通信理论和技术方面的复杂问题，这里不作深入研究，下面只扼要介绍有关信号的内容、作用及其特点。

GPS卫星信号所包含的载波、测距码(包含P码、C/A码)、数据码(导航电文，或称D码)都是在同一个基准频率 f_0 = 10.23 MHz的控制下产生的，如图4-14所示。

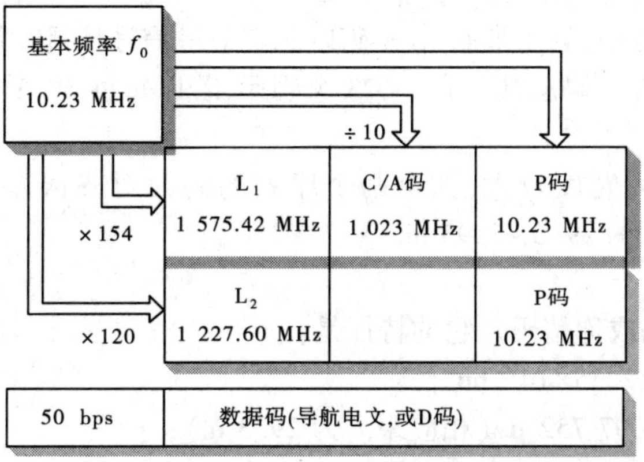

图4-14 GPS信号的产生

一、GPS载波信号

GPS卫星信号取无线电波中L波段的两种不同频率的电磁波作为载波，它们的频率和波长分别为：

L_1 载波：$f_1 = 154 \times f_0 = 1\ 575.42$ MHz，$\lambda_1 = 19.03$ cm

L_2 载波：$f_2 = 120 \times f_0 = 1\ 227.60$ MHz，$\lambda_2 = 24.42$ cm

在载波 L_1 上调制有C/A码、P码数据码；在载波 L_2 上只调制有P码和数据码。

GPS卫星的测距码和数据码是采用调相技术调制到载波上的，由于伪随机码只有"1"和"0"两种状态。当码值取0时，对应的码状态为+1；当码值取1时，对应的码状态为-1。在载波和相应的码状态相乘后便实现了载波的调制，此时码信号被加载到载波上，经过播发可供用户接收。

GPS载波的作用还不仅仅是加载和传递码信号，并且其本身就是一个重要的测量对象。

二、GPS的测距码

在现代数字通信中，普遍使用二进制数("0"和"1")及其组合来表示各种信息，我们称其为码。在二进制中，一位二进制数叫作一个码元或一个比特(bit)，每秒钟传输的比特数称为数码率。

GPS卫星所采用的两种测距码，即C/A码和P码(或Y码)均属于伪随机码(PRN)，这种二进制的数码序列不仅具有良好的自相关特性，而且是一种结构确定、可以复制的周期性序列。

(一)C/A码

C/A码的码长较短，易于捕获，但码元宽度较大，测距精度较低，所以C/A码又称为捕获码或粗码。

C/A 码的码长　$N_u = 2^{10} - 1 = 1\ 023$ bit

码元宽度　$t_u = \frac{1}{f_1} \approx 0.977\ 52\ \mu s$ (相应距离为 293.1 m)

周期　$T_u = N_u t_u = 1$ ms

数码率　$p_u = 1.023$ Mb/s

在 GPS 导航和定位中,为了捕获 C/A 码以测定卫星信号传播时间,通常需要对 C/A 码逐个进行搜索。因为 C/A 码总共只有 1 023 个码元,若以每秒 50 个码元的速度搜索,约需 20.5 s 便可达到目的。

由于 C/A 码的码元宽度较大,如果两个序列的码元对齐误差为码元宽度的 1/10~1/100,相应的测距精度为 29.3~2.93 m。

(二)P 码

P 码即精密测距码或称精码。它的特征是:

P 码的码长　$N_u \approx 2.35 \times 14^{14}$ bit ;

码元宽度　$t_u \approx 0.097\ 752\ \mu s$(相应距离为 29.3 m);

周期　$T_u = N_u t_u \approx 267$ d;

数码率　$p_u = 10.23$ Mbit/s。

实际上 P 码的周期被分成 38 部分,每一部分为 7 d(码长约 6.19×10^{12} bit),其中 1 部分闲置,5 部分给地面监测站使用,32 部分分配给不同的卫星。这样,每颗卫星使用 P 码的不同部分,码长和周期相同,但结构不同。

由于 P 码的码元宽度为 C/A 的 1/10,如果码元的对齐精度仍为码元宽度的 1/10~1/100,则由此引起的距离误差为 2.93~0.293 m,仅为 C/A 码的 1/10,所以 P 码用于精密的导航和定位。

但是,尽管 C/A 码的精度较低,但码的结构是公开的,可供 GPS 接收机的广大用户使用。而 P 码精度虽高,但结构不公开,专供美国军方及特许用户使用。目前 P 码的结构正逐渐被大家所熟悉而难以继续保密,所以 GPS 卫星又发射了一种与 P 码相似的保密码,即 Y 码,以取代 P 码。

三、数据码(D 码)

数据码即导航电文,它包含着卫星的星历、卫星工作状态、时间系统、卫星钟运行状态、轨道摄动改正、大气折射改正、由 C/A 码捕获 P 码的信息等。

导航电文亦是二进制数码,依规定的格式组成,按帧向外播送,每帧电文的长度为 1 500 bit,播送速率为 50 bit/s。

➢ 小贴士

GPS 卫星信号所包含的载波、测距码(包含 P 码、C/A 码)、数据码(导航电文,或称 D 码)都是在同一个基准频率 $f_0 = 10.23\ MH_Z$ 的控制下产生的。

➢ 知识链接

为了更好地研究卫星运动,必须假设地球为匀质球体,且不顾及其他摄动力的影响,卫星只是在地球质心引力作用下运动。因此,理想情况下的卫星运动是我们的首要研究对象。GPS 导航定位的基础就是获取准确的卫星轨道参数,计算出卫星在观测瞬间的位置,根据已知的卫星轨道参数计算出卫星瞬时位置,通过观测和数据处理,确定接收机的位置和载体的运动速度。

阅读与应用

六分仪,从未过时的定位仪

1757 年,世界上第一种真正意义上的六分仪问世,最高精度可达 10 角秒,因其分度弧弧长约为圆周的 1/6,故名为六分仪,如图 4-15 所示。

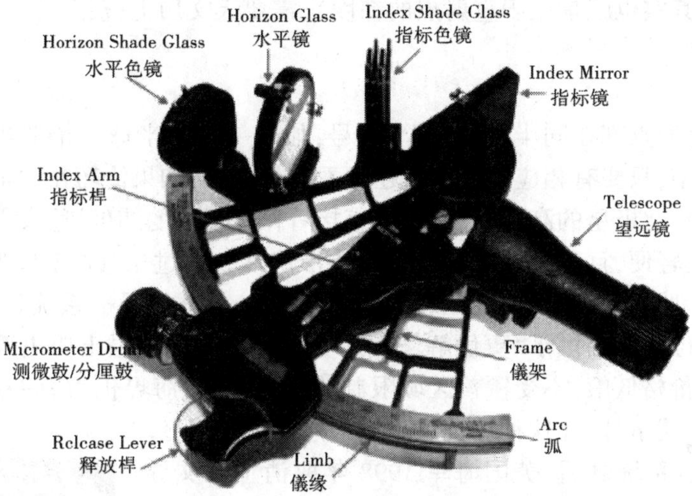

图 4-15　六分仪

六分仪是用来测量远方两个目标之间夹角的光学仪器。人们通常用它测量某一时刻太阳或其他天体与地(海)平线的夹角,以便迅速得知海船或飞机所在位置的地理纬度,其被广泛应用于航海、航天和航空领域。

用六分仪对准太阳或者星星,通过一定的计算就可以确认自己在大海上的位置。这种测量的精度算不上太高,误差很大,但在那个没有无线电技术的年代,六分仪已经算得上是最可靠的导航手段了。只要把船只引导到陆地附近,天文导航就算完成了任务,因为在航线所经过的一些港口附近都会建设高高的灯塔,用来引导船只精确地找到自己的目的地。即使在科学技术高度发达的现代航海实践中,仍然具有不可替代的作用,是世界上所有大中型舰船必须配置的装备。

六分仪的作用简单来说:就是测量星体(一般选择太阳)与海平面的夹角度数,再通过这个夹角算出当前纬度,如图 4-16 所示。

第 1 步:持平。在大中午,太阳最高时,眼睛贴着望远镜看去,通过地平镜的透明玻璃看往远处海平面,手持六分仪直到海平线在视觉中间;

第 2 步:测角。转动指标臂,让阳光反射到地平镜的镜子部分上。观测者的视野里,开始出现太阳的影像。当太阳影像与海平线相切时(视线中如旭日东升状),指标臂的指针对准的刻度,就是太阳此时的高度角(太阳高度角就是太阳光的入射方向和地平面之间的夹角)。

光线传播路线为:太阳光照射到指标臂顶端的镜子上,转动指标臂使光线反射到地平镜上,再反射进望远镜里让人看到。需要在光线进入地平镜的两端加装墨镜过滤阳光。

图 4-16　使用六分仪进行航行测量

第 3 步:计算。

a=观测者用六分仪测得的正午太阳高度角;

b=当天的赤纬角(地球赤道平面与太阳和地球中心的连线之间的夹角,其实也就是太阳直射点的纬度),需要天文历上查;

c=当前位置纬度;

$a=90°-(c±b)$。

观测者和太阳直射点都在同半球,就用"-"号;如果一个南半球一个北半球,就用"+"号。另外,除了看太阳,只要有相应的天文历还可看其他天体,如果恰巧在北半球,可以选择测量北极星,更方便!北极星的高度角,就可以直接看作是当地的纬度,连天文历都不用查。

六分仪的优点是轻便,且不会因船舶晃动影响准确性。反过来,缺点也显而易见,阴雨天气因缺少必要的参照物,很难进行定位。随着科技进步,无线电导航系统和卫星导航系统相继出现,为航海定位导航提供了"更优解",但六分仪并没有因此退出历史舞台,凭借其简单、可靠、隐蔽性好、价格低廉、不受覆盖区域限制等优点,在航海界仍占有一席之地。特别是层出不穷的信号干扰事件,让这种传统定位方式意义愈发明显。

在有了卫星定位系统之后,美国海军 1998 年取消了天文导航的训练,但在 2015 年又恢复了天文导航的教学,所有的水兵都必须熟练掌握六分仪的使用以及通过太阳和星光进行海上定位的技术,因为他们发现 GPS 并不总是很可靠的。

图 4-17　六分仪雕塑

"过分依赖单一形式的船舶定位,其本身也是一个重大的潜在危险。"即使在科技发达的今天,六分仪仍是被广泛认可的备用定位仪器,我国海军院校及地方海事学院将六分仪作为必修科目之一,如图 4-17 所示为上海海洋大学中的六分仪雕塑,可见熟练使用六分仪测定舰位是航海专业官兵必备技能之一。事实上无论是在 GNSS 出现之前,还是在卫星导航技术空前普及的今天,远洋航行的船长们依然能熟练使用六分仪等测量仪器,通过观察太阳和星星调整航向,安全抵达目的地。这款使用了 200 多年的传统定位仪器,在今日大洋航行中,依旧有着不可替代的作用。

国际 GNSS 监测评估系统

国际 GNSS 监测评估系统(International GNSS Monitoring & Assessment System,IGMAS)由分布全球的 30 个跟踪站、3 个数据中心、12 个分析中心、1 个监测评估中心、1 个产品综合与服务中心、1 个运行控制管理中心组成。主要任务是建立 BDS/GPS/GLONASS/Galileo 导航卫星全弧段、多重覆盖的全球近实时跟踪网,以及具备数据采集、存储、分析、管理、发布等功能的信息服务平台,对全球卫星导航系统(GNSS)运行状况和主要性能指标进行监测和评估,生成高精度精密星历、卫星钟差、地球定向参数、跟踪站坐标和速率、全球电离层延迟模型和 GNSS 完好性等事后产品,支持卫星导航技术试验、监测评估,服务于科学研究和各类应用,如图 4-18 所示。

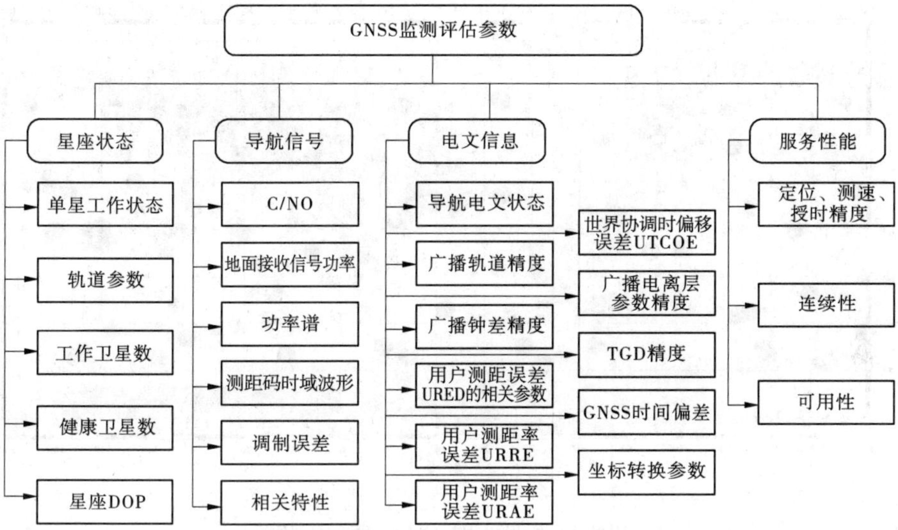

图 4-18　GNSS 监测评估参数

(1)跟踪站:跟踪站主要完成 BDS/GPS/GLONASS/Galileo 等 GNSS 的信号接收和测量、原始观测数据的采集,并进行数据合理性检验和数据预处理,最后将数据发送至数据中心备份。跟踪站上安装的数据采集与传输设备全部为自主研制。

目前,IGMAS 已建成北京、拉萨、乌鲁木齐、长春、昆明、上海、武汉、西安 8 个国内站,1 个南极站,1 个北极站。14 个海外站(巴基斯坦/卡拉奇、巴西/里约热内卢、阿根廷/布宜诺斯艾里斯、加拿大/卡尔加里、德国/布伦瑞克、法国/塔希提、南非/赫曼努斯、尼日利亚/阿布贾、斯里兰卡/康提、澳大利亚/堪培拉、澳大利亚/珀斯、澳大利亚/达尔文、英国/伦敦、巴西/贝伦)。

(2)数据中心:数据中心是 IGMAS 原始观测数据收集汇集点,它接收 30 个跟踪站发送的数据,开展数据质量分析,按标准格式生成数据文件,实现数据的归档和存储。数据中心将数据提供给分析中心、监测评估中心和产品综合与服务中心,并接收与存储产品综合与服务中心产生的综合产品。数据中心还可为授权用户提供数据服务。目前,IGMAS 已建成长沙、武汉、西安 3 个数据中心,互为备份,用户可从任何一个中心得到所需要的数据。

长沙数据中心(国防科技大学),FTP 地址:222. 240. 181. 170。

武汉数据中心(武汉大学),FTP 地址:59. 173. 238. 10。

西安数据中心(授时中心),FTP 地址:1. 85. 15. 78。

(3)分析中心:分析中心从数据中心获取各种数据,经分析处理后,生成卫星轨道、卫星钟差、地球定向参数、测站坐标和速度、测站钟差、对流层和电离层等核心产品。分析中心形成的产品发送至产品综合与服务中心,并在数据中心进行存储。目前,IGMAS 已建成 12 个分析中心,各分析中心功能相同,可独立开展工作。12 个分析中心为:西安卫星测控中心、上海天文台、信息工程大学、北京空间信息中继传输技术研究中心、北京航天飞行控制中心、中国测绘科学研究院、中科院测地所、长安大学、武汉大学、中科院国家授时中心、中国矿业大学、西安测绘研究所。IGMAS 生成的 2022 年 6 月 12 日 15 点 GNSS 星下点位置,见图 4-19。从图中可看出北斗卫星在亚太地区的上空数量最多。

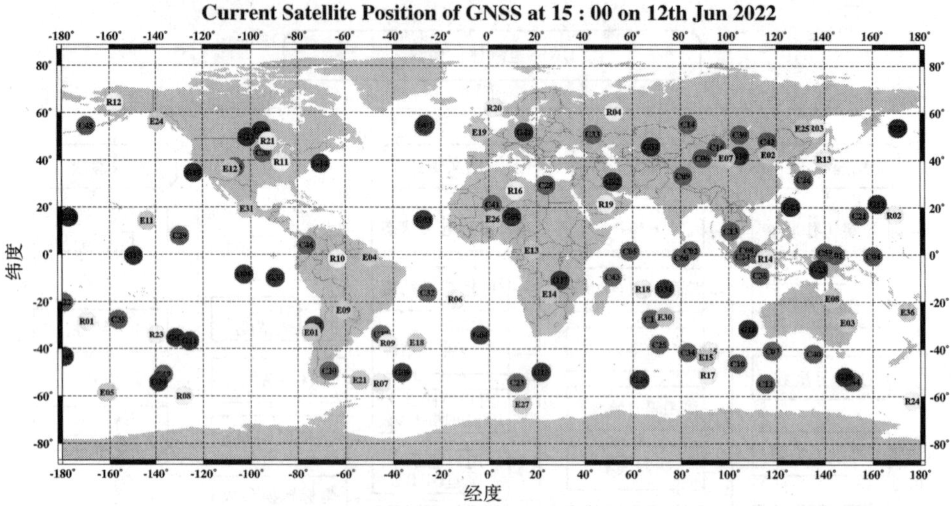

C—BDS;E—Galileo;R—GLONASS; G—GPS。

图 4-19　GNSS 星下点位置(2022 年 6 月 12 日 15 点)

(4)监测评估中心:监测评估中心从数据中心和产品综合与服务中心获取数据和产品,并利用其他数据源,实现星座可用性监测、空间信号质量监测评估、导航信息监测评估和导航服务性能监测评估,并生成监测评估产品,发送至数据中心和产品综合与服务中心。

(5)运行控制管理中心:如图 4-20 所示,运行控制管理中心采用远程控制方式,通过通信链路对跟踪站网、数据中心、分析中心、监测评估中心、产品综合与服务中心的运行状态进行监视与管理。

图 4-20　运行控制管理中心

(6)产品综合与服务中心:产品综合与服务中心是 IGMAS 的高精度产品再处理中心,

也是对外服务及产品的发布中心,直接面向各类用户。产品综合与服务中心对各分析中心产品进行质量分析,对结果进行动态加权综合处理,形成最终发布的综合产品,并进行综合产品的精度估计,形成的综合产品发送至数据中心进行存储。

➤ 知识搜索

书目

魏浩翰,沈飞,桑文刚,等. 北斗卫星导航系统原理与应用[M]. 南京:东南大学出版社,2020.

黄丁发,张勤,张小红,等. 卫星导航定位原理[M]. 武汉:武汉大学出版社,2015.

周建郑. GPS 定位测量[M]. 郑州:黄河水利出版社,2017.

相关词条

北斗卫星导航系统

GPS 卫星定位系统

星间链路

六分仪,仪器中伟大的发明

项目小结

本项目主要讲解了 GPS 卫星主控站、注入站和监控站的作用、工作原理、工作内容和分布情况。特别强调了 GPS 卫星是动态已知点,已知点的准确性由监控站监测,若有变化则由计算机计算出正确轨道然后由注入站注入到卫星。

GPS 信号接收机的主要任务是跟踪可见卫星,捕获一定卫星高度截止角的卫星信号,解译出 GPS 卫星所发送的导航电文,测量出 GPS 信号从卫星到接收机天线的传播时间,实时地计算出测站的三维位置、三维速度和时间。

由于北斗系统很难像 GPS 系统那样在全球大范围建立自己的地面站,当卫星飞越中国境外时,在缺少地面控制指令的的情况下,卫星无法保证在正常轨道运行。为此,北斗三号系统创新性地提出了"国内地面站+星间链路"的技术方案,利用星间链路持续进行全星座星间精密测量并提供数据传输,实现全星座精密定轨与时间同步,构建全球卫星导航系统,保证全球系统导航业务运行,确保全球系统服务性能指标的均匀性。

地球是一个复杂的球体,没有任何数学公式可以简化计算。为了做到简化计算,必须将地球视作匀质球体,且不顾及其他摄动力的影响,卫星只是在地球质心引力作用下运动。理想情况下的卫星运动是我们的首要研究对象。

卫星的星历就是一组对应某一时刻的轨道参数值,它是计算卫星瞬时位置的依据。这些参数的数值确定了卫星的运行轨道和运行状态,有了卫星星历就可以计算出任一时刻的卫星位置,所以卫星星历其实就是赋值后的轨道参数。精密星历是按一定的时间间隔(通常为 15 min)来给出卫星在空间的三维坐标、三维运动速度及卫星钟改正数等信息,属于后处理星历。

复习和思考题

4-1　主控站的主要作用有哪几条?

4-2　地面监控部分的工作程序是什么?

4-3　GNSS 工作卫星为什么采用 2 万 km 高近于圆形的轨道?

4-4　GNSS 卫星的主要作用有哪三个方面?

4-5　GNSS 卫星的空间布局和运行速度决定了地面观测者应具备哪些观测条件?

4-6　GNSS 信号接收机按用途可分为哪三种?按携带形式可分为哪七种?

4-7　什么是理想情况下的卫星运动?

技能训练

六分仪的认识与使用

一、技能训练题目及训练目的

了解六分仪的使用方法,知道六分仪各个旋钮的作用。

二、技能训练要求

根据六分仪的 4 步方法,观测 1 个目标并进行定位。

项目五 GNSS卫星定位方法

项目概述

在我国,GNSS定位技术的应用已深入到各个领域,因而在大地测量和工程测量应用中,显示出巨大的潜力和广阔的前景。利用GNSS定位,无论采取何种方法,都是通过观测GNSS卫星并获得某种观测量来实现的。GNSS定位的方式分为静态定位和动态定位。

学习目标

◆知识目标

1. 理解GNSS定位的实质;
2. 了解精密单点定位的原理;
3. 理解卫星钟与接收机钟不同步的影响;
4. 掌握常用的载波相位观测值的三种差分方法。

◆技能目标

1. 学会用接收机进行精密单点定位的方法;
2. 明确工程测量的主要测量方法为载波相位测量;
3. 知道GPS动态定位的4个显著特点和七维状态参数;
4. 能掌握使用GNSS接收机采用精密单点定位采集坐标。

课程导入

GNSS卫星定位的方法一般有四种:卫星射电干涉测量法、多普勒法、伪距法、载波相位测量法。目前,在测量工程中应用的主要方法是静态定位中的伪距法和载波相位测量法,采用这两种方法可以获得高精度的定位成果。

任务一 GNSS定位的几种方法

利用GNSS进行定位,就是把卫星视为“动态”的控制点,在已知其瞬时坐标(可根据卫星轨道参数计算)的条件下,以GNSS卫星和用户接收机天线之间的距离(或距离差)为观测量,进行空间距离后方交会,从而确定用户接收机天线所处的位置。

利用GNSS进行定位有多种方式,如果就用户接收机天线所处的状态而言,定位方式分为静态定位和动态定位;若按参考点位置的不同,又可分为单点定位和相对定位。

一、静态定位与动态定位

静态定位是指GNSS接收机在进行定位时,待定点的位置相对其周围的点位没有发生变化,其天线位置处于固定不动的静止状态。此时接收机可以连续地在不同历元同步观测不同的卫星,获得充分的多余观测量,根据GNSS卫星的已知瞬间位置,解算出接收机天线相位中心的三维坐标。由于接收机的位置固定不动,就可以进行大量的重复观测,所以静态定位可靠性强、定位精度高,在大地测量、工程测量中得到了广泛的应用,是精密定位中的基本模式。

准静态定位是指静止不动只是相对的。在卫星大地测量学中,在两次观测之间(一般为几十天到几个月)才能反映出发生的变化。

动态定位是指在定位过程中,接收机位于运动着的载体,天线也处于运动状态的定位。动态定位是用GNSS信号实时地测得运动载体的位置。如果按照接收机载体的运行速度,还可将动态定位分为低动态(几十米/秒)、中等动态(几百米/秒)、高动态(几千米/秒)三种形式。其特点是测定一个动点的实时位置,多余观测量少、定位精度较低。目前,导航型的GNSS接收机,可以说是一种广义的动态定位,它除了要求测定动点的实时位置外,一般还要求测定运动载体的状态参数,如速度、时间和方位等。

二、单点定位和相对定位

众所周知,测量工作的直接目的是要确定地面点在空间的位置。早期解决这一问题都是采用天文测量的方法,即通过测定北极星、太阳或其他天体的高度角和方位角以及观测时间,进而确定地面点在该时间的经纬度位置和某一方向的方位角。这种方法受到气候条件的制约,而且定位精度较低。

20世纪60年代以后,随着空间技术的发展和人造卫星的相继升空,人们设想,如果在绕地球运行的人造卫星上装置有无线电信号发射机,则在接收机钟的控制下,可以测定信号到达接收机的时间Δt,进而求出卫星和接收机之间的距离:

$$s = c\Delta t + \sum \delta_i \tag{5-1}$$

式中　c —— 信号传播的速度;

δ_i —— 各项改正数。

但是,卫星上的原子钟和地面上接收机的钟不会严格同步,假如卫星的钟差v_t,接收机的钟差为v_T,则由于卫星上的原子钟和地面上接收机的钟不同步对距离的影响为

$$\Delta s = c(v_t - v_T) \tag{5-2}$$

现在欲确定待定点P的位置,可以在该处安置一台GNSS接收机。如果在某一时刻t_i同时测得了4颗GNSS卫星(A,B,C,D)的距离S_{AP}、S_{BP}、S_{CP}、S_{DP},则可列出4个观测方程为:

$$\left.\begin{aligned}
S_{AP} &= [(x_P - x_A)^2 + (y_P - y_A)^2 + (z_P - z_A)^2]^{\frac{1}{2}} + c(v_{tA} - v_T)\\
S_{BP} &= [(x_P - x_B)^2 + (y_P - y_B)^2 + (z_P - z_B)^2]^{\frac{1}{2}} + c(v_{tB} - v_T)\\
S_{CP} &= [(x_P - x_C)^2 + (y_P - y_C)^2 + (z_P - z_C)^2]^{\frac{1}{2}} + c(v_{tC} - v_T)\\
S_{DP} &= [(x_P - x_D)^2 + (y_P - y_D)^2 + (z_P - z_D)^2]^{\frac{1}{2}} + c(v_{tD} - v_T)
\end{aligned}\right\} \tag{5-3}$$

式中　(x_A,y_A,z_A),(x_B,y_B,z_B),(x_C,y_C,z_C),(x_D,y_D,z_D)—— 卫星(A,B,C,D)在t_i时刻的空间直角坐标;

$v_{tA}, v_{tB}, v_{tC}, v_{tD}$——$t_i$ 时刻 4 颗卫星的钟差,它们均由卫星所广播的卫星星历来提供。

求解上列方程,即得待定点的空间直角坐标 x_P, y_P, z_P。

由此可见,GNSS 定位的实质就是根据高速运动的卫星瞬间位置作为已知的起算数据,采取空间距离后方交会的方法,确定待定点的空间位置。

GPS 系统的空间部分由 32 颗工作卫星组成,它们均匀分布在 6 个相对与赤道的倾角为 55°的近似圆形轨道上,每个轨道上有 4~6 颗卫星运行,它们距地面的平均高度为 20 200 km,运行周期为 12 恒星时。GPS 卫星星座均匀覆盖着地球,可以保证地球上所有地点在任何时刻都能看到至少 4 颗 GPS 卫星。

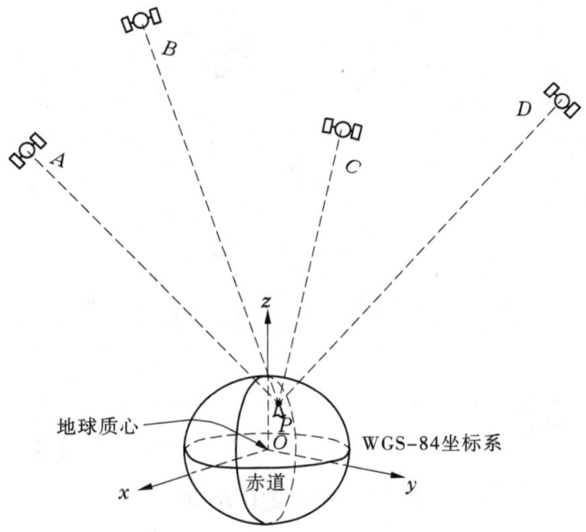

图 5-1 单点定位示意图

GPS 单点定位也叫绝对定位,就是采用 1 台接收机进行定位的模式,它所确定的是接收机天线相位中心在 WGS-84 世界大地坐标系统中的绝对位置,所以单点定位的结果也属于该坐标系统。其基本原理是以 GPS 卫星和用户接收机天线之间的距离(或距离差)观测量为基础,并根据已知可见卫星的瞬时坐标,来确定用户接收机天线相位中心的位置。该定位方法广泛地应用于导航和测量中的单点定位工作。

GPS 单点定位的实质,即是空间距离后方交会。对此,在一个测站上观测 3 颗卫星获取 3 个独立的距离观测量就够了。但是由于 GPS 采用了单程测距原理,此时卫星钟与用户接收机钟不能保持同步,所以实际的观测距离均含有卫星钟和接收机钟不同步的误差影响,习惯上称之为伪距。其中卫星钟差可以用卫星电文中提供的钟差参数加以修正,而接收机的钟差只能作为一个未知参数,与测站的坐标在数据的处理中一并求解。因此,在一个测站上为了求解出 4 个未知参数(3 个点位坐标分量和 1 个钟差系数),至少需要 4 个同步伪距观测值。也就是说,至少必须同时观测 4 颗卫星。

单点定位的优点是只需 1 台接收机即可独立定位,外业观测的组织及实施较为方便,数据处理也较为简单。其缺点是定位精度较低,受卫星轨道误差、钟同步误差及信号传播误差等因素的影响,精度只能达到米级。所以,该定位模式不能满足大地测量精密定位的要求。但它在地质矿产勘查等低精度的测量领域,仍然有着广泛的应用前景。

GPS 相对定位又称为差分 GPS 定位，是采用 2 台以上的接收机（含 2 台）同步观测相同的 GPS 卫星，以确定接收机天线间的相互位置关系的一种方法。其最基本的情况是用两台接收机分别安置在基线的两端（见图 5-2），同步观测相同的 GPS 卫星，确定基线端点在世界大地坐标系统中的相对位置或坐标差（基线向量），在一个端点坐标已知的情况下，用基线向量推求另一待定点的坐标。相对定位可以推广到多台接收机安置在若干条基线的端点，通过同步观测 GPS 卫星确定多条基线向量。

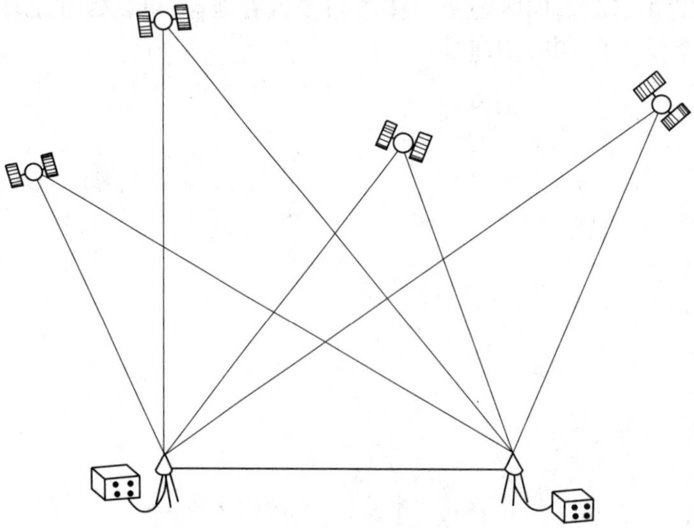

图 5-2　相对定位示意图

由于同步观测值之间有着多种误差，其影响是相同的或大体相同的，这些误差在相对定位过程中可以得到消除或减弱，从而使相对定位获得极高的精度。当然，相对定位时需要多台（至少 2 台以上）接收机进行同步观测，故增加了外业观测组织和实施的难度。

在单点定位和相对定位中，又都可能包括静态定位和动态定位两种方式。其中静态相对定位一般均采用载波相位观测值为基本观测量。这种定位方法是当前 GPS 测量定位中精度最高的一种方法，在大地测量、精密工程测量、地球动力学研究和精密导航等精度要求较高的测量工作中被普遍采用。

三、主动式测距和被动式测距

主动式测距［见图 5-3(a)］是用电磁波测距仪发射测距信号，通过另一端的反射器反射回来，再由测距仪接收。根据测距信号的往、返传播时间求解出往返距离 2ρ 。由于电磁波测距仪需在测站点上主动发出测距信号，故称这种测距方式为主动式测距。主动式测距只要求仪器钟自身能在信号往、返时间段中保持稳定，就不会影响测距精度。其缺点是用户必须发射信号因而难以隐蔽自己，这对军事用户十分不利。此外，要求用户同时具有发射设备和接收设备，装置较为复杂。

被动式测距［见图 5-3(b)］是发射站（例如卫星）在规定的时刻内准确地发出信号，用户则根据自己的时钟记录信号到达的时间，根据时差 Δt 求得单程距离 ρ 。由于用户只需被动的接收信号，故称为被动式测距。其优点是用户无需发射信号，因而便于隐蔽自己，用户

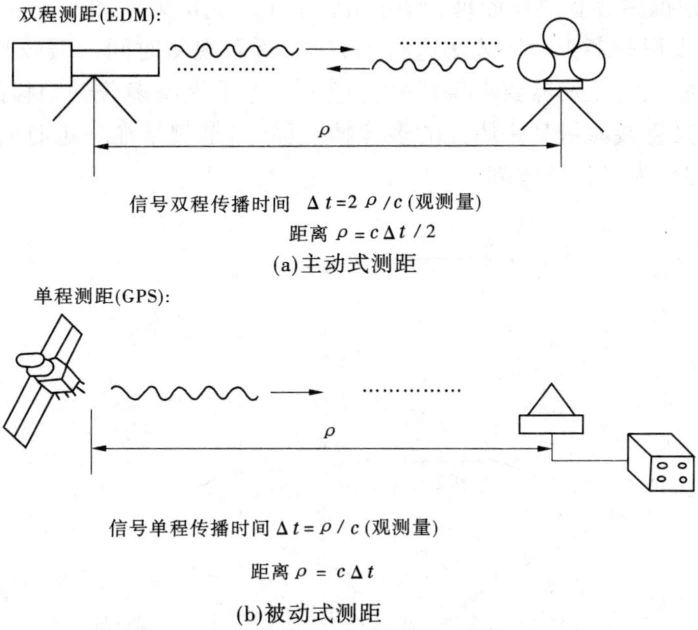

图5-3 双程测距(EDM)与单程测距(GPS)

装置也较简单,只配备接收设备即可。为了众多用户同时工作,要求接收机钟和各卫星钟都要与GPS时间系统保持同步,所以对钟的稳定度提出了很高的要求,或者要求采取特殊措施解决钟差对测距带来的影响。

四、用GPS定位的基本方法

前面所述的静态定位或动态定位,所依据的观测量都是所测的卫星至接收机天线的伪距。但是,伪距的基本观测量又区分为码相位观测(简称测码伪距)和载波相位观测(简称测相伪距)。这样,根据GPS信号的不同观测量,可以区分为四种定位方法。

(一)卫星射电干涉测量

以银河系以外的类星体作为射电源的甚长基线干涉测量(VLBI)具有精度高,基线长度几乎不受限制等优点。因类星体离我们十分遥远,射电信号十分微弱,因而必须采用笨重、昂贵的大口径抛物面天线,高精度的原子钟和高质量的记录设备,所需的设备比较昂贵,数据处理较为复杂,从而限制了该技术的应用。GPS卫星的信号强度比类星体的信号强度大10万倍,利用GPS卫星射电信号具有白噪声的特性,由两个测站同时观测1颗GPS卫星,通过测量这颗卫星的射电信号到达两个测站的时间差,可以求得站间距离。由于在进行干涉测量时,只把GPS卫星信号当作噪声信号来使用,因而无需了解信号的结构,所以这种方法对于无法获得P码的用户是很有吸引力的。其模型与在接收机间求一次差的载波相位测量定位模型十分相似。

(二)多普勒定位法

多普勒效应是1942年奥地利物理学家多普勒首先发现的。它的具体内容是:当波源与观测者做相对运动时,观测者接收到的信号频率与波源发射的信号频率不相同。这种由于波源相对于观测者运动而引起的信号频率的移动称为多普勒频移,其现象称为多普勒效应,如图 5-4 所示。根据多普勒效应原理,利用 GPS 卫星较高的射电频率,由积分多普勒计数得出伪距差。当采用积分多普勒计数法进行测量时,所需观测时间一般较长(数小时),同时在观测过程中接收机的振荡器要求保持高度稳定。为了提高多普勒频移的测量精度,卫星多普勒接收机不是直接测量某一历元的多普勒频移,而是测量在一定时间间隔内多普勒频移的积累数值,称之为多普勒计数。

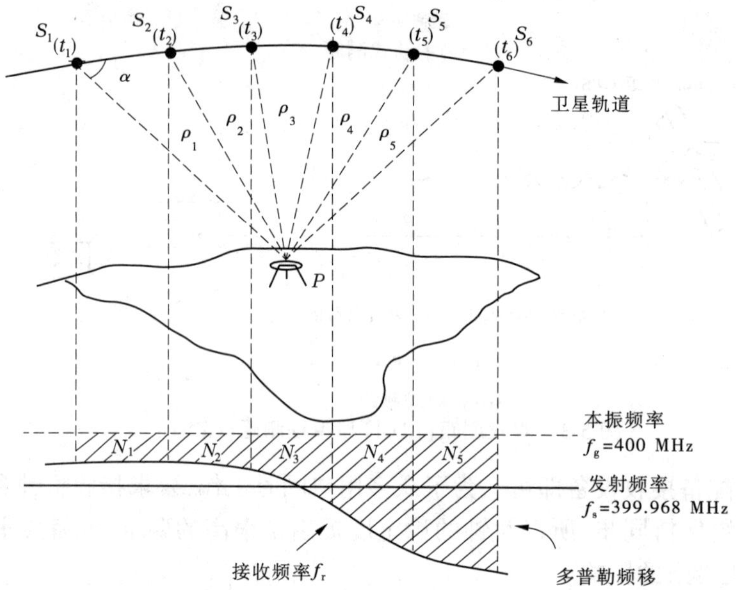

图 5-4　多普勒计数测量

因此,GPS 信号接收机,可以通过测量载波相位变化率而测定 GPS 信号的多普勒频移,其相应的距离变率测量精度,在 2000 年 5 月 1 日以前有 SA 技术的作用下,且用 DGPS(GPS 差分定位,differential global positioning system)测量模式,可达 2 mm/s~5 cm/s。对于静态用户而言,GPS 多普勒频移的最大值约为±4.5 kHz。如果知道用户的概略位置和可见卫星的历书,便可估算出 GPS 多普勒频移,而实现对 GPS 信号的快速捕获和跟踪,这很有利于 GPS 动态载波相位测量的实施。

(三)伪距定位法

伪距定位法是利用全球卫星定位系统进行导航定位的最基本的方法,其基本原理是:在某一瞬间利用 GPS 接收机同时测定至少 4 颗卫星的伪距,根据已知的卫星位置和伪距观测值,采用距离交会法求出接收机的三维坐标和时钟改正数。伪距定位法定一次位的精度并不高,但定位速度快,经几小时的定位也可达米级的精度,若再增加观测时间,精度还可提高。

(四)载波相位测量

载波信号的波长很短,L_1 载波信号波长为 19 cm,L_2 载波信号波长为 24.4 cm。若把载波作为量测信号,对载波进行相位测量可以达到很高的精度。通过测量载波的相位而求得接收机到 GPS 卫星的距离,是目前大地测量和工程测量中的主要测量方法。

本项目所讲的接收机位置实际上是指接收机天线相位中心的位置,而标石中心位置尚须进行归算。为了方便,有时简称为测站位置。

➤【小贴士】

本任务主要介绍了 GNSS 定位的几种方法，利用 GNSS 进行定位，就是把卫星视为“动态”的控制点，在已知其瞬时坐标的条件下，以 GNSS 卫星和用户接收机天线之间的距离为观测量，进行空间距离后方交会，从而确定用户接收机天线所处的位置。

任务二 伪距法定位

伪距法定位是利用全球定位系统进行导航定位的最基本方法。它的优点是速度快、无多值性问题，利用增加观测时间可以提高定位精度，缺点是测量定位精度低，但足以满足部分用户的需要。

本任务先介绍伪距的测量原理，然后阐述伪距法定位的原理和方法，以及它在相对定位中的应用。

一、测定伪距的方法

前已述及，GPS 定位采用的是被动式单程测距。它的信号发射时刻由卫星钟确定，收到时刻则是由接收机钟确定，这就在测定的卫星至接收机的距离中，不可避免地包含着两台钟不同步的误差和电离层、对流层延迟误差影响，它并不是卫星与接收机之间的实际距离，所以称之为伪距。

我们知道，GPS 卫星信号包含有载波、测距码（P 码和 C/A 码）、数据码（导航电文）三种信号分量。在无线电通信技术中，一般将频率较低的信号调制到频率较高的载波上，GPS 卫星的测距码和数据码采用了调相技术。图 5-5 描绘了调制后载波相位的变化。当卫星发射机依据自己的时钟发出的含有测距码的调制信号时，经过了 Δt 间的传播后到达地面的接收机，如图 5-6 所示。此时接收机收到的测距码为 $U(t-\Delta t)$。而接收机的伪随机噪声码发生器，又产生了一个与卫星发播的测距码结构完全相同的复制码 $U'(t-\tau)$，并且通过接收机的时间延迟器进行移相，对测距码和复制码作相关处理，当信号之间的自相关系数达到最大，

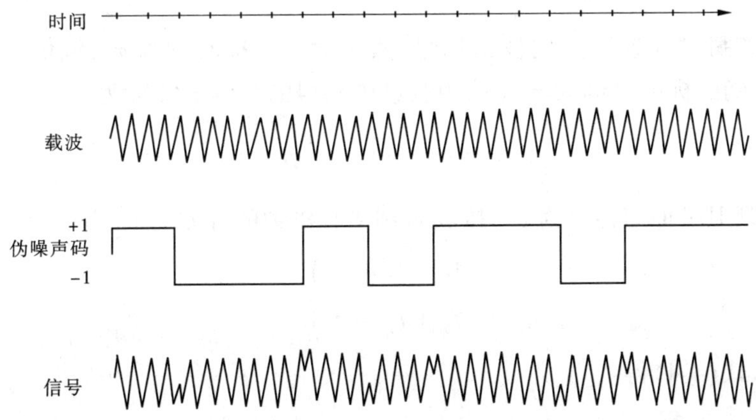

图 5-5 GPS 卫星信号

即近于 1 时,说明在积分间隔 T 内复制码。已经和测距码“对齐”。否则继续调整时间延迟 τ,直至 $R(t)=\max$,于是就由时延器测定出两信号间的时间延迟 τ。测定自相关系数的工作由接收机锁相环路的相关器和积分器来完成。在理想的情况下,时延 τ 就等于卫星信号的传播时间 Δt,此时将 τ 乘以光速值 c,就可以求得卫星至接收机的距离。

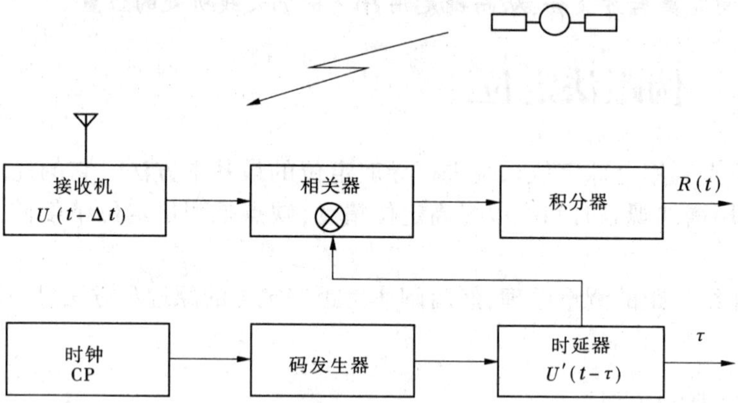

图 5-6　伪距的测定

$$R(t)=\frac{1}{T}\int_T U(t-\Delta t)U'(t-\tau)\,\mathrm{d}t$$

上述情况是假设卫星钟和接收机钟完全同步。事实上卫星钟和接收机钟总不可能完全同步而存在差异。因而在自相关系数最大条件下求得的时间延迟 τ 不会严格等于卫星信号的传播时间 Δt,它包含了卫星钟和接收机钟不同步的影响,以及信号传播过程中电离层和对流层的影响,所以把自相关系数最大条件下求得的时延 τ 和真空中光速 c 的乘积 $\tilde{\rho}=c\cdot\tau$ 称作伪距。以伪距作基本观测量来求定点位的方法就称为伪距法定位。

二、伪距法定位的原理

为了解决定位问题,首先需将观测时得到的伪距 $\tilde{\rho}$ 改正为卫星至接收机之间的实际距离 ρ。

设卫星钟的瞬时读数为 t_a 时发出信号,其正确的标准时刻为 τ_a;该信号到达接收机的时间为 t_b,其正确的标准时刻为 τ_b。伪距测量中测得的时延 τ 实际为

$$\tau=t_b-t_a=\frac{1}{c}\tilde{\rho} \tag{5-4}$$

若发射时刻卫星钟的钟差为 v_{t_a},接收时刻接收机钟的钟差为 v_{t_b},则有

$$\left.\begin{aligned} t_a+v_{t_a}&=\tau_a\\ t_b+v_{t_b}&=\tau_b \end{aligned}\right\} \tag{5-5}$$

将式(4-5)代入式(4-4)得

$$\frac{1}{c}\tilde{\rho}=t_b-t_a=(\tau_b-v_{t_b})-(\tau_a-v_{t_a})=(\tau_b-\tau_a)+v_{t_a}-v_{t_b} \tag{5-6}$$

式中　$(\tau_b-\tau_a)$——测距码从卫星到接收机的实际传播时间。

再加上电离层折射改正 $\delta\rho_{\text{ion}}$ 和对流层折射改正 $\delta\rho_{trop}$，此时卫星至接收机的实际距离为

$$\rho = c(\tau_b - \tau_a) + \delta\rho_{\text{ion}} + \delta\rho_{\text{trop}} \tag{5-7}$$

将式(5-6)代入式(5-7)，即得实际距离 ρ 和伪距 $\tilde{\rho}$ 之间的关系式为

$$\rho = \tilde{\rho} + \delta\rho_{\text{ion}} + \delta\rho_{\text{trop}} - cv_{t_a} + cv_{t_b} \tag{5-8}$$

如果已知卫星的钟差 v_{t_a} 和接收机的钟差 v_{t_b}，又可精确求得电离层折射改正和对流层折射改正，那么测定了伪距 $\tilde{\rho}$，就可求得实际距离 ρ。实际距离 ρ 与卫星坐标(x、y、z)和接收机坐标(X、Y、Z)之间又有下列关系：

$$\rho = [(x-X)^2 + (y-Y)^2 + (z-Z)^2]^{\frac{1}{2}} \tag{5-9}$$

式中的卫星坐标可以根据收到的卫星电文求得，所以式(5-9)中只包含有 3 个坐标未知数。这就是说，如果对 3 颗卫星同时进行伪距测量，就可以求出接收机的位置。

在实际应用中，我们将接收机的钟差 v_{t_b} 也视作未知数。因为要想知道精确的钟差，必须使用稳定度极高的原子钟，这在数目有限的卫星上可以办到；但在 GPS 接收机上都安装原子钟是不现实的，解决这一问题的办法，就是把接收机的钟差 v_{t_b} 也当作一个未知数来处理，为此就要求至少要同时测定 4 颗卫星的伪距，以便同时解出 4 个未知数：X,Y,Z,v_{t_b}。这样，根据式(5-8)和式(5-9)，伪距定位法的数学模型为

$$\begin{aligned}&[(x_i-X)^2+(y_i-Y)^2+(z_i-Z)^2]^{\frac{1}{2}} - cv_{t_b}\\ &= \tilde{\rho}_i + (\delta\rho_i)_{\text{ion}} + (\delta\rho_i)_{\text{trop}} - cv_{t_{a_i}} \quad (i=1,2,3,4,\cdots)\end{aligned} \tag{5-10}$$

式中各符号的脚注 i 表示观测的 4 颗(或以上)卫星的序号；第 i 颗卫星发射信号瞬间的钟差 $v_{t_{a_i}}$ 可以根据卫星导航电文中的时钟改正参数计算出来。

当方程式(5-10)的个数大于 4 时，可用最小二乘法求解测站坐标和接收机时钟改正数的最或是值。

三、伪距法定位的计算

为了方便起见，我们先讨论只观测 4 颗卫星情况下的伪距定位计算。

在公式(5-10)中，若令

$$\rho_i' = \tilde{\rho}_i + (\delta\rho_i)_{\text{ion}} + (\delta\rho_i)_{\text{trop}} - cv_{t_{a_i}}$$

再令 $cv_{t_b}=B$，式(5-10)就可以写为

$$\rho_i' = [(x_i-X)^2+(y_i-Y)^2+(z_i-Z)^2]^{\frac{1}{2}} - B \tag{5-11}$$

假设测站的初始坐标向量及其改正数向量分别为

$$\boldsymbol{X}_0 = (X_0 \quad Y_0 \quad Z_0 \quad B_0)^{\text{T}}$$
$$\text{d}\boldsymbol{X} = (\text{d}X \quad \text{d}Y \quad \text{d}Z \quad \text{d}B)^{\text{T}}$$

同时考虑到测站至卫星 i 的方向余弦

$$\left(\frac{\partial\rho'_i}{\partial X}\right)_0=-\frac{1}{\rho_{i0}}(x_i-X_0)=-l_i$$

$$\left(\frac{\partial\rho'_i}{\partial Y}\right)_0=-\frac{1}{\rho_{i0}}(y_i-Y_0)=-m_i$$

$$\left(\frac{\partial\rho'_i}{\partial Z}\right)_0=-\frac{1}{\rho_{i0}}(z_i-Z_0)=-n_i$$

$$\left(\frac{\partial\rho'_i}{\partial B}\right)_0=-1$$

式中　$\rho_{i0}=[(x_i-X_0)^2+(y_i-Y_0)^2+(z_i-Z_0)^2]^{\frac{1}{2}}$。

于是式(5-11)的线性化形式可以写为

$$\begin{pmatrix}\rho'_1\\\rho'_2\\\rho'_3\\\rho'_4\end{pmatrix}=\begin{pmatrix}\rho'_{10}\\\rho'_{20}\\\rho'_{30}\\\rho'_{40}\end{pmatrix}-\begin{pmatrix}l_1&m_1&n_1&1\\l_2&m_2&n_2&1\\l_3&m_3&n_3&1\\l_4&m_4&n_4&1\end{pmatrix}\begin{pmatrix}\mathrm{d}X\\\mathrm{d}Y\\\mathrm{d}Z\\\mathrm{d}B\end{pmatrix}$$

或者写为

$$\boldsymbol{A}\mathrm{d}\boldsymbol{X}+\boldsymbol{L}=0 \tag{5-12}$$

式中　$\boldsymbol{A}=\begin{pmatrix}l_1&m_1&n_1&1\\l_2&m_2&n_2&1\\l_3&m_3&n_3&1\\l_4&m_4&n_4&1\end{pmatrix}$;

$\boldsymbol{L}=(L_1\quad L_2\quad L_3\quad L_4)^{\mathrm{T}}$;$L_i=\rho'_i-\rho'_{i0}$。

则可得坐标改正数的向量解

$$\mathrm{d}\boldsymbol{X}=-\boldsymbol{A}^{-1}\boldsymbol{L} \tag{5-13}$$

上述公式仅针对观察 4 颗卫星情况下的求解。此时没有多余观测量,未知数的解算是唯一的。当同步观测的卫星数多于 4 个,例如 n 个时,则需要通过最小二乘法求解。此时可将式(5-9)写成误差方程式的形式

$$\boldsymbol{V}_u=\boldsymbol{A}_u\mathrm{d}\boldsymbol{X}+\boldsymbol{L}_u$$

式中　$\boldsymbol{V}_u=(v_1\quad v_2\quad\cdots\quad v_n)^{\mathrm{T}}$;

$\boldsymbol{A}_u=\begin{pmatrix}l_1&m_1&n_1&1\\l_2&m_2&n_2&1\\\vdots&\vdots&\vdots&\vdots\\l_n&m_n&n_n&1\end{pmatrix}$;

$\boldsymbol{L}_u=(L_1\quad L_2\quad\cdots\quad L_n)^{\mathrm{T}}$。

根据最小二乘原理求解得

$$\mathrm{d}\boldsymbol{X}=-(\boldsymbol{A}_u^{\mathrm{T}}\boldsymbol{A}_u)^{-1}(\boldsymbol{A}_u^{\mathrm{T}}\boldsymbol{L}_u) \tag{5-14}$$

测站未知数中误差

$$m_x=\sigma_0\sqrt{q_{ii}} \tag{5-15}$$

式中　σ_0——伪距测量中误差；

q_{ii}——权系数阵 $\boldsymbol{Q}_x$ 中的主对角线元素；

$$\boldsymbol{Q}_x = (\boldsymbol{A}_u^{\mathrm{T}}\boldsymbol{A}_u)^{-1} \tag{5-16}$$

式(5-14)适合于计算机进行迭代计算。即给出测站坐标初始值,进行第一次迭代计算,利用所求改正数修正坐标初始值,继续进行迭代计算。因迭代过程收敛较快,一般迭代2~3次便可获得满意结果。

四、伪距定位法的应用

伪距定位法是单点定位的基本方法,它的定位速度很快,又无多值性问题,数据处理也比较便捷。由于它的测量信号是卫星发播的测距码,故测量精度和测距码与复制码的相关(对齐)精度有关,也与测距码的码元宽度有关。

根据经验,接收机的复制码与测距码的对齐精度约为码元宽度(或码的波长)的1%。对与C/A码,其码元宽度约为293 m,伪距测量精度则为2.93 m;对于P码,其码元宽度约为29.3 m,伪距测量精度则为0.293 m,比C/A码的测量精度约高10倍。

但是,由于P码受美国军方控制,一般用户无法得到,只能利用C/A码进行伪距定位,加之美国对利用GPS有限制政策,在采用SA技术时,利用C/A码进行伪距定位的精度降低至约100 m,远远不能满足高精度单点定位的要求。

若要提高测站点间的相对位置精度。则可用若干台接收机同时对相同的卫星进行伪距测量,此时卫星星历误差、卫星钟的误差、电离层和对流层折射误差对各同步观测站的影响基本相同,在求坐标差时可以自行消除。

伪距法进行相对定位可以采用两种办法。①间接相对定位:各同步测站分别进行单点定位,求得各测站坐标,然后相减求得坐标差。②直接相对定位:当两个测站进行同步观测时,产生两个数学式,相减后建立起伪距定位法用于相对定位的数学模型,然后解算出坐标差。

五、精密单点定位

由于受到众多误差的影响,单点定位的精度不能满足较高精度需求的用户的要求。人们希望能使用一台接收机获取高精度的结果,采取的方法有两种:一种是增加观测时间;另一种是使用精密星历。随着IGS国际服务机构产品的普及和接收机功能的强大,使得精密单点定位的实施成为可能。

(一)精密单点定位概述

精密单点定位(Precise Point Positioning, PPP)是指利用单台接收机的载波相位观测值和伪距观测值以及IGS等组织提供的高精度卫星星历及卫星钟差,以无电离层影响的载波相位和伪距组合观测值为观测资料,对测站的位置、接收机钟差、对流层天顶延迟以及组合后的相位模糊度等参数进行估计,从而进行高精度单点定位的方法。

PPP是由国际GNSS服务机构IGS提供的或自己计算的GNSS精密星历和精密钟差文件,用户通过1台含双频双码的GNSS接收机就可以实现在数千平方千米乃至全球范围内的高精度定位。它的特点在于各站的解算相互独立,计算量远远小于一般的相对定位。精密单点定位采用精细的模型加以改正和用辅助参数进行估计,比如卫星天线相位中心偏差改正、固体潮改正、海洋负荷改正等。

在 GNSS 定位中,主要的误差来源于三类,即轨道误差、卫星钟差和电离层延迟。如果采用双频接收机,可以利用双频观测值组合,消除电离层延迟的影响。如果选择地心地固系表示卫星轨道,计算的参考框架同为地心地固系,可以消去观测方程中的地球自转参数。于是,只要给定卫星的轨道和精密钟差,采用精密的观测模型,就能像伪距一样,单站计算出接收机的精确位置、钟差、模糊度以及对流层延时参数。

根据 PPP 技术的要求,定位中需要系统提供卫星的精密轨道和钟差。目前,IGS 的几个数据分析中心具备提供卫星的精密轨道和钟差的能力,但是这些都是后处理结果。根据 IGS 的产品报告, IGS 提供的卫星轨道精度能够达到 2~3 cm,卫星钟差的精度优于 0.02 ns,这种精度的卫星钟差和轨道,能够满足任何精度的定位要求。近 10 年,由于 IGS 的努力, GNSS 卫星预报轨道的精度已经达到十几厘米,预报轨道的时间也由 24 h 预报缩短到 3 h 预报,卫星轨道的精度已经能够满足一般定位的要求。由于 IGS 现在不能提供实时和外推的精密卫星钟差,制约了实时 PPP 技术的应用;精密的卫星钟差仍然是 PPP 技术实时应用瓶颈。目前,IGS 只有后处理卫星钟差,美国喷气推进实验室(JPL)和德国地学研究中心(GFZ)已经有能力提供快速卫星钟差。

进行实时非差精密单点定位时,首先利用伪距观测值确定载波相位观测值的模糊度,然后按照已知的卫星轨道、卫星钟差,加入各项误差改正,逐历元进行点位坐标解算。进行动态 GNSS 精度单点定位时,与静态比较最大的问题是解双差模糊度的探测周跳。可采用 TurboEdit 探测周跳,将双差模糊度、天顶对流层、每个历元的 3 个位置分量和钟差等作为参数来求解。动态 GNSS 精度单点定位精度可达 5~10 cm。

(二)精密单点定位的工作模式

GNSS 精密单点定位工作模式与普通静态 GNSS 工作模式相差不大,即采用 GNSS 观测,GNSS 接收机采用双频接收机,观测时间不小于 2 h,点位应选择任意适合测量的地点,卫星高度截止角 15°,采样间隔 15 s,PDOP≤6。观测时段可在 UTC 时的 0~24 h 任意选取,但不得跨 UTC 时间零点;天线高量取至厂商指定的天线参考点位置,并须获得厂商提供的各参考点至天线相位中心改正常数,以便于在随后的数据处理中精确计算天线高;观测中不记录气象元素,其他项目按 GNSS 观测记录手簿的要求认真填写。

(三)精密单点定位的数据处理

1997 年, JPL 的研究人员提出了利用 GIPSY 软件和 IGS 精密星历,观测 24 h 连续静态定位精度达 1~2 cm 的结果,用实测数据证明了利用非差相位观测值进行精密单点定位是完全可行的。国际上已经完成精密单点定位的试验研究,取得了同样精度的静态和动态定位结果。国内进行 GNSS 精密单点定位的研究起步虽然稍晚,但目前的研究应用却与国际水平相当。精密单点定位的数据处理软件如表 5-1 所示。

表 5-1 精密单点定位的数据处理软件

软件名称	研发单位
BERNESE 软件 PPP 定位模块	美国麻省理工学院 (Massachusetts Institute of Technology, MIT)
IPAS PPP	瑞士徕卡

续表 5-1

软件名称	研发单位
TerraPOS 软件	挪威 TerraTec
POSPacAIR 软件	加拿大 APPLANiX 公司
TriP	武汉大学测绘学院

数据处理前先选好数据处理软件和对测区周边的 GNSS 的观测数据进行处理,通过接收世界和全国连续运行参考站数据,下载精密星历数据对每一点进行精处理,实现定位点的精密坐标,得到精确的 2 000 国家大地坐标系成果,再通过精化大地水准面和高精度似大地水准面成果求取每一个点的 1985 国家高程基准的正常高。

➢ 小贴士

精密单点定位是利用单台接收机的载波相位观测值和伪距观测值以及 IGS 等组织提供的高精度卫星星历及卫星钟差,以无电离层影响的载波相位和伪距组合观测值为观测资料,对测站的位置、接收机钟差、对流层天顶延迟以及组合后的相位模糊度等参数进行估计,从而进行高精度单点定位的方法。

任务三　载波相位测量

全球定位系统的基本测距方法是利用测距码进行伪距测量。测码伪距以测距码作为量测信号,因测距码的波长较长,难以达到较高的精度。而载波相位测量不使用测距码信号,不受测距码控制,属于非测距码测量系统。载波信号的波长很短,其中 L_1 信号的波长为 $\lambda_1=19$ cm,L_2 信号的波长为 $\lambda_2=24$ cm。所以把载波作为量测信号,对载波进行相位测量就可以达到很高的精度。目前的测地型接收机载波相位测量精度一般为 1~2 mm,有的精度更高。但载波信号是一种周期性的正弦信号,相位测量只能测定其不足一个波长的小数部分,无法测定其整波长个数。因而存在着整周数的不确定性问题,使得解算过程复杂化。

一、载波相位测量原理

GPS 接收机所接收到的卫星信号中,已用相位调制技术在载波上调制了测距码和卫星导航电文,所以载波已不再连续(见图 5-5)。为此要在载波相位测量之前先进行解调,设法将调制在载波上的测距码和卫星电文去掉,恢复载波的相位。卫星信号的解调可采用两种方法,一种是码相关法,另一种是平方法。

如果接收机在某一时刻跟踪卫星信号,并对恢复后的载波进行相位测量,与此同时,接收机的本机振荡器又能产生一个频率和初相均与卫星载波信号相同的基准信号,其相位就等于卫星载波信号的相位。如果在 t_0 时刻接收机产生的基准信号的相位是 $\Phi^{\circ}(R)$,接收机接收到的载波信号的相位是 $\Phi^{\circ}(S)$,若能测定出二者相位之差 $[\Phi^{\circ}(R)-\Phi^{\circ}(S)]$,则由载波波长 λ 就可以求出该瞬间从卫星至接收机的距离

$$\rho = \lambda[\phi^{\circ}(R) - \phi^{\circ}(S)] = \lambda[N_0 + F_r^{\circ}(\phi)] \tag{5-17}$$

式中　N_0——基准信号与接收信号相位差的整周数；

$F_r^{\circ}(\phi)$——相位差中不足一整周的小数部分。

实际上,解调过的 GPS 信号与基准信号进行混频,从而得到一个中频的差频信号,差频信号的相位也就是基准信号与接收信号的相位差值。也就是说,接收机产生的基准信号与接收的载波信号的相位差是通过量测差频信号的相位值得到的。

设接收机本机振荡器产生的基准信号为 $\cos(\omega_1 t+\varphi_1)$,接收到的载波信号为 $\cos(\omega_2 t+\varphi_2)$,混频后可以产生两个新信号:

$$\begin{aligned}&\cos(\omega_1 t + \varphi_1)\cos(\omega_2 t + \varphi_2)\\&= \frac{1}{2}\{\cos[(\omega_1 + \omega_2)t + (\varphi_1 + \varphi_2)] + \cos[(\omega_1 - \omega_2)t + (\varphi_1 - \varphi_2)]\}\end{aligned}$$

上式右端第二项就是混频后产生的差频信号,它的相位$(\varphi_1-\varphi_2)$就等于基准信号与接收信号的相位之差。所以,载波相位测量值就等于混频后的差频信号的相位值。

此外,还要注意到,在连续跟踪卫星信号的各次载波相位测量中,由于卫星相对于测站的运动,二者径向距离随时间发生变化,就产生了多普勒频移,而使接收到的信号频率不同于发射的频率。如果载波信号频率为f,由于多普勒效应而使卫星信号频率变为f_r,所产的多普勒频移为:

$$f_r - f = -\frac{f}{c}\frac{\mathrm{d}r}{\mathrm{d}t}$$

式中　$\frac{\mathrm{d}r}{\mathrm{d}t}$——卫星到测站的径向相对速度(距离的导数)。

在进行载波相位测量时,从初始时刻 t_0 到第 i 次的时刻 t_i,多普勒频移计数为

$$n_i = \int_{t_0}^{t_i}(f - f_r)\,\mathrm{d}t = \int_{t_0}^{t_i}\frac{f}{c}\frac{\mathrm{d}r}{\mathrm{d}t}\mathrm{d}t = \frac{f}{c}(r_i - r_0) = \frac{r_i - r_0}{\lambda}$$

式中　r_i 和 r_0——t_i 时刻和 t_0 时刻卫星至接收机的距离。

如图 5-7 所示,t_i 时刻载波相位测量的量测值为

$$\tilde{\varphi} = n_i + F_r^{\circ}(\phi) = \mathrm{Int}^i(\phi) + F_r^i(\phi) \tag{5-18}$$

式(5-18)表明,载波相位测量的实际观测值 $\tilde{\varphi}$ 由两部分组成:其一是差频信号的整周数变化部分 $\mathrm{Int}(\phi)$,其二是差频信号的不足一整周部分 $F_r(\phi)$。其中 $\mathrm{Int}(\phi)$ 在初始观测时为零,而后由多普勒计数器从 t_0 时刻连续计数累积得出。而 $F_r(\phi)$ 则是根据 t_i 时的基准信号相位$\phi^i(R)$和接收的载波信号相位$\phi^i(S)$直接量测出来的。

综合以上结论可以看出,只要接收机能对卫星信号连续跟踪,那么每个完整的载波相位观测值,均由下列几部分组成

$$\varphi = N_0 + \tilde{\varphi} = N_0 + \mathrm{Int}(\phi) + F_r(\phi) \tag{5-19}$$

式中　N_0——载波相位在传播路径上延迟的整周数;

$\mathrm{Int}(\phi)$——自起始时刻 t_0 至观测时刻 t_i 之间载波相位变化的整周数,它是自 t_0 至 t_i 时间内用计数器逐个累计的差频信号的整周数;

$F_r(\phi)$——差频信号不足一整周的部分,它是在 $\mathrm{t_i}$ 时刻的一个瞬时量测值。

各参数几何意义如图 5-7 所示。

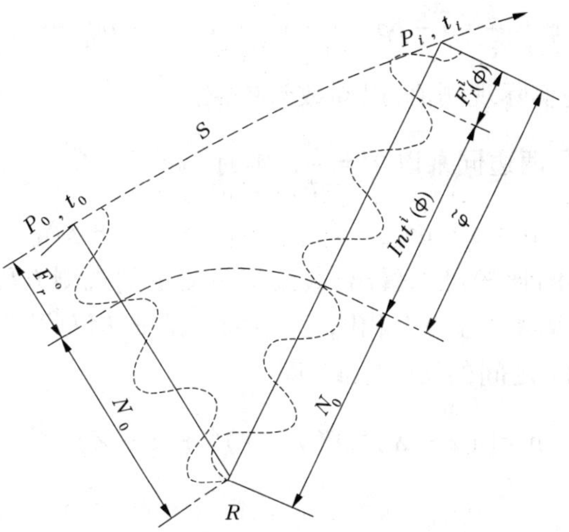

图 5-7 载波相位观测值的组成

二、载波相位测量观测方程

载波相位观测量是接收机天线相位中心和卫星位置的函数，只有找出它们之间的函数关系，才能求解接收机或卫星的位置。

设在 GPS 标准时刻为 τ_a、卫星钟读数为 t_a 的瞬间，卫星发射的载波相位 $\varphi(t_a)$，该信号在标准时刻 τ_b 到达接收机。根据波动方程，信号到达接收机的相位应保持不变，即在 τ_b 时刻，接收机收到的载波信号的相位为$\Phi(S)=\varphi(t_a)$。对应与标准时刻 τ_b 的接收机钟读数为 t_b，这时接收机产生的基准信号的相位为$\Phi(R)=\varphi(t_b)$ 。所以，载波相位测量值为

$$\varphi=\varphi(t_b)-\varphi(t_a) \tag{5-20}$$

其中

$$\left.\begin{aligned} t_b &= \tau_b - v_{t_b} = \tau_a + (\tau_b - \tau_a) - v_{t_b} \\ t_a &= \tau_a - v_{t_a} \end{aligned}\right\} \tag{5-21}$$

对于稳定性较好的振荡器，相位与频率之间的关系可表示为

$$\varphi(t+\Delta t)=\varphi(t)+f\Delta t \tag{5-22}$$

式中 f——为信号频率；

Δt——为微小的时间间隔。

将式(5-18)代入式(5-17)，并顾及式(5-19)的关系，可得

$$\varphi=\varphi(\tau_a)+f(\tau_b-\tau_a)-fv_{t_b}-\varphi(\tau_a)+fv_{t_a}$$

由式(5-7)得

$$\tau_b-\tau_a=\frac{1}{c}(\rho-\delta\rho_{\text{ion}}-\delta\rho_{\text{trop}})$$

于是

$$\varphi=\frac{f}{c}(\rho-\delta\rho_{\text{ion}}-\delta\rho_{\text{trop}})+f(v_{t_a}-v_{t_b})$$

上式代入式(5-19)，得载波相位测量的基本观测方程为

$$\tilde{\varphi}=\frac{f}{c}(\rho-\delta\rho_{ion}-\delta\rho_{trop})+fv_{t_a}-fv_{t_b}-N_0 \tag{5-23}$$

式中　$\tilde{\varphi}$——载波相位的实际观测值,以周数为单位。

如果将式(5-23)等号两边同乘以 $\lambda=\dfrac{c}{f}$,则有

$$\tilde{\rho}=\rho-\delta\rho_{\text{ion}}-\delta\rho_{\text{trop}}+cv_{t_a}-cv_{t_b}-\lambda N_0 \tag{5-24}$$

将式(5-23)与式(5-8)比较可以看出,载波相位测量的观测方程中除了增加一个整周末知数 N_0 外,和伪距测量观测方程完全相同,式中的 ρ 是 τ_a 时刻的卫星位置 (x,y,z) 和 τ_b 时刻的接收机位置 (X,Y,Z) 之间的实际距离,即

$$\rho=[(x-X)^2+(y-Y)^2+(z-Z)^2]^{\frac{1}{2}} \tag{5-25}$$

引入

$$\left.\begin{aligned}\rho_0&=[(x-X_0)^2+(y-Y_0)^2+(z-Z_0)^2]^{\frac{1}{2}}\\X&=X_0+\mathrm{d}X\\Y&=Y_0+\mathrm{d}Y\\Z&=Z_0+\mathrm{d}Z\end{aligned}\right\} \tag{5-26}$$

将 ρ 在 x_0、y_0、z_0 点用泰勒级数展开得

$$\begin{aligned}\rho&=\rho_0+\left(\frac{\partial\rho}{\partial X}\right)_0\mathrm{d}X+\left(\frac{\partial\rho}{\partial Y}\right)_0\mathrm{d}Y+\left(\frac{\partial\rho}{\partial Z}\right)_0\mathrm{d}Z\\&=\rho_0+\frac{X_0-x}{\rho_0}\mathrm{d}X+\frac{Y_0-y}{\rho_0}\mathrm{d}Y+\frac{Z_0-z}{\rho_0}\mathrm{d}Z\end{aligned} \tag{5-27}$$

将式(5-27)代入式(5-23),可以将载波相位测量基本观测方程线性化:

$$\begin{aligned}&\frac{f}{c}\frac{x-X_0}{\rho_0}\mathrm{d}X+\frac{f}{c}\frac{y-Y_0}{\rho_0}\mathrm{d}Y+\frac{f}{c}\frac{z-Z_0}{\rho_0}\mathrm{d}Z-fv_{t_a}+fv_{t_b}+N_0\\&=\frac{f}{c}(\rho_0-\delta\rho_{\text{ion}}-\delta\rho_{\text{trop}})-\tilde{\varphi}\end{aligned} \tag{5-28}$$

式(5-28)等号左端各项为未知数项,其中 (x,y,z) 是 τ_a 时刻的 GPS 卫星坐标;等号右端各项可根据 GPS 卫星电文或多普勒观测资料算得,而 $\tilde{\varphi}$ 的总和即为误差方程式的常数项。

式(5-28)可用以进行单点定位,但更多地用于相对定位。由于作为已知量的 GPS 卫星位置,其误差远比相位观测值误差大,加之大气延迟改正的精度也难以与相位观测的精度匹配,所以在相对定位中常采用差分法解决这些问题。

三、载波相位测量差分法

在载波相位测量基本方程式(5-28)中,包含着两类不同的未知数:一类是必要参数,如测站的坐标;另一类是多余参数,如卫星钟和接收机的钟差、电离层和对流层延迟等。多余参数在观测期间随时间变化,给平差计算带来麻烦。

解决这个问题有两种办法:一种是找出多余参数与时空关系的数学模型,给载波相位测量方程一个约束条件,使多余参数大幅度减少;另一种更有效、精度更高的办法是,按一定规

律对载波相位测量值进行线性组合,通过求差达到消除多余参数的目的。

例如,对某一观测瞬间 n 颗卫星进行了载波相位测量,就可以列出 n 个观测方程,方程中都含有相同的接收机钟差未知数 v_{t_b}。若选择一颗卫星作为基准,将其余 $n-1$ 颗卫星的观测方程与基准卫星对应的观测方程相减,就可以在 $n-1$ 个方程中消去钟差未知数。它可以大大减少计算工作量。目前,GPS 接收机的软件,基本上都采用了这种差分法的模型。

考虑到 GPS 定位时的误差源,常用的差分法有如下三种:在接收机间求一次差;在接收机和卫星间求二次差;在接收机、卫星和观测历元间求三次差。

(一)在接收机间求一次差(单差)

将观测值直接相减的过程叫作求一次差。所获得的结果被当作虚拟观测值,也叫作载波相位观测值的一次差或单差。如图 5-8(a)所示,在 t_1 时刻接收机 i 和 j 同时对卫星 p 进行载波相位测量,此时卫星钟差 v_{t_a} 影响相同。由式(5-23)可得基本观测方程

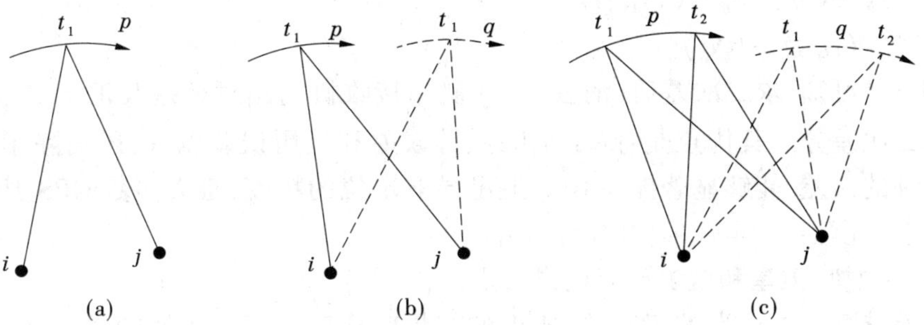

图 5-8 差分法的三种形式

$$\tilde{\varphi}_i^p = \frac{f}{c}[\rho_i^p - (\delta\rho_{\text{ion}})_i^p - (\delta\rho_{\text{trop}})_i^p] + fv_{t_a}^p - f(v_{t_b})_i - (N_0)_i^p$$

$$\tilde{\varphi}_j^p = \frac{f}{c}[\rho_j^p - (\delta\rho_{\text{ion}})_j^p - (\delta\rho_{\text{trop}})_j^p] + fv_{t_a}^p - f(v_{t_b})_j - (N_0)_j^p$$

以上二式相减,可得虚拟观测方程

$$\Delta\varphi_{ij}^p = \frac{f}{c}\rho_j^p - \frac{f}{c}\rho_i^p - \frac{f}{c}(\delta\rho_{\text{ion}})_{ij}^p - \frac{f}{c}(\delta\rho_{\text{trop}})_{ij}^p + f(v_b)_{ij} - (N_0)_{ij}^p \tag{5-29}$$

式中 $(\delta\rho_{\text{ion}})_{ij}^p = (\delta\rho_{\text{ion}})_j^p - (\delta\rho_{\text{ion}})_i^p$;

$(\delta\rho_{\text{trop}})_{ij}^p = (\delta\rho_{\text{trop}})_j^p - (\delta\rho_{\text{trop}})_i^p$;

$(v_b)_{ij} = (v_b)_j - (v_b)_i$;

$(N_0)_{ij}^p = (N_0)_j^p - (N_0)_i^p$。

将式(5-29)中的 $\frac{f}{c}\rho_j^p - \frac{f}{c}\rho_i^p$ 按式(5-27)展开成线性形式,经过平差计算,可以求得测站近似坐标的改正数 $\mathrm{d}X$、$\mathrm{d}Y$、$\mathrm{d}Z$。由式(5-29)可知,在测站间求一次差,可以消去卫星钟差参数 v_{t_a}。同时,对于短基线也可大大减弱电离层折射、对流层折射以及卫星星历误差的影响。所以,在接收机间求一次差,可以显著提高测站间相对位置的精度。这种在 2 台 GPS 接收机之间进行载波相位测量求差解算,简称为“站际单差”。同理,也可以在 2 颗 GPS 卫星之间进行载波相位测量求差解算,也称为“星际单差”。

(二)在接收机和卫星间求二次差(双差)

对载波相位观测值的一次差分观测值继续求差,所得的结果仍可作为虚拟观测值,叫作载波相位观测值的二次差或双差。如图 5-8(b)所示,在时刻 t_1 测站 i 和 j 同时观测卫星 p 和 q,根据上述道理对于卫星 q 也可以在测站间求差,将式(5-29)中的脚注 p 换成 q,即得卫星 q 的一次差观测方程。该方程减去式(5-29)则得在测站和卫星间求二次差后的虚拟观测方程式

$$\Delta\varphi_{ij}^{pq} = \frac{f}{c}\Delta\rho_j^{pq} - \frac{f}{c}\Delta\rho_i^{pq} - \frac{f}{c}(\delta\rho_{\text{ion}})_{ij}^{pq} - \frac{f}{c}(\delta\rho_{\text{trop}})_{ij}^{pq} - (N_0)_{ij}^{pq} \tag{5-30}$$

式中 $\Delta\rho_j^{pq} = \rho_j^q - \rho_j^p$;

$\Delta\rho_i^{pq} = \rho_i^q - \rho_i^p$;

$(\delta\rho_{\text{ion}})_{ij}^{pq} = (\delta\rho_{\text{ion}})_{ij}^q - (\delta\rho_{\text{ion}})_{ij}^p$;

$(\delta\rho_{\text{trop}})_{ij}^{pq} = (\delta\rho_{\text{trop}})_{ij}^q - (\delta\rho_{\text{trop}})_{ij}^p$;

$(N_0)_{ij}^{pq} = (N_0)_{ij}^q - (N_0)_{ij}^p$。

由式(5-30)可知,求二次差后,消去了 i,j 测站接收机的相对钟差改正 $(v_{t_b})_{ij}$。二次差又称为星站二次差分。其优点是:除了消除星钟误差和星历误差以外,还消除了 2 台 GPS 信号接收机钟的误差,能够显著提高 GPS 卫星导航定位的精度,是大多数 GPS 基线向量处理软件中必选的模型,在实践中被广泛应用。

(三)在接收机、卫星和观测历元间求三次差(三差)

对二次差继续求差称为求三次差,所得的结果叫作载波相位观测值的三次差或三差。常用的求三次差是在接收机、卫星和历元之间求三次差。引入三差的目的,主要是协助解决整周未知数的问题。如图 5-8 所示,参照方程(5-30),可以写出相对于观测历元 t_k 和 t_{k+1} 的二次差方程

$$\begin{aligned}(\Delta\varphi_{ij}^{pq})t_{k+1} = {} & \left(\frac{f}{c}\Delta\rho_j^{pq}\right)t_{k+1} - \left(\frac{f}{c}\Delta\rho_i^{pq}\right)t_{k+1} - \left[\frac{f}{c}(\delta\rho_{\text{ion}})_{ij}^{pq}\right]t_{k+1} - \\ & \left[\frac{f}{c}(\delta\rho_{\text{trop}})_{ij}^{pq}\right]t_{k+1} - [(N_0)_{ij}^{pq}]\,t_{k+1}\end{aligned}$$

$$\begin{aligned}(\Delta\varphi_{ij}^{pq})t_k = {} & \left(\frac{f}{c}\Delta\rho_j^{pq}\right)t_k - \left(\frac{f}{c}\Delta\rho_i^{pq}\right)t_k - \left[\frac{f}{c}(\delta\rho_{\text{ion}})_{ij}^{pq}\right]t_k - \left[\frac{f}{c}(\delta\rho_{\text{trop}})_{ij}^{pq}\right]t_k - \\ & [(N_0)_{ij}^{pq}]\,t_k\end{aligned}$$

式中 $$\begin{aligned}[(N_0)_{ij}^{pq}]\,t_{k+1} &= [(N_0)_{ij}^q - (N_0)_{ij}^p]\,t_{k+1} \\ &= [(N_0)_j^q - (N_0)_i^q - (N_0)_j^p - (N_0)_i^p]\,t_{k+1};\end{aligned}$$

$$\begin{aligned}[(N_0)_{ij}^{pq}]\,t_k &= [(N_0)_{ij}^q - (N_0)_{ij}^p]\,t_k \\ &= [(N_0)_j^q - (N_0)_i^q - (N_0)_j^p - (N_0)_i^p]\,t_k\text{。}\end{aligned}$$

只要观测是连续的,上列二式等号右端诸项对应相等,所以有

$$[(N_0)_{ij}^{pq}]t_{k+1} = [(N_0)_{ij}^{pq}]t_k$$

这样,t_{k+1} 和 t_k 的二次差方程相减,在得到的接收机、卫星、历元间三次差方程中,消除了与卫星和接收机有关的初始整周未知数项 N。

综上所述,载波相位测量中采用差分法,一方面减少了平差计算中的未知数数量,同时

消除或减弱了相对定位时测站间共同的一些误差影响。

➤ 小贴士

载波相位测量差分法有如下三种:在接收机间求一次差;在接收机和卫星间求二次差;在接收机、卫星和观测历元间求三次差。可减少平差计算中的未知数数量,同时消除或减弱了相对定位时测站间共同的误差影响。

任务四 GPS 动态定位原理

要使舰船、飞机和航天器等成功地完成预定的任务。除起始点和目标位置外,就是必须知道航行体所处的实时位置,只有知道现势位置才能考虑怎样到达下一目的地的问题;为了解决这个问题,我们可以在车辆、舰船、飞机和航天器等运动载体上安设 GPS 接收机,全天候和全球性地测量运动载体的七维状态参数(三维坐标、三维速度、时间)和三维姿态参数,实时地测得载体上 GPS 接收机天线的所在位置。与 GPS 静态定位相比较, GPS 动态定位有用户多样、速度多变、定位定时、数据和精度多变等特点。本任务先介绍 GPS 动态定位的特点,然后分别介绍实时定位原理,包括单点动态定位、伪距差分动态定位、GPS 测速和 GPS 定时。

一、动态定位的特点

GPS 动态定位和 GPS 静态定位相比较,有以下显著特点。

(一)用户的广泛性

GPS 动态定位是在运动状态下的一种实时定位方法。其绝大多数用户均在陆、海、空军事领域。同时,在交通运输、地球物理勘探、航空摄影测量、采矿生产等领域中,也有着广泛的应用。运动载体可以是地面运动的、水上航行的、空中飞行的,所以它的用户具有广泛性,比 GPS 静态定位具有更加广阔的应用天地。

(二)定位的实时性

在静态定位时,用户天线相对于地球是固定不动的;而动态定位时,用户天线将随着运动载体不停地运动,特别是对于高动态定位,要求以极短的时间(如亚秒级)采集一个点的实时定位数据,适时地处理定位数据,及时地给出定位成果。所以,动态定位具有强烈和紧迫的实时性。

(三)速度的多异性

GPS 动态定位时的载体多种多样,这些载体的速度从每秒几米到每秒几千米。据此 GPS 动态定位分为低、中、高三种定位形式:低动态定位,载体的运动速度每秒几米至几十米;中等动态定位,载体的运动速度每秒 100~1 000 m;高动态定位,载体的运动速度在 1 km/s 以上。

由上所述,动态定位显著区别于静态定位。在用户天线以每秒几米到几千米的速度相对于地球运动的情况下,需要用 GPS 信号测定它们的七维状态参数(三维坐标、三维速度、时间)。

二、单点动态定位

单点动态定位又叫绝对动态定位。例如在行驶的火车和汽车上,安置 GPS 信号接收机,独立自主地测得运动载体的实时位置,进而描绘出运动载体的运行轨迹。

在单点动态定位情况下,由于观测站是运动的,为了获得瞬时定位结果,必须至少同步观测 4 颗卫星,以便获取 4 个同步伪距观测值,解得 4 个未知参数。

由公式(5-9),单点定位的基本方程为

$$\rho_i' = [(x_i - X)^2 + (y_i - Y)^2 + (z_i - Z)^2]^{\frac{1}{2}} + d \tag{5-31}$$

式中　X,Y,Z——动态用户在时元 t 的瞬时位置;

x_i、y_i、z_i——第 i 颗($i=1,2,3,4$)卫星在其运行轨道上的瞬时位置,它可以根据卫星电文的星历参数计算而得;

ρ_i'——接收机测得的接收天线和第 i 颗卫星之间的距离,称为站星距离;

d——接收机时钟偏差等因素引起的站星距离偏差。

在用式(5-31)解算用户位置时,直接求各个坐标分量的改正值。如果给定的用户三维坐标初始值为 (X_0,Y_0,Z_0),则应求解三维坐标改正值 $\mathrm{d}X$、$\mathrm{d}Y$、$\mathrm{d}Z$ 和距离偏差 d。

将式(5-31)用泰勒级数展开后可表示为下列线性形式:

$$\rho_i' = [(x_i - X_0)^2 + (y_i - Y_0)^2 + (z_i - Z_0)^2]^{\frac{1}{2}} - \frac{x_i - X_0}{\rho_{i0}} + \mathrm{d}X - \frac{y_i - Y_0}{\rho_{i0}} + \mathrm{d}Y - \frac{z_i - Z_0}{\rho_{i0}} + \mathrm{d}Z + d \tag{5-32}$$

式中　$\rho_{i0} = [(x_i - X_0)^2 + (y_i - Y_0)^2 + (z_i - Z_0)^2]^{\frac{1}{2}}$,$i$ 分别为 1,2,3,4。

若令矩阵:

$$\boldsymbol{X} = (\mathrm{d}X \ \ \mathrm{d}Y \ \ \mathrm{d}Z \ \ d)^{\mathrm{T}}$$

$$\boldsymbol{A} = \begin{pmatrix} \frac{x_1 - X_0}{\rho_{10}} & \frac{y_1 - Y_0}{\rho_{10}} & \frac{z_1 - Z_0}{\rho_{10}} & -1 \\ \frac{x_2 - X_0}{\rho_{20}} & \frac{y_2 - Y_0}{\rho_{20}} & \frac{z_2 - Z_0}{\rho_{20}} & -1 \\ \frac{x_3 - X_0}{\rho_{30}} & \frac{y_3 - Y_0}{\rho_{30}} & \frac{z_3 - Z_0}{\rho_{30}} & -1 \\ \frac{x_4 - X_0}{\rho_{40}} & \frac{y_4 - Y_0}{\rho_{40}} & \frac{z_4 - Z_0}{\rho_{40}} & -1 \end{pmatrix}$$

$$\boldsymbol{B} = \begin{pmatrix} \rho_{10} - \rho_{10}' \\ \rho_{20} - \rho_{20}' \\ \rho_{30} - \rho_{30}' \\ \rho_{40} - \rho_{40}' \end{pmatrix}$$

式中　ρ_{i0}'——用户至第 i 颗卫星的伪距观测值。

于是由式(5-32)可写出

$$-AX+B=0$$

由上式求解

$$X=A^{-1}B \tag{5-33}$$

按式(5-33)解算运动载体的实时位置时,需要正确确定点位的初始坐标值。其中第一个点位的初始坐标值,可以按照任务二所述的用矢量表示载体状态的方法,通过若干次迭代计算,得到第一个点位的三维坐标和时钟偏差(见公式(5-14))。直接解算出第一个点的三维位置后,就可作为后一个点位的坐标初始值,通过解算式(5-33),取得第二个点的三维坐标和时钟偏差,余点类推。

研究表明,单点动态定位所确定的三维位置精度为±120 m 左右,速度测量误差为±30 cm/s,时间测量精度为±300~400 ns。如果动态用户要求达到再高的精度,就不能采用单点动态定位了。

三、伪距差分动态定位

所谓差分动态定位(DGPS),就是使用两台接收机分别置于两个测站上同时测量来自相同 GPS 卫星的导航定位信号,用以联合测出动态用户的精确位置。其中一个测站是已知的基准点,该点的 GPS 接收机称为基准接收机;另一台安设于运动载体上,称为动态接收机。两台接收机同时测量来自相同 GPS 卫星的导航定位信号。基准接收机所测得的三维位置与该点已知值进行比较,可以获得 GPS 定位数据的改正值,据此来改正动态接收机所测得的实时位置。此时多项误差得到抵消,可以得到更为精确的动态用户位置。这种方法称为伪距差分动态定位,其原理框图如图 5-9 所示。

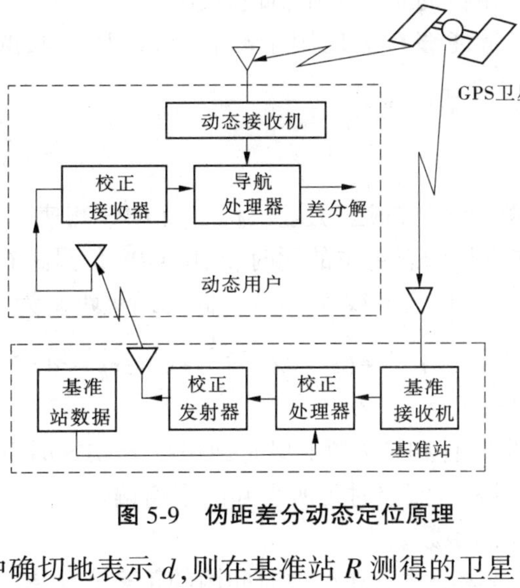

图 5-9 伪距差分动态定位原理

如果在式(5-31)中确切地表示 d,则在基准站 R 测得的卫星 i 的伪距为

$$\rho'_{Ri}=\rho_{Ri}+c(\mathrm{d}\tau_R-\mathrm{d}\tau_s)+\mathrm{d}\rho_R+L_{R\mathrm{ion}}+L_{R\mathrm{trop}} \tag{5-34}$$

式中 ρ_{Ri}——基准站 R 与卫星 i 之间的真实距离;

$\mathrm{d}\rho_R$——卫星星历误差所引起的距离偏差;

$\mathrm{d}\tau_R$——接收机时钟相对于 GPS 时间系统的误差;

$\mathrm{d}\tau_s$——卫星时钟相对于 GPS 时间系统的误差;

L_{Rion}——电离层时延所引起的距离偏差；

L_{Rtrop}——对流层时延所引起的距离偏差；

c——电磁波传播速度。

式(5-34)中的真实距离 ρ_{Ri} 可根据基准站的已知三维坐标和 GPS 卫星星历精确算得，而伪距 ρ'_{Ri} 可由基准站接收机测得，故伪距的改正值应为

$$\Delta\rho_{Ri}=\rho_{Ri}-\rho'_{Ri}=-c(\mathrm{d}\tau_R-\mathrm{d}\tau_S)-d\rho_R-L_{Rion}-L_{Rtrop} \tag{5-35}$$

在基准接收机进行伪距测量的同时，动态接收机 k 也对卫星 i 进行伪距测量，所得伪距为

$$\rho' k_i=\rho k_i+c(\mathrm{d}\tau_k-\mathrm{d}\tau_S)+\mathrm{d}\rho_k-L_{kion}-L_{ktrop} \tag{5-36}$$

与此同时，基准站将伪距校正值 $\Delta\rho_{Ri}$ 实时地发送动态用户，并以下式改正上列伪距：

$$\rho' k_i+\Delta\rho_{Ri}=\rho k_i+c(\mathrm{d}\tau_k-\mathrm{d}\tau_R)+(\mathrm{d}\rho_k-\mathrm{d}\rho_R)+(L_{\mathrm{kion}}-L_{\mathrm{Rion}})+(L_{\mathrm{ktrop}}-L_{\mathrm{Rtrop}})$$

当动态用户距离基准站 1 000 km 以内时，上式最后三项的差数为零，这时公式成为

$$\rho' k_i+\Delta\rho_{Ri}=\rho k_i+c(\mathrm{d}\tau_k-\mathrm{d}\tau_R)=[(x_i-X_k)^2+(y_i-Y_k)^2+(z_i-Z_k)^2]^{\frac{1}{2}}+\Delta d_R \tag{5-37}$$

式中最后一项是动态接收机与基准接收机的钟差之差所引起的距离偏差。

如果基准、动态接收机各观测了相同的 4 颗 GPS 卫星，则可按式(5-37)列出 4 个方程式，可解得动态用户在时元 t 的三维位置。差分动态定位的结果消除了星钟误差、星历误差、电离层与对流层时延误差，从而显著地提高了动态定位的精度。

以上就是采用测码伪距为观测量进行差分动态定位的基本原理。近年来，以载波相位为观测量的高精度动态相对定位的研究工作，日益受到关注。在汽车和飞机上的差分动态定位试验表明，载波相位测量能够有效地用于动态定位，且已取得了厘米级的三维位置精度。

四、GPS 测速

利用 GPS 信号实时地测得载体的运动速度，称之为 GPS 测速。只要在这些运动载体上安置 GPS 接收机，就可以在进行动态定位的同时，利用 GPS 信号进行速度测量，是基于站星距离的测量。由式(5-31)可知，用户天线和 GPS 之间的站星距离为

$$\rho'_i=[(x_i-X)^2+(y_i-Y)^2+(z_i-Z)^2]^{\frac{1}{2}}+c(\mathrm{d}\tau_R-\mathrm{d}\tau_s)+L_{\mathrm{ion}}+L_{\mathrm{trop}} \tag{5-38}$$

式中　c——电磁波传播速度；

$\mathrm{d}\tau_R$ 和 $\mathrm{d}\tau_s$——接收机时钟和第 i 颗卫星时钟相对于 GPS 时系的偏差；

L_{ion} 和 L_{trop}——电离层和对流层时延所引起的距离偏差。

式中各个参量均为时间的函数。

由物理学得知，线速度是运动质点在单位时间内的距离变化率。微分式(5-38)，就得到动态用户的三维速度表达式为

$$\dot{\rho}'_i=[(x_i-X)(x_i-\dot{X})+(y_i-Y)(y_i-\dot{Y})+(z_i-Z)(z_i-\dot{Z})]/\rho_i+ c(\mathrm{d}\dot{\tau}_s-\mathrm{d}\dot{\tau}_s)+\dot{L}_{\mathrm{ion}}+\dot{L}_{\mathrm{trop}} \tag{5-39}$$

式中　$\dot{\rho}'_i$——站星距离的变化率，由 GPS 信号接收机测得；卫星的三维速度($\dot{x}_i$、$\dot{y}_i$、$\dot{z}_i$、)可

根据导航电文求得；卫星时钟偏差变化率 $d\dot{\tau}_s$ 数值较小可略去其影响；电离层和对流层时延变化率 $\dot{L}_{\text{ion}}+\dot{L}_{\text{trop}}$ 因测速时间短暂可视其为零；而

$$\rho_i=[(x_i-X)^2+(y_i-Y)^2+(z_i-Z)^2]^{\frac{1}{2}}$$

中的卫星位置$(x_i、y_i、z_i)$可根据导航电文算得，用户位置(X,Y,Z)可由 GPS 信号实时测得，所以站星距离 ρ_i 是一个已知量。

这样，在高精度测速情况下，式(5-39)中只有动态用户三维速度 $(\dot{X},\dot{Y},\dot{Z})$ 和接收机时钟偏差变化率（时速）$d\dot{\tau}_R$ 四个未知数。如果观测四颗在视 GPS 卫星，即可解得四个未知数。最后，求得运动载体的运动速度为

$$v_k=\sqrt{(\dot{X}^2+\dot{Y}^2+\dot{Z}^2)} \tag{5-40}$$

另外，还可用 GPS 差分法测速，从而消除星历误差对测速精度的损失，可显著削弱电离层或对流层效应对测速精度的影响。

五、GPS 定时

人们的生活离不开时间，从日常生活到航海、航空和航天，定时有着广泛的应用领域。随着使用目的的不同，人们对时间准确度的要求也不同。若用 GPS 卫星信号进行时间传递，只要有 1 台能够接收、跟踪、变换和测量 GPS 信号的接收机，就可以获得较高的定时精度。

GPS 卫星上都安装有 4 台原子钟，GPS 时间与世界协调时 UTC 之差经常保持在±1 μs 以内。因此，GPS 卫星可以成为一种全球性用户的时间信号源，用以进行精确的时间比对。

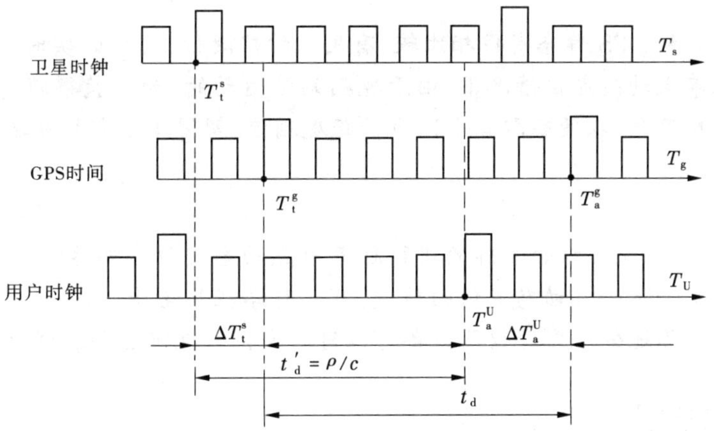

图 5-10 时钟偏差图解

在用 GPS 信号传递时间时，存在着三种时间尺度（时标）：其一为 GPS 时间，它是一种全球性的时间信号源，用以进行精确的时间比对；二是每颗 GPS 卫星的时钟；三是用户接收机的时钟。GPS 定时的实质是测定用户时钟相对于 GPS 时间的偏差，并根据卫星电文给出的有关参数，计算出世界协调时（UTC）。

下面介绍在 1 个已知位置的测站上，用 1 台 GPS 信号接收机观测 1 颗 GPS 卫星，测定用户时钟偏差的简单原理。

如图 5-10 所示,设某颗 GPS 卫星在时刻 T_t^s 发射 GPS 信号初相,通过电离层和对流层所引起的附加时延 τ,到达用户接收天线的时刻为 T_a^U,则 GPS 信号的传播时间为

$$t'_d = T_a^U - T_t^s + \tau \tag{5-41}$$

式中 T_t^s 与 T_a^U 相对与 GPS 时间之差分别为

$$\left.\begin{aligned}\Delta T_t^s &= T_t^s - T_t^g \\ \Delta T_a^U &= T_a^U - T_a^g\end{aligned}\right\}$$

将上列二关系代入式(5-41),则得 GPS 信号接收机所测得的传播时间为

$$t'_d = t_d + \Delta T_a^U - \Delta T_t^s + \tau$$

式中　$t_d = T_a^g - T_t^g$,为 GPS 信号的实际传播时间;用户的时钟偏差则为

$$\Delta T_a^U = t'_d - t_d + \Delta T_t^s - \tau \tag{5-42}$$

式(5-42)即为一站单机的定时方程式。式中等号右端各参数均可根据卫星导航电文获取或算得。当同时观测 4 颗 GPS 卫星时,一站单机法可以在不知测站的情况下,同时测得用户时钟偏差和测站坐标。当时钟偏差为正值时,表示用户时间超前于 GPS 时间;为负值时表示用户时间落后于 GPS 时间。若要求定时更加准确,可采用共视比对定时法,即在两个测站 A 和 B 上安设 1 台 GPS 信号接收机,在相同的时间内观测同 1 颗 GPS 卫星。通过无线数据传输将测站 A 的用户钟差送到测站 B,对 2 个共视用户的钟差进行比对,从而测定用户时钟的偏差。实验表明,两个测站共同见到同 1 颗卫星的时间并不要求严格同步,前后相差 20 min 以内对定时准确度无显著区别;由于它有效地消除了卫星钟差和星历误差的影响,达到了±5 ns 的定时准确度,所以这种方法成为目前用 GPS 信号传递时间的主要方法。

➤ 小贴士

GPS 动态定位和 GPS 静态定位相比较,有用户的广泛性、定位的实时性、速度的多异性等显著特点。在单点动态定位情况下,由于观测站是运动的,为了获得瞬时定位结果,必须至少同步观测 4 颗卫星,以便获取 4 个同步伪距观测值,解得 4 个未知参数。

➤ 知识链接

学习本项目时,学生应结合教师的讲解思考单点动态定位有哪些?手机导航属于单点动态定位吗?设想一下手机动态定位的精度,有没有站在马路中心而手机导航定位的位置也在马路中心呢?你还知道哪些仪器设备可以进行定位?也可自行在网上寻找。

■ 阅读与应用

沿海无线电指向标

沿海无线电指向标——差分全球定位系统(RBN/DGPS)是一种新型、高精度、全天候的海上导航定位系统,是中国海事局“九五”期间的重点建设项目,截至 2000 年底,中国沿海 20 个 RBN/DGPS 基准台站已全部建成,并于 2002 年 1 月 1 日零时起全面开通,正式向公共用户无偿提供服务。

一、中国沿海 RBN/DGPS 系统建设规划及台链布局

为适应国民经济、国际贸易和社会发展的需要,满足航行在我国主要港口、重要水道和沿岸的海上公众用户需求,以及国防、海洋测绘、海洋石油开发、海洋渔业、海洋资源调查、海上交通安全管理、疏浚、引航等需求和其他需要高精度导航服务的用户需求,中国海事局结合我国国情,在分析我国沿海无线电指向标现状及主要问题的基础上,借鉴和吸收国际先进经验,参照国际组织有关标准、规定和建议,于 1995 年制定了中国沿海 RBN/DGPS 系统建设规划,规划根据各海区特点,采用 RBN/DGPS 的成熟技术,充分利用现役无线电指向标站的设施,统一部署,分期实施,在国家“九五”期间建成中国沿海 RBN/DGPS 台链,信号完全覆盖中国沿海海域,使之成为一种国际标准化、现代化的助航系统,达到 20 世纪 90 年代国际水平。

根据这一规划,统筹考虑我国航行水域现状,并结合周边国家和地区的情况,中国海事局从 1995—2000 年分 3 期在我国沿海地区共建设 20 座 RBN/DGPS 台站,按规定强度信号覆盖(或多重覆盖)整个沿海水域和部分陆域。完善性监控台与基准台和播发台同步建设,且同台址,于 2000 年建成。

二、中国 RBN/DGPS 采用的国际国内标准

为使 RBN/DGPS 国际标准化,我国 RBN/DGPS 采用的国际国内标准包括:

(1)美国航海无线电技术委员会 104 特委会(Radio Technical Commission For Maritime Service Special Committee No. 104,RTCM SC-104)于 1990 年颁布的《适用于差分卫星导航系统数据格式和接收机接口的推荐标准(2.0 版)》,1994 年该委员会公布的 2.1 版,增设了一些新的格式内容以支持 RTK 应用。

(2)美国航海无线电技术委员会 104 特委会 1996 年公布的《适用于差分 GPS 参考站和完善性监测站(RSIM)的推荐标准(1.0 版)》。

(3)1993 年美国海岸警卫队公布的《DGPS 导航服务播发标准》。

(4)1994 年国际航标协会(International Association of Lighthouse Authorities,IALA)发布的《关于差分全球导航卫星系统规划的通函》。

(5)1994 年国际电联无线电通信研究组第 8 小组提出的《关于在 283.5~315 kHz(1 区)和 285~325 kH(2 区和 3 区)频段的航海无线电指向标全球导航卫星系统差分发射的技术特性》的建议(ITU-R M.823-2 建议)。

(6)2020 年 12 月 30 日交通运输部发布的《沿海无线电指向标-差分全球卫星导航系统播发标准》(JT/T 377—2020)。

三、中国沿海 RBN/DGPS 系统主要技术指标

(1)工作频率。依据国际电联划分的海上无线电指向标频率范围(283.5~325.0 kHz),RBN/DGPS 台站采用单频发射制,播发差分修正信息。

(2)差分全球定位系统识别码。依国际航标协会分配给我国的基准台和播发台的识别码范围由北向南按区域进行分配。

(3)单站信号作用距离。差分修正信号的海上接收场强在 75 μV/m 时,作用距离

300 km。

(4)差分信息调制方式和播发类别。我国 RBN/DGPS 向用户播发的差分信息采用最小移频键控调制方式,播发类别为调相单信道数据传送。

(5)信号格式和信息类型。信号格式采用 RTCM SC-104 信号格式标准,有两类信息类型,视需求适时调整或增加信息类型。第一种类型即部分卫星组的差分修正,它包含了主要的差分修正,且不需要完整的卫星组。第二种类型即专用电文,它能提供台站的特殊信息。

(6)差分数据传输率。差分数据传输率为 200 b/s。

(7)坐标系统。我国基准台坐标采用 WGS-84 坐标系,其在 WGS-84 坐标系内的位置精度保持在 0.5 m 以内。

四、用户使用前景

海上公众用户可配备 1 台 RBN(MSK)接收机和 1 台 DGPS 接收机即可利用 RBN/DGPS 台站播发的信息进行海上高精度导航和定位。需注意的是,选用的 DGPS 接收机的技术指标和用户与基准台距离的相关性将直接影响定位精度。用户距台站越近,定位精度越高。在通常情况下,在距基准台 300 km 的范围内,米级导航型 DGPS 接收机的定位误差约为 10 m,亚米级导航型接收机的定位误差约为 5 m。台站播发的所有信息均为公众服务性质,不另收费。

表 5-2　中国信标台站相关信息表

海区	序号	台站名	台站位置		识别号			频率/kHz
			北纬	东经	1 号基准台	2 号基准台	发射台	
北方海区	1	大三山	38°52′	121°50′	602	603	601	301. 5
	2	老铁山	38°44′	121°08′	604	605	602	307. 5
	3	秦皇岛	39°55′	119°37′	606	607	603	287. 5
	4	北塘	38°50′	117°30′	608	609	604	310. 5
	5	营口	40°17′	122°06′	610	611	605	291. 5
	6	成山角	37°24′	122°41′	612	613	606	317. 0
	7	王家麦	36°04′	120°26′	614	615	607	313. 5
东海海区	8	燕尾港	34°29′	119°47′	620	621	610	291. 0
	9	蒿枝港	32°01′	121°43′	622	623	611	304. 0
	10	大戢山	30°49′	122°10′	624	625	612	307. 5
	11	定海	30°01′	122°04′	626	627	613	310. 0
	12	石塘	28°16′	121°37′	628	629	614	295. 0
	13	天达山	25°28′	119°42′	630	631	615	313. 0
	14	镇海角	24°16′	118°08′	632	633	616	320. 0
	15	灵昆	27°58′	120°54′	634	635	617	286. 5

续表 5-2

海区	序号	台站名	台站位置		识别号			频率/kHz
			北纬	东经	1 号基准台	2 号基准台	发射台	
南海海区	16	德州岛	23°20′	116°45′	640	641	620	317. 0
	17	三灶岛	22°00′	113°24′	642	643	621	291. 0
	18	硇洲岛	20°54′	110°36′	644	645	622	301. 0
	19	防城港	21°35′	108°19′	646	647	623	287. 0
	20	抱虎角	20°00′	110°55′	652	653	626	310. 5
	21	三亚	18°17′	109°21′	654	655	627	295. 0
	22	洋浦港	19°43′	109°12′	656	657	628	313. 0

目前,我国多数 RBN/DGPS 台站只能播发 GPS 差分信息,信息源单一,易受干扰限制,针对当前世界卫星导航系统竞相发展的现状,研究对其他卫星导航系统的兼容性以提高 RBN/DGPS 系统的可靠性和安全性具有非常重要战略意义。

北斗卫星导航系统(BDS)是中国自主研发、独立运行的全球卫星导航系统。目前在中国及周边区域平均可以观测到 8~9 颗北斗卫星,完全可以满足导航、精密定位用户的需求。

交通运输部北海航海保障中心在 2013 年 7 月—2014 年 1 月期间在渤海湾建立了 3 个北斗/GPS 试验基准站,完成了北斗高精度卫星定位误差改正模型研究和高精度实时数据处理软件开发,研制了数据处理服务中心和数据中心,建立了通信播发等系统,提供了试验区域实时厘米定位服务。系统经测试实现了事后动态定位精度的平均精度优于设计书中水平 0.05 m、高程 0.10 m 的指标要求;区域网覆盖范围内实时定位的精度可以达到平面 0.05 m、高程 0.1 m 的精度要求,于 2014 年 4 月 28 日通过了由杨元喜院士、刘经南院士为首的专家组的验收。目前,中国北方海区 RBN/DGPS 台站技术改造工程(一期)及完善性监测项目主体工程已完工,正处于试运行状态,这标志着中国北方海区 RBN/DGPS 差分导航定位进入了北斗/GPS 双模的高精度时代,定位精度可达到“亚米”级。

改造项目的一期,通过对秦皇岛、老铁山、成山角和北塘 4 座台站的技术升级,实现了在现有航海无线电指向标载频上同步播发差分北斗和差分 GPS 信息,而对现有的差分全球定位系统用户不产生影响,这意味着船舶上现有的 GPS 差分设备可继续使用,而安装了差分北斗终端的船舶则可以使用北斗和 GPS 双模差分导航定位,享受精度更高、稳定性更好的服务,可为渤海湾及山东半岛海域沿岸船舶提供高精度的差分导航定位服务。王家麦、大三山和营口 3 座台站的技术改造二期工程目前已经启动,到 2017 年底,中国北方海区完成所有台站的升级改造,我国其他海区的升级改造亦会逐步分阶段推进。

综上所述,RBN/DGPS 系统具有定位精度高、覆盖范围广、使用方便、不收费等优点,其应用前景非常广阔。现已广泛应用于海洋测绘、航道测量、航道疏浚、船舶进出港及狭窄水道导航定位、海上交通安全管理、航标定位、海上石油勘探、海洋资源调查、海上救助捕捞、海洋渔业及其他海上作业。近年来,我们应用 RBN/DGPS 信号,实现了电子海图的迅速开发,完成了天津至香港的全程电子海图试航行;在船舶进出港引航中,对于特长、特大型船只,对于雾、雪、风等恶劣天气,RBN/DGPS 结合电子海图已经成为一种崭新的引航手段,成为海上航行安全的有利武器,已经在天津、秦皇岛、黄骅等港口得到了成功的应用。该系统的建成,不仅使我国拥有了现代化的海上高精度导航定位系统,更加有效地保障了船舶航行安全,而且实现了对传统无线电导航技术的重大突破和变革,必将对我国航运事业和国民经济的发展产生深远的影响。

不用架基站不用 CORS 站,RTK 厘米级精度如何实现?

测绘研究院李院长最近有点郁闷,为啥?因其单位刚承接了一份凤鸣湖 1:5 000 水下数字地形图的测量任务。如图 5-11 所示,湖水最宽的地方有 40 多 km,长度接近 100 km!李院长原想:RTK 接收机结合数字测深仪,直接就可以测出湖底的三维坐标,再成图即可。经院总工办开会讨论,发现这个湖如果架设外挂电台根本覆盖不全,湖面靠中心地带又没有网络信号,其他方法如架设中继站等都比较耗费时间和人力物力,而整个项目周期非常紧迫。工程师们想,这个湖进行 RTK 作业要是不用架基站就能到厘米级就好啦!

图 5-11　凤鸣湖

其实比李院长更早碰到这个问题的是海上作业的施工船和施工平台。茫茫大海,架设基站基本就是不能实现的事情。为了解决这个问题,一项新的技术被开发出来,那就是"星站差分"!当遇到海洋、沙漠、无人区等无法建设基准站,或者投入产出比过小的环境时,就需要更合理实用的高精度定位方法,星站差分系统就是利用与卫星导航电文同为 L 波段的地球同步卫星来播发 PPP 产品,实现实时高精度单点定位。

星站差分通过卫星广播,改正信号的覆盖范围更广,且无需用户对接收设备做出较大改变即可使用,但定位精度较常规地基增强系统稍低,固定解收敛时间略长。目前普遍应用于地形开阔、人迹稀少、无通信运营商网络覆盖且对测量精度有一定需求的区域。随着先进技术及设备的推广普及,星站差分将会凭借便利的服务在大地测量领域获得更长远的认可和发展。

星站差分系统采用的是 PPP 技术进行定位。所谓的 PPP 技术,指的是利用高精度的卫星轨道和钟差产品，综合考虑各项误差模型的精确改正，对单台 GNSS 接收机采集的相位和伪距观测值进行定位解算并获得绝对位置坐标的一种定位方法。接收机可以通过 L 波段通信卫星或者 Internet 网络获取卫星轨道和钟差等改正数，无需架设基站即可在全球范围内实现单机 4～10 cm 级的定位精度。

其核心就是使用卫星来代替 RTK 基准站或者 CORS 站，通过卫星直接把改正数据传输给移动站。因为常规的 RTK 基站或 CORS 站都是在地面上，这样的模式我们称之为地基增强系统。而"星站差分"是使用卫星作基站，基站是在天上，所以"星站差分"也有另外一个名字——"天基增强"。

星站差分系统的原理是将每颗 GNSS 卫星的误差源都作为独立变量解算，通过遍布全球的双频接收机观测网来跟踪并解算卫星轨道误差、时钟误差、电离层、对流层误差、多路径效应等。

解算结果再使用卫星数据链直接发送到接收机用户，所以不需要地面基准站，也就是说我们只需要那个流动站就可以出去作业了。

而且星站差分系统对测量范围可以说没限制(覆盖范围大概在南纬 76°～北纬 76°之间)，可以是全球任何位置。整个系统架构如图 5-12 所示。

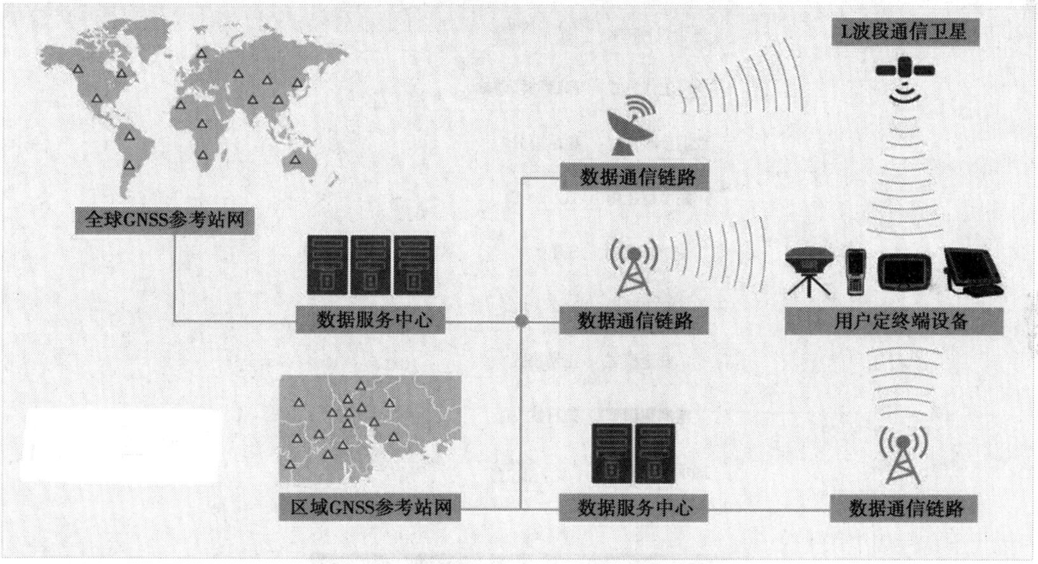

图 5-12 星站差分系统系统架构

看到这里大家可能会有个疑问，既然星站差分这么厉害，为什么不早点告诉人们，而且好像也没听其他人谈论过？这是因为星站差分系统有两个"缺点"：一是精度不高，目前市面上的星站差分技术，中国范围内平面精度基本在 4 cm/15 min 左右，其他国家和地区的平面精度基本在 10 cm/30 min 左右。二是从设备开机到收敛完成，需要 20～30 min 的时间，所以在陆上测量，星站差分技术就不如传统的地基增强系统方便和实用，且精度也使其在高精度测绘项目上不能使用。

而在沙漠、无人岛礁等相对自然环境比较恶劣的地方，对测量成果精度要求不高的时候，使用星站差分技术整套系统仅需要单台流动站的优势就凸显出来了。比起传统地基增强系统能提高作业效率和减轻外业作业负担，这时候使用星站差分技术就更加适合了！

于是,李院长同意并选用了星站差分+测深仪的方案,使用带有星站差分功能的 GNSS 接收机进行测绘工作,如图 5-13 所示。

图 5-13 带有星站差分功能的 GNSS 接收机

作业过程:

(1)选择控制点在当前区域内均匀分布;

(2)在区域内设置 RTK 接收机为星站差分模式,如图 5-14 所示,达到 PPP 浮点解后,设备开始收敛点位精度,达到 PPP 固定解;

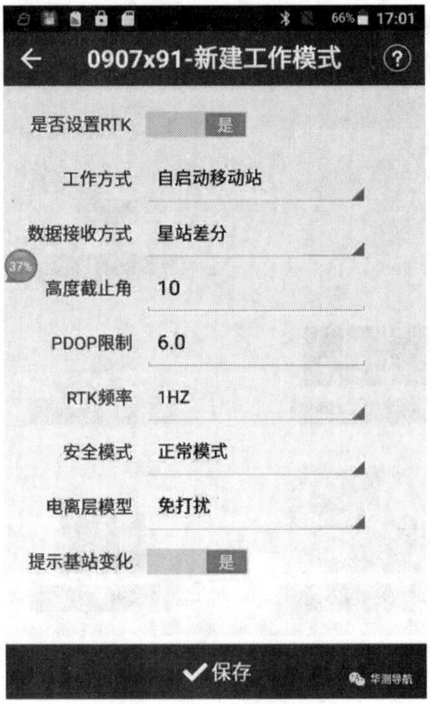

图 5-14 设置工作模式

(3)选择项目起算点,解算参数后复核精度要求,便可直接进行测量工作。

通过作业可得出此方案的优势为:

(1)与传统的 RTK 测量技术相比,星站差分技术不仅精度可靠,而且摆脱了基准站的束缚,不受数据链的影响,单机作业范围更广;

(2)用户不需架设基站及连接 CORS 参考站;

(3)不受差分数据链传输距离限制;

(4)不受移动网络信号限制,真正实现单机作业、单人作业、高效作业。

➢ 知识搜索

书目

蔡昌盛. 多模 GNSS 融合精密单点定位理论与方法[M]. 北京:科学出版社,2017.

赵兴旺,王胜利,刘超. GNSS 精密单点定位理论与方法[M]. 合肥:中国科学技术大学出版社,2015.

建涛,苗猛,唐卫明,等. 沿海无线电指向标——差分全球卫星导航系统(RBN-DGNSS)台站应用管理指南[M]. 大连:大连海事大学出版社,2019.

中华人民共和国交通运输部. 沿海无线电指向标-差分全球卫星导航系统播发标准:JT/T377—2020[S]. 北京:中国标准出版社,2020.

相关网站

中国科学院国家授时中心

武汉大学地球空间环境与大地测量教育部重点实验室

可精密单点定位的北斗卫星

项目小结

利用 GNSS 进行定位,就是把卫星视为"动态"的控制点,在已知其瞬时坐标的条件下,以 GNSS 卫星和用户接收机天线之间的距离为观测量,进行空间距离后方交会,从而确定用户接收机天线所处的位置。利用 GNSS 进行定位有静态定位、动态定位、单点定位和相对定位。

伪距的基本观测量又区分为码相位观测和载波相位观测。根据 GPS 信号的不同观测量,可以区分为卫星射电干涉测量、多普勒定位、伪距法、载波相位测量法。

目前,在测量工程中应用的主要方法是静态定位中的伪距法和载波相位测量法,采用这两种方法可以获得高精度的定位成果。

当遇到海洋、沙漠、无人区等无法建设基准站,或者投入产出比过小的环境时,就需要更合理实用的高精度定位方法,星站差分系统就是利用与卫星导航电文同为 L 波段的地球同步卫星来播发 PPP 产品,实现实时高精度单点定位。

复习和思考题

5-1 用 GNSS 进行定位有哪几种方式?定位的方法一般有哪几种?

5-2 按照接收机载体的运行速度,可将动态定位分为哪三种形式?

5-3 GPS 单点定位确定的是接收机天线在哪个大地坐标系统中的绝对位置?属于哪

个坐标系统?

5-4　什么是伪距?如何测定伪距?它的测量信号是什么码?请简述其原理。

5-5　简述主动式测距和被动式测距的优缺点。

5-6　为什么说载波相位测量是目前大地测量和工程测量中的主要测量方法?

5-7　利用全球定位系统进行导航定位的最基本方法是什么?它的优点是什么?缺点是什么?

5-8　为什么要在载波相位测量之前先进行卫星信号的解调?解调可采用哪几种方法?

5-9　在载波相位测量基本方程中包含哪两类不同的未知数?解决这个问题有哪两种办法?

5-10　常用的差分法有哪三种?其中哪一种是大多数 GPS 基线向量处理软件中必选的方法,在实践中应用甚广?

5-11　GPS 动态定位和 GPS 静态定位相比较,有哪些显著特点?

5-12　在单点动态定位情况下,为了获得瞬时定位结果,必须至少同步观测几颗卫星?以便获取几个同步伪距观测值?解得几个未知参数?

5-13　差分动态定位(DGPS)怎样测出动态用户的精确位置?

5-14　载波相位测量用于动态定位,取得的三维位置精度是哪一级?

5-15　GPS 接收机是怎样进行测速的?

5-16　GPS 时间与世界协调时 UTC 之差经常保持在多少之内?

5-17　用 GPS 信号传递时间时,存在着几种时间尺度(时标)?

5-18　GPS 定时的实质是什么?

5-19　一站单机的定时法的优缺点是什么?

5-20　共视比对定时法的优缺点是什么?

■ 技能训练

使用 GNSS 接收机采集坐标

一、实训内容

(1)单点定位。

(2)精密单点定位。

二、实训目的

(1)通过实训了解 GNSS 接收机单点定位的精度。

(2)了解 GNSS 接收机的作业过程。

(3)明确精密单点定位的应用范围。

(4)学会如何利用精密星历解算单点数据来提高精度。

三、仪器设备及资料准备

(1)GNSS 接收机、手簿、对中杆。

(2)精密星历。

(3)精密单点定位解算软件。

四、实训步骤

(1)领取 GNSS 接收机和相关配件。注意要对所领仪器进行外观检查和通电检查,如有问题及时咨询实训教师。

(2)架设 GNSS 接收机,量取天线高,天线高量取有三种方法,分别是量到天线底部、天线中部和天线顶部。观测前后各量取一次。

(3)打开 GNSS 接收机,调换到动态模式。注意查看卫星数量、电源灯情况。

(4)将 GNSS 接收机与手簿连接,测量点位坐标。在测量前注意设置点位观测时间、点位精度等内容。

五、实训要求

(1)单点定位时分析点位精度。

(2)使用两台接收机安置在同一位置,在相同的时间下记录定位结果,比较其相关性。

(3)进行精密单点定位时,测量时间要求大于 30 min。内业解算时应下载精密星历进行解算。

项目六　认识 GNSS 卫星定位误差

项目概述

在进行 GNSS 定位测量时,观测结果中存在着系统误差和偶然误差,其中系统误差影响尤其显著。本项目将对各种 GNSS 测量的误差进行分析,了解它们的性质、大小以及对定位所产生的影响,在分析的基础上采取相应措施,在测量中尽量消除或减弱各项误差对定位结果的影响。如何正确确定整周未知数和整周跳变的不定性,是载波相位测量中必须解决的问题。

学习目标

◆知识目标

1. 了解卫星钟差的消除方法;
2. 理解减弱星历误差影响的途径;
3. 理解什么是天线相位中心位置的误差;
4. 掌握减弱电离层折射和对流层折射的方法。

◆技能目标

1. 能明确指出北斗服务民生的技术优势;
2. 能根据卫星健康状态图选择最佳观测时段;
3. 能根据电离层折射的特性选择最佳的观测时段;
4. 能根据测区实际情况选择合适的站址消减多路径误差。

课程导入

GNSS 测量是通过地面接收设备接收卫星传送的信息来确定地面点的三维坐标。GNSS 定位测量的主要误差来源有 3 个方面:与 GNSS 卫星有关的误差、与信号传播有关的误差、与接收设备有关的误差。

任务一　了解 GPS 卫星定位误差的来源和影响

如表 6-1 所示,其中卫星星历误差、电离层折射误差、对流层折射误差是影响 GNSS 定位精度的主要因素。在高精度的 GNSS 测量中,还要注意与地球整体运动有关的地球潮汐、负荷潮及相对论效应等的影响。

表 6-1 GNSS 定位误差的分类

误差来源	误差分类	对距离测量的影响/m
GNSS 卫星	①卫星星历误差 ②卫星误差 ③相对论效应	1.5~15
信号传播	①电离层折射误差 ②对流层折射误差 ③多路径效应	1.5~15
接收设备	①接收机钟误差 ②位置误差 ③天线相位中心变化	1.5~5
其他影响	①地球潮汐 ②负荷潮	1.0

在上述误差中,偶然误差主要包括信号的多路径效应,系统误差主要包括卫星的星历误差、卫星钟差、接收机钟差以及大气的折射误差等。可以看出:GNSS 测量和经典的大地测量在误差方面有明显的不同,经典大地测量的主要误差源是偶然误差,而 GNSS 测量的主要误差源是系统误差,其无论从误差的大小还是对定位的结果的危害性都比偶然误差要大得多,因系统误差有一定的规律可循,故在测量过程中可采取一定的措施加以消除。

一、与卫星有关的误差

与卫星有关的误差有卫星星历误差、卫星钟误差和相对论效应。

(一)卫星星历误差

某一瞬间的卫星位置,是由卫星星历提供的。所以,卫星星历误差实际上就是卫星位置的确定误差。星历误差是一种起始数据误差,在一个观测时间段内属系统误差。其大小主要取决于卫星跟踪站的数量及空间分布、观测值的数量及精度、轨道计算时所用的轨道模型及定轨软件的完善程度等。它对单点定位的精度有很大的影响,也是精密相对定位中的重要误差来源之一。

1. 星历来源

以 GPS 卫星为例,卫星星历的数据来源有广播星历和实测星历两类。

1)广播星历

广播星历是是根据美国 GPS 控制中心跟踪站的观测数据进行外推,通过 GPS 卫星发播的一种预报星历,它是卫星电文中所携带的主要信息。由于我们还不能充分了解作用在卫星上的各种摄动因素的大小及变化规律,所以预报数据中存在着较大的误差。当前从卫星电文中解译出来的星历参数共 17 个,每小时更换一次。由这 17 个星历参数确定的卫星位置精度为 20~40 m,有时可达 80 m。广播星历的误差对相对定位的影响为 1×10^{-6}。即对长度为 10 km 的基线会产生 10 mm 的误差。对长度为 1 000 km 的基线会产生 1 m 的误差。

距离星历更新时间越长,星历误差越大,致使 GPS 卫星定位精度可能从 10 m 降到 200 m,甚至更低。可以看出,广播星历误差是影响长基线定位精度的重要原因。全球定位系统投入运行后,启用全球均匀分布的跟踪网进行测轨和预报,此时由星历参数计算的卫星坐标可能精确到 5~10 m。如果美国政府的启用 GPS 政策,广大用户很难获得应有的定位精度。

2)实测星历

它是根据实测资料进行拟合处理而直接得出的星历。它需要在一些已知精确位置的点上跟踪卫星来计算观测瞬间的卫星真实位置,从而获得准确可靠的精密星历。首先,这种星历要在观测后 1~2 个星期才能得到,这对导航和动态定位无任何意义,但是在静态精密定位中具有重要作用。其次,GPS 卫星是高轨卫星,区域性的跟踪网也能获得很高的定轨精度。所以,许多国家和组织都在建立自己的 GPS 卫星跟踪网开展独立的定轨工作。

2. 星历误差对定位的影响

当把卫星位置当作已知值使用时,星历误差便成为一种起始数据的误差。对于单点定位时,星历误差的径向分量作为等价测距误差进入平差计算,配赋到星站坐标和接收机钟差改正数中去,具体配赋方式则与卫星的几何图形有关。

利用两站的同步观测资料进行相对定位时,由于星历误差对两站的影响具有很强的相关性,所以在求坐标差时,共同的影响可自行消去,从而获得高精度的相对坐标。根据一次观测的结果,可以导出星历误差对相对定位影响的估算式为

$$\frac{\mathrm{d}b}{b}=\frac{\mathrm{d}s}{\rho} \tag{6-1}$$

式中　b——基线长;

$\mathrm{d}b$——卫星星历误差所引起的基线误差;

ρ——卫星至测站的距离;

$\mathrm{d}s$——星历误差;

$\frac{\mathrm{d}s}{\rho}$——卫星星历的相对误差。

实测结果表明,经数小时观测后,基线相对误差大约为星历相对误差的 1/4 左右。

3. 减弱星历误差影响的途径

1)建立自己的卫星跟踪网独立定轨

为了不受美国政府有意降低卫星星历精度的影响,可以建立自己的 GPS 卫星跟踪网,进行独立定轨。如果跟踪站的数量和分布选择得当,实测星历有可能达到 10^{-7}的精度,这对提高精密定位的精度将起显著作用。根据实测星历外推,还可为实时定位用户提供较为准确的预报星历。

2)相对定位

相对定位也称为同步观测值求差,这一方法是利用在两个或多个观测站上,对同一卫星的同步观测值求差,因为星历误差对相距不太远的两个测站的影响基本相同,所以对于确定两个测站之间的相对位置,可以减弱卫星星历误差的影响。

3)轨道松弛法

所谓轨道松弛法,就是在平差模型中把卫星星历给出的卫星轨道视为初始值,将其改正数作为未知数,通过平差求得测站位置及轨道改正数。这种方法不适用于范围较小的测区,

此外数据处理相当复杂,工作量大为增加,不宜在作业单位普遍推广,只适用于无法获取精密星历而采取的补救措施。

(二)卫星钟的钟误差

卫星钟采用的是 GPS 时,它是由主控站按照美国海军天文台(USNO)的协调世界时(UTC)进行调整的。GPS 时与 UTC 在 1980 年 1 月 6 日零时对准,不随闰秒增加,时间是连续的,随着时间的积累,两者之间的差别将表现为秒的整倍数,如有需要,可由主控站对卫星钟的运行状态进行调整,不过这种遥控调整仍然满足不了定位所需的精度。同时,尽管 GPS 卫星均设有高精度的原子钟(铷钟和铯钟),但它们与理想的 GPS 时之间仍存在着难以避免的频率偏差或频率漂移,也包含钟的随机误差。这些偏差总量在 1 ms 以内,由此引起的等效距离可达 300 km。在 GPS 测量中,卫星作为高空观测目标,其位置在不断变化,必须有严格的瞬间时刻,卫星位置才有实际意义。此外,GPS 测量就是通过接收和处理 GPS 信号实现定位的,必须准确测定信号传播时间,才能准确测定观测站至卫星的距离。所以,时钟误差是一个重要误差源之一。

为保证测量精度,由主控站测定出每颗卫星的钟参数,编入卫星电文发布给用户。卫星钟在时刻 t 的偏差可表示为二阶多项式形式,即

$$\Delta t_s = a_0 + a_1(t - t_0) + a_2(t - t_0)^2 \tag{6-2}$$

式中 t_0——参考历元;

a_0——钟差常值;

a_1——卫星钟钟速(或频率偏差);

a_2——卫星钟的钟速变率(或老化率)。

经上述钟差改正后,各卫星钟之间的同步差可保持在 20 ns 以内,由此引起的等效距离偏差不超过 6 m。卫星钟差或经改正后的残差,在相对定位中可通过差分法在一次求差中得到消除。

(三)相对论效应

相对论效应是由于卫星钟和接收机钟所处的状态不同而引起的卫星钟和接收机钟之间产生相对钟误差的现象。GPS 卫星在高 20 200 km 的轨道上运行,卫星钟受狭义相对论效应和广义相对论效应的影响,其频率与地面静止钟相比,将发生频率偏移,这是精密定位中必须顾及的一种误差影响因素。

首先,根据爱因斯坦(A. Einstein)狭义相对论的观点,一个频率为 f_0 的振荡器安装在飞行速度为 v 的载体上,由于载体的运动,对地面观测者来说将产生频率变化,其改变量为

$$\Delta f_1 = -\frac{1}{2}\frac{v^2}{c^2}f_0 \tag{6-3}$$

式中 c——真空中光速。

式(6-3)表明,卫星钟的钟频增加了 Δf_1。这就意味着,卫星钟比静止在地球上的同类钟走得慢了。再应用已知公式:

$$v^2 = gR_m\left(\frac{R_m}{R_s}\right) \tag{6-4}$$

将式(6-4)代入式(6-3)得

$$\Delta f_1 = -\frac{1}{2}\frac{gR_{\mathrm{m}}}{c^2}\left(\frac{R_{\mathrm{m}}}{R_{\mathrm{s}}}\right)\cdot f_0 \tag{6-5}$$

式中　g ——地面重力加速度;

R_{m} ——地面平均半径;

R_{s} ——卫星轨道平均半径。

其次,按照广义相对论的观点,处于不同等位面的振荡器,其频率 f_0 将由于引力位不同而发生变化。例如卫星钟与地面钟相比处于较高的引力位,将产生引力频移,此时卫星钟要走得快一些,其钟频增加量为

$$\Delta f_2 = \frac{gR_{\mathrm{m}}}{c^2}\left(1-\frac{R_{\mathrm{m}}}{R_{\mathrm{s}}}\right)\cdot f_0 \tag{6-6}$$

由以上可以看出,对 GPS 卫星而言,广义相对论效应的影响大于狭义相对论效应的影响,且符号相反,总的相对论效应影响为

$$\Delta f = \Delta f_1 + \Delta f_2 = \frac{gR_{\mathrm{m}}}{c^2}\left(1-\frac{3R_{\mathrm{m}}}{2R_{\mathrm{s}}}\right)\cdot f_0 \tag{6-7}$$

经计算得

$$\Delta f = 4.449\times 10^{-10} f_0$$

由于相对论效应,卫星钟比地面钟快 $4.449\times10^{-10}f_0$。为了解决其影响,须将 GPS 卫星钟的频率降低 $4.449\times10^{-10}f_0$。将 GPS 卫星钟的标准频率 f_0 = 10.23 MHz 代入得

$$10.23\mathrm{MHz}\times(1-4.449\times10^{-10}) = 10.229\ 999\ 995\ 45\ \mathrm{MHz}$$

使卫星钟进入轨道受到相对论效应影响后,恰与标准频率 10.23 MHz 相一致。

应该说明的是,上述讨论是在 R_S = 26 560 km 的圆形轨道下卫星做匀速运动(且取 v = 3 874 m/s, c = 299 792 458 m/s, R_m = 6 378 km)情况下进行的。事实上,卫星轨道是一椭圆,卫星运行速度也随时间发生变化,相对论效应的影响并非常数。所以,经上述改正后仍有残差,当 GPS 卫星轨道椭圆等于 0.01,GPS 卫星的偏近点角等于 90°时,相对论效应的影响达到最大值,它对 GPS 时的影响最大可达 22.897 ns;相当于 6.864 m 的站星距离,对精密定位仍不可忽略。

二、卫星信号传播误差

与卫星信号传播有关的误差主要包括电离层折射、对流层折射、多路径误差等各项误差影响。

(一)电离层折射误差

1. 电离层及其影响

所谓电离层,是指地球上空大气圈的上层,距离地表面高度在 50~1 000 km 的大气层。电离层中的气体分子由于受到太阳等天体各种射线的辐射作用,产生强烈的电离,形成大量的自由电子和正离子,并且两者的密度相等。但在电离层的所有高度上,电子密度均远小于中性气体密度的 1%。按照电离层距离地表面高度的不同,可将其划分为 D、E、F_1、F_2 等 4 个电离区(如图 6-1 所示)。它们的主要特点及其对 GPS 信号产生的时延影响为:

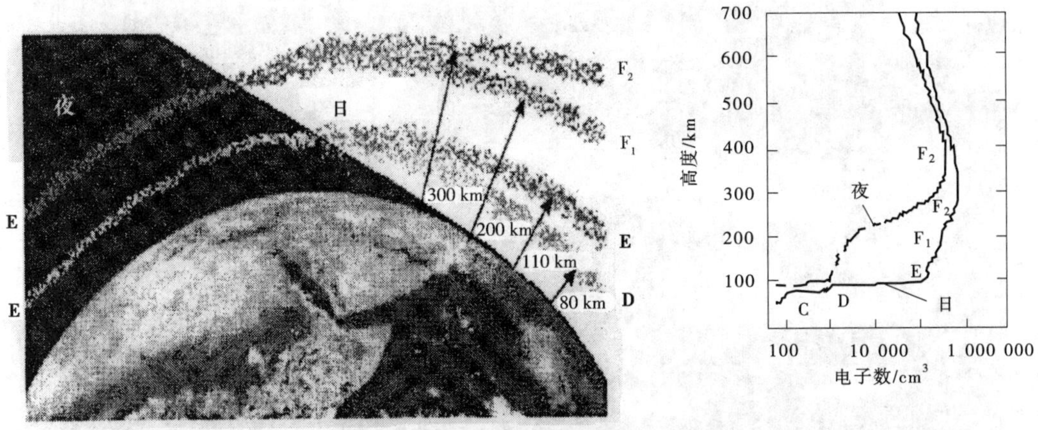

图 6-1　电离层的 4 个电离区及电子数

(1)D 区,距离地表面高度为 50~90 km。由强烈的 X 射线和 α 辐射电离而产生的电离层,该区电离层主要吸收中波无线电电波,对 GNSS 信号不产生时延影响。该区白天的电子密度约为 $2.5\times10^9/\text{m}^3$,在夜间则可减小到可以忽略的程度。

(2)E 区,距离地表面高度为 90~140 km。由弱 X 射线电离而产生,其电子密度随太阳天顶角和太阳活动而有规律地变化。该区的电子密度在白天可达到 $2\times10^{11}/\text{m}^3$,可以反射频率为几兆赫的无线电电波,对 GNSS 信号有较小的时延影响,在夜间,电子密度降低一个多量级。

(3)F_1 区,距离地表面高度为 140~210 km。F_1 区和 E 区的共同影响,约占 GNSS 信号电离层时延影响的 10%。

(4)F_2 区,距离地表面高度为 210~1 000 km。该区主要是由 250~400 km 高度处中性大气的主要组成成分——原子氧电离而产生的。该区不仅电子密度最大,而且电子密度的变化亦最大。它是对 GNSS 信号产生最大时延影响的区域。F_2 区的电子密度峰值的高度,一般在 250~400 km,但个别条件下,又可能远高于或略低于这个高度。

(5)另外,在 1 000 km 以上,还有一个质子层,对 GNSS 信号传播有相当影响,可称为 H^+ 区。质子层是由氢原子电离产生的 H^+ 组成的区域,该区电子密度较低,但质子层的高度几乎可以延伸到 GNSS 卫星的轨道高度。质子层可能是一个未知电子密度的重要来源,并对 GNSS 导航定位产生影响。质子层对 GNSS 信号传播时间延迟的估计是,在白天,当 F_2 区域的电子密度为最高时,可能占电离层时延总量的 10%,而在夜间,当 F_2 区的电子密度较低时,大约可达到电离层时延总量的 50%。在一天内,质子层的电子含量变化不大。但是,在强烈的磁暴期间,电子含量急剧下降,且需要几天的时间才能恢复到磁暴前的电子含量。电离层变化情况如图 6-2 所示。

当 GNSS 信号通过上述电离层时,不仅会导致 GNSS 信号的路径弯曲,而且会引起 GNSS 信号传播速度的变化。电磁波在电离层中的折射率为

$$n^2 = 1 - \frac{X}{1 - \dfrac{Y_T^2}{2(1-X)} \pm \sqrt{\dfrac{Y_T^4}{4(1-X)^2} + Y_L^2}} \tag{6-8}$$

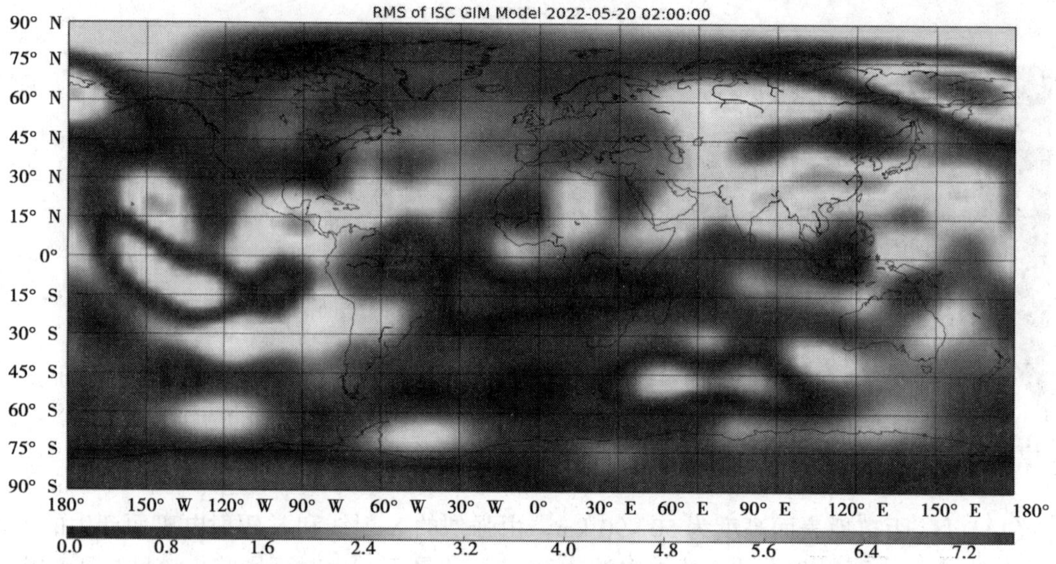

图 6-2　2022 年 5 月 20 日电离层变化情况

式中

$$X=\frac{f_P^2}{f^2}=\frac{N_e e^2}{4\pi^2\varepsilon_0 m f^2}$$

$$Y_T=\frac{f_H}{f}\sin\theta$$

$$Y_L=\frac{f_H}{f}\cos\theta$$

式中±号的选择,取决于所用电磁波的极化性质。该式中的其他符号意义如下:

N_e——电子密度,即单位体积内自由电子的个数;

E——电子电量,且等于 1.602 2×10^{-19};

ε_0——真空中的介电常数,等于 8.854 2×10^{-12} F/m;

m——电子的质量,且等于 9.109 6×10^{-31} kg;

θ——电磁波传播方向与地磁场方向的夹角;

f——入射电磁波的频率;

f_H——自由电子的回旋频率,即是自由电子围绕地球磁力线旋转的特征频率,在地磁场中,一个电子的回旋频率 $f_H\approx0.59$ MHz;

f_P——等离子体频率,它是自由电子从离子中分离并进行自由运动时,使电中性的等离子体平板产生振荡的特征频率,在电离层中,若 N_e 为 $10^{12}/\mathrm{m}^3$ 时,等离子体频率 $f_P\approx8.9$ MHz。

当 GNSS 信号通过电离层时,因受到带电介质的非线性散射特性的影响,信号的传播路径会发生弯曲,由于自由电子的作用,其传播速度会发生变化。所以,用光速乘上信号传播时间就不会等于卫星至接收机的实际距离。由于电离的原动力来自太阳,电离层的电子密度白天约为夜间的 5 倍;在一年中,冬季为夏季的 4 倍;太阳黑子活动最激烈时可为最小时的 4 倍。对于 GNSS 信号来讲,这种距离差在天顶方向最大可达 50 m,在接近地平方向时

(高度角为20°)可达150 m。可见,它对观测量的精度影响较大,必须采取有效措施削弱它的影响。

电离层含有较高密度的电子,它属于弥散性介质,电磁波在这种介质内传播时,其速度与频率有关。理论证明,电离层的群折射率为

$$n_G = 1 + 40.28 N_e f^{-2}$$

因而群速为

$$v_G = \frac{c}{n_G} = c(1 - 40.28 N_e f^{-2}) \tag{6-9}$$

式中　N_e——电子密度(每立方米中的电子数);

f——信号的频率(Hz);

c——真空中的光速。

进行伪距测量时,调制码就是以群速 v_G 在电离层中传播的。若伪距测量中测得信号的传播时间为 Δt,则卫星至接收机的真正距离 s 为

$$s = \int_{\Delta t} v_G \mathrm{d}t = \int_{\Delta t} c(1 - 40.28 N_e f^{-2})\mathrm{d}t = c\Delta t - c\frac{40.28}{f^2}\int_{s'} N_e \mathrm{d}s$$

$$= \rho - c\frac{40.3}{f^2}\int_{s'} N_e \mathrm{d}s \tag{6-10}$$

式(6-10)表明,正确的距离 s 包括两部分:一部分是真空中光速乘以信号传播时间;另一部分则是电离层改正项

$$d_{\text{ion}} = -c\frac{40.3}{f^2}\int_{s'} N_e \mathrm{d}s \tag{6-11}$$

式中　$\int_{s'} N_e \mathrm{d}s$——沿信号传播路径 s' 对电子密度 N_e 进行积分。

应该明确,电离层中的相折射率与群折射率是不同的。码相位测量和载波相位测量应分别采用群折射率和相折射率。所以,载波相位测量时的电离层折射改正和伪距测量时的改正数是不同的,两者大小相等,符号相反。

从式(6-11)可以看出,求电离层折射改正的关键在于求电子密度 N_e。研究表明,电子分布及电子含量(TEC)随下列因素而变化:①随电离层的高度不同而变化,电离层的高度为200~400 km时,电子密度(N_e)为最大值;当电离层的高度在400 km以上时,电子密度(N_e)随高度升高而减小;②随地方时的不同而变化,一般而言,白天(8—18时)的电子含量高,黑夜的电子含量低;③随季节的不同而变化,如7月和11月的电子含量相差4倍;④随测站位置的不同而变化;⑤随年份的不同而变化,例如,2000年6月6日的太阳黑子猛烈爆炸,导致太阳风暴以833 m/s的速度冲击地球磁场,导致电子含量显著增大,且持续了一个星期。

可见,电子密度随着距离地面的高度、时间变化、太阳活动程度、季节不同、测站位置等多种因素而变化。目前还无法用一个严格的数学模型来描述电子密度的大小和变化规律,所以也不可能用式(6-11)直接求出电离层折射改正数 d_{ion} 的确切数值。

2. 减弱电离层影响的有效措施

1) 相对定位

相对定位也称差分处理技术。当测站间的距离相距不太远时(例如20 km以内),两测

站上的电子密度变化不大,卫星的高度角相差不多,此时卫星信号到达不同观测站所经过的介质状况相似、路径相似,当利用2台或多台接收机对同一组卫星的同步观测值求差时,可以有效地减弱电离层折射的影响,即使不对电离层折射进行改正,对基线成果的影响一般也不会超过 1×10^{-6},所以在短基线上用单频接收机也能获得很好的定位结果。

2)双频接收

从式(6-11)可以看出,d_{ion}和信号频率f的平方成反比。如果分别用两个已知频率f_1和f_2发射卫星信号,则两个不同频率的信号就会沿同一路径到达接收机。公式中的积分值虽然无法求算,但对两个频率的信号却是相同的。为简便起见,将式(6-11)写成 $d_{ion}=\dfrac{A}{f^2}$形式,根据式(6-10)有

$$\left.\begin{aligned} s &= \rho_1 + \frac{A}{f_1^2} \\ s &= \rho_2 + \frac{A}{f_2^2} \end{aligned}\right\}$$

以上二式相减得

$$\Delta\rho = \rho_1 - \rho_2 = \frac{A}{f_2^2} - \frac{A}{f_1^2} = \frac{A}{f_1^2}\left(\frac{f_1^2}{f_2^2} - 1\right) = d_{ion_1}\left(\frac{f_1^2}{f_2^2} - 1\right) \tag{6-12}$$

在用调制在两个载波上的测距码测距时,只有电离层折射影响不同,其余误差影响相同,所以式(5-12)中的($\rho_1-\rho_2$)也就等于两个载波所测伪距之差($\bar{\rho}_1-\bar{\rho}_2$),当已知$f_1$、$f_2$时,即可算得$d_{ion_1}$,于是

$$\left.\begin{aligned} s &= \rho_1 + d_{ion_1} \\ s &= \rho_2 + d_{ion_2} \end{aligned}\right\} \tag{6-13}$$

因此,用双频接收机进行伪距测量,就能根据电离层折射和信号频率有关的特性,从两个伪距观测值中求得电离层折射改正数。正因为如此,具有双频的GNSS接收机在精密定位中得到了广泛应用。在拟订作业计划时,应该选择适当的作业季节和一天中的最佳时段(夜间)来进行观测,不要在太阳辐射强烈的正午时分观测。

双频载波相位测量观测值的电离层折射改正与式(6-13)类同,只是和伪距测量时的改正有两点区别:一是电离层折射改正的符号相反;二是要引入整周未知数N_0。

3)利用电离层改正模型进行改正

采用双频接收技术,可以有效地减弱电离层折射的影响,但在电子含量很大,卫星高度角较小时其误差有可能达几厘米。为了满足更高精度GNSS测量的需要,Fritzk、Brunner提出的电离层延迟改正模型在任何情况下其精度均优于2 mm。

对于GNSS单频接收机,一般采用导航电文中提供的电离层延迟模型加以改正,以减弱电离层的影响。常用的模型有:Klobuchar模型、IRI模型、ICED模型、FAIM模型等。在GNSS单点定位时,一般采用Klobuchar模型。该模型是把晚上的电离层效应距离偏差看成是一个常数,白天的电离层效应距离偏差是随时间变化的余弦函数。

$$T_g = D_C + A\cos\frac{2\pi}{B}(t - T_P) \tag{6-14}$$

式中　$D_C = 5\ \text{ns}$，$T_{\text{P}} = 14^{\text{时}}$（地方时）；

$$A = \sum_{n=0}^{3} \alpha_n \Phi_m^n;$$

$$B = \sum_{n=0}^{3} \beta_n \Phi_m^n。$$

式(6-14)中的 α_n 和 β_n 由GPS卫星导航电文提供，Φ_m 为传播路径与中心电离层交点的地磁纬度。由于影响电离层折射的因素很多，无法建立严格的数学模型，所以该模型最多可以消除电离层折射的50%~60%。

至此，我们知道电离层折射引起的误差是定位中最主要的因素，可使用电离层改正模型甚至不惜增加频率来消减。可以通过手机查询你所在位置实时的电离层情况查询，这个查询可以告诉你电离层适合不适合测量，查询到的情况分4种：平静、中等、强、超强。查询结果的下面有提示，如果是平静或中等，对定位精度几乎没有影响，适合观测，强和超强对定位精度有很大影响，不宜定位作业。

（二）对流层折射

1. 对流层及其影响

对流层是高度为50 km以下的大气底层，是一种非电离大气层，它包括对流层和平流层。由于离地面更近，其大气密度比电离层更大，大气状态变化也更复杂。对流层与地面接触并从地面得到辐射热能，其温度随高度的上升而降低。对流层中虽有少量带点离子，但对电磁波传播影响不大，不属于弥散性介质，也就是说，电磁波在其中的传播速度与频率无关，所以其群折射率与相折射率可认为相等。

对流层的折射率与大气压力、温度和湿度密切相关。由于大气的对流作用很强，大气状态变化复杂，对流层折射的影响与信号的高度角有关。研究表明，GPS信号穿过对流层和平流层时，其传播速度将发生变化，传播路径将发生弯曲。该种变化的90%源于对流层偏差距离的干分量。该种变化的10%源于对流层偏差距离的湿分量。对于工作频率在15 GHz以内的微波而言，对流层使GPS信号的成本路径比几何路径长，当在天顶方向（高度角为90°时），影响达2.3 m；当在地面方向（高度角为10°时），影响达20 m；当在地面方向（高度角为5°时），其影响达25 m。所以，对流层及其影响难以准确地模型化。利用测站地面实测的气象数据，可通过现有的各种数学模型消除92%~95%的对流层折射影响。目前采用的对流层折射改正公式主要有霍普菲尔德（Hopfield）公式、萨斯塔莫宁（Saastamoinen）公式和勃兰克（Black）公式，这里仅介绍应用较广的霍普菲尔德（Hopfield）公式。

2. 用霍普菲尔德公式进行对流层折射改正

设对流层的大气折射率为 n，真空中折射率为1，则对流层折射改正可写为

$$\Delta s = \int_s (n - 1)\,\mathrm{d}s$$

由于 $(n-1)$ 数值很小，为方便计，令

$$N = (n - 1) \times 10^6$$

N 称为折射指数，它可以分为干分量部分 N_{d} 和湿分量部分 N_{w}，它们与大气压力、温度和湿度有如下近似关系：

$$N = N_{\text{d}} + N_{\text{w}} = 77.6\frac{P}{T} + 77.6 \times 4\ 810\frac{e}{T^2} \tag{6-15}$$

式中　p——大气压力,mbar;

T——绝对温度;

e——水汽分压,mbar。

这说明,为了计算 N 必须建立一个根据测站上气象元素(T_s,P_s,e_s)计算空中各点气象元素的数学模型。下面直接给出计算对流层改正的霍普菲尔德模型:

$$\Delta s=\Delta s_d+\Delta s_w=\frac{K_d}{\sin(E^2+6.25)^{\frac{1}{2}}}+\frac{K_w}{\sin(E^2+2.25)^{\frac{1}{2}}} \tag{6-16}$$

式中　E——卫星的高度角(°);

K_d、K_w——卫星位于天顶方向时($E=90°$)的对流层干气改正和湿气改正;

$$\left.\begin{aligned}K_d&=155.2\times10^{-7}\frac{P_s}{T_s}(h_d-h_S)\\K_w&=155.2\times10^{-7}\frac{4\ 810}{T_s^2}e_s(h_w-h_s)\end{aligned}\right\} \tag{6-17}$$

$$\left.\begin{aligned}h_d&=40\ 136+148.72(T_s-273.16)(\text{m})\\h_w&=11\ 000(\text{m})\end{aligned}\right\} \tag{6-18}$$

式中　h_s——测站的高程;

h_d——当 N_d 趋近于 0 时的高程值(≈40 km);

h_w——当 N_w 趋近于 0 时的高程值(≈10 km)。

以上各式中的温度均采用绝对温度,ω_1 以度为单位;气压和水汽压以毫巴(mbar)为单位;Δs、h_s、h_d、h_w 以米(m)为单位。

如表 6-2 所示是根据气象元素:高程 0 m,温度 18 ℃,大气压力 1 013 mbar,相对湿度 50%按霍普菲尔德公式计算的天顶方向不同高程处对流层效应偏差。

表 6-2　天顶方向不同高程处对流层效应偏差

高程/m	0	100	500	1 000	2 000	5 000	7 000	12 000
偏差	2.412 995	2.381 606	2.260 113	2.116 981	1.857 100	1.247 389	0.947 549	0.446 487

研究表明,对流层效应偏差距离改正误差,主要来自两个方面:其一是对流层效应偏差距离改正的数学模型的不精确性;其二是气象要素代表性误差,在作对流层效应偏差改正时,理论上应采用沿 GPS 信号传播路径的气象要素。但 GPS 用户一般无法获取,而采用由平均海平面处的气象要素按一定数学模型推估处于任一高程处的 GPS 测站的气象要素,由此所获取的气象要素与实际值相差较大,称之为气象要素计算误差。因此,GPS 测距的对流层效应偏差距离改正误差,是对流层效应偏差距离改正数学模型误差与气象要素代表性误差之和,其值可能达到亚米级。

3. 减弱对流层影响的措施

(1)用改正模型进行对流层改正。

其设备简单,方法易行。但是由于水汽在空间的分布很不均匀,不同时间、不同地点水汽含量相差甚远,用统一模型难以准确描述,所以对流层改正的湿气部分精度较低,只能将湿分量消去 80%~90%。

在使用改正模型时,干温 T_s 和气压 P_s 可用温度计和气压计在测站直接测定;而水汽压 e_s 可根据测站上的相对温度 RH 来计算,即

$$e_s = RH \cdot e^{(-37.2465+0.213166T_s-0.000256908T_s^2)}$$

式中 $T_s = t_s + 273.16$ ℃,为绝对温度;

RH——相对温度,可用毛发湿度计直接测出。

(2)利用同步观测值求差。

与电离层的影响类型类似,当两观测站相距不太远时(如<20 km),由于信号通过对流层的路径大体相同,所以对同一卫星的同步观测值求差,可以明显地减弱对流层折射的影响。这一方法在精密相对定位中被广泛应用。不过随着同步观测站之间距离的增大,大气状况的相关性减弱。当距离>50~100 km 时,对流层折射的影响就成为制约 GPS 定位精度提高的重要因素。

(三)多路径误差

多路径是指卫星信号通过多个不同路径传到接收机天线。在直接收到卫星信号的同时,还可能收到经天线周围地面或地物(地面反射波)、GPS 卫星星体(星体反射波)、大气传播介质散射(介质散射波)等反射的卫星信号(见图 6-3),多种信号叠加就会引起测量参考点(相位中心)的位置变化,这种由于多路径的信号传播所引起的干涉时延效应称作多路径效应。

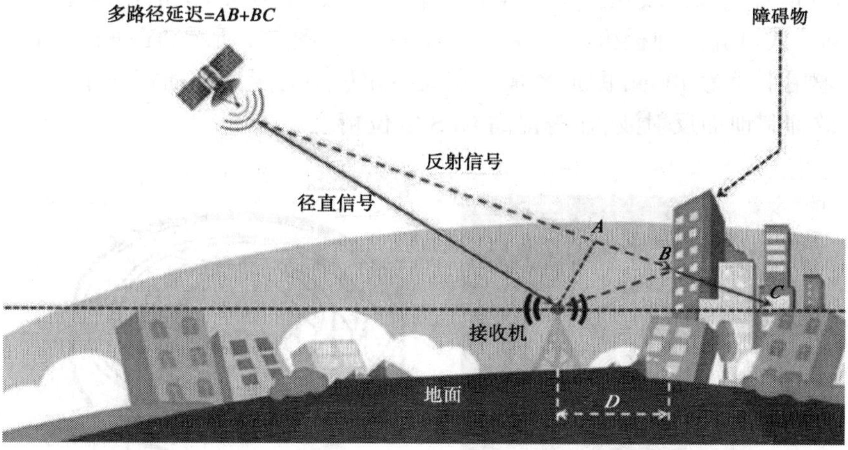

图 6-3 多路径效应

在上述 3 种间接波中,以地面反射波为首,多路径效应的影响随着天线周围反射物面的性质而异。物面反射信号的能力可用反射系数 a 来表示。$a = 0$ 表示信号完全被吸收不反射,$a = 1$ 表示信号完全反射不吸收。表 6-3 给出了不同发射物面对频率为 2 GHz 的微波信号的反射系数。

表 6-3　不同发射物面对频率为 2GHz 的微波信号的反射系数

频率/GHz	水面		稻田		野地		森林山地	
	a	损耗/dB	a	损耗/dB	a	损耗/dB	a	损耗/dB
2	1.0	0	0.8	2	0.6	4	0.3	10
3	1.0	0	0.8	2	0.5	6	0.2	14

多路径误差不仅与反射系数有关,也和反射物离测站的距离及卫星信号方向有关,无法建立准确的误差改正模型,只能恰当地选择站址,避开信号反射物。例如:①选设点位时应远离大面积平静的水面,较好的站址可选在地面有草丛、农作物等植被能较好吸收微波信号的能量的地方。②测站不宜选在山坡、山谷和盆地中。③测站附近不应有高层建筑物,观测时测站附近也不要停放汽车。

为了抗御地面反射波,减少因此而引起的多路径误差,许多测地型接收机的 GPS 信号接收天线附设有抑径板(Ground plane)或抑径圈(choke rings)。研究表明,在振子天线的四周加设 4 个抑径圈可使 P 码伪距测量的多路径误差从 1 m 减小到±5 cm。圆盘式抑径板的半径 R_D 可取为:

$$R_D = \frac{H_D}{\sin E_s} \tag{6-19}$$

式中　H_D——GPS 信号接收天线相位中心至抑径板的高度,cm;

E_s——GPS 卫星高度截止角(°)。

若取 GPS 信号接收天线相位中心至抑径板的高度 $H_D = 0.7$ cm,GPS 卫星高度截止角 $E_s = 10°$,根据公式可算出抑径板的半径 $R_D = 40$ cm。如图 6-4 所示,Trimble 双频测地型 GPS 接收机就是采用半径为 40 cm 的抑径板。在天线相位中心距离地面标石中心为 1~2 m 时,抑径板可有效抑制地面反射波,显著提高 GPS 定位精度。

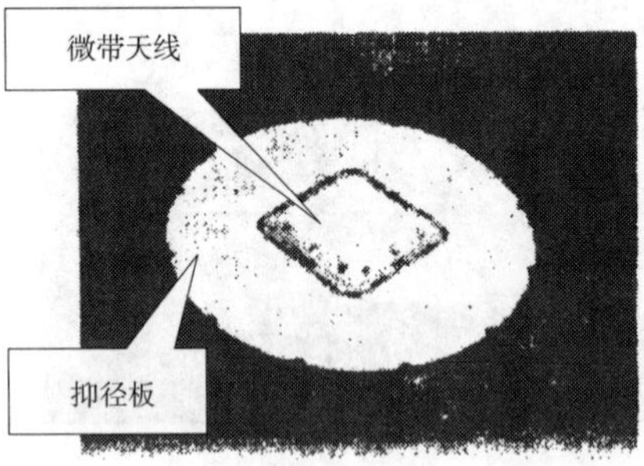

(a)Trimble 带抑径板的 GPS 天线

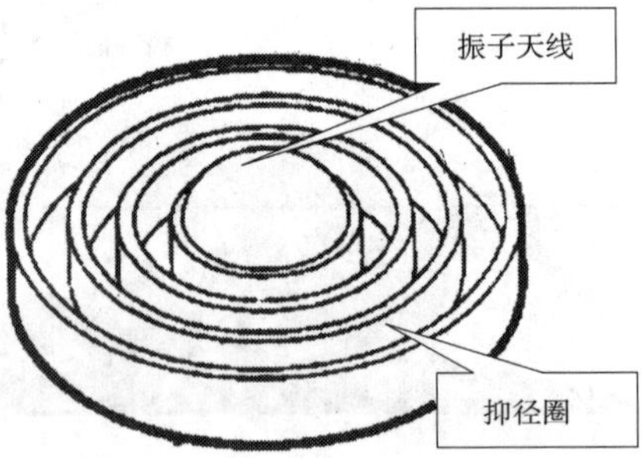

(b)Rogue 带抑径圈的 GPS 天线

图 6-4　测地型 GPS 接收机天线

21 世纪初,Trimble 导航公司在其新产品 5700、5800、R8 测地型 GPS 接收机的天线中,不仅采用抑径板来减小多路径误差的影响,而且在其外壳上涂抹了美国隐形轰炸机所用的隐形涂料,以此吸收 GPS 反射波和其他干扰信号,达到显著减小多路径误差的目的。

三、接收设备误差与图形强度

在 GPS 定位误差中,与接收设备有关的误差主要有接收机钟误差、天线相位中心位置误差、接收机的位置误差和几何图形强度误差等。

(一) 接收机钟误差

在 GPS 测量时,为了保证随时导航定位的需要,卫星钟必须具有极好的长期稳定度。而接收机钟则只需在一次定位的期间内保持稳定,所以一般使用短期稳定度较好、便宜轻便的石英钟,其稳定度约为 10^{-10}。如果接收机钟与卫星钟间的同步差为 1 μs,则由此引起的等效距离误差约为 300 m。

减弱接收机钟差比较有效的方法是:把每个观测时刻的接收机钟差当作一个独立的未知数,在数据处理中与观测站的位置参数一并求解。伪距测量的数据处理就是根据这一原理进行的。

在静态绝对定位中,可以认为各观测时刻的接收机钟差是相关的,设法建立一个钟误差模型,在平差计算中求解多项式系数。不过接收机钟的稳定性较差,钟差模型不易反映真实情况,难以充分消除其误差影响。

此外,还可以通过在卫星间求一次差来削弱接收机钟差的影响。

(二) 天线相位中心位置的误差

在 GPS 测量中,观测值都是以接收机天线的相位中心位置为准的,所以天线的相位中心应该与其几何中心保持一致。但实际上天线的相位中心位置随信号输入的强度和方向不同会发生变化,使其偏离几何中心。这种偏差视天线性能的好坏可达数毫米至数厘米,对精密相对定位也是不容忽视的。

在实际工作中,如果使用同一类型天线,在相距不远的 2 个或多个测站同步观测同一组卫星,可以通过观测值求差来减弱相位中心偏移的影响。不过这时各测站的天线均应按天线附有的方位标志进行定向,根据仪器说明书的要求,根据罗盘指向磁北极,其定向偏差应在 3°以内。

(三) 等效距离误差

前面阐述了 GPS 卫星定位的各种误差来源、影响与减弱方法。这些误差对 GPS 卫星定位的综合影响可用一个精度指标来表示,这就是等效距离误差。等效距离误差也就是各项误差投影到测站至卫星方向上的具体数值。如果认为各项误差之间相互独立,就可以求出总的等效距离误差,并用 σ_0 表示。从而 σ_0 就可以作为 GPS 定位时衡量观测精度的客观标准。

(四) 几何图形强度

如图 6-5 所示,GPS 定位的精度除取决于等效距离误差 σ_0 以外,还取决于空间后方交会的几何图形强度。在式(5-16)所表示的权系数阵 $\boldsymbol{Q}_x$ 中,若顾及各权系数元素,该式又可写为

$$\boldsymbol{Q}_x = \begin{pmatrix} q_{11} & q_{12} & q_{13} & q_{14} \\ q_{21} & q_{22} & q_{23} & q_{24} \\ q_{31} & q_{32} & q_{33} & q_{34} \\ q_{41} & q_{42} & q_{43} & q_{44} \end{pmatrix} \tag{6-20}$$

显然,GPS 星座与测站所构成的几何图形不同,权系数的数值亦不同,此时即使相同精度的观测值所求得的点位精度也不会相同。为此需要研究卫星星座几何图形与定位精度的关系。通常用图形强度因子 DOP(Dilution of Precision)来表示几何图形强度,其定义是

$$m_x = \mathrm{DOP} \cdot \sigma_0 \tag{6-21}$$

式中　σ_0——等效距离的标准差;

m_x——某定位元素的标准差。

DOP 实际是权系数阵中主对角线元素的函数。

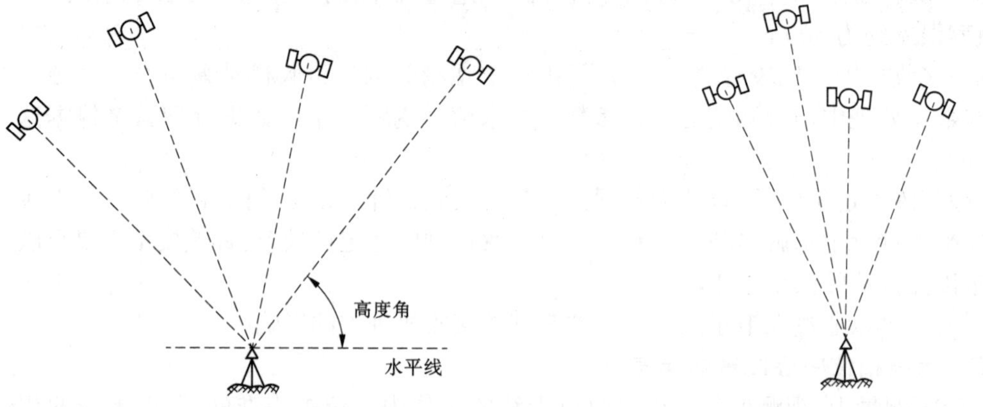

图 6-5　卫星的分布与 PDOP

图形强度因子是一个直接影响定位精度但又独立于观测值和其他误差之外的一个量。其值恒大于 1,最大值可达 10,其大小随时间和测站位置而变化。在 GNSS 测量中,希望 DOP 值越小越好。

在实际工作中,常根据不同的要求采用不同的评价模型和相应的图形强度因子。

(1)平面位置图形强度因子 HDOP(Horizontal DOP)及其相应的平面位置精度:

$$\mathrm{HDOP} = \sqrt{q_{11} + q_{22}}$$
$$m_H = \mathrm{HDOP} \cdot \sigma_0 \tag{6-22}$$

(2)高程图形强度因子 VDOP(Vertical DOP)及其相应的高程精度:

$$\mathrm{VDOP} = \sqrt{q_{33}}$$
$$m_V = \mathrm{VDOP} \cdot \sigma_0 \tag{6-23}$$

(3)空间位置的图形强度因子 PDOP(Position DOP)及其相应的三维定位精度:

$$\mathrm{PDOP} = \sqrt{q_{11} + q_{22} + q_{33}}$$
$$m_P = \mathrm{PDOP} \cdot \sigma_0 \tag{6-24}$$

(4)接收机钟差图形强度因子 TDOP(Time DOP)及其钟差精度:

$$\mathrm{TDOP} = \sqrt{q_{44}}$$
$$m_T = \mathrm{TDOP} \cdot \sigma_0 \tag{6-25}$$

(5)几何图形强度因子 GDOP(Geometric DOP)及其三维坐标和时间误差的综合影响:

$$\mathrm{GDOP} = \sqrt{q_{11} + q_{22} + q_{33} + q_{44}}$$

$$m_G = \text{GDOP} \cdot \sigma_0 \tag{6-26}$$

分析表明,如果由测站与 4 颗卫星构成一个六面体时,图形强度因子 GDOP 与该六面体体积成反比。意味着所测卫星在空间分布越大,六面体的体积越大,GDOP 值越小,图形越坚强,定位精度越高。

如图 6-6 所示,2022 年 7 月 16 日北斗卫星的全球位置几何精度因子(PDOP)图,从图中可看出除了南美、北美的部分地区和非洲加纳 PDOP 值≤3 外,其余地区 PDOP 值均≤2,对定位影响很小。

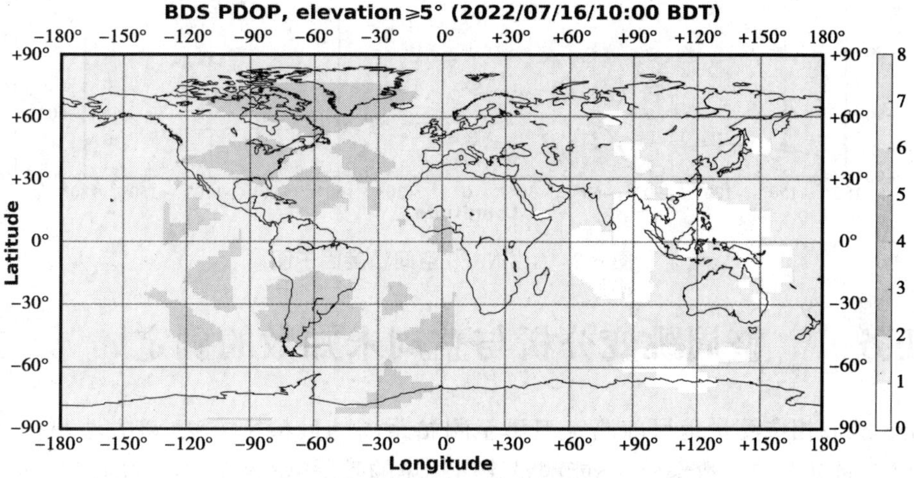

图 6-6 北斗空间精度因子图

如图 6-7 所示,2022 年 7 月 16 日 GPS 卫星的全球位置几何精度因子(PDOP)图,从图中可看出除南美智利海岸、北美阿拉斯加的部分地区、澳大利亚的昆士兰州、非洲的马里、布基纳法索、中国的西藏和四川 PDOP 值≤3 外,其余地区 PDOP 值均≤2,对定位影响很小。

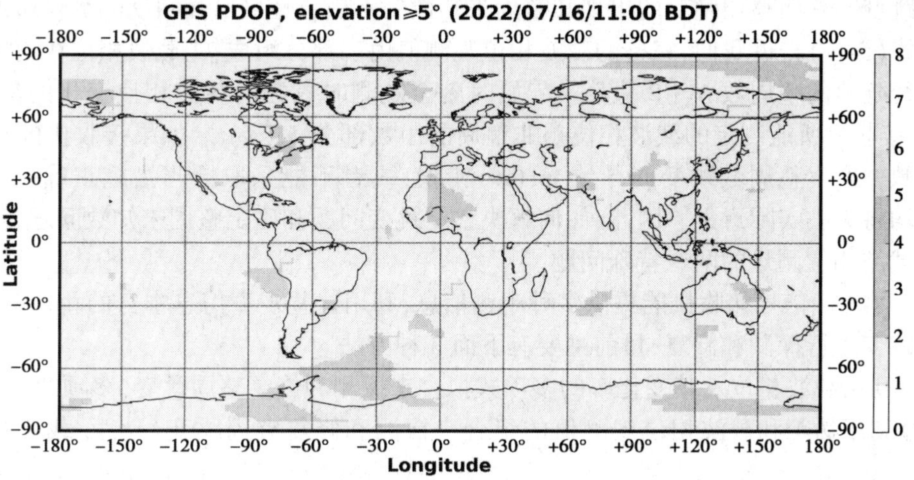

图 6-7 GPS 空间精度因子图

如图 6-8 所示,2022 年 7 月 16 日 GLONASS 卫星的全球位置几何精度因子(PDOP)图,从图中可看出中国的广东、广西和南美智利的阿里卡 PDOP 值≤8,信号不好。中国大部分地区、俄罗斯、美国西部大部分地区、欧洲的英国、法国、德国、澳大利亚的新南威尔士州、非洲的埃塞俄比亚以南地区 PDOP 值均≤2,对定位影响很小。其余地区 PDOP 值均≤3。

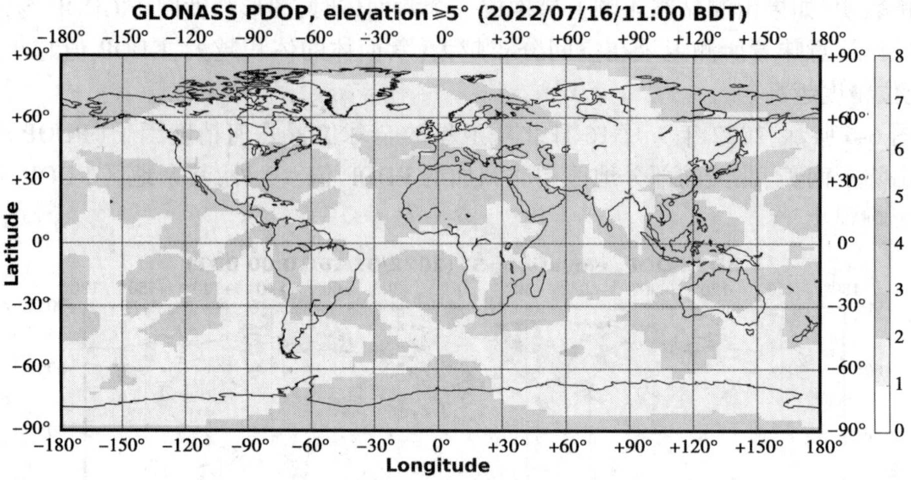

图 6-8　GLONASS 空间精度因子图

任务二　整周跳变分析与整周未知数的确定

GNSS 载波相位测量是目前测定卫星至测站距离的最精密方法,该方法只能测量载波滞后相位 1 周以内的小数部分,不能测量滞后相位的整周数(N_0)。其后的载波滞后相位整周数变化值(开始后的周数),是通过多普勒计数累计读得的。由于 GNSS 信号接收机自身故障或 GPS 信号意外中断,导致 GPS 接收机载波锁相环电路的短暂失锁,而引起多普勒计数的短暂中断;当 GPS 接收机载波锁相环电路重新锁定后,多普勒计数又重新开始,以至造成载波滞后相位整周变化值(开始后的周数)不连续计数。这种多普勒计数的中断现象,称为整周跳变。然而整周跳变的出现和整周未知数的不确定性又给高精度的测量增加了不少麻烦。式(5-19)告诉我们,完整的载波相位观测值由三部分组成:①载波相位在起始时刻沿传播路径延迟的整周数 N_0;②从某一起始时刻至观测时刻之间载波相位变化的整周数 Int(ϕ);③接收机所能测定的载波相位差非整周的小数部分 $F_r(\phi)$ 。如果接收机的计数器在累积计数中产生整周数跳变而导致 Int(ϕ)错误,或者不能采取恰当措施正确确定 N_0,式(5-19)均将失去实际意义。因此,如何解决整周跳变问题和确定整周未知数问题,就成为正确进行载波相位测量的两个特殊问题。

由于 GNSS 信号接收机能提供多种观测信息,利用这些观测信息本身的相互关系,可以对整周跳变进行探测和修复,目前主要有下面 3 种方法。

(1)利用载波相位及其变化率的多项式拟合来探测和修复整周跳变(多项式拟合法);

(2)利用伪距和载波相位观测值的组合来探测和修复整周跳变(伪距/载波相位组合法);

(3)利用双频载波相位组合观测值来探测和修复整周跳变(电离层残差法)。

下面主要介绍多项式拟合法来探测和修复整周跳变。

一、整周跳变分析

(一)整周跳变及其发生

在跟踪卫星过程中可能由于卫星信号被障碍物暂时阻挡,或受到无线电信号干扰的影响,引起卫星跟踪的暂时中断,使计数器无法连续计数,出现信号失锁。这时的瞬时量测值 $R_r(\phi)$ 虽然仍是正确的,但是整周计数 $\mathrm{Int}(\phi)$ 由于丢失了在失锁期间载波相位变化的整周数,使其后的相位观测值均含有同样的整周误差。如果我们能够检测出在何时发生了整周跳变,并能求出丢失的整周数,就可以对中断后的整周计数进行修正,恢复其正确计数。

发生整周跳变后的整周计数可以从中断处继续向后计数,也可以归零后重新计数,或者从任意一个整周数重新开始计数,它们取决于接收机的类型及产生周跳的具体情况。

(二)整周跳变的探测和修正

卫星和接收机之间的距离在随时间而不断变化,其径向速度最大可达 0.9 km/s,相应的载波相位观测值ϕ亦应随之变化,不过这种变化应该是循序渐变的,有一定的规律性。如表 6-4 所示,接收机在不同时间 t_i 对同一颗卫星进行相位观测,每 15 s 输出一个观测值,相邻观测值的变化可达数万周,难以发现几十周的跳变。如果在相邻观测值之间求一次差,就得到观测间隔 $(t_i - t_{i-1})$ 内卫星至接收机的距离之差,亦即卫星径向速度 $\frac{\mathrm{d}\rho}{\mathrm{d}t}$ 平差值与$(t_i - t_{i-1})$ 的乘积。由于径向速度平均值变化比较缓慢,所以一次差的变化也就较小。如果在一次差间再求二次差,就得到卫星径向加速度平均值和观测间隔平方之乘积,其变化更加缓慢。同理求至四次差时,$\frac{\mathrm{d}^4\rho}{\mathrm{d}t^4}$ 趋近于零,这时的差值主要是震荡器的随机误差,具有偶然误差特性。

表 6-4　载波相位观测量及其高次差值

历元	$\mathrm{Int}(\phi)+F_r(\phi)$	1 次差	2 次差	3 次差	4 次差
t_1	475 833.225 3				
		11 608.753 1			
t_2	487 441.978 4		399.841 0		
		12 008.567 1		2.507 2	
t_3	499 450.545 5		402.321 2		−0.579 5
		12 410.888 3		1.927 7	
t_4	511 861.433 8		404.248 9		0.963 9
		12 815.137 2		2.891 6	
t_5	524 746.571 0		407.140 5		−0.272 1
		13 222.277 7		2.619 5	
t_6	537 898.848 7		409.760 0		−0.421 9
		13 632.037 7		2.197 6	
t_7	551 530.886 4		411.957 6		
		14 043.995 3			
t_8	565 574.881 7				

但是,如果在过程中出现了整周跳变,势必要破坏上述相位观测量的正常变化,高次差的随机特性也将受到破坏。例如表 6-5 中在 t_5 时刻的观测值中含有 100 周的周跳(表中有 * 号的数据),四次差中将出现数十周的异常现象。这表明通过求差有利于发现周跳。不过这种求高次差的方法难以检验只有几周的小周跳,因为震荡器本身就有可能造成 2 周左右的随机误差。

表 6-5　含有周跳影响的观测量及其高次差值

历元	$\mathrm{Int}(\Phi)+F_r(\Phi)$	1 次差	2 次差	3 次差	4 次差
t_1	475 833.225 3				
		11 608.753 1			
t_2	487 441.978 4		399.841 0		
		12 008.567 1		2.507 2	
t_3	499 450.545 5		402.321 2		-100.579 5*
		12 410.888 3		-98.072 3*	
t_4	511 861.433 8		304.248 9*		300.963 9*
		12 715.137 2*		202.891 6*	
t_5	524 746.571 0*		507.140 5*		-300.272 1*
		13 222.277 7*		-97.380 5*	
t_6	537 898.848 7*		409.760 0		99.578 1*
		13 632.037 7*		2.197 6	
t_7	551 530.886 4*		411.957 6		
		14 043.995 3			
t_8	565 574.881 7*				

当发现周跳后,可以根据前面或后面的正确观测值,利用高次插值公式外推观测值的正确整周计数,或者根据相邻的几个正确相位观测量,采用 n 阶多项式 $(a+bt+ct^2+dt^3+et^4)$ 拟合的方法来推求整周计数的正确性,从而发现周跳并修正整周计数。

修正后的观测值中还可能有 1~2 周的小周跳未被发现。若用这些观测值进行平差计算,就会出现很大的残差,据此还可以发现周跳。继续用修正周跳后的观测值和平差值(基线向量等)重复进行平差计算,直至残差符合要求,就会得到一组无周跳的载波相位观测值。

检验和修正周跳还有其他一些方法。但是,解决问题的根本途径还是提高对外业观测的要求,重视选择机型、选点、组织观测等外业工作环节,人为地避免周跳的发生。

二、整周未知数 N_0 的确定

正确地解决整周未知数的确定问题,一方面是提高载波相位测量精度的必不可少的条件,这是因为在连续跟踪的载波相位观测值中,均含有相同的整周未知数 N_0;另一方面,快速而正确地确定 N_0,又是提高 GPS 定位作业效率的重要环节。因为在同步观测 4 颗以上卫星的情况下,为解算 N_0 至少需要在不同的时间进行 2 次观测。如果其间时间间隔很短,则所测卫星的几何分布变化很小,这就降低了不同观测结果的作用,影响了定位结果的可靠性,所以必须延长观测时间。这样,GPS 定位所需的时间,其实就成了正确确定 N_0 所需的时间,因此,快速解算整周未知数,对于提高定位效率具有决定性的作用。确定整周未知数 N_0 的方法很多,常用的方法有以下几种。

(一)经典静态相对定位法

经典静态相对定位法,是将整周未知数 N_0 作为特定参数与其他未知参数在平差计算中一并求解。根据整周未知数在平差计算中解算结果的取值,又有以下两种情况。

1. 整数解

整周未知数具有整数的特性,但一般平差计算得到的整周未知数并非为整数,此时将其固定为整数,并作为已知数代入原观测方程重新进行平差计算,求得基线向量的最后值。

2. 实数解

该方法不考虑整周未知数的整数性质,通过平差计算求得的整周未知数不再进行凑整

和重新解算。这种方法一般用于基线较长的相对定位中。

(二)动态测量法

在上述经典静态相对定位法中,是在基线向量未知的情况下,通过静态相对定位解算整周未知数的。可是当观测站之间的基线向量已知时,便可以根据基线端点两接收机的同步观测结果,应用静态相对定位的双差模型直接求解相应的整周未知数,这时观测时间可大为缩短,一般只需几分钟。

具体做法是:将接收机设置在两个已知点上进行短时间观测,首先利用已知的基线向量确定初始整周未知数。随后留一台接收机在已知点上(称为基准接收机),其余一台(或若干台)接收机依次迁往各待定点(称为流动接收机)。在迁站过程中需保持对卫星连续跟踪,在迁站后与基准接收机进行同步观测。这时,流动接收机在待定点上就不需要再确定整周未知数,只需要进行1~2 min的观测便可精确确定流动站与基准站之间的相对位置,从而完成静态相对定位。

(三)交换天线法

首先需要在已知的基准站附近5~10 m处任意选择一个天线交换点,形成一个短基线。将2台接收机的天线分别安置于该二点,对至少4颗相同的卫星进行同步观测,采集若干历元(2~8)的观测值。然后将两台接收天线从三角架上取下,在对卫星信号保持跟踪的情况下互换位置,继续同步观测若干历元。最后把天线恢复到原来位置,再同步观测若干历元。

此后,基准接收机留在已知点上继续观测,流动接收机则可依次迁往待定点进行观测。由于整周未知数已经确定,所以在新的待定点定位时只需很短时间。

(四)P码双频扩波技术

该技术是一种快速解算整周未知数的方法,其基本思路是:通过L_1和L_0载波相位观测量的线性组合,产生一种波长较长的组合波,也称宽波。通过对宽波相位观测量与P码相位观测量的综合处理,从而确定整周未知数。实践证明,利用P码双频接收机,只要观测一个历元,便可解算出整周未知数,之后增加的观测历元只是增加多余观测量。由此可知,这一方法可以实时地解算整周未知数,这对于提高快速定位功能,以及开拓其在动态相对定位中的应用,都具有重要的意义。

(五)FARA技术快速解算整周未知数

1990年,由费赖(E. Fret)和博伊特莱年(G. Beutler)提出的FARA技术,是一种解算整周未知数的快速逼近技术。其基本思路是:以数理统计理论的参数估计和假设检验为基础,利用初始平差的解向量(点的坐标及整周未知数的实数解)及其精度信息(方差与协方差阵和单位权中误差),确定在某一置信区间,整用未知数解的组合,然后依次将整周未知数的每一组合作为已知值,重复地进行平差计算。其中,能使估值的验后方差(或方差和)为最小的一组整周未知数,就是整周未知数的最佳估值。

FARA技术,运用于短基线(< 15 km)的快速静态定位;与常规静态定位相比,在保证同等精度的条件下,其观测时间仅为几分钟。使相对定位的精度达到厘米级甚至更高。所以,该技术为快速静态定位开拓了广阔的应用前景。

➤ 小贴士

GNSS定位测量的主要误差来源有三个方面:与GNSS卫星有关的误差、与信号传播有关的误差、与接收设备有关的误差。GPS 测量就是通过接收和处理 GPS 信号实现定位的，必须准确测定信号传播时间，才能准确测定观测站至卫星的距离。所以，时钟误差是一个重要误差源之一。电离层对观测量的精度影响较大，必须采取电离层改正模型、相对定位或双频接收来削弱它的影响。对流层折射的影响可通过现有的各种数学模型消除。多路径误差只能恰当地选择站址，避开信号反射物。

➤ 知识链接

学习本项目时，学生应结合教师的讲解思考电离层对观测量的精度影响，必须采取的措施。PDOP 值主要是卫星较少时的考虑范围，因现在天顶的卫星颗数较多，实际上也代表了多余观测较多，接收到的数据量也较多，保证了数据结果的可靠性，也大大提高了测量定位精度。

阅读与应用

无对中杆测量的激光 RTK

无杆测量 GNSS 接收机是一款手持式纯网络接收机，结构精巧，重量仅 380 g，可轻松携带，采用多模多频的 RTK 算法，支持多系统多频点导航卫星系统信号的接收及结算定位，支持 GPS、BDS-2、BDS-3、GLONASS、Galileo 以及 IRNSS 和 QZSS。7 星 30 频(见图 6-9)，通道数高达 1 198 个。支持多系统多频点信号接收机解算定位，支持窄带抗干扰应用。接收机采用智能信号跟踪技术，适应更加恶劣复杂多变的使用环境，全面兼容国内外主流数据报文、网络等协议。

它颠覆了传统的测量方法和放样方法，不需对中杆，无需看气泡，也无需对中，无惧磁场影响，60°内倾斜测量(见图 6-10)。使用激光进行测点放样，5 s 初始化，照准点位后弹指间释放毫米级定位激光，快、准、狠，测量无死角，所点即所测，效率提升 30%，如图 6-11 所示。配备智能语音，各地方言随心切换。

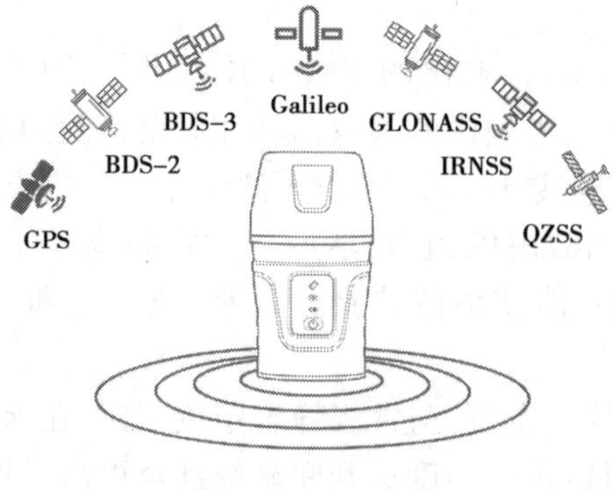

图 6-9　7 星 30 频

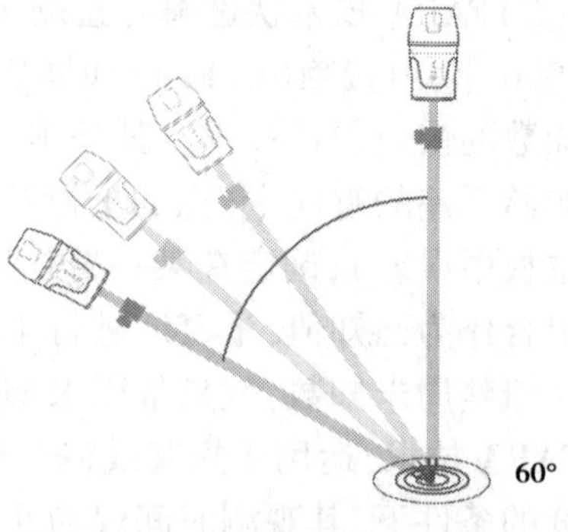

图 6-10　60°内倾斜测量

无对中杆测量的激光 RTK 特点如下：

(1) NFC 极速闪连，一贴即连，告别搜索配对；

(2) 支持北斗 B2b-PPP 星站差分，单机也能做到厘米级；

图 6-11　测量和放样

(3)支持 CAD 放样,点、线齐全;

(4)自动编辑道路,兼容多种格式的直曲表,可自动生成道路文件;支持断链、超高、加宽等线路设计;

(5)设备管理与状态实时监控,外业数据云端同步,与测量大师无缝对接;

(6)有工作向导功能,可引导用户步入工作流程,无需在线帮助,一点就会,随心切换;

(7)双模蓝牙:支持传统蓝牙的 Basic Rate 和增强数据率工作,也支持最新的低功耗标准;

(8)支持标准 QC 快充协议,充电更快速,测量无需等待;

(9)采用 IP67 防水防尘等级,坚固耐用,完全适合野外恶劣环境。

RTK 在水下地形测量中的应用

水下地形测量需用测深仪测定水深,水深测线间距依比例尺不同而变化。而测深仪的定位控制除近岸测量或江河测量可使用传统的光学仪器或全站仪实施交会法定位外,其他较远区域多采用无线电定位。GNSS 卫星定位技术的应用,可以快速高精度地测定测深仪的位置。对于较大比例尺测图,可应用差分 GNSS 技术进行相对定位。

一、基准站设置

基准站需采用双频接收机,位置一般设在地势比较开阔的控制点上,参考站应远离高压输电线路、配电站、电台和其他大功率无线电设施,布设时要充分考虑到图形条件、岸台与船只的高差及岸台个数等的综合影响,估算出测区内最弱处水深点的点位中误差能否满足测图精度要求。

工作前要根据测量任务的要求修改大地参数,参考站参数设置有:投影类型、椭球参数、测量单位、中央子午线经度、比例因子、参考站坐标等。每次设立参考站时,均应选择附近的控制点进行检测,以确保基准站坐标和各项参数输入正确。检测结果符合要求后,方可进行 RTK 数据采集工作。

二、船台的设置及水深测量

用 RTK 的流动站测定船只的位置和高程,测深仪定测船只到水底的深度。测深仪一般安装在测量船的中舷处,因为中舷处在航行中吃水线变化最小,测深仪换能器以安装在水下 50 cm 至船底略高位置为宜,但要避免被测区水下渔网和杂物碰撞。测深仪设置包括吃水深度设置,声速设置,时间门、增益等参数设置。

当 GNSS 开始进入有效解状态时,开始记录,即可在电脑上看到船只的航行轨迹并同时测量船只到水底的深度。

水下地形测量的测点按横断面布设,每次测量前后,均应测定电压、转速,测深仪的工作电压与额定电压之差,直流电源不应大于 10%,交流电源不应大于 5%;实际转速与规定转速之差不应大于±1%,超过时应加以修正。

三、断面线布设

在水下测量过程开始前先要在测深仪进行水下测深断面线的布设, 断面线要求垂直水流方向布设;断面线间距一般为地形图上 2 cm ;根据地形变化,断面的间距可适当加密或放宽,在河道转弯处进行适当的加密。

四、水下地形测量

水下地形测量应根据天气、风浪、潮汐等情况,合理安排时间,当风浪较大,气候恶劣,影响人身、仪器安全时,应停止测量。在测深仪里将上述求得的七参数设置在测量软件里,并进行已知控制点的校核,在校核无误后方可进行测量。在观测过程中,RTK 流动站的接收机天线应与换能器在同一垂线上,并保证在 RTK 固定解的情况下进行施测。测定测量断面线时,应先将测量船导航至断面位置,再按指定的间距进行测点定位与测深,在测深仪中进行记录,并实时修正船的航向。

近年来,我国各测绘仪器公司生产了“方洲号”、华测、ME70 等智能测量无人船(见图 6-12),智能测量无人船将传感器、智能控制导航、无线通信、高精度卫星导航(支持北斗)、声呐探测等众多先进技术融合,能自动、精准、高效地开展水深测量、库容勘测、水文测验、疏浚检测等各种任务,可借助 GNSS 卫星定位导航自主地在水面上航行,并自动躲避水面障碍物,确保航行线路安全可靠。除自主导航、智能避障外,智能测量无人船还能进行实时通信,对测量数据和 360°视频信息进行实时传输;并在测量过程中,根据惯导提供的方位、姿态、加速度等信息,对测量数据进行实时修正,确保数据精准有效。智能无人船还支持自动返航功能,当电量不足,或者突然失去控制信号时,船体会自动进行判断,返回到设置的点位,保障安全。

图 6-12　智能测量无人船

五、内业处理

将测得的数据(坐标文件)调入 CASS9. 1 软件中,根据测量得到的水底高程,绘制等深线。

➤ 知识搜索

书目

吴石林,张玘. 误差分析与数据处理[M]. 北京:清华大学出版社,2010.

熊年禄,唐存琛,李行健. 电离层物理概论[M]. 武汉:武汉大学出版社,1999.

黄丁发,张勤,张小红,等. 卫星导航定位原理[M]. 武汉:武汉大学出版社,2015.

周建郑. GPS 定位测量[M]. 郑州:黄河水利出版社,2017.

网站及词条

电离层

对流层

什么是大气电离层?　　　　对流层

项目小结

GNSS 定位测量的主要误差来源有三个方面:与 GNSS 卫星有关的误差、与信号传播有关的误差、与接收设备有关的误差。其中卫星星历误差、电离层折射误差、对流层折射误差是影响 GNSS 定位精度的主要因素。在高精度的 GNSS 测量中,还要注意与地球整体运动有关的地球潮汐、负荷潮及相对论效应等的影响。某一瞬间的卫星位置,是由卫星星历提供的。所以,卫星星历误差实际上就是卫星位置的确定误差。星历误差是一种起始数据误差,在一个观测时间段内属系统误差。其大小主要取决于卫星跟踪站的数量及空间分布、观测值的数量及精度、轨道计算时所用的轨道模型及定轨软件的完善程度等。它对单点定位的精度有很大的影响,也是精密相对定位中的重要误差来源之一。为了弥补星历的误差,我们可以采取在一些已知精确位置的点上跟踪卫星来计算观测瞬间的卫星真实位置,从而获得准确可靠的精密星历。虽然这种星历要在观测后 1~2 个星期才能得到,而且对导航和动态定位无任何意义,但是在静态精密定位中具有重要作用。

尽管 GNSS 卫星均设有高精度的原子钟,但它们与理想的 GNSS 时之间仍存在着难以避免的频率偏差或频率漂移,也包含原子钟的随机误差。这些偏差总量在 1 ms 以内,由此引起的等效距离可达 300 km。在 GNSS 测量中,卫星作为高空观测目标,其位置在不断变化,必须有严格的瞬间时刻,卫星位置才有实际意义。此外,GPS 测量就是通过接收和处理 GPS 信号实现定位的,必须准确测定信号传播时间,才能准确测定观测站至卫星的距离。所以,时钟误差是一个重要误差源之一。

电离层是指距离地表面高度在 50~1 000 km 的大气层。当 GNSS 信号通过电离层时,信号的传播路径会发生弯曲,传播速度会发生变化。电离层的电子密度白天约为夜间的 5 倍;在一年中,冬季为夏季的 4 倍;太阳黑子活动最激烈时可为最小时的 4 倍。对于 GNSS 信号来讲,这种距离差在天顶方向最大可达 50 m,在接近地平方向时(高度角为 20°)可达 150 m。可见,它对观测量的精度影响较大,必须采取电离层改正模型、相对定位或双频接收来削弱它的影响。

对流层折射的影响对距离较远的精密定位还是有影响的,它主要与大气压力、温度和湿度密切相关。可利用测站地面实测的气象数据,或通过现有的各种数学模型消除 92%~95%的对流层折射影响。

多路径误差不仅与反射系数有关,也与反射物离测站的距离及卫星信号方向有关,无法建立准确的误差改正模型,只能恰当地选择站址,避开信号反射物。

复习和思考题

6-1　在 GPS 测量定位中,其主要误差源是什么误差?系统误差主要包括哪几种?

6-2　GPS 卫星星历误差的实质是什么?

6-3　广播星历与实测星历的优缺点?

6-4　星历误差对定位的影响有哪些?减弱星历误差影响的途径有几种?

6-5　相对论效应是怎样产生的?如何解决?

6-6　电离层折射及其影响有哪些?减弱电离层影响的有效措施有几种?

6-7　对流层折射及其影响有哪些?减弱对流层影响的有效措施有几种?

6-8　多路径效应是什么?怎样防止?

6-9　减弱接收机钟差比较有效的方法是什么?

6-10　接收机天线的相位中心与其几何中心的区别在哪里?

6-11　图形强度因子 DOP 的定义是什么?我国采用哪种图形强度因子?为什么?

6-12　整周跳变是哪种测量方法中必须解决的问题?如何解决?

6-13　如何确定整周未知数?常用的方法有哪几种?

技能训练

几何精度因子(PDOP)的认识

一、技能训练题目及训练目的

如图 6-13 所示，现给出 2022 年 7 月 16 日 Galileo 卫星的全球位置几何精度因子(PDOP)图。

1. 从图中分析 PDOP 值≤2 的国家和地区。
2. 从图中分析中国各地区的 PDOP 值。

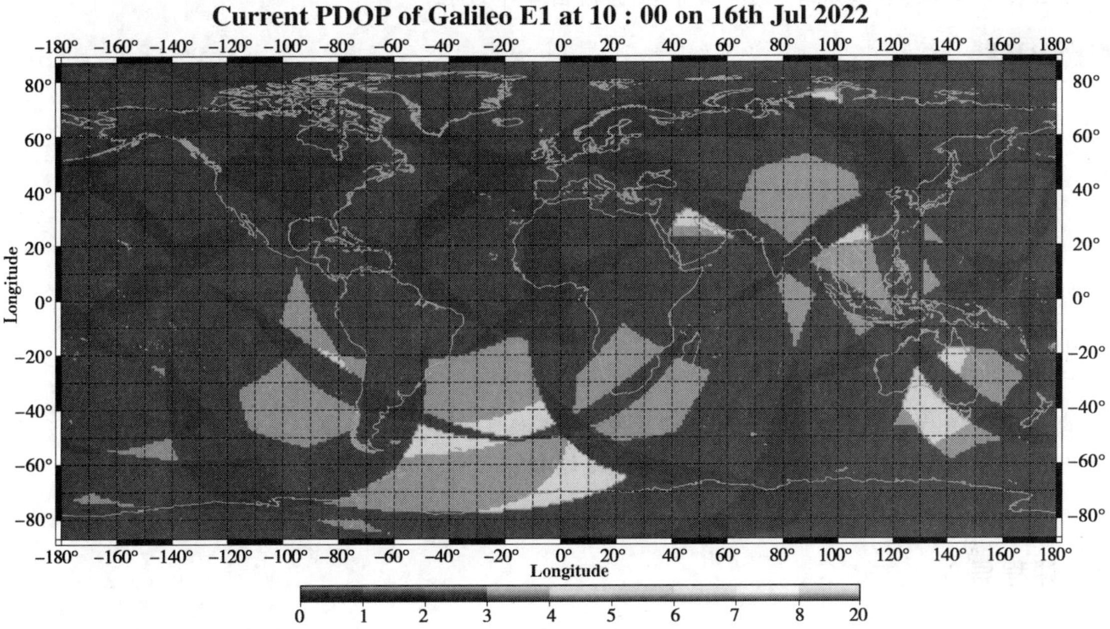

图 6-13　Galileo 空间精度因子图

二、技能训练要求

1. 查找相关书籍和网站并下载资料学习。
2. 学生应记录碰到的问题向教师请教或与任课教师共同探讨。

项目七　GNSS 卫星控制网的布测

项目概述

GNSS 静态控制测量包括外业数据采集和内业数据处理两个阶段。外业数据采集包括外业准备、外业实施、外业观测 3 个过程,统称为 GNSS 卫星控制网的布测。内业数据处理包括数据预处理、基线解算、网平差和数据输出 4 个过程。

学习目标

◆知识目标

1. 掌握 GNSS 控制网设计方案制订;
2. 掌握 GNSS 控制网技术设计书的内容;
3. 掌握 GNSS 控制网外业观测的作业流程;
4. 了解 GNSS 控制网数据处理的内业流程;
5. 掌握 GNSS 控制网上交成果资料的内容。

◆技能目标

1. 能根据具体项目要求布设 GNSS 控制网;
2. 了解 GNSS 控制网外业观测具体实施过程;
3. 了解观测成果检验方法。

➢ 课程导入

区域性 GPS 大地控制网、GPS 精密工程控制网、GPS 变形监测、线路 GPS 控制网等已基本取代了常规大地控制网。根据具体项目要求布设的 GNSS 控制网,进行作业前需要准备哪些内容?外业测量时应如何进行网布设?外业观测应该注意哪些事项?数据采集完成后如何下载?选用内业数据处理软件处理数据的步骤是什么?本项目将针对这些问题进行阐述。

任务一　掌握建立 GNSS 控制网的技术依据

我们知道,GNSS 控制网设计及外业测量的主要技术依据是测量任务书和测量规范。测量任务书是测量施工单位上级主管部门下达的技术文件;而测量规范则是国家测绘管理部门制定的技术法规。

由中华人民共和国国家质量技术监督局和中国国家标准化管理委员会共同发布的《全球定位系统(GPS)测量规范》(GB/T 18314—2009),以下简称《规范》,于 2009 年 6 月 1 日实施。

由北京市测绘设计研究院主编,中华人民共和国建设部在 2010 年 10 月 1 日发布并实施了中华人民共和国行业标准《全球定位系统城市测量技术规程》(Technical Specification Urban Surveying Using Global Positioning System)(CJJ 73—2010),以下简称《规程》。

由交通部第一公路勘察设计院主编,中华人民共和国交通部在 1998 年 7 月 2 日发布,1998 年 12 月 1 日实施的中华人民共和国行业标准《公路全球定位系统(GPS)测量规范》(JTJ/T 066—98),以下简称《公路规范》。

本项目将以《规范》和《规程》为依据,介绍 GNSS 网的精度、密度、作业规格等有关问题。

一、GNSS 网的精度分级

(一)级别划分

《规范》中规定 GPS 测量按其精度划分为 A、B、C、D、E 级。用于建立国家一等大地控制网,进行全球性的地球动力学研究、地壳形变测量和精密定轨等的 GPS 测量,应满足 A 级 GPS 测量的精度要求。用于建立国家二等大地控制网,建立地方或城市坐标基准框架、区域性的地球动力学研究、地壳形变测量、局部形变监测和各种精度工程测量等的 GPS 测量,应满足 B 级 GPS 测量的精度要求。用于建立三等大地控制网,以及建立区域、城市及工程测量的基本控制网等的 GPS 测量,应满足 C 级 GPS 测量的精度要求。用于建立四等大地控制网的 GPS 测量应满足 D 级 GPS 测量的精度要求。用于中小城市、城镇以及测图、地籍、土地信息、房产、物探、勘测、建筑施工等的控制测量等的 GPS 测量,应满足 D、E 级 GPS 测量的精度要求。

为了进行城市和工程测量,《规程》规定其 GPS 网按相邻点的平均距离和精度划分为二、三、四等和一级、二级,在布网时可以逐级布设、越级布设或布设同级全面网。

(二)测量精度

《规范》中规定 A 级 GPS 网由卫星定位连续运行基准站构成,其精度应不低于表 7-1 的要求。B、C、D、E 级的精度应不低于表 7-2 的要求。用于建立国家二等大地控制网和三、四等大地控制网的 GPS 测量,在满足表 7-2 中规定的 B、C、D 级精度要求的基础上,其相对精度应分别不低于 1×10^{-7}、1×10^{-6} 和 1×10^{-5}。各级 GPS 网点相邻点的 GPS 测量大地高差的精度,应不低于表 7-2 规定的各级相邻点基线垂直分量的要求。

表 7-1 A 级 GPS 网精度要求

级别	坐标年变化率中误差		相对精度	地心坐标各分量年平均中误差/mm
	水平分量/(mm/a)	垂直分量/(mm/a)		
A	2	3	1×10^{-8}	0.5

表 7-2　B、C、D、E 级 GPS 网精度要求

级别	相邻点基线分量中误差		相邻点间平均距离/km
	水平分量/(mm/a)	垂直分量/(mm/a)	
B	5	10	50
C	10	20	20
D	20	40	5
E	20	40	3

《规程》对于 GPS 网的精度要求,主要取决于网的用途和定位技术所能达到的精度。精度指标通常是以相邻点间弦长的标准差来表示的,即

$$\sigma = \sqrt{a^2 + (bd \times 10^{-6})^2} \tag{7-1}$$

式中　σ ——标准差,mm;

a ——固定误差,mm;

b——比例误差系数;

d——相邻点间的距离,mm。

二、GPS 点的密度

各种不同的任务要求和服务对象,对 GPS 网点的分布有着不同的要求。例如,国家特级(A 级)基准点主要用于提供国家级基准,有助于定轨、精密星历计算和大范围大地变形监测,希望能以几百千米的平均距离而布满全国。而一般工程测量所需要的网点则应满足测图加密和工程测量的需用,平均边长需要缩短到几千米以内。考虑到这些情况,《规范》中规定各级 GPS 网点位应均匀分布,相邻点间距离最大不宜超过该网平均点间距的 2 倍。《规程》中规定各等级 GPS 网的主要技术要求应符合表 7-3 的规定。相邻点最小距离应为平均距离的 1/2~1/3;最大距离应为平均距离的 2~3 倍。由此可以看出,对于城市和工程测量而言,《规程》比《规范》有较大的灵活性。

表 7-3　《规程》规定的 GPS 测量精度分级

等级	平均距离/km	a/mm	$b(1\times10^{-6})$	最弱边相对中误差
二	9	≤10	≤2	1/12 万
三	5	≤10	≤5	1/8 万
四	2	≤10	≤10	1/4.5 万
一级	1	≤10	≤10	1/2 万
二级	<1	≤15	≤20	1/1 万

三、测量作业基本技术规定

GNSS 测量的仪器和方法与常规测量的仪器和方法显著不同,所以反映其技术规格的主要指标亦不相同。为了了解外业观测和内业计算,先介绍有关的术语,然后介绍有关技术指标的概念。

(一)术语

1. 观测时段 observation session

测站上开始接收卫星信号到停止接收,连续观测的时间间隔称为观测时段,简称时段。

2. 同步观测 simultaneous observation

2 台或 2 台以上接收机同时对同一组卫星所进行的观测。

3. 同步观测环 simultaneous observation loop

3 台或 3 台以上接收机同步观测所获得的基线向量构成的闭合环。

4. 独立观测环 independent observation loop

由非同步观测获得的基线向量构成的闭合环。

5. 数据剔除率 percentage of data rejection

在同一时段中,删除的观测值个数与获取的观测值总数的比值。

6. 天线高 antenna height

观测时接收机天线相位中心至测站中心标志面的高度。

7. 参考站 Reference station

在一定的观测时间内,一台或几台接收机分别固定在一个或几个测站上,一直保持跟踪观测卫星,其余接收机在这些测站的一定范围内流动设站作业,这些固定站就称为参考站。

8. 流动站 roving station

在参考站的一定范围内流动作业的接收机所设立的测站。

9. 观测单元 observation unit

快速静态定位测量时,参考站从开始至停止接收卫星信号连续观测的时间段。

10. 国际地球参考框架 ITRF Y Y, International Terrestrial Reference Frame

由国际地球自转服务局推荐的以国际参考子午面和国际参考极为定向基准,以 ITRF Y Y 天文常数为基础所定义的一种地球参考系和地心(地球)坐标系。

(二)《规范》和《规程》规定的技术指标

由于卫星的轨道运动和地球的自转,卫星相对于测站的几何图形在不断变化。一些卫星从地平线升起至一定高度,可以投入观测作业,另一些卫星观测高度角越来越小,无法继续观测。考虑到作业中尽可能选取图形强度较好的卫星进行观测,因而在一个观测时段要几次更换跟踪的卫星。我们将时段中任一卫星有效观测时间符合要求的卫星,称为有效观测卫星。测量等级越高,有效观测卫星总数需要越多,时段中任一卫星有效观测时间需要越长,观测时段应该越多,时段长度也应该越长。

在地球上的任何地点和时间,用一台 GNSS 信号接收机,均能够以 ±100 m 左右的精度测定它的所在位置。但是如果用基线两端的两台接收机同时观测 4 颗以上的共视卫星,两者所采集的 GNSS 定位数据又经过求差处理,此时相对定位精度可以达到毫米级。试验表明,在静态相对定位环境下进行载波相位测量,对于 3 000 km 以内的站间距离 D,可以达到 ($5\ \text{mm}+10^{-8}D$) 的精度,三维位置精度能够达到 ±3 cm 。因此,以载波相位观测量为根据的静态相对定位,是建立 GNSS 控制网的基本方式。《规范》中的各项规定,就是针对这一基本方式做出的。

《规程》主要是为了适应城市各等级 GPS 测量技术的要求,突出了城市测量与工程测量应用的特点。《规范》是从全国范围考虑,故规范和规程之间没有矛盾。

《规范》规定的各级 GPS 测量作业的基本技术规定列于表 7-4;《规程》规定的各级 GPS 测量作业的基本技术规定列于表 7-5。

表 7-4 《规范》规定的各级 GPS 测量基本技术要求规定

项目	级别			
	B	C	D	E
卫星截止高度角/(°)	10	15	15	15
同时观测有效卫星数	≥4	≥4	≥4	≥4
有效观测卫星总数	≥20	≥6	≥4	≥4
观测时段数	≥3	≥2	≥1.6	≥1.6
时段长度	≥23 h	≥4 h	≥60 min	≥40 min
采样间隔/ s	30	10~30	5~15	5~15

注:1. 计算有效观测卫星总数时,应将各时段的有效观测卫星数扣除其间的重复卫星数。
2. 观测时段长度,应为开始记录数据到结束记录的时间段。
3. 观测时段数≥1.6,指采用网观测模式时,每站至少观测一时段,其中二次设站点数应不少于 GPS 网总点数的 60%。
4. 采用基于卫星定位连续运行基准点观测模式时,可连续观测,但观测时间应不低于表中规定的各时段观测时间的和。

表 7-5 《规程》规定的 GPS 测量各等级的作业的基本技术要求

项目	观测方法	等级				
		二等	三等	四等	一级	二级
卫星高度角(°)	静态	≥15	≥15	≥15	≥15	≥15
	快速静态					
有效观测卫星数	静态	≥4	≥4	≥4	≥4	≥4
	快速静态	—	≥5	≥5	≥5	≥5
平均重复设站数	静态	≥2	≥2	≥1.6	≥1.6	≥1.6
	快速静态	—	≥2	≥1.6	≥1.6	≥1.6

续表 7-5

项目	观测方法	等级				
		二等	三等	四等	一级	二级
时段长度/min	静态	≥90	≥60	≥45	≥45	≥45
	快速静态	—	≥20	≥15	≥15	≥15
数据采样间隔/s	静态	10~60	10~60	10~60	10~60	10~60
	快速静态					
PDOP	静态、快速静态	<6	<6	<6	<6	<6

➤ 小贴士

GNSS 控制网设计及外业测量的主要技术依据是测量任务书和测量规范。测量任务书是测量施工单位上级主管部门下达的技术文件;而测量规范则是国家测绘管理部门制定的技术法规。各种不同的任务要求和服务对象,对 GPS 网点的分布有着不同的要求。《规程》主要是为了适应城市各等级 GPS 测量技术的要求,突出了城市测量与工程测量应用的特点。《规范》是从全国范围考虑,故规范和规程之间没有矛盾。对于城市和工程测量而言,《规程》比《规范》有较大的灵活性。

任务二　GNSS 控制网的布设

由于 GNSS 控制网的布设不需要建造觇标,所以仅有技术设计、踏勘选点、埋设标石三个工作环节。其中,技术设计是 GNSS 测量中外业准备阶段的重要内容,它是优质低耗完成 GPS 作业的依据和条件。

一、技术设计中应考虑的因素

技术设计主要是根据上级主管部门下达的测量任务书和 GNSS 测量规范或规程来进行的。它的总的原则是,在满足用户要求的情况下,尽可能减少物资、人力和时间的消耗。在工作过程中,要考虑下面一些因素。

(一)测站因素

同测站布设有关的技术因素有:网点的密度,网的图形结构,时段分配、重复设站和重合点的布置等。

(二)卫星因素

同观测对象卫星有关的一些因素有:卫星高度角与观测卫星的数目、图形强度因子、卫星信号质量。大部分接收机具有解码并记录来自卫星的广播星历表的能力。

(三)仪器因素

同仪器有关的一些因素有:接收机,用于相对定位至少应有 2 台;天线质量;记录设备。

(四)后勤因素

后勤保障方面的因素有:使用的接收机台数、来源和使用时间,各观测时段的机组调度,交通工具和通信设备的配置等。

二、GNSS控制网的布设原则

为了用户的利益,GNSS控制网图形设计时应遵循以下原则:

(1)各级GNSS控制网一般逐级布设,在保证精度、密度等技术要求时可跨级布设。

(2)各级GNSS控制网的布设应根据其布设目的、精度要求、卫星状况、接收机类型和数量、测区已有的资料、测区地形和交通状况以及作业效率等因素综合考虑,按照优化设计原则进行。

(3)各级GNSS控制网最简异步观测环或附合路线的边数应不大于表7-6的规定。

表7-6 《规范》规定的闭合环或附合路边数的规定

级别	B	C	D	E
闭合环或附合路线的边数/条	6	6	8	10

(4)B、C、D、E级网布设时,测区内高于施测级别的GNSS网点均应作为本级别GNSS网的控制点(或框架点),并在观测时纳入相应级别的GNSS网中一并施测。

(5)在局部补充、加密低等级的GNSS网点时,采用的高等级GNSS网点点数应不少于4个。

(6)各级GNSS网按观测方法可采用基于A级点、区域卫星连续运行基准站网、临时连续运行基准站网等的点观测模式,或以多个同步观测环为基本组成的网观测模式。网观测模式中的同步环之间,应以边连接或点连接的方式进行网的构建。

(7)采用GNSS测量建立各等级大地控制网时,其布设还应遵循以下原则:

①用于国家一等大地控制网时,其点位应均匀分布,覆盖我国国土。在满足条件的情况下,点位宜布设在国家一等水准路线附近或国家一等水准网的结点处。

②用于国家二等大地控制网时,应综合考虑应用服务和对国家一、二等水准网的大尺度稳定性监测等因素,统一设计,布设成连续网。点位应在均匀分布的基础上,尽可能与国家一等、二等水准网的结点、已有国家高等级GNSS点、地壳形变监测网点、基本验潮站等重合。

③用于三等大地控制网布测时,应满足国家基本比例尺测图的基本需求,并结合水准测量、重力测量技术,精化区域大地水准面。

三、GNSS控制网的联测设计

在设计GNSS控制网时,要考虑联测一定数量的常规控制点和基准点。

(一)联测点(公共点)的精度要求

联测点作为GNSS成果转化到常规地面坐标系的基准点,在GNSS测量数据处理中具有重要的意义。联测点的地面实用坐标是将GNSS定位结果的WGS-84坐标系转换至地面坐标系时的起算数据,所以要求联测点的地面坐标具有较高的精度。

为此,联测点应是下列几种点之一:

(1)测区内现有的最高等级的常规地面控制点;

(2)地方坐标系中控制网定位、定向的起算点;

(3)联接国家坐标系和地方坐标系的联接点;

(4)水准点。

(二)联测点的密度和分布

GNSS 网与地面网的联测点最少应有 2 个。其中一个作为 GNSS 在地面网坐标系内的定位起算点,两个点间的方位和距离作为 GNSS 网在地面坐标系内定向、长度的起算数据。

显然,为了更好地解决 GNSS 网与地面网两者成果的转换问题,应有更多的联测点。分析研究和作业实践表明,一个 GNSS 网应联测 3~5 个精度较高、分布合理的地面点作为 GNSS 网的一部分。当测区较大时,还应适当增加联测点。

新布设的 GNSS 网应与附近已有的国家高等级 GNSS 点进行联测,联测点数不应少于 3 点。为求定 GNSS 点在某一参考坐标系中坐标,应与该参考坐标系中的原有控制点联测,联测的总点数不应少于 3 点。在需用常规测量方法加密控制网的地区,D、E 级网点应有 1~2 个方向通视。

(三)GNSS 网中水准点的选择和分布

GNSS 网一般是求得测站点的三维坐标,其中高程为大地高,而实际应用的高程系统为正常高系统。为此,通常是在 GNSS 网中施测或重合少量的几何水准点,用数值拟合法拟合出测区的似大地水准面,继而内插出其他 GNSS 点的高程异常,再求出其正常高。

根据研究,在平原地区布测的 GNSS 网中,只要用三等实测或重合全网 1/5 GNSS 点的几何水准,用数值拟合法求定 GNSS 点的正常高,即可代替四等水准测量。所实测的水准点,大部分应布设在网的周围点上,少量放在网的中间,以求获得最佳效果。

《规范》中规定 A、B 级网应逐点联测高程,C 级网应根据区域似大地水准面精化要求联测高程,D、E 级网可依具体情况联测高程。A、B 级网点的高程联测精度应不低于二等水准测量精度,C 级网点的高程联测精度应不低于三等水准测量精度,D、E 级网点按四等水准测量或与其精度相当的方法高程联测。各级网高程联测的测量方法和技术要求应按 GB/T 12897 或 GB/T 12898 规定执行。

四、布设 GNSS 基线向量网时的设计指标

在布设 GNSS 网时,除遵循一定的设计原则外,还需要一些定量的指标。在进行 GNSS 基线向量网的设计时经常需要采用效率指标、可靠性指标和精度指标等。

(一)效率指标

在进行 GNSS 网的设计时,我们经常采用效率指标来衡量某种网设计方案的效率,以及在采用某种布网方案作业时所需要的作业时间、消耗等。

在布设一个 GNSS 网时,在点数、接收机数和平均重复设站次数确定后,则完成该网测设所需的理论最少观测期数(同步观测的时段数)就可以确定。但是,当按照某个具体的布网方式和观测作业方式进行作业时,要按要求完成整网的测设,所需的观测期数与理论上的最少观测期数会有所差异,理论最少观测期数与设计的观测期数的比值,称之为效率指标(e),即

$$S_{\min} = \mathrm{INT}\left(\frac{Rn}{m}\right) \tag{7-2}$$

$$e = \frac{S_{\min}}{S_d} \tag{7-3}$$

式中　$S_{\min}$——理论最少观测期数;

R——平均重复设站次数;

m——接收机数;

n——GPS 网的点数;

INT(　)——凑整函数, $\mathrm{INT}(x) \geqslant x$;

S_d——设计观测期数;

e——效率指标。

效率指标可用来衡量 GPS 网设计的效率。

(二)可靠性指标

GNSS 网的可靠性,可以分为内可靠性和外可靠性。所谓 GNSS 网的内可靠性,就是指所布设的 GNSS 网发现粗差的能力,即可发现的最小粗差的大小;所谓 GNSS 网的外可靠性,就是指 GNSS 网抵御粗差的能力,即未剔除的粗差对 GNSS 网所造成的不良影响的大小。由于内、外可靠性指标在计算上过于烦琐,因此在实际的 GNSS 网的设计中采用一个计算较为简单的反映 GNSS 网可靠性的数量指标,该指标就是整网的多余独立基线数与总的独立基线数的比值,称为整网的平均可靠性指标(η),即:

$$l_n = n - 1$$

$$l_t = s(m - 1)$$

$$l_r = l_t - l_n$$

$$\eta = \frac{l_r}{l_t}$$

式中　l_r——多余的独立基线数;

l_n——必要的独立基线数;

l_t——总的独立基线数;

s——观测期数;

m——同步观测接收机的台数。

(三)精度指标

当 GNSS 网布设方式和观测作业方式确定后,GNSS 网的网形就确定了,根据已确定的 GNSS 网的网形,可以得到 GNSS 网的设计矩阵 $\boldsymbol{B}$,从而可以得到 GNSS 网的协因数阵 $\boldsymbol{Q}=(\boldsymbol{B}^{\mathrm{T}}\boldsymbol{P}\boldsymbol{B})$,在 GNSS 网的设计阶段可以采用 $tr(Q)$ 作为衡量 GNSS 网精度的指标。

该指标可通过相关软件(如武汉大学测绘学院开发的 COSA 软件)计算得到。

五、卫星空间分布的几何图形强度设计

GNSS 定位精度同卫星与测站构成的图形强度有关,与能同步跟踪的卫星数和接收机使用的通道数有关。若接收机有观测到 5 颗卫星以上的能力,就应该把所有可能观测到的卫星都进行跟踪观测,若只有观测到 4 颗卫星的能力,应在所有可见卫星中选取 PDOP 值最

小的那一组卫星进行观测,这是根据伪距定位时求解公式推算出的选星原则。

《规范》对图形强度因子 PDOP 值没有要求;《规程》对点的空间位置图形强度因子 PDOP 值要求不应超过表 7-7 所列值。

表 7-7 图形强度因子(PDOP)规定值

级别	二等	三等	四等	一级	二级
PDOP	<6	<6	<6	<6	<6

➢ 小贴士

技术设计是GNSS测量中外业准备阶段的重要内容,它是优质低耗完成GNSS作业的依据和条件。在工作过程中,要考虑测站因素、卫星因素、仪器因素和后勤因素。在设计控制网时,还要考虑联测最少两个常规控制点和基准点。其中一个作为GNSS在地面网坐标系内的控制起算点,两个点间的方位和距离作为GNSS网在地面坐标系内定向、长度的起算数据。当测区较大时,还应适当增加联测点。

任务三　GNSS手持机踏勘选点及标石埋设*

为了提高GNSS手持机单点绝对定位的精度,有的GNSS接收机生产厂商专门为GNSS手持机设置了数据平滑功能,即在一个测点上进行多次定位,然后求取数据的平均值作为最终的定位结果。如果用户使用的GNSS手持机没有这种数据平滑功能,用户在进行定位时可以手动使GNSS接收机进行多次定位,并记录相应的定位结果。在进行内业处理时,将GNSS测点的多次测量结果进行平均作为该测点最终的点位位置。通过多次定位求取平均值,可以提高单点定位的精度,最大限度地缩小误差值。

目前,提高GNSS手持机定位精度的方法有使用地区性广域差分增强系统(satellite based augmentation systems,SBAS),连接单基站或连续运行参考站系统(continuous operational reference system,CORS)进行差分,外接GNSS接收机天线等几种方法。现在全球发展的SBAS系统有:欧洲空间局的欧洲静地卫星导航重叠系统(EGNOS),覆盖欧洲大陆;美国的差分GNSS,广域增强系统(WAAS),覆盖美洲大陆;日本的多功能卫星增强系统(MSAS),覆盖亚洲大陆;印度的GPS辅助同步轨道增强导航系统(GAGAN)。

一、踏勘找点

新测区的施测,首先需要收集区域内的测量资料,寻找测量控制点。包括控制测量阶段寻找起算平面控制点和有概略坐标的水准点,在地形图测量或放样过程中寻找设站和定向控制点。为了寻找到控制点,先将控制点坐标(大地经纬度)输入手持GNSS仪器,用手持GNSS的导航功能,根据导航提示找到控制点的概略位置,再依据点位说明就能快速准确地找到具体点位。

由于GNSS测量中不要求测站之间相互通视,网的图形结构也比较灵活,所以选点的野外工作比较简便。但是,点位的正确选择对观测工作的顺利进行和测量结果的可靠性具有重要意义。所以,在选点工作开始之前,必须搜集测区的有关资料,例如已有的小比例尺地形图(1:1万~1:10 万)、行政区划图和已有的测绘成果资料。要充分了解和研究测区情况,特别是交通、通信、供电、气象及原有控制点等情况。

(一)选点准备

选点人员在实地选点前,应收集有关布网任务与测区的资料,包括测区 1:5万或更大比例尺地形图,已有各类控制点、卫星定位连续运行基准站的资料等。选点人员还应充分了解和研究测区情况,特别是交通、通信、供电、气象、地质及大地点等情况。

(二)点位基本要求

(1)应便于安置接收设备和操作,视野应开阔,视场内障碍物的高度角不宜超过 15°。

(2)远离大功率无线电发射源(如电视台、电台、微波站等),其距离不小于 200 m;远离高压输电线和微波无线电信号传送通道,其距离不应小于 50 m。

(3)附近不应有强烈反射卫星信号的物件(如大型建筑物等)。

(4)交通方便,有利于用其他测量手段扩展和联测。

(5)地面基础稳定,易于标石的长期保存。

(6)充分利用符合要求的已有控制点。

(7)选站时应尽可能使测站附近的局部环境(地形、地貌、植被等)与周围的大环境保持一致,以减少气象元素的代表性误差。

(三)辅助点与方位点

(1)非基岩的 A、B 级 GNSS 点的附近宜埋设辅助点,并测定其与该点的距离和高差,精度应优于±5 mm。

(2)各级 GNSS 网点可视需要设立与其通视的方位点,方位点应目标明显,观测方便,方位点距网点的距离一般不小于 300 m。

(四)GNSS 点命名

(1)GNSS 点名应以该点位所在地命名,无法区分时可在点名后加注(一)、(二)等予以区别。少数民族地区应使用规范的音译汉语名,在译音后可附上原文。

(2)新旧点重合时,应采用旧点名,不得更改。如原点位所在地的名称已变更,应在新点名后以括号注明旧点名。如与水准点重合,应在新点名后以括号注明水准点等级和编号。

(3)点名书写应准确、正规,一律以国务院分布的简化汉字为准。

(4)当对 GNSS 点编制点号时,应整体考虑,统一编号,点号应唯一,且适于计算机管理。

(五)选点作业

(1)选点人员应按照技术设计书经过踏勘,在实地按选点要求选定点位,并在实地加以标定。

(2)当利用旧点时,应检查旧点的稳定性、可靠性和完好性,符合要求方可利用。

(3)需要水准联测的 GNSS 点,应实地踏勘水准路线情况,选择联测水准点并绘出联测路线图。

(4)不论新选定的点或利用旧点(包括辅助点与方位点),均应实地按表 7-8 要求绘制点之记,其内容要求在现场详细记录,不得追记。

(5)A、B 级 GNSS 网点在其点之记中应填写地质概要、构造背景及地形地质构造略图。

(6)点位周围有高于 10°的障碍物时,应绘制点的环视图,其形式见图 7-1。

(7)一个网区选点完成后,应绘制 GPS 网选点图,如图 7-2 所示。

表 7-8　点之记

点名	南疙疸	类级	B	概略位置	$B=34°50'$　$L=111°10'$　$H=484$ m	
所在地	山西省平陆县城关镇上岭村			最近住所及距离	平陆县城县招待所，距点位 8 km	
地类	山地	土质	黄土	冻土深度		解冻深度	
最近电信设施	平陆县城邮电局			供电情况	上岭村每天可提供交流电	
最近水源及距离	上岭村有自来水，距点位 800 m			石子来源	点位附近	沙子来源	县城建筑公司

本点交通情况（至本点通路与最近车站、码头名称及距离）	由三门峡乘轮渡过黄河，向北约 8 km 到山西平陆县城，再由平陆县城乘车向东南 7 km 至上岭村，再步行 800 m 到点上。每天有两班两轮人力车可到达点位	交通路线图	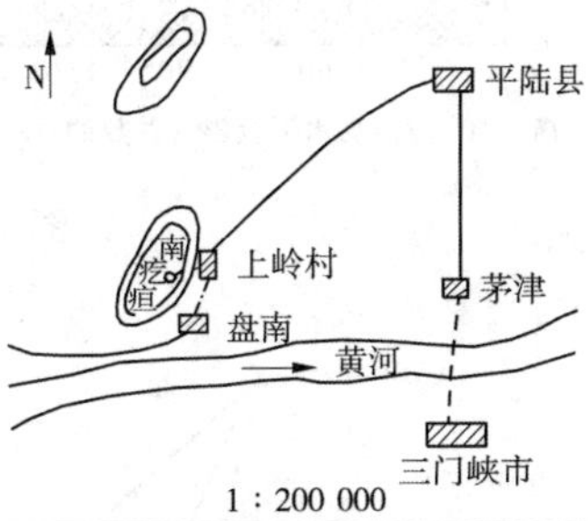

选点情况				点位略图
单位	国家测绘局第一大地测量队			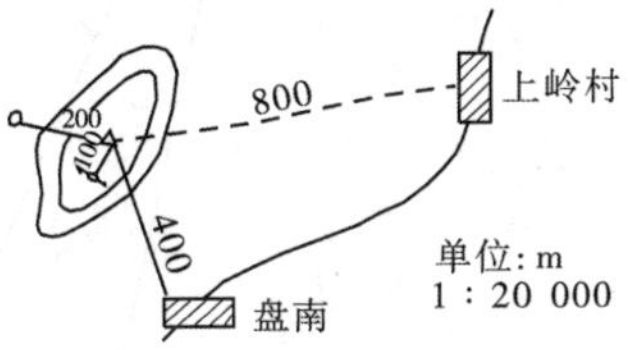
选点员	李纯	日期	2000. 6. 5	
是否需联测坐标与高程	联测高程			
联测等级与方法	二等水准测量			
起始水准点及距离	点号为Ⅱ西三 023，距离本点 1.5 km，联测里程大约 2 km			

地质概要、构造背景	地形地质构造略图

埋石情况				标石断面图	接收天线计划位置
单位	国家测绘局第一大地测量队			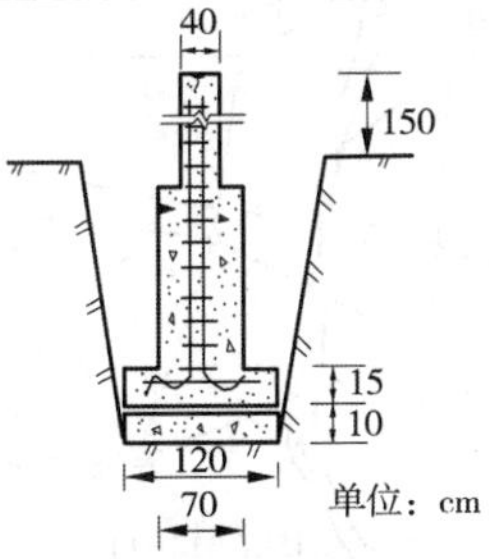	天线可直接安置在墩标顶面上
埋石员	张勇	日期	2000. 7. 12		
利用旧点及情况	利用原有的墩标				
保管人	陈生明				
保管人单位及职务	山西省平陆县上岭村会计				
保管人住址	山西省平陆县上岭村				
备注					

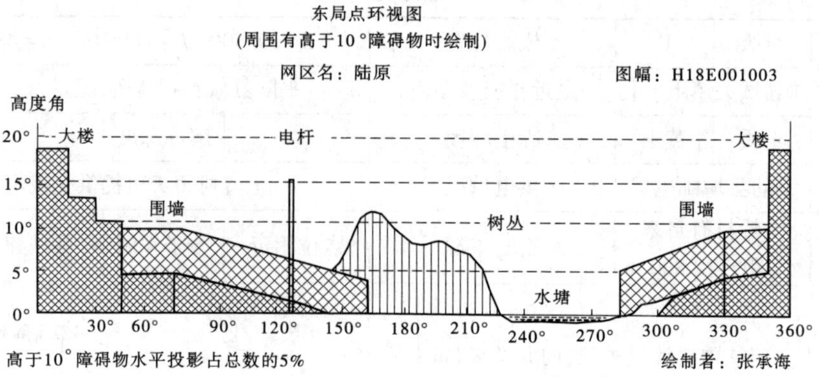

图 7-1　GPS 东局点环视图环视图

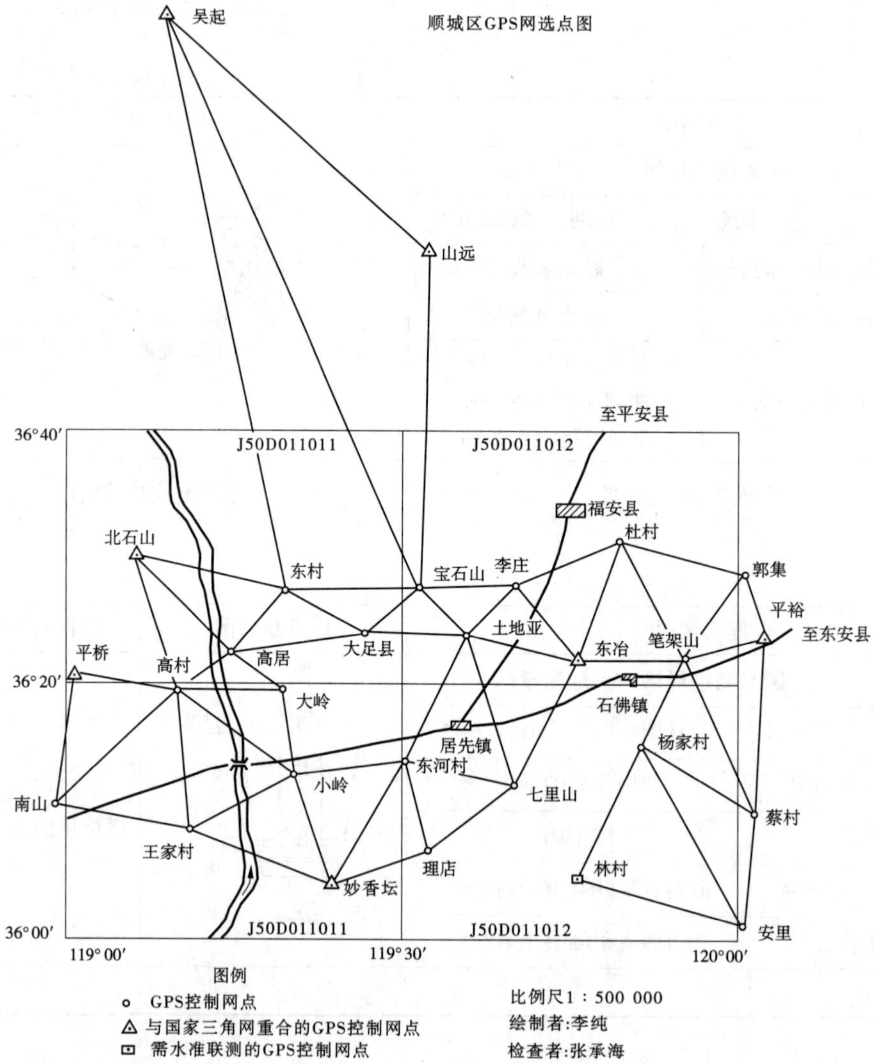

图 7-2　GPS 网选点图

二、绘制点之记

点之记是记载大地点位情况的资料，分为GNSS点、三角点、导线点、水准点等点之记。点之记的内容包括点名、等级、所在地、点位略图、实埋标石断面图及委托保管等信息。

《全球定位系统（GPS）测量规范》（GB/T 18314—2009）规定了点之记（见表7-8）填写应按以下要求进行。

（1）概略位置由手持GNSS接收机测定，经纬度按手持GNSS接收机的显示填写，概略高程采用大地高标注至整米。

（2）所在地填写点位所处位置的由省（直辖市）至最小行政区的名称及点位具体位置，级别填写GNSS级别，所在图幅填写1∶5万地形图图幅号，网区填测区地名。

（3）点位略图须在现场绘制，注明点位至主要特征地貌（地物）的方向和距离。绘图比例尺可根据实地情况，在易于找到点位的原则下适当变通。

（4）电信情况填写点位周边电信情况。

（5）地类根据实际情况按如下类别填写：荒地、耕地、园地、林地、草地、沙漠、戈壁、楼顶。

（6）土质按如下类别填写：埋石坑底、黄土、沙土、沙砾土、盐碱土、黏土、基岩。

（7）最近水源填写最近水源位置及距点位的距离。

（8）交通情况填写自大（中）城市至本点的汽车运行路线，并注明交通工具到点情况。

（9）交通路线图可依比例尺绘制，亦可绘制交通情况示意图。

（10）地质概要、构造背景和地形地质构造图，根据工程项目需要，由专业地质人员填绘。

（11）点位环视图按点位周围高度角大于10°的遮挡地貌（地物）方向及高度角绘制遮挡范围，遮挡范围内填绘阴影线。

（12）标石断面图按埋设的实际尺寸填绘。

测绘点之记要确定点的位置，及该点与其周围一些明显的或重要地物的关系，使用手持GNSS接收机可以轻松地完成这些内容。有些手持机还有照相功能，可以将点的信息以照片地形式直观地记录下来。

三、选点后应上交的资料

选点结束后应上交下列资料：

（1）GPS网点点之记、环视图。

（2）GPS网选点图（测区较小，选点、埋石与观测一期完成后，可以展点图代替）。

（3）选点工作总结。

四、GNSS点标志和标石埋设

中心标石是地面GNSS点的永久性标志，为了长期使用GNSS测量成果，点的标石必须稳定、坚固以利长期保存和利用。其中，GNSS点的永久性标志如图7-3所示；普通标石的规格及埋设，如图7-4所示。

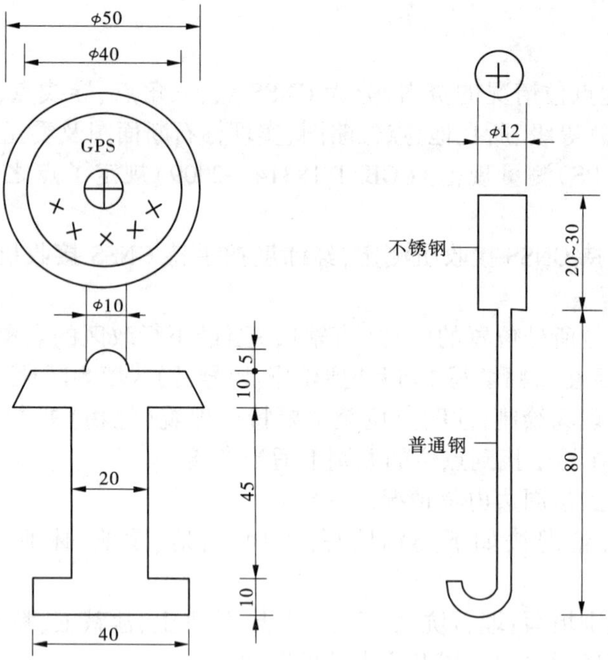

(a)金属标志　　(b)不锈钢标志

图 7-3　GNSS 点标志

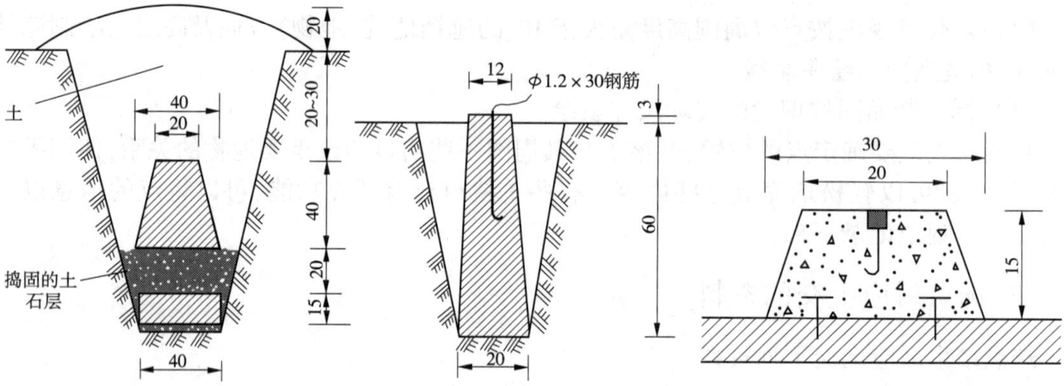

(a)二、三等GNSS点　　(b)四等、一级、二级GNSS点　　(c)建筑物上各等级GNSS点

图 7-4　标石埋设图

各等级 GNSS 点的标石用混凝土灌制。一般普通标石分上标石和下标石两层,其上均设有金属的中心标志。

埋设标石时,须使各层标志中心在同一铅垂线上,其偏差不得大于 2 mm。新埋标石时,应依法办理征地手续和测量标志委托保管书。

五、GNSS 标石埋设

(一)标石

(1)各级 GNSS 点均应埋设固定的标石或标志。

(2)GNSS 点标石类型分为天线墩、基本标石和普通标石(各标石的规格如图 7-5 所示)。A 级 GNSS 点标石与相关设施的技术要求按 CH/T 2008 的有关规定执行。B 级 GNSS 点应埋设天线墩,C、D、E 级 GNSS 点在满足标石稳定、易于长期保存的前提下,可根据具体情况选用。

(3)各种类型的标石应设有中心标志。基岩和基本标石的中心标志应用铜或不锈钢制

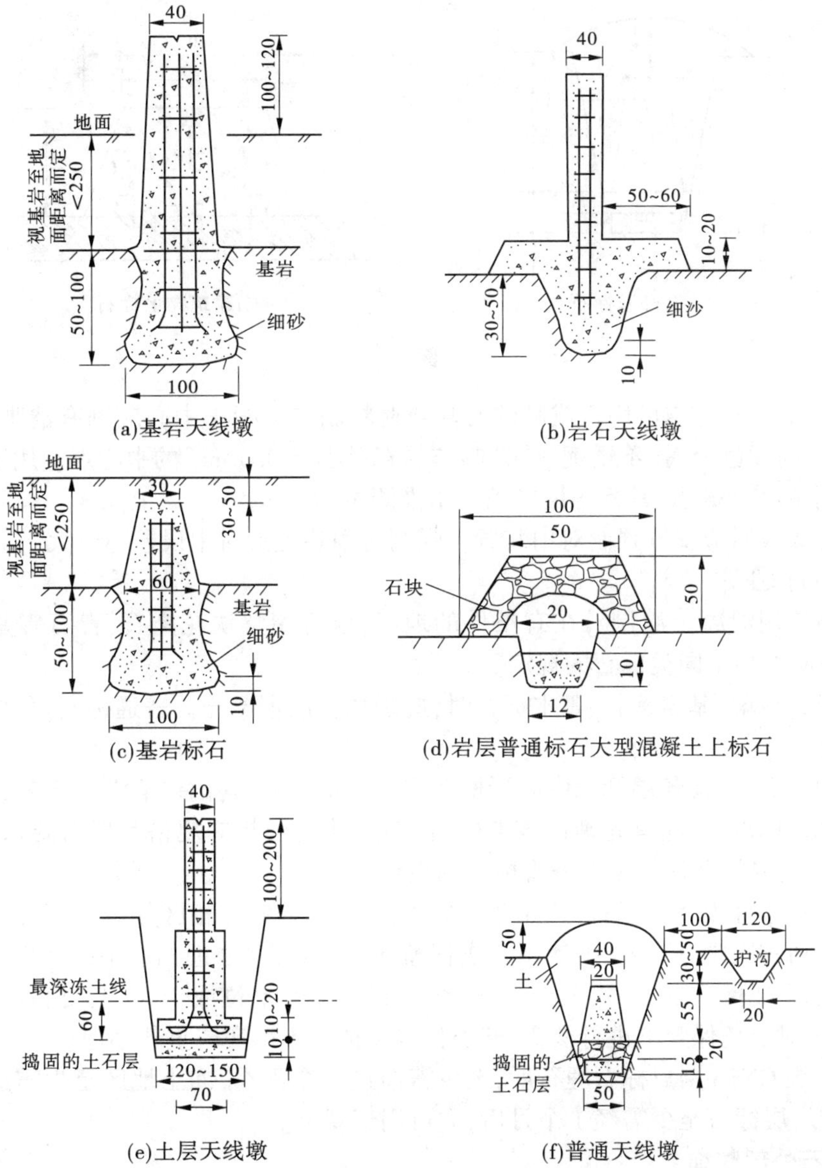

图 7-5 标石的规格

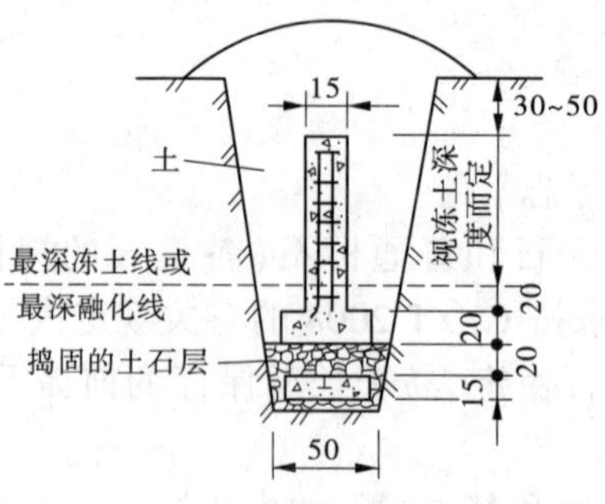

(g)冻土基本标石

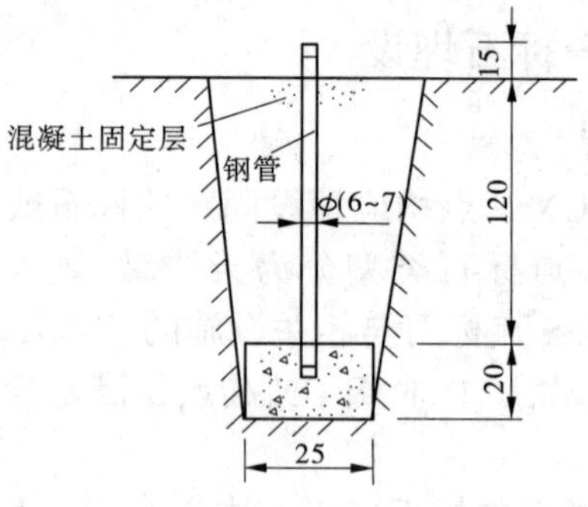

(h)固定沙丘基本标石

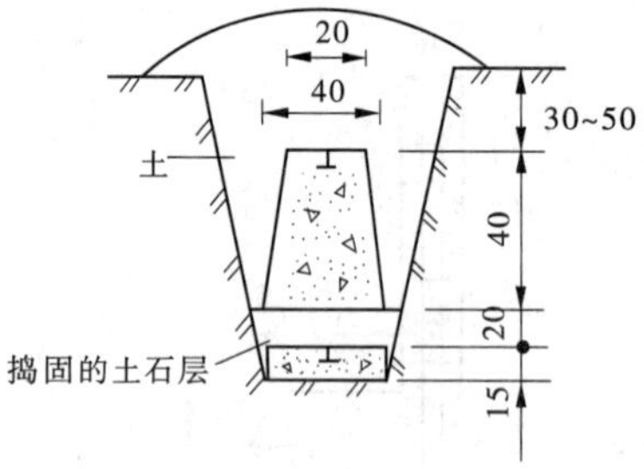

(i)普通标石

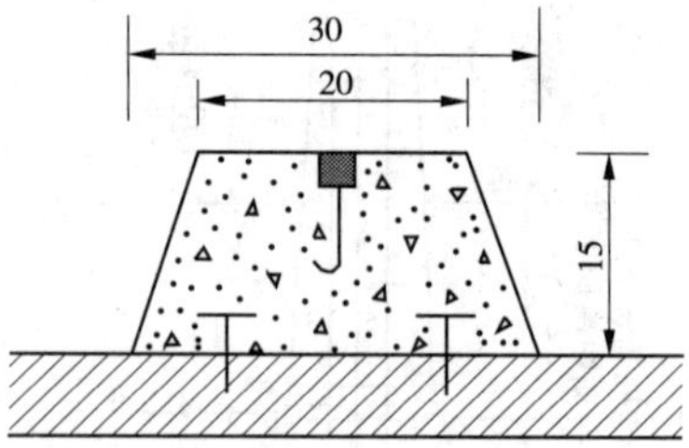

(j)建筑物上标石

续图 7-5

作。普通标石的中心标志可用铁或坚硬的复合材料制作。标志中心应刻有清晰、精细的十字线或嵌入不同颜色金属(不锈钢或铜)制作的直径小于 0.5 mm 的中心点。用于区域似大地水准面精华的 GNSS 点,其标志还应满足水准测量的要求。

(4)各种天线墩应安置强制对中装置。强制对中装置的对中误差不应大于 1 mm。

(二)埋石作业

(1)标石应用混凝土灌制。在有条件的地区,也可用整块花岗石、青石等坚硬石料凿制,但其规格应不小于同类标石的规定。

(2)埋设天线墩、基岩标石、基本标石时,应现场浇灌混凝土。普通标石可预先制做,然后运往各点埋设。

(3)埋设标石,须使各层标志中心严格在同一铅垂线上,其偏差不应大于 2 mm。

(4)当利用旧点时,应首先确认该点标石完好,并符合相应规格和埋石要求,且能长期保存。必要时需要挖开标石侧面查看标石的规定。

(5)方位点应埋设普通标石,并加适当标注,以便与控制点相区分。

(6)埋石所占土地,应经土地使用者或管理部门同意,并办理相应手续。新埋标石时应办理测量标志委托保管书,一式三份,一份交标石的保管单位或个人,上交和存档各一份。利用旧点时需对委托保管书进行核实,若委托保管情况不落实应重新办理。

(7)B、C 级 GNSS 网点标石埋石后,至少需经过一个雨季,冻土地区至少需经过一个冻解期,基岩或岩层标石至少需经 1 个月后,方可用于观测。

(三)标石外部整饰

(1)B、C、D、E 级 GNSS 点混凝土标石灌制时,均应在标石上表面压印控制点的类级、埋设年代,B、C 级 GNSS 点还应在标石侧面压印“国家设施 请勿碰动”字样。

(2)B级GNSS网点标石埋设后,宜在周围砌筑混凝土方井或圆井护框,其内径根据情况而定,但至少不小于0.6 m,高为0.2 m。

(3)荒漠或平原不易寻找的控制点还需在其近旁埋设指示碑,其规格参见《国家三、四等水准测量规范》(GB/T 12898—2009)。

(四)关键工序的控制

在标石建造的施工现场,应拍摄下列照片:

(1)钢筋骨架照片,应能反映骨架捆扎的形状与尺寸;

(2)标石坑照片,应能反映标石和基座坑的形状和尺寸;

(3)基座建造后照片,应能反映基座的钢筋骨架或预制涵管安置是否正确;

(4)标志安置照片,应能反映标志安置是否平直、端正;

(5)标石整饰后照片,应能反映标石整饰是否规范;

(6)标石埋设位置远景照片,应能反映标石埋设位置的地物、地貌景观。

(五)埋石后上交的资料

埋石结束后应上交以下资料:

(1)GNSS点之记;

(2)测量标志委托保管书;

(3)标石建造拍摄的照片;

(4)埋石工作总结。

小贴士

在新测区测量时,首先需要收集区域内的测量资料,寻找测量控制点。包括控制测量阶段寻找起算平面控制点和有概略坐标的水准点,在地形图测量或放样过程中寻找设站点和定向控制点。为了寻找到控制点,先将控制点坐标(大地经纬度)输入手持GNSS仪器,用手持GNSS的导航功能,根据导航提示找到控制点概略位置,再依据点位说明就能快速准确地找到具体点位。点位的正确选择对观测工作的顺利进行和测量结果的可靠性具有重要意义。

任务四 GNSS控制网的测设方案

应用GNSS定位技术建立测量控制网,均采用相对定位的方法。相对定位的两点间构成独立观测边,也称基线。显然,GNSS网的几何图形是由投入作业的接收机台数、观测路线和基线连接形式所决定的,我们将它们称为GNSS测量控制网的测设方案。

一、两台接收机相对定位的测设方案

近年来,随着GNSS定位后处理软件的发展,为确定两点之间的基线向量,已有多种测设方案可供选择。在其硬件和软件的支持下,就出现了静态相对定位、快速静态相对定位、准动态相对定位等多种测设方案。

(一)静态定位

(1)作业方法。

采用2套GNSS接收设备,分别安置在一条基线的两个端点(见图7-6),同步观测4颗卫星1 h左右,或同步观测5颗卫星20 min左右。

(2)精度。

基线的相对定位精度可达 5 mm$+1\times10^{-6}D$,D 为基线长度(km)。

(3)适用范围。

建立全球性或国家级大地控制网、建立地壳运动监测网、建立长距离检校基线、进行岛屿与大陆联测、钻井定位。

(4)注意事项。

所有观测过的基线应组成一系列封闭图形(见 7-6),以利于外业检核,提高成果可靠度,并且可以通过平差,进一步提高定位精度。

(二)快速静态定位

(1)作业方法。

在测区中部选择一个基准站,并安置一套接收设备连续跟踪所有可见卫星;另一台接收机依次到各点流动设站(见图 7-7),每点观测 1~2 min。

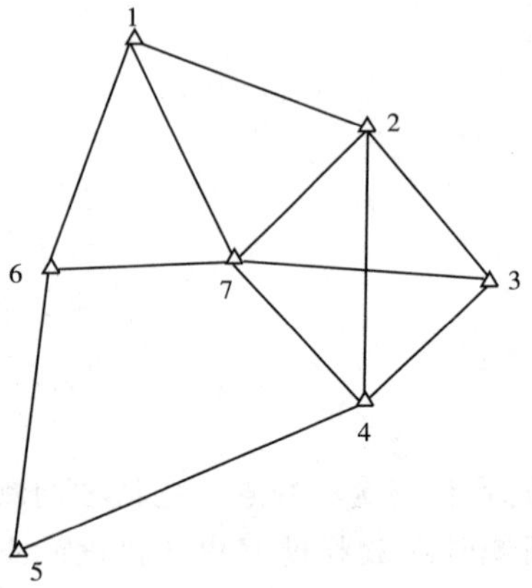

图 7-6　**静态定位**

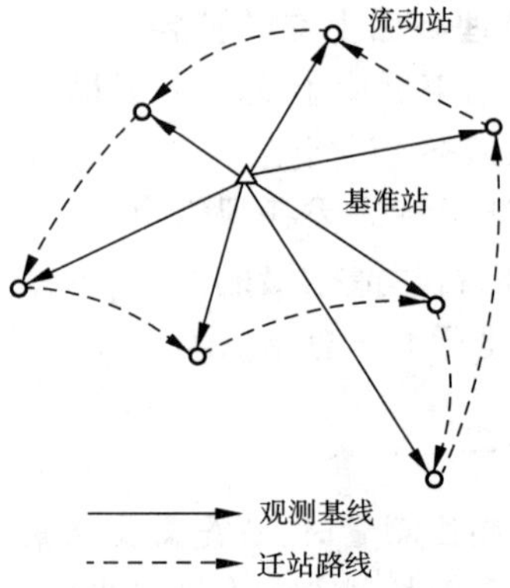

图 7-7　**快速静态定位**

(2)精度。

流动站相对于基准站的长度中误差为 5 mm$+1\times10^{-6}D$。

(3)应用范围。

快速静态定位适用于控制网的建立及其加密、工程测量、地籍测量、大批相距百米左右的点位定位。

(4)注意事项。

在观测时段内应确保有 5 颗以上卫星可供观测;流动点与基准点相距应不超过 20 km;流动站上的接收机在转移时,不必保持对所测卫星连续跟踪,可关闭电源以降低能耗。

(三)准动态定位

(1)作业方法。

在测区选择一个基准站,安置接收机连续跟踪所有可见卫星;将另一台接收机先置于 1 号站(见图 7-8)观测 1~2 min;在保持对所测卫星连续跟踪而不失锁的情况下,将流动接收机分别在 2、3、4、…各点观测数秒钟(见图 7-8)。

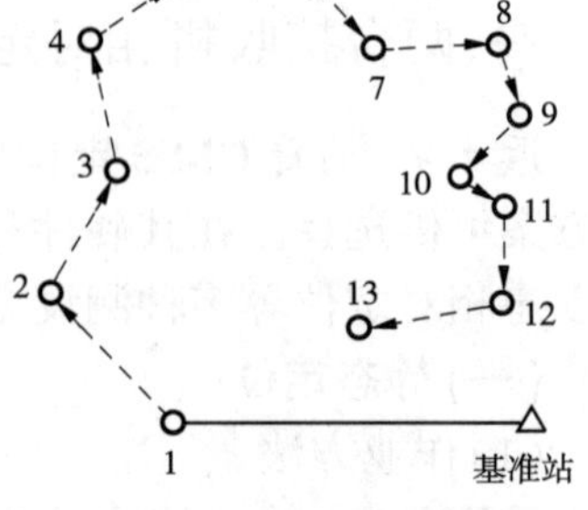

图 7-8　**准动态定位**

(2)精度。

基线的中误差为 1~2 cm。

(3)应用范围。

准动态定位用于开阔地区的加密控制测量、工程定位及碎部测量、剖面测量及路线测量等。

(4)注意事项。

应确保在观测时段上有 5 颗以上卫星可供观测;流动点与基准点距离不超过 20 km;在观测过程中流动接收机不能失锁,否则应在失锁的流动点上延长观测时间 1~2 min。

(四)往返式重复设站

(1)作业方法。

建立一个基准点安置接收机连续跟踪所有可见卫星;流动接收机依次到每点观测 1~2 min;1 h 后逆序返测各流动点 1~2 min(见图 7-9)。

(2)精度。

相对于基准点的基线中误差为 5 mm+$1\times10^{-6}D$。

(3)应用范围。

往返式重复设站用于控制测量及控制网加密、取代导线测量及三角测量、工程测量及地籍测量等。

(4)注意事项。

流动点与基准点相距不超过 20 km;基准点上空开阔,能正常跟踪 3 颗及以上的卫星。

(五)动态定位

(1)作业方法。

建立一个基准点安置接收机连续跟踪所有可见卫星;流动接收机先在出发点上静态观测 1~2 min;然后流动接收机从出发点开始连续运动;按指定的时间间隔自动测定运动载体的实时位置(见图 7-10)。

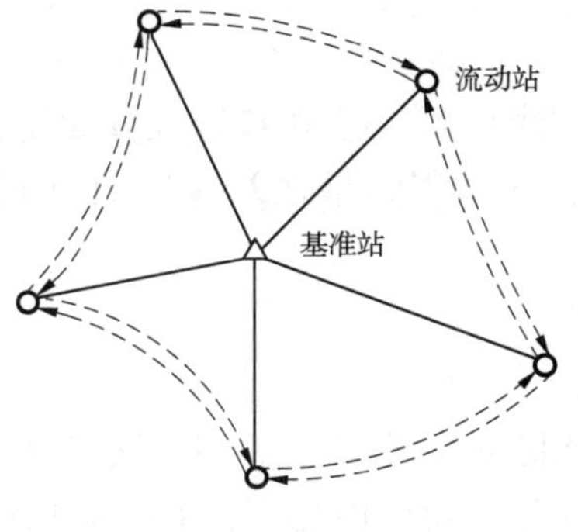

图 7-9 往返式重复设站

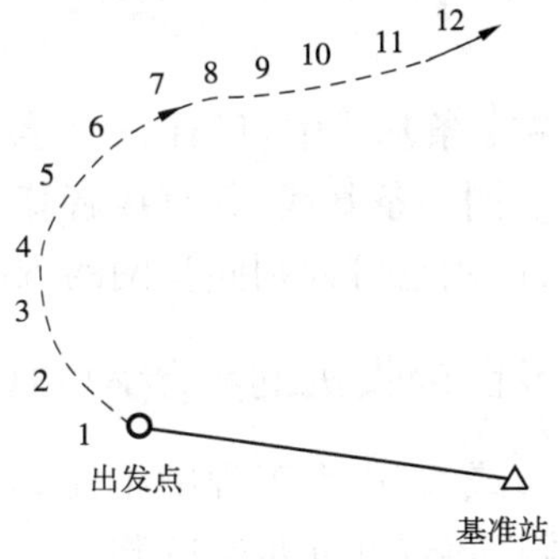

图 7-10 动态定位

(2)精度。

相对于基准点的瞬时点位精度可达 1~2 cm。

(3)应用范围。

动态定位用于精密测定运动目标的轨迹、测定道路的中心线、剖面测量、航道测量等。

(4)注意事项。

需同步观测 5 颗卫星,其中至少 4 颗卫星要连续跟踪;流动点与基准点相距不超过 20 km。

二、多台接收机的同步网测设方案

当投入作业的接收机数目多于 2 台时，就可以在同一时段内，几个测站上的接收机同步观测共视卫星。此时，由同步观测边所构成的几何图形，称为同步网，或称作同步环路。

图 7-11 表示用 3 台[见图 7-10(a)]、4 台[见图 7-10(b)、(c)]、5 台[见图 7-10(d)、(e)]接收机作同步观测所构成的同步网的几何图形。由图 7-11 可知，若三角形同步网的点数为 m，则网中同步边(基线)总数为

$$s=\frac{m(m-1)}{2} \tag{7-4}$$

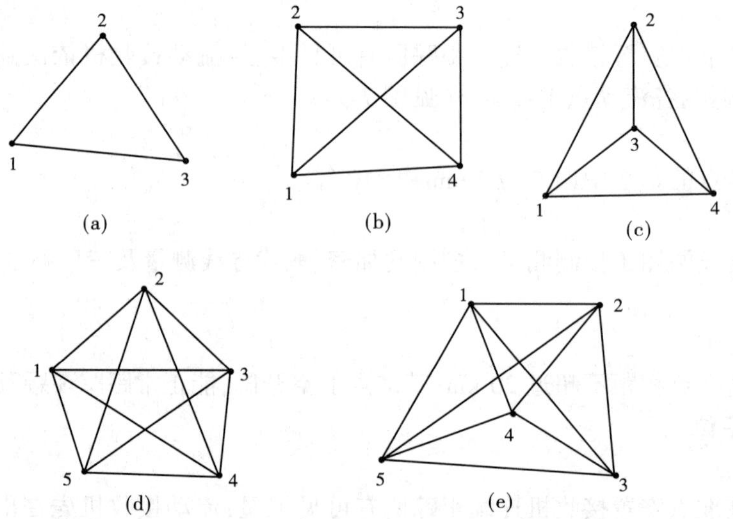

图 7-11　同步网的几何图形

不过在 s 条基线中，只有 $m-1$ 条独立基线，其余基线均可由独立基线推算而得，属于非独立基线。同一条基线，其直接解算结果与独立基线推算所得结果之差，就产生了所谓坐标闭合差条件，用它可评判同步网的观测质量。

三、多台接收机的异步网测设方案

在城市或大、中型工程中布设 GNSS 控制网时，控制点数目比较多，由于受接收机数量的限制，难以再选择同步网的测设方案。此时，必须将多个同步网相互连接，构成统一整体的 GNSS 控制网。这种由多个同步网相互连接的 GNSS 网，称作异步网。

异步网的测设方案取决于投入作业的接收机数量和同步网之间的连接方式。不同的接收机数量决定了同步网的网形结构，而同步网的不同连接方式又会出现不同的异步网的网形结构。由于 GNSS 网的平差及精度评定，主要是由不同时段观测的基线组成异步闭合环的多少及闭合差大小所决定的，而与基线边长度和其间所夹角度无关，所以异步网的网形结构与多余观测密切相关。

同步网之间的连接方式有以下三种。

(一)点连式

同步网之间仅有一点相连接的异步网称为点连式异步网,如图 7-12 所示。

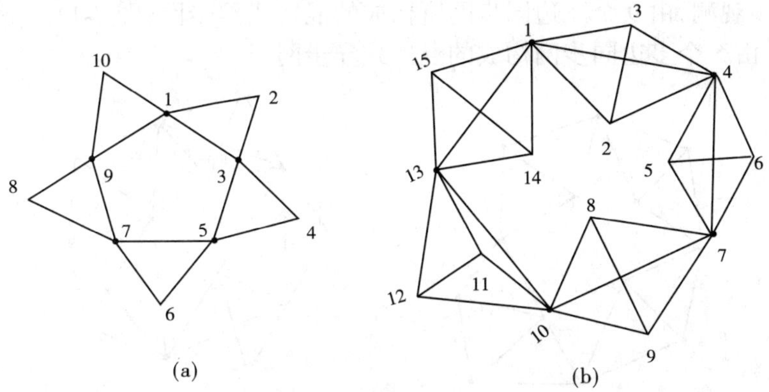

图 7-12　点连式异步网

在图 7-12(a)中共有 10 个点,用 3 台接收机分别在 5 个三边同步网中依次作同步观测。同步网间用 1、3、5、7、9 各点相连接,连接点上设站二次,其余点只设站一次。该图形中有 5 个同步环和 1 个异步环,基线总数为 15,其中独立基线数为 9,非独立基线数为 6,没有重复基线。

在图 7-12(b)中共有 15 个点,用 4 台接收机分别在 5 个多边同步网中依次作同步观测,构成点连式异步网。该图形中有 5 个同步环和 1 个异步环,基线总数为 30,其中独立基线数为 14,非独立基线数为 16。由图 7-12 可以看出,在点连式异步网中均没有重复基线出现。

(二)边连式

同步网之间由一条基线边相连接的异步网称为边连式异步网,如图 7-13 所示。

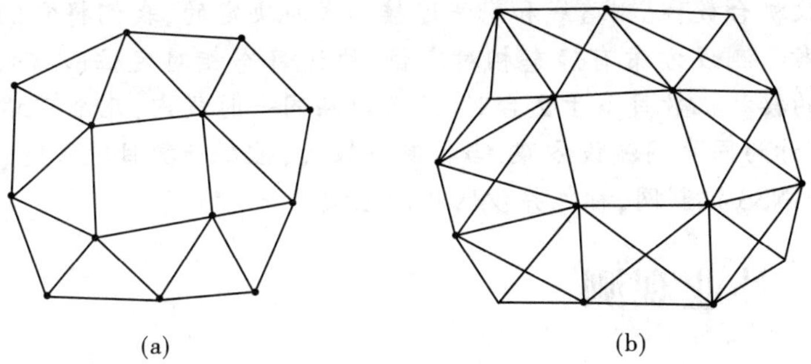

图 7-13　边连式异步网

图 7-13(a)表示用 3 台接收机分别在 13 个三角形同步网中先后作同步观测。同步网间有一条公共基线连结,公共基线在相连的同步环中分别测量两次。该网中有 13 个同步环和 1 个异步环,基线总数为 26,其中独立基线数为 13,重复基线数为 13。这样,就出现了 13 个同步环检核、1 个异步环检核、13 个重复基线检核。

图 7-13(b)为 4 台接收机先后在 8 个观测时段进行同步观测所构成的边连式异步网。网中有 8 个同步环和 1 个异步环、8 个重复基线检核。其中,在同步环检核中,又可产生大量同步闭合环。

(三)混连式

混连式是点连式与边连式的一种混合连接方式,如图 7-14 所示。其中图 7-14(a)为 3 台接收机作同步观测,由 9 个三边同步网所构成的混连式异步网;图 7-14(b)为 4 台接收机进行同步观测,由 5 个多边同步网构成的混连式异步网。

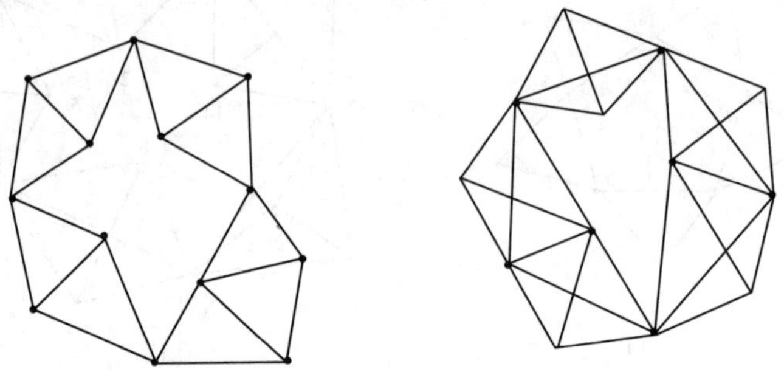

(a)　　(b)

图 7-14　混连式异步网

在上述三种连接方案中,第二种工作量最小,但无重复基线检核;第二种工作量最大,检核条件亦最多;第三种比较灵活,工作量与检核条件比较适中。在选择测设方案时,应从所具备的接收机数量和精度、工作量大小、卫星运行状态、测区条件等方面进行权衡。通常 GNSS 相对定位精度较高,比较容易达到工程的期望精度,这时也就没有必要以高额投入换取更高的精度。

➢ 小贴士

应用 GNSS 定位技术建立测量控制网,均采用相对定位的方法。GNSS 网的几何图形是由投入作业的接收机台数、观测路线和基线连接形式所决定的,我们将它们称为 GNSS 测量控制网的测设方案。测设方案有静态相对定位、快速静态相对定位、准动态相对定位等多种。当投入作业的接收机数目多于 2 台时,就可以在同一时段内,几个测站上的接收机同步观测共视卫星,可称为同步网测设方案,当控制网较大,控制点数目较多时,必须将多个同步网相互连接构成 GNSS 控制网,称作异步网测设方案。

任务五　外业观测

GNSS 外业观测是利用接收机接收来自 GNSS 卫星的无线电信号,它是外业阶段的核心工作,包括准备工作、天线设置、接收机选用和检验、接收机操作、气象数据观测、测站记簿等项内容。

一、制订实测方案

GNSS 卫星定位网的技术设计是在室内完成的,它注重 GNSS 网的科学性和完整性。而实测方案则是依据接收机的台数和点位的分布特点,充分考虑到测区交通和地理环境,精心安排多台接收机进行的同步观测计划。

例如图 7-15 表示了利用 4 台接收机进行同步环路测量的实施方案。图中用网环路与子环路分别构成闭合的 GNSS 网。GNSS 点的编号就是环路测量的推进顺序。根据所设计的网环路制订实测方案时还会出现其他不同形式，应视测区内的交通状况和站址位置作出周密的安排。

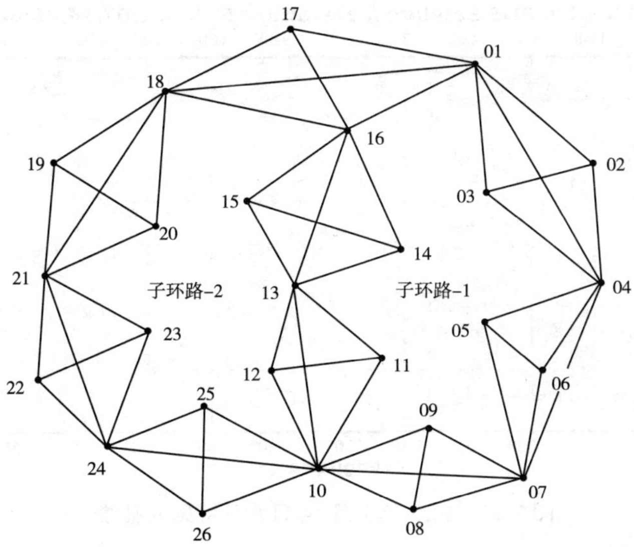

图 7-15　网环路与子环路

二、选择最佳观测时段

GNSS 卫星的观测，是待 GNSS 卫星升离地平线一定的角度才开始的，这个角度就是卫星高度截止角。高度角愈小，愈有利于减小三维位置图形强度因子（PDOP），从而延长最佳观测时间；但是卫星高度角愈小，对流层影响愈显著，测量误差随之增大。在精密定位测量时，卫星高度截止角宜选定在 15°左右。

当卫星高度角≥15°时，2022 年 7 月 14 日 8 时北斗空间精度因子 PDOP 图，如图 7-16 所示。可看出中国上空 PDOP 值均小于 2，是最佳观测时段。

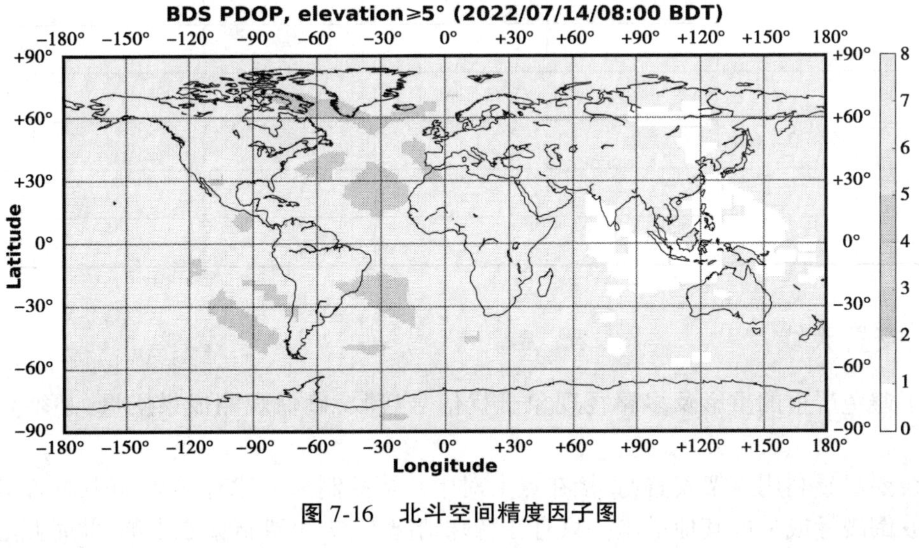

图 7-16　北斗空间精度因子图

可见卫星数由图 7-17 可知,整个作业时段均有 14 颗以上卫星可供观测;PDOP 处于良好状态。

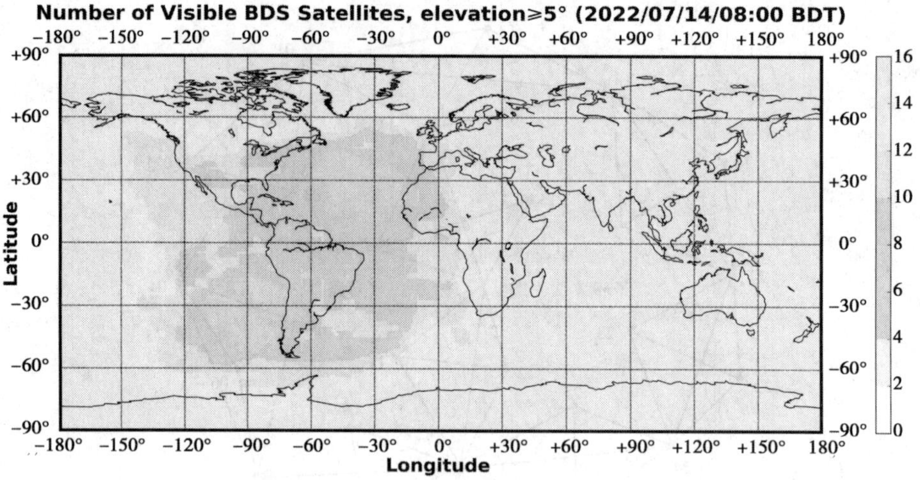

图 7-17　2022 年 7 月 14 日北斗可见卫星数

三、编排作业调度表

作业小组应在观测前根据测区地形、交通状况、控制网的大小、精度的高低、仪器的数量、GNSS 网的设计、星历预报表和测区的天气、地理环境等编制作业调度表,以提高工作效益。GNSS 作业调度表见表 7-9。

表 7-9　GNSS 作业调度表

时段编号	观测时间	测站号/名	测站号/名	测站号/名	测站号/名	测站号/名
		机号	机号	机号	机号	机号
1						
2						
3						
4						

四、安置天线

为了避免严重的重影及多路径现象干扰信号接收,确保观测成果质量,必须妥善安置天线。

天线要尽量利用脚架安置,直接在点上对中。当控制点上建有寻常标时,应在安置天线之前先放倒觇标或采取其他措施。只有在特殊情况下,方可进行偏心观测,此时归心元素应以解析法精确测定。

天线的定向标志线应指向正北。其中 A 与 B 级在顾及当地磁偏角修正后，定向误差不应大于±5°。天线底盘上的圆水准气泡必须居中。

天线安置后，应在每时段观测前、后各量取天线高一次。对备有专门测高标尺的接收设备，将标尺插入天线的专用孔中，下端垂准中心标志，直接读出天线高。对其他接收设备，可采用倾斜测量方法。从脚架互成 120°的三个空当测量天线底盘下表面至中心标志面的距离，互差小于 3 mm 时，取平均值 L，若天线底盘半径为 R，再利用厂方提供的平均相位中心至底盘下表面的高度 h_c，按下式求出天线高：

$$h = \sqrt{L^2 - R^2} + h_c \tag{7-5}$$

天线安置后，应在每时段观测前、后各量取天线高一次。量取天线高的方法有以下几种方法：

(1) 天线墩上天线高测定。

用天线高量测杆或小钢卷尺从厂家规定的天线高量测基准面彼此相隔 120°的 3 个位置分别量取至天线墩中心标志面的垂直距离，互差应小于 2 mm，取平均值为天线高 h。

(2) 三脚架上天线高测定。

备有专用测高标尺的接收设备，将标尺插入天线的专用孔中，下端垂准中心标志，直接读出天线高(或需加一常数)。

其他接收设备，可采用倾斜测量方法。从脚架 3 个空当(互成 120°)，测量天线高量测基准面至中心标志面的距离，互差应小于 3 mm，取平均值为 L，天线底盘半径为 R，按天线高式(7-5)求出。

$$h = \sqrt{L^2 - R^2} \tag{7-6}$$

(3) 觇标仪器台上天线高测定。

按天线墩上天线高测定方法量取天线高量测基准面至仪器台上表面的高差 h_1，量取仪器的厚度 h_2，然后用钢卷尺不同部位，3 次量取仪器台下表面至中心标志高的高差 h_3，其互差不应大于 5 mm，取平均值为最后结果，则天线高 h 按公式(7-7)求出。

$$h = h_1 + h_2 + h_3 \tag{7-7}$$

在 GNSS 测量手簿中应绘出天线高量测方法略图。

五、外业观测作业

观测作业的主要任务是捕获 GNSS 卫星信号，并对其进行跟踪、处理和量测，以获得所需要的定位信息和观测数据。

在离开天线不远的地面上，安放接收机。接通接收机至电源、天线、控制器的连接电缆，并经过预热和静置，即可启动接收机进行观测。

接收机开始记录数据后，观测员可使用专用功能键和选择菜单，查看测站信息、接收卫星数量、各通道信噪比、相位测量残差、实时定位的结果及其变化、存储介质记录情况等。

观测员要细心操作，防止接收设备震动，防止人员和其他物体碰动天线和阻挡信号。

至于利用接收机进行作业的具体方法步骤，因接收机的类型不同而异。对于目前常见的接收机，其操作自动化程度较高，一般只需按若干功能键就能进行测量。对某种具体接收机的操作方法,用户应按随机的操作手册进行。

六、外业成果记录

在外业观测过程中,所有信息资料和观测数据都要妥善记录。记录的形式主要有以下两种。

(一)观测记录

观测记录由接收设备自动完成,均记录在存储介质上,记录项目主要有:载波相位观测值及其相应的GNSS时间;GNSS卫星星历参数、测站和接收机初始信息(测站名、测站号、时段号、近似坐标及高程、天线及接收机编号、天线高)。

存储介质的外面应贴制标签,注明文件名、网区名、点名、时段号、采集日期、测量手簿编号等。

接收机内存数据文件转录到外存介质上时,不得进行任何剔除和删改,不得调用任何对数据实施重新加工组合的操作指令。

(二)测量手簿

测量手簿是在接收机启动前与作业过程中,由测量员随时填写的。对于D、E级测量记录格式如表7-10所示。其中图幅编号,可填写1:50 000地形图图幅编号;近似经纬度填至1′,近似高程填至100 m。整个观测过程出现的重要问题及其处理情况,亦应如实地填写在记事栏内。

观测记录和测量手簿都是GNSS精密定位的依据,必须按照规定妥善保管。

表7-10　GNSS外业观测手簿(规程)

________________工程GNSS外业观测手簿

观测者	日期	年	月　　日
测站名	测站号	时段号	
本测站为:已知点□	待定点□		
记录时间:北京时间□	UTC□	区时□	
开机时间:	结束时间:		
接收机号:	天线号:		
天线高:(m) 1.　　2.	3.	平均值	
备注:			

七、观测作业要求

观测组应严格按规定的时间进行作业。GNSS 接收机在开始观测前,应进行预热和静置,具体要求按接收机操作手册进行。

经检查接收机电源电缆和天线等各项连接无误,方可开机。开机后经检验有关指示灯与仪表显示正常后,方可进行自测试并输入测站、观测单元和时段等控制信息。在接收机启动前与作业过程中,应随时逐项填写测量手簿中的记录项目。

接收机开始记录数据后,观测员可使用专用功能键和选择菜单,查看测站信息、接收卫星数、卫星号、卫星健康状况、各通道信噪比、相位测量残差、实时定位的结果及其变化、存储介质记录和电源情况等,如发现异常情况或未预料到的情况,应记录在测量手簿的备注栏内,并及时报告作业调度者。

每时段观测开始及结束前后各记录一次观测卫星号、天气状况、实时定位经纬度和大地高、PDOP 值等,一次在时段开始时,一次在时段结束时。时段长度超过 2 h,应每当 UTC 整点时增加观测记录上述内容一次,夜间放宽到 4 h。每时段观测前后应各量取天线高一次。两次量高之差不应大于 3 mm,取平均值作为最后天线高。若互差超限,应查明原因,提出处理意见记入测量手簿记事栏。

除特殊情况外,不宜进行偏心观测。观测期间,不应在天线附近 50 m 以内使用电台,10 m 以内使用对讲机。天气太冷时,接收机应适当保暖;天气很热时,接收机应避免阳光直接照晒,确保接收机正常工作。

一个时段观测过程中不应进行以下操作:

(1)接收机重新启动;

(2)进行自测试;

(3)改变卫星截止高度角;

(4)改变数据采样间隔;

(5)改变天线位置;

(6)按动关闭文件和删除文件等功能键。

经检查,所有规定作业项目均已全面完成,并符合要求,记录与资料完整无误,方可迁站。

在外业观测过程中,作业人员应遵守如下要求:

(1)观测组必须严格遵守调度命令,按规定时间同步观测同一组卫星。当没按计划到达点位时,应及时通知其他各组,并经观测计划编制者同意对时段作必要调整,观测组不得擅自更改观测计划。

(2)一个时段观测过程中严禁进行以下操作:关闭接收机重新启动,进行自测试(发现故障除外),改变接收设备预置参数等,改变天线位置,按关闭和删除文件功能等。

(3)观测期间作业员不得擅自离开测站,并应防止仪器受震动和被移动,要防止人员或其他物体靠近、碰动天线或阻挡信号。

(4)在作业过程中,不应在天线附近使用无线电通信。当必须使用时,无线电通信工具应距天线 10 m 以上。雷雨过境时应关机停测,并卸下天线以防雷击。

八、外业观测记录要求

在外业观测过程中，所有信息资料和观测数据都要妥善记录。记录的形式主要有以下两种。

(一) 观测记录

观测记录由接收设备自动完成，均记录在存储介质(如磁带、磁卡等)上，记录项目主要有：载波相位观测值及其相应的 GNSS 时间、GNSS 卫星星历参数；测站和接收机初始信息(测站名、测站号、时段号、近似坐标及高程、天线及接收机编号、天线高)。

(二) 测量手簿

测量手簿格式见表 7-11。

表 7-11　GNSS 测量手簿记录格式

点号		点名		图幅编号	
观测员、记录员		观测日期		时段号	
接收机型号 及其编号		天线类型及其编号		存储介质类型 及其编号	
原始观测 数据文件名		Rinex 格式数据 文件名		备份存储介质 类型及其编号	
近似纬度	°　′　″N	近似经度	°　′　″E	近似高程	m
采样间隔	s	开始记录时间	h　min	结束记录时间	h　min
天线高测定		天线高测定方法及略图		点位略图	
测前：　测后： 测定值______m ______m 修正值______m ______m 天线高______m ______m 平均值______m ______m					
时间(UTC)		跟踪卫星数		PDOP 值	
记事					

测量手簿记录内容及要求如下：

(1)点号、点名。

(2)图幅编号：填写点位所在的 1:50 000 地形图图幅编号。

(3)观测员、记录员。

(4)时段号、观测时期：每个测站时段号按顺序连续编写，如：01、02、03、…；观测时间填写年、月、日，并打一斜线填写年积日。

(5)接收机型号及编号、天线类型及编号：填写全名，如“Ashtech Zxtreme”“扼流圈双波段天线”，主机及天线编号(S/N、P/N)从主机及天线上查取，填写完整。

(6)存储介质及编号、备份存储介质及编号。

(7)原始数据数据文件名、Rinex 格式数据文件名。

(8)近似纬度、近似经度、近似高程：近似经纬度填至 1′，近似高程填至 100 m。

(9)采样间隔、开始记录时间、结束记录时间：采样间隔填写接收机实际设置的数据采样率。

(10)站时段号、日时段号。

(11)天线高及其测定方法及略图：各项测定值取至 0.001 m。

(12)点位略图：按点附近地形地物绘制，应有 3 个标定点位的地物点，比例尺大小视点位具体情况确定。点位环境发生变化后，应注明新增障碍物的性质，如树林、建筑物等。

(13)测站作业记录：记载有效观测卫星数、PDOP 值等，B 级每 4 h 记录一次，C 级每 2 h 记录一次，D 级、E 级观测开始与结束时各记录一次。

(14)记事：记载天气状况，填写开机时的天气状况，按晴、多云、阴、小雨、中雨、大雨、小雪、中雪、大雪、风力、风向选一填写，同时记录云量及布；记载是否进行偏心观测，其记录在何手簿，以及整个观测是过程中出现的重要问题、出现时间及其处理情况。

九、外业成果记录

(一)记录类型

GNSS 测量作业所获取的成果记录应包括以下三类：观测数据、测量手簿、其他记录(包括偏心观测资料等)。

(二)记录内容

观测记录项目包括以下主要内容：观测数据(原始观测数据和 Rinex 格式数据)；对应观测值的 GNSS 时间；测站和接收机初始信息：测站名、测站号、观测单元号、时段号、近似坐标及高程、天线及接收机型号和编号、天线高与天线高量取位置及方式；观测时期、采样间隔、卫星截止高度角。

(三)记录要求

(1)观测前和观测过程中应按要求及时填写各项内容，书写要认真细致，字迹清晰、工整、美观。

(2)测量手簿各项观测记录一律使用铅笔，不应刮、涂改，不应转抄或追记，如有读、记错误，可整齐划掉，将正确数据写在上面并注明原因。其中天线高、气象计数等原始记录不应连环涂改。

(3)手簿整饰，存储介质注记和各种计算一律使用蓝黑墨水书写。

(4)在外业观测中,接收机内存储介质上的数据文件应及时拷贝成一式两份,并在外存储介质适当处制贴标签,注明网区名、点名、点号、观测单元号、时段号、文件名、采集日期、测量手簿编号等。两份存储介质应分别存在专人保管的防水、防静电的资料箱内。

(5)接收机内所存数据文件卸载到外存储介质上时,不应进行剔除、删改或编辑。

(6)测量手簿应事先连续编印页码并装订成册,不应缺损。其他记录,应分别装订成册。

➤ 小贴士

GNSS 外业观测是外业阶段的核心工作,包括准备工作、天线设置、接收机选用和检验、接收机操作、气象数据观测、测站记簿等项内容。在外业工作开始前,应先根据项目使用接收机的台数和点位的分布特点,并充分考虑到测区交通和地理环境,制订实测方案,选择最佳观测时段,认真编排作业调度表,以提高工作效率,严格按规定的时间进行作业。

任务六　观测成果的外业检核及处理

观测成果的外业检核是外业工作的最后一个环节。每当观测任务结束时,必须对观测数据的质量进行分析并做出评价,以确保观测成果和定位结果的预期精度。

一、野外数据检核

对野外观测资料首先要进行复查,内容包括:成果是否符合调度命令和规范的要求,进行的观测数据质量分析是否符合实际。然后进行下列项目的检核。

(一)每个时段同步边观测数据的检核

两端点的接收机,通过多历元同步观测,经平差计算的基线边称为同步边。同步边检核的内容如下:

(1)数据剔除率。剔除的观测值个数与应获取的观测值个数的比值称为数据剔除率。同一时段观测值的数据剔除率,其值应小于 10%。

(2)平差值中的误差。计算同步边各时段平差值中误差和相对中误差。其中中误差应小于 0.1 m,相对中误差应符合表 7-3 的要求。

(二)重复观测边的检核

同一条基线边若观测了多个时段,则可得到多个边长结果。这种具有多个独立观测结果的边就是重复观测边。对于重复观测边的任意两个时段的成果互差,均应小于接收机标称精度的 $2\sqrt{2}$ 倍。

(三)环闭合差的检核

当独立观测的各同步边构成闭合环形(如三角形、多边形)时,各边的坐标差之和应为零。但是由于多种误差的存在,环中各独立观测边的坐标差分量闭合差不为零,设其为

$$\left.\begin{aligned}\omega_x &= \sum_{i=1}^{n} \Delta x_i \\ \omega_y &= \sum_{i=1}^{n} \Delta y_i \\ \omega_z &= \sum_{i=1}^{n} \Delta z_i\end{aligned}\right\} \tag{7-8}$$

式中 n——闭合环中同步边数。

此时,环闭合差的定义是

$$\omega = (\omega_x^2 + \omega_y^2 + \omega_z^2)^{\frac{1}{2}} \tag{7-9}$$

环闭合差的大小是评价观测成果质量的重要标志之一。《规范》规定,若干个独立边组成闭合环时,各坐标差分量闭合差不应大于 $3\sqrt{n}\sigma$,其中 σ 为相应级别按平均距离(见表 7-1)算出的规定中误差。

(四)同步观测环检核

当环中各边为多台接收机同步观测时,由于各边是不独立的,所以其闭合差应恒为零。例如三边同步环中只有两条同步边可以视为独立的成果,第三边成果应为其余两边的代数和。但是由于模型误差和处理软件的内在缺陷,使得这种同步环的闭合差实际上仍可能不为零。这种闭合差一般数值很小,不至于对定位结果产生明显影响,所以也可把它作为成果质量的一种检核标准。

《规范》规定,三边同步环中第三边处理结果与前两边的代数和之差值应小于下列数值:

$$\omega_x \leqslant \frac{\sqrt{3}}{5}\sigma, \omega_y \leqslant \frac{\sqrt{3}}{5}\sigma, \omega_z \leqslant \frac{\sqrt{3}}{5}\sigma$$

$$\omega = (\omega_x^2 + \omega_y^2 + \omega_z^2)^{\frac{1}{2}} \leqslant \frac{3}{5}\sigma \tag{7-10}$$

式中 σ——相应级别的规定中误差(按平均边长计算)。

对于四站以上的多边同步环,可以产生大量同步闭合环,在处理完各边观测值后,应检查一切可能的闭合差。以图 7-18 为例,A、B、C、D 四站应检核:① $AB-BC-CA$;② $AC-CD-DA$;③ $AB-BD-DA$;④ $BC-CD-DB$;⑤ $AB-BC-CD-DA$;⑥ $AB-BD-DC-CA$;⑦ $AD-DB-BC-CA$。所有闭合环的分量闭合差不应大于 $\frac{\sqrt{n}\sigma}{5}$,而环闭合差

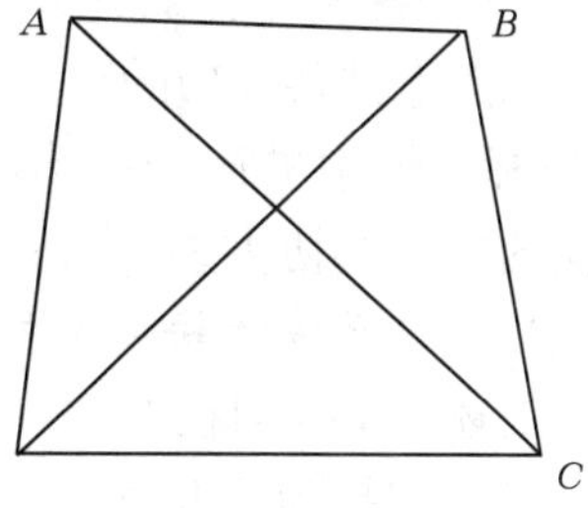

图 7-18 同步环闭合差

$$\omega = (\omega_x + \omega_y + \omega_z)^{\frac{1}{2}} \leqslant \frac{\sqrt{3n}}{5}\sigma \tag{7-11}$$

式中 n——闭合环中的边数;

σ——相应级别的规定中误差。

当发现边闭合数据或环闭合数据超出上列规定时,应分析原因并对其中部分或全部成

果重测。需要重测的边,应尽量安排在一起进行同步观测。

二、数据后处理

GNSS 测量数据的测后处理,一般均可借助相应的后处理软件自动完成,其基本过程和基本内容如下所述。

(一)观测数据的预处理

预处理的主要目的是对原始数据进行编辑、加工与整理,分流并产生各种专用信息文件,为进一步的平差计算做准备。它的基本内容包括以下几个方面:

(1)数据传输。将 GNSS 接收机记录的观测数据传输到磁盘或其他介质上。

(2)数据分流。从原始记录中,通过解码将各种数据分类整理,剔除无效观测值和冗余信息,形成各种数据文件,如星历文件、观测文件和测站信息文件等。

(3)统一数据文件格式。将不同类型接收机的数据记录格式、项目和采样间隔,统一为标准化的文件格式,以便统一处理。

(4)卫星轨道的标准化。采用多项式拟合法,平滑 GPS 卫星每小时发送的轨道参数,使观测时段的卫星轨道标准化。

(5)探测周跳、修复载波相位观测值。

(6)对观测值进行必要改正。在 GNSS 观测值中加入对流层改正,单频接收机的观测值中加入电离层改正。

(二)平差计算

根据上述预处理所获得的标准化数据文件,进行观测数据的平差计算。其主要内容如下所述。

1. 基线向量或多站网平差计算

对于 2 台接收机,要对多个历元同步观测值进行独立基线向量(坐标差)的平差计算。对于多台接收机所作的同步观测区,要同时确定多条基线向量。由此所得到的平差结果为观测站之间的基线向量及其方差与协方差。

2. GNSS 网平差的计算

利用上述基线边的平差结果,作为相关观测量进行网的整体平差。平差计算应在 WGS-84 坐标系统中进行,平差结果一般是网点的空间直角坐标、大地坐标和高斯平面坐标以及相应的方差和协方差。

3. 坐标系统的转换或与地面网的联合平差

上述 GNSS 网在 WGS-84 坐标系统中的平差结果,还需要化算到地方所采用的坐标系统中去。如果为了改善已有的地方控制网,还需要确定 GNSS 网与原控制网之间的转换参数,进行两网的联合平差。

平差计算完成后,需输出打印以下基本信息:测区和各测站的基本信息;观测值的数量、数据剔除率、时段起止时刻和持续时间的统计信息;平差计算采用的坐标系统、基本常数、起算数据、观测值类型和数据处理方法;平差计算采用的先验约束条件、先验误差;平差结果;平差值的精度。

三、观测质量的评价标准

(一)质量评价标准

在 GNSS 静态相对定位中,观测数据的评价一般分为 4 级,即良好、合格、存疑和不合格,各级的评价标准如下。

1. 良好

(1)测站环境好,无干扰因素。

(2)观测过程中大气状况稳定。

(3)能观测到所有预报的卫星。

(4)接收机运行正常,没有或偶尔发生短暂的失锁或故障报警但很快得以排除。

(5)测站上全站操作过程都符合规定,资料齐全。

(6)实时绝对定位解的收敛平稳。

2. 合格

(1)测站上有明显的干扰因素。

(2)观测过程中大气状况有明显的波动(如有暴风雨过境、各方位的云量分布极不均匀和气象突变等)。

(3)接收机运行不太正常,多次出现报警或卫星失锁,且由于未能及时排除或多次积累致使约有 10%的观测数据无效。

(4)测站上的操作过程基本符合规定要求。

(5)实时单点定位解的收敛过程有波动。

3. 存疑(或部分合格)

(1)测站上信号干扰因素比较严重。

(2)观测过程中报警或信号失锁频繁,有约 20%的观测数据无效。

(3)单点定位解的收敛波动较大。

4. 不合格

(1)由于多种因素(气象、仪器、建筑施工操作等)的影响,致使无效数据多于 30%。

(2)观测卫星数少于 4 颗。

(3)单点定位角的收敛很困难。

在上述评价标准中,对于良好和合格的条件是所有指标都应该满足的,对于存疑和不合格的条件是满足指标中的任意一条。

(二)关于重测问题

通过对检核超限基线的分析,若数据无法满足建立 GNSS 控制网有关精度的要求,则需要进行返工重测,重测时应该注意以下几个问题。

(1)无论何种原因造成一个控制点不能与两条合格独立基线相联结,则该点上应补测或重测不少于一条独立基线。

(2)可以舍弃在复测基线边长较差、同步环闭合差、独立环闭合差检验中超限的基线,但必须保证舍弃基线后的独立环所含基线数,否则,应重测该基线或有关同步图形。

(3)由于点位不符合 GNSS 测量定位要求而造成一个测站多次重测仍不能满足多项限差技术规定时,可按技术设计要求另增选新点进行重测。

(4)在测量成果检核工作完成以前,应该对 GNSS 网点进行保护,以免将 GNSS 点位损坏,为重测工作带来不必要的麻烦。

四、技术总结与上交资料

(一)技术总结

GNSS 测量工作结束后,需按要求编写技术总结报告,其内容包括以下几个方面:

(1)测区范围与位置,自然地理条件,气候特点,交通及电信、电源等情况;

(2)任务来源,测区已有测量情况,项目名称,施测目的和基本精度要求;

(3)施测单位,施测起讫时间,技术依据,作业人员情况;

(4)接收设备类型与数量以及检验情况;

(5)选点所遇障碍物和环境影响的评价,埋石与重合点情况;

(6)观测方法要点与补测、重测情况,以及野外作业发生与存在问题的说明;

(7)野外数据检核,起算数据情况和数据后处理内容、方法及软件情况;

(8)工作量、工日及定额计算;

(9)方案实施与规范执行情况;

(10)上交成果尚存问题和需要说明的其他问题;

(11)各种附表与附图。

(二)上交资料

GNSS 测量任务完成后,应上交下列资料:

(1)测量任务书(或合同书)与专业设计书;

(2)点之记、环视图和测量标志委托保管书、选点和埋石资料;

(3)接收设备、气象及其他仪器的检验资料;

(4)外业观测记录、测量手薄及其他记录;

(5)数据加工处理中生成的文件、资料和成果表;

(6)GNSS 网展点图;

(7)技术总结和成果验收报告。

➤ 小贴士

观测成果的外业检核是外业工作的最后一个环节。每当观测任务结束,对野外观测资料首先要进行复查,然后对观测数据的质量进行分析并做出评价,以确保观测成果和定位结果的预期精度。观测数据的评价一般分为 4 级,即良好、合格、存疑和不合格。

➤ 知识链接

学习本任务时,学生应结合教师的讲解思考 GNSS 静态控制测量主要包括外业数据采集和内业数据处理两个阶段,外业数据采集包括外业准备、外业实施、外业观测三个过程,统称为 GNSS 卫星控制网的布测。内业数据处理包括数据预处理、基线解算、网平差和数据输出四个过程。

阅读与应用

如何编写 GNSS 控制网技术设计书

为了制订切实可行的技术方案,保证测绘成果符合技术标准和满足顾客要求。每个测绘项目作业前应进行技术设计,技术设计完成后要形成技术设计文件。技术设计文件是测绘生产的主要技术依据,也是影响测绘成果能否满足顾客要求和技术标准的关键因素。为了确保技术设计文件满足规定要求的适宜性、充分性和有效性,这里主要介绍如何完成GNSS 网的控制技术方案设计及如何编写技术设计书。

要想很好地完成技术设计书,首先要了解技术设计书包括哪些内容,编写技术设计书应该注意哪些事项。

专业技术设计书的内容通常包括概述、测区自然地理概况与已有资料情况、引用文件、成果主要技术指标和规格、技术设计方案等部分。

一、概述

主要说明任务的来源、目的、任务量、作业范围和作业内容、行政隶属以及完成期限等任务基本情况。

二、测区自然地理概况与已有资料情况

(一)自然地理概况

应依据不同专业测绘任务的具体内容和特点,根据需要说明与测绘作业有关的测区自然地理概况,内容可包括:

(1)测区的地形概况、地貌特征:居民地、道路、水系、植被等要素的分布与主要特征,地形类别、困难类别、海拔高度、相对高差等。

(2)测区的气候情况:气候特征、风雨季节等。

(3)测区需要说明的其他情况:如测区有关工程地质与水文地质的情况,以及测区经济发达状况等。

(二)已有资料情况

主要说明已有资料的数量、形式、施测年代、采用的坐标系统、高程和重力基准,资料的主要质量情况(包括已有资料的主要技术指标和规格等)和评价,并说明已有资料利用的可能性和利用方案等。

三、引用文件

说明专业技术设计书编写过程中所引用的标准、规范或其他技术文件。文件一经引用,便构成专业技术设计书设计内容的一部分。

四、成果主要技术指标和规格

根据具体成果,规定其主要技术指标和规格,一般可包括成果坐标系统、高程基准、重力

基准、时间系统、投影方法、精度或技术等级以及其他主要技术指标等。

五、设计方案

设计方案的主要内容包括作业所需的主要装备、工具、材料和其他设施；作业的主要过程、各工序作业方法和精度质量要求；上交和归档成果及其资料的内容和要求。

（一）技术设计中应考虑的因素

（1）测站因素：网点的密度；网的图形结构，时段分配、重复设站和重合点的布置等。

（2）卫星因素：卫星高度角与观测卫星的数目，几何图形精度衰减因子，卫星信号质量。大部分接收机具有解码并记录来自卫星的广播星历表的能力。

（3）仪器因素：接收机，天线质量，记录设备。

（4）后勤因素：使用的接收机台数、来源和使用时间；各观测时段的机组调度；交通工具和通信设备的配置等。

（二）选点、埋石

（1）选点包括：测量线路、标志布设的基本要求；点位选址、重合利用旧点的基本要求；需要联测点的踏勘要求；点名及其编号规定；选址作业中应收集的资料和其他相关要求等。

（2）埋石内容包括：测量标志、标石材料的选取要求；石子、砂、混凝土的比例；标石、标志、观测墩的数学精度；埋设的标石、标志及附属设施的规格、类型；测量标志的外部整饰要求；埋设过程中需获取的相应资料（地质、水文、照片等）及其他应注意的事项；路线图、点之记绘制要求；测量标志保护及其委托保管要求。

（三）GNSS 平面控制测量

设计方案内容主要包括以下几个方面：

（1）规定 GNSS 接收机或其他测量仪器的类型、数量、精度指标以及对仪器校准或检定的要求，规定测量和计算所需的专业应用软件和其他配置。

（2）规定作业的主要过程、各工序作业方法和精度质量要求；确定观测网的精度等级和其他技术指标等；规定观测作业各过程的方法和技术要求；规定观测成果记录的内容和要求；外业数据处理的内容和要求；规定外业成果检查（或检验）、整理、预处理的内容和要求，基线向量解算方案和数据质量检核的要求，必要时需确定平差方案，高程计算方案等；规定补测与重测的条件和要求；规定其他特殊要求，如拟订所需的交通工具、主要物资及其供应方式、通信联络方式以及其他特殊情况下的应对措施。

（3）规定上交和归档成果及其资料的内容和要求。

（四）大地测量数据处理

设计方案内容主要包括以下几个方面：

（1）规定计算所需的软、硬件配置及其检验和测试要求。

（2）规定数据处理的技术路线或流程。

（3）规定各过程作业要求和精度质量要求：说明对已知数据和外业成果资料的统计、分析和评价的要求；说明数据预处理和计算的内容和要求，如采用的平面、高程、重力基准和起算数据；确定平差计算的数学模型、计算方法和精度要求，规定程序编制和检验的要求等；提出精度分析、评定的方法和要求等；规定其他有关的技术要求内容。

（4）规定数据质量检查的要求。

（5）规定上交成果内容、形式、打印格式和归档要求等。

GNSS在工程测量中的应用

一、精密工程控制网的建立

目前我国精密工程控制网，一般都用ME5000测距仪和T3精密光学经纬仪来施测，为研究用GNSS建立精密工程控制网的可行性，武汉大学测绘学院和长江水利委员会综合勘测局分别进行了试验研究。先建立高精度的精密工程控制网，每点都建立水泥墩，设有强制对中装置，试验时先用ME5000测距仪测边，用T3精密光学经纬仪测角，然后用GNSS接收机施测，通过对比试验后认为，完全可用GNSS来建立精密工程控制网。

二、用于工程变形监测

(一)隔河岩水电站大坝外观变形GNSS自动化监测系统

隔河岩水电站(见图7-19)是混凝土重力拱坝，位于我国湖北长阳县长江支流的清江干流上，最大坝高151 m。水库总库容34亿 m^3。水电站装机容量120万kW。年发电量30.4亿kW·h。工程主要是发电，兼有防洪、航运等效益。水库留有5亿 m^3 的防洪库容，既可以削减清江下游洪峰，也可错开与长江洪峰的遭遇，减少荆江分洪工程的使用机会和推迟分洪时间。拦蓄了多次大洪水，为清江下游沿岸做出了重大贡献，为长江荆江河段防洪发挥了重要作用。

图7-19 隔河岩水电站

工程变形监测通常要达到毫米级或亚毫米级的精度，而监测的边长一般为300~1 000 m。隔河沿水电站的大坝为三圆心变截面重力拱坝，坝长653 m，坝高151 m，隔河沿水库大坝外观变形GNSS自动化监测系统(见图7-20)于1998年3月建成并投入运行，系统由数据采集、数据传输、数据处理三大部分组成，如图7-21所示。

1. 数据采集

GNSS数据采集分基准点和监测点两部分，由7台Ashtech Z-12接收机组成。基准点有2个($GNSS_1$ 和 $GNSS_2$)，分别位于大坝两岸。监测点有5个($GNSS_3$~$GNSS_7$)，分别位于大坝的不同部位。

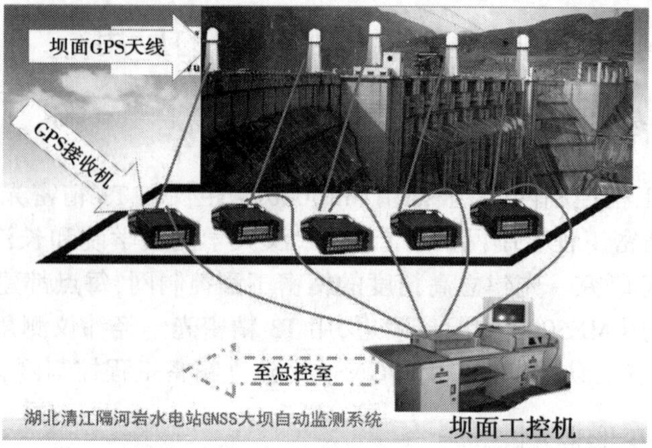

图 7-20　隔河岩水电站大坝外观变形 GNSS 自动化监测系统

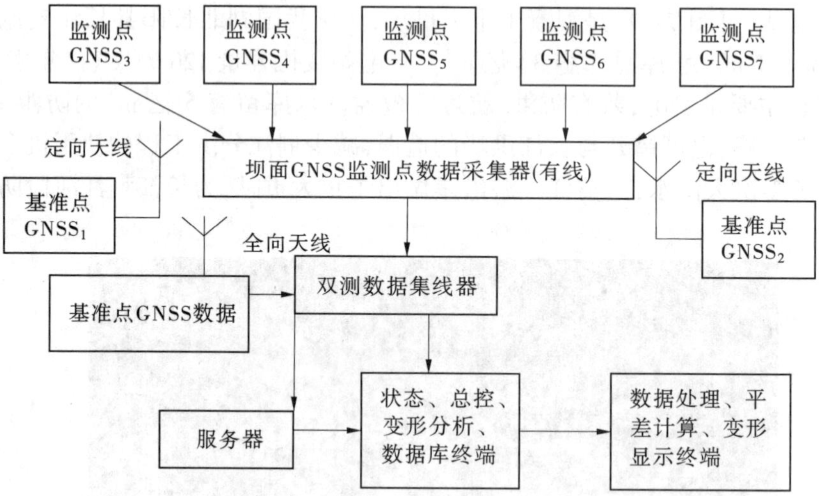

图 7-21　GNSS 自动化监测系统网络结构

2. 数据传输

根据现场条件,GNSS 数据传输采用有线(坝面监测点观测数据)和无线(基准点观测数据)相结合的方法。

3. 数据处理、分析和管理

在每年 365 d 中,7 台 GNSS 接收机需连续观测,并实时将观测数据传输至控制中心,进行处理、分析、储存。系统反应时间小于 10 min。整个系统全自动,应用广播星历 1~2 h GNSS 观测资料解算的监测点位水平精度优于 1.0 mm(相对于基准点),垂直精度优于 1.5 mm(相对于基准点);6 h GNSS 观测资料解算的监测点位水平精度优于 1.0 mm,垂直精度优于 1.0 mm。

(二)GNSS 一机多天线系统在小浪底大坝变形监测中的应用

黄河小浪底水利枢纽工程(见图 7-22)位于河南洛阳孟津县小浪底镇,总装机容量为 180 万 kW,黏土斜心墙堆石坝坝高 160 m,长 1 667 m,水库总库容 126.5 亿 m^3,调水调沙库容 10.5 亿 m^3,死库容 75.5 亿 m^3,有效库容 51.0 亿 m^3。小浪底工程的开发目标是以防洪、防凌、减淤为主,兼顾供水、灌溉和发电等。

图 7-22　小浪底水利枢纽工程

小浪底水利枢纽工程变形监测与清江隔河岩水电站自动化工程变形监测有本质的不同,清江隔河岩水电站自动化工程变形监测用了 7 台 GNSS 接收机,而小浪底水利枢纽工程只用了 1 台 GNSS 接收机,性价比大大提高,工程变形监测精度也能保证。据检测结果得知,GNSS 一机多天线监测系统与常规 GNSS 监测方法精度相当,误差在 1~3 mm 以内。

GNSS 一机多天线控制器的变形监测系统(见图 7-23)包括下面几个主要部分:数据处理中心、数据传输、GNSS 多天线控制器、天线阵列、基准站、野外供电系统。

数据处理中心包括微机总控、数据处理、数据分析、数据管理四大部分。中心可实现一天 24 h 监测。可以实时得到现场监测数据,完全实现监测数据的自动读取、存储和发送,进行安全监控综合分析。通过对现场传输来的 GNSS 数据的处理、计算与综合分析,作出预报和预测。

根据变形监测系统实际情况的不同,有 4 种数据传输方式:①电话线进行数据通信;②无线 GMS、GPRS 方式进行数据通信;③光纤进行数据通信;④组网方式进行数据通信。

GNSS 多天线变形监测系统数据采集部分安装在野外,工作时供电系统不能间断。如果现场不能提供 220 V 的电源,可用风力发电机和太阳能供电系统。正常工作时,风力发电机和太阳能发电机所发的电直接给蓄电池充电,保证变形监测系统的持续电力供应。

知识搜索

书目

魏二虎,2004. GPS 测量操作与数据处理[M]. 武汉:武汉大学出版社.

黄劲松,2010. GPS 测量与数据处理实习教程[M]. 武汉:武汉大学出版社.

中华人民共和国住房和城乡建设部. 卫星定位城市测量技术规范:CJJ 73—2010[S]. 北京:中国建筑工业出版社,2010.

中华人民共和国国家质量监督检验检疫总局,中国国家标准化管理委员会. 全球定位系统 GPS 测量规范:GB/T 18314—2009[S]. 北京:中国标准出版社,2009.

国家测绘局. 测绘技术总结编写规定:CH/T1001—2005[S]. 北京:测绘出版社,2006.

国家测绘局. 测绘技术设计规定:CH/T1004—2005[S]. 北京:测绘出版社,2006.

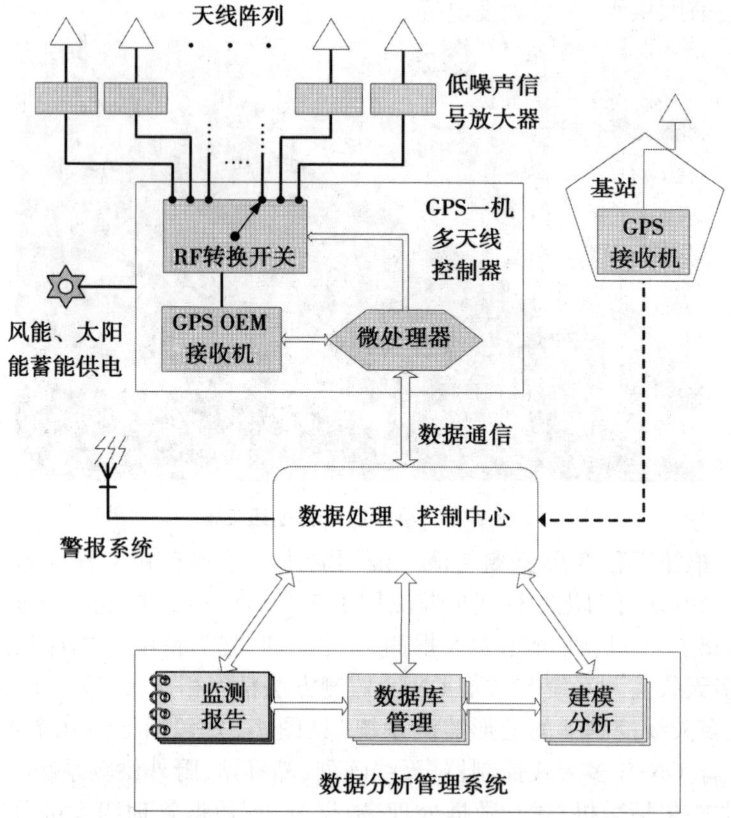

图 7-23　GNSS 一机多天线变形监测系统结构

相关网站

武汉大学测绘学院空间定位与导航工程研究所

华测导航 LandStar7 版软件说明书

华测导航手簿与电脑的同步连接程序

静态外业操作　　新建工程　　手簿静态设置　　网页静态设置

项目小结

由于 GNSS 在定位过程中存在很多误差,所以单点实时定位精度只能达到几十米。这对于测量来说是不够用的。所以,我们在具体使用时要进行相对定位。

GNSS 静态控制测量包括外业数据采集和内业数据处理两个阶段。外业数据采集包括外业准备、外业实施、外业观测 3 个过程,统称为 GNSS 卫星定位网的布测。内业数据处理包括数据预处理、基线解算、网平差和数据输出 4 个过程。

复习和思考题

7-1　GPS 测量外业阶段包括哪几项?

7-2　GPS 定位网设计及外业测量的主要技术依据是什么?

7-3　《规范》规定 B 级和 C 级主要用于哪种测量?

7-4　《规程》规定其 GPS 网按什么要求划分等级,并规定在布网时的要求?

7-5　GNSS 网的精度要求是什么? 精度指标通常是以什么来表示?

7-6　在 GNSS 定位外业工作过程中,需要考虑哪些因素?

7-7　GNSS 网图形设计时应遵循哪些原则?

7-8　在设计 GNSS 定位网时,一定要考虑联测一定数量的常规控制点和基准点。联测点应选择哪几种点? 其在 GNSS 定位网中密度和分布如何?

7-9　GNSS 定位精度同什么因素有关?

7-10　GNSS 野外选点应符合哪些要求?

7-11　选择 GNSS 接收机应该综合考虑哪些因素? 按信号通道类型的选择有哪几种?

7-12　什么是同步网? 同步网之间的连接方式有哪几种? 什么是异步网?

7-13　新购置的 GNSS 接收机或经过维修后的接收机应按规定进行全面检验,合格后方能参加作业。检验项目包括哪几种?

7-14　如何选择最佳观测时段?

7-15　怎样编制作业调度表?

7-16　如何架设天线? 天线的定向标志线有什么作用?

7-17　GNSS 技术总结内容包括什么?

技能训练

编写 GNSS 控制网技术设计书

一、实训目的

(1)掌握 GNSS 控制测量技术设计书内容。

(2)能独立完成测量技术设计书的编写工作。

二、实训内容

(1)收集技术设计书需要的资料。

(2)根据具体项目编写控制测量技术设计书。

(3)排版正确,按相应规范规定打印技术设计书。

三、资料准备

(1)项目合同书。

(2)参考规范。

(3)已有控制点资料、地形图资料。

四、实训步骤

(1)根据给定的信息,写出测区概况。
(2)按照合同的要求制订测设方案。
(3)根据任务一的要求完成技术设计书的编写。技术设计书的封面和副封面参见图 7-24。

密级*:　　编号*:

项　目　名　称
(测绘专业名称)专业技术设计书

设计单位名称
年　月　日

项　目　名　称
(测绘专业名称)专业技术设计书

测绘专业任务承担单位(盖章):　设计负责人:
审核意见:　主要设计人:
审　核　人:
年　月　日　　年　月　日

批准单位或部门(盖章):
审批意见:
审　批　人:
年　月　日

图 7-24　专业技术设计书封面和副封面图

使用手持机绘制点之记*

一、实训目的

(1)掌握手持机作业过程。
(2)掌握点之记的绘制方法。

二、实训内容

(1)测量控制点的坐标。
(2)测量相关数据,并绘制点之记。

三、仪器设备及资料准备

(1)手持 GNSS 接收机。
(2)坐标转换参数。
(3)控制点位的信息。

四、实训步骤

(1)检查手持机,包括外观和通电检验。
(2)建立工作项目,设置坐标系统。
(3)求取坐标转换参数。

(4)测量控制点及邻近重要地物点坐标。
(5)拍摄点位照片。
(6)制作点之记。

观测 GNSS 控制网

一、实训目的

(1)能独立完成外业控制测量,并协调各作业组。
(2)学会观测成果的外业检核。

二、实训内容

(1)根据外业观测调度表,进行实地观测。
(2)记录外业观测仪器高、点号、开机时间、关机时间等相关信息。

三、准备资料

(1)测地型 GNSS 接收机。
(2)电池、脚架、小钢尺、外业记录手簿。

四、实训步骤

(1)根据测区及作业要求选点,网形中要包含已知控制点。
(2)根据接收机数量绘制控制网形图并计算相应数据。
(3)GNSS 静态观测方案表。
(4)领取 GNSS 接收机,根据外业观测调查表,按指定时间到达指定点位。
(5)安置仪器,量取天线高,填写外业观测记录手簿(见表 7-11)。

项目八　GNSS 控制网的数据处理

项目概述

GNSS 控制网数据处理的目的就是将采集的数据,经测量平差后,归化到参考椭球面上并投影到所采用的平面上,得到点的准确位置。在数据后处理之前要先从接收机中下载观测数据到计算机中转换成格式 RINEX 格式,然后在专业处理软件中进行数据加载、数据预处理、基线向量解算、网平差、高程计算、最后得出平差成果。测区内的部分 GNSS 点,多是利用多项式拟合确定各求定点的高程异常值,进而推算各求定点正常高程。

学习目标

◆知识目标

1. 知道控制网数据处理流程;
2. 掌握解算静态数据的操作流程;
3. 学习如何编写测绘技术总结的方法;
4. 掌握 GNSS 控制网上交成果资料的内容。

◆技能目标

1. 能根据软件说明书的要求独立进行观测数据下载;
2. 能根据软件说明书的要求独立操作使用 GNSS 后处理软件;
3. 能根据阅读与应用 1 试着编写《大地测量控制网测绘技术总结》。

➢ 课程导入

GNSS 载波相位测量是目前测定卫星至测站距离的最精密的方法。接收机中的数据可通过电缆、蓝牙或 Wi-Fi 下载到计算机中,对原始观测数据进行编辑、加工与整理,转换成与数据软件无关的统一格式 RINEX,相关软件会根据用户的要求进行平差计算,最后在线生成网平差报告。

任务一　观测数据下载

观测数据、导航电文及其他信息一般都是以二进制形式存储在接收机中。因此,在数据后处理之前要先从接收机中输出这些数据。大多数 GNSS 仪器公司都有自己的数据下载软件。不同仪器公司制造的接收机数据存储格式是不一样的。同样,每种数据后处理软件要求的数据格式也是不同的,这就使得用不同类型的接收机观测的数据在处理时,必须转换成与数据软件无关的统一格式 RINEX(receiver independent exchange)。

GNSS 载波相位测量是目前测定卫星至测站距离的最精密的方法。该方法只能测量载波滞后相位 1 周以内的小数部分，不能测量滞后相位的整周未知数(N_0)。其后的载波滞后相位整周变化值，是通过多普勒计数累计读得的。由于 GNSS 信号接收机自身故障或 GNSS 信号意外中断；导致 GNSS 接收机载波锁相环电路的短暂失锁，而引起多普勒计数的短暂中断，当 GNSS 接收机载波锁相环电路重新锁定后，多普勒计数又重新开始，以致造成载波滞后相位整周变化值(开始后的周数)不连续计数。这种多普勒计数的中断现象，称为整周跳变(周跳)。

一、GNSS 数据处理特点

GNSS 定位数据处理与常规测量数据处理相比具有以下显著特点：

(1)海量的观测数据。按每 15 s 采集一组野外观测数据计算，一台接收机连续观测 1 min 有 4 组数据、1 h 将有 240 组数据，每组数据中含有对若干颗(一般多于 4 颗)卫星的伪距、载波相位观测值、星历数据、气象数据等。GNSS 定位时一般使用多台接收机同步观测，将会有上万组甚至更多的数据。

(2)复杂的处理过程。从 GNSS 原始观测数据到最终的平差结果，其处理过程非常复杂。简单地说，可以分为基线向量的解算和 GNSS 网平差两个阶段。数据传输至基线向量的解算一般是用随机商业软件将接收机记录的数据传输到计算机，在计算机上进行预处理和基线向量的解算。GNSS 网平差又包括 GNSS 基线向量网平差和 GNSS 网与地面网联合平差等内容。总之，每一阶段都需要对大量数据进行组织、检验、计算和分析处理，处理过程非常复杂。

(3)多样的数学模型。GNSS 定位技术是一项正在发展中的新兴技术，因此对同一问题的处理方法也不尽相同，这就使得数据处理时数学模型和计算方法具有多种形式，而且还在不断地创新。

(4)自动化程度高。随着计算机技术的迅猛发展和软件水平的不断提高，GNSS 数据处理的自动化程度也越来越高。目前，GNSS 数据处理一般均可借助相应的 GNSS 数据处理软件自动完成。

二、GNSS 接收机数据传输

接收机与计算机数据传输是双向的：一是由接收机观测的数据传到计算机上，一是数据由计算机传输到接收机上。由于数据上传到接收机主要用于放样过程。所以，下面主要介绍如何将野外观测数据下载到计算机上。

(一)静态数据下载

接收机在静态工作模式下记录的数据文件根据不同的厂商，数据格式也不尽相同，数据传输软件也不尽相同。一般使用自带的数据传输软件下载数据，数据传输前需要进行参数设置。

1. 数据通信端口

通信端口有 COM 口和 USB 口两种，一般 COM 口有 2 个，一个是 COM1，一个是 COM2；当使用无线时，可以使用 COM5、COM8。使用 USB 口，需要安装 USB 驱动软件。

2. 波特率

波特率是指数据传输速率，每秒传输的符号数，若每个符号所含的信息量为 1 b，即波特率为 1 位/s(1 b/s)。一般设为 115 200 b/s。

3. 测站信息

在进行数据下载过程中可以修改仪器高、测站点号等相关信息。我们知道数据文件名前四位是接收机型号,可以在数据下载前根据仪器型号、开关机时间将仪器型号改为号点。号点命名要取四位,并且区分大小写。仪器高输入时,注意依据接收机类型改正天线相位中心误差。

(二)动态数据下载

1. 数据下载软件

手簿与计算机连接使用的软件是同步软件。在计算机上安装同步软件后,用电缆或红外口连接手簿和计算机。

2. 观测成果数据

在动态工作模式下接收机不直接记录数据,观测数据由手簿存储。存储的数据内容有:观测的点位信息,也即北坐标、东坐标、高程、点位属性;点位测量精度,水平精度和高程精度;PDOP 值;解算卫星数;卫星高度角;采集时间等信息。

3. 校正成果

点校正后的残差(水平残差和垂直残差)、校正方法、校正点的坐标。

4. 数据下载过程

一般在手簿里,RTK 测量的内容存储在项目或任务中。首先将要下载的数据从任务中导出,例如,需要下载坐标信息,可以将格式定为点号,属性,Y 坐标,X 坐标,H 高程。导出过程中给出数据文件的文件名及传输路径,然后将数据文件复制到电脑上完成数据传输。

三、GNSS 接收机形成的数据文件

测地型 GNSS 接收机开机,在静态模式下,就能自动记录成数据文件。开关机一次就形成一个数据文件。由于卫星系统和接收机的型号不同,以及不同的接收机生产商设计的数据格式各不相同,为了方便后续的数据处理,国际上设计了一种与接收机无关的 RINEX(receiver independent exchange)格式。本任务主要介绍 RINEX 数据文件格式及其他 GNSS 观测数据与该格式如何进行转换。

通常的 RINEX 文件包括四种类型的 ASCII 码文件,它保证了不同计算机系统之间可以很容易地进行数据交换。这四种类型的文件分别是观测数据(observation data,OBS),为接收机记录的伪距、相位观测值;导航数据(navigation data,NAV),记录卫星实时发布的广播星历;气象数据(meterological data,MET),记录气象仪器观测的温度、压强、湿度状况;GLONASS 导航文件,由于 GLONASS 导航数据与 GNSS 导航数据之间存在差异,因此专门定义了 GLONASS 导航数据文件格式。每个文件都由一个字头块(header section)和一个包含实际数据的主体部分(data section)组成。

RINEX 为纯 ASCII 码文本文件,其文件名的命名方式为 ssssdddf. yyt。各字母含义如表 8-1 所示。

在 RINEX2.0 以后版本中不仅包含 GNSS 观测数据,还包含有 GLONASS 或其他卫星系统的观测数据,因此定义“snn”来区分不同卫星系统的卫星。其中,s 表示卫星系统标识符,如为 G 或空白则表示 GNSS、R 表示 GLONASS,T 表示 Transit,M 表示 Mixed GNSS/GLO-

NASS。nn 对于 GNSS 系统表示伪随即噪声码，GLONASS 系统表示历书号，对于 Transit 系统表示两位的运载卫星号。

GNSS 导航电文在导航电文中包含卫星轨道根数、卫星钟参数等。卫星星历取自卫星广播导航电文，它是卫星位置计算的基础数据。卫星广播导航电文每小时更新一次。所以，每一次观测只要不超过 1 h 只需记录一组广播导航电文。

表 8-1　RINEX 文件名及含义

<table>
<tr><th>字母</th><th colspan="2">含义</th><th>备注</th></tr>
<tr><td>ssss</td><td colspan="2">以 4 个字母表示的测站名</td><td></td></tr>
<tr><td>ddd</td><td colspan="2">第一个观测历元的年积日</td><td>如 1 月 1 日为 001</td></tr>
<tr><td>f</td><td colspan="2">一天内文件的序号数</td><td></td></tr>
<tr><td>yy</td><td colspan="2">以两位数表示的年份</td><td>00~76 表示 2000—2076 年</td></tr>
<tr><td rowspan="4">t</td><td rowspan="4">文件类型</td><td>O 为观测数据文件</td><td rowspan="4"></td></tr>
<tr><td>N 为导航数据文件</td></tr>
<tr><td>M 为气象数据文件</td></tr>
<tr><td>G 为 GLONASS 导航数据文件</td></tr>
</table>

➢ 小贴士

观测数据、导航电文及其他信息一般都是以二进制形式存储在接收机中。因此，在数据后处理之前要先从接收机中输出这些数据。不同仪器公司制造的接收机数据存储格式是不一样的，每种数据后处理软件要求的数据格式也有所不同，这就要求用不同类型的接收机观测的数据在处理时，必须转换成与数据软件无关的统一格式 RINEX，然后才能进行解算。

任务二　静态数据处理

静态数据处理的流程是数据加载、数据预处理、基线向量解算、网平差、高程计算、成果输出。本任务根据数据处理流程进行介绍。要想处理数据，需要先选择数据处理软件，然后根据数据处理流程进行处理，最后将成果输出。

一、静态数据处理软件

《全球定位系统（GPS）测量规范》（GB/T 18314—2009）中提出 A、B 级 GPS 网基线数据处理应采用高精度数据处理专用的软件，C、D、E 级 GPS 网基线解算可采用随接收机配备的商用软件。数据处理软件应经有关部门的试验鉴定并经业务部门批准方能使用。

《卫星定位城市测量技术规范》（CJJT 73—2010）中规定城市二等 GNSS 网基线解算和平差宜采用高精度解算软件，其他等级控制网可采用商用软件。城市二等 GNSS 网应采用卫星精密星历解算基线，其他等级控制网可采用卫星广播星历解算基线。当使用不同型号的接收机共同作业时，应将观测数据转换成标准格式后，再进行统一的基线解算。

目前用于GNSS数据处理的软件分为专业软件和商用软件,具体情况如表8-2所示。

表8-2 GNSS静态数据处理表

软件分类	开发单位	软件名
高精度软件	美国麻省理工学院(MIT)和斯克里普斯海洋研究所(Scripps Institution of Oceanography,SIO)	GAMIT/GLOBK 软件
	美国喷气动力实验室(JPL)	GIPSY 软件
	瑞士伯尔尼大学(Universität Bern)	Bernese 软件
商业软件	美国天宝(Trimble)导航公司	GPSurvey、Trimble Geomatics Office (TGO)软件、Trimble Total Control(TTC)软件
	瑞士徕卡(Leica)测量系统	Static Kinematic Post Processing Software(SKI)软件、Leica Geo Office (LGO)软件
	日本株式会社索佳(SOKKIA)	Spectrum Survey 后处理软件
	日本株式会社拓普康(Topcon)	拓普康 GPS 静态测量 Pinnacle 软件
	加拿大诺瓦泰公司(Novatel)	静态/动态基线处理软件 Waypoint GrafNav 和静态基线解算与网平差软件 Waypoint GrafNet
	广州南方测绘科技股份有限公司	南方静态 GNSS 后处理软件
	广州中海达卫星导航技术股份有限公司	中海达 GNSS 数据后处理软件
	上海华测导航技术有限公司	华测 GNSS 后处理软件
	武汉大学	科傻 GNSS 数据处理系统

二、数据预处理

GNSS数据的预处理,其主要目的是对原始观测数据进行编辑、加工与整理,剔除粗差,删除无效无用数据,分流出各种专用的信息文件,为下一步的平差计算做准备。

预处理所采用的数学模型、评价数据质量的标准和方法的优劣,对以后的平差计算以及平差结果的精度都将产生重要的影响,因而是提高GNSS定位作业效率和精度的重要环节。

预处理工作的主要内容有：

(1)数据传输。数据传输是将 GNSS 接收机内存模块所记录的观测数据用专用电缆连接(或无线连接)到计算机,并在后处理软件的菜单中选择传输数据选项后,观测数据便传输到计算机内。

(2)数据分流。数据分流是在数据传输的同时进行的,首先将各类观测数据归放入不同的文件,然后通过解码将各项数据分类整理,剔除无效观测值和冗余信息,分别建立不同的数据文件,以便进一步加工和处理。

以上两项工作称之为数据的粗加工,可认为是预处理的准备工作。

(3)观测数据的平滑滤波检验。剔除粗差,并进一步删除无效无用数据。

(4)统一数据文件格式。将不同类型接收机的数据记录格式、项目和采样间隔,统一为彼此兼容的标准化的文件格式 RINEX,以便统一处理,若是同一类型的接收机,则无须进行此步骤。

(5)卫星轨道方程的标准化。为了统一不同来源卫星轨道信息的表达方式和平滑 GNSS 卫星每小时发送的轨道参数,一般须采用多项式拟合法,使观测时段的卫星轨道标准化,以简化计算工作,提高定位精度。

(6)探测整周跳变、修复载波相位观测值。

(7)对观测值进行电离层、对流层等各种模型改正。

三、预处理的准备工作

(一)数据传输

GNSS 接收机采集的数据可以记录在专用盒式磁带上,或 GNSS 接收机的内存模块内。目前大多数 GNSS 接收机采集的数据都记录在内存模块内,以方便外业观测。在进行数据预处理之前,首先要从 GNSS 接收机的内存模块中将观测数据传输至计算机。

1. 数据分流

在进行数据传输的同时,利用数据处理软件将原始记录中的各项观测数据进行分类整理,剔除无效观测值和冗余信息,自动生成以下四个数据文件。

1)观测值文件

观测值文件是容量最大的文件,内含对应的卫星号、卫星高度角和方位角、观测历元、C/A 码伪距、L_1/L_2 的载波相位观测值、积分多普勒计数、信噪比等,其中最主要的是伪距和载波相位观测值。

2)星历参数文件

星历参数文件包含所有被测卫星的轨道位置信息,根据这些信息可以计算出任一瞬间的被测卫星在轨位置。

3)电离层参数和 UTC 参数文件

电离层参数可用于改正观测值的电离层影响,UTC 参数则用于将 GPS 时间修正为 UTC 时间。

4)测站信息文件

测站信息文件包含测站的基本信息和在本测站上的观测情况。例如测站名、测站号、测站的概略坐标、接收机号、天线号、天线高、观测的起止时间、记录的数据量、初步定位结果等。

2. 数据解码

经数据分流后生成的四个数据文件中,除测站信息文件外,其余均为二进制数据文件。为便于分析研究,更重要的是为数据文件标准化做准备,必须将它们解译成能直接识别的文件,将数据文件标准化。

四、数据预处理的内容

GPS 数据预处理的目的是:对数据进行平滑滤波检验,剔除粗差;统一数据文件格式并将其加工成标准化文件,找出整周跳变点并进行修复,确定整周未知数的初值;对观测值进行各种模型改正。此处,我们仅讨论卫星轨道方程标准化、星钟多项式标准化和观测值文件标准化问题。

(一) GPS 卫星轨道方程的标准化

从理论上讲,根据卫星星历数据就可以计算出观测时段内任一时刻任一卫星的空间位置和速度。但是在实际观测时,由于星历来源不同,其数据格式及相应的计算位置和速度的公式也不相同。另外,GPS 广播星历每小时更新一次,即每小时就有一组独立的星历参数。当用相邻两组星历计算同一时刻的卫星位置时,将会得出不同的结果,从而给两组独立轨道的邻接点及其附近点处的整周跳变探测、修复和观测值残差分析带来许多不确定性因素。因此,在实际平差之前采用以时间为变元的多项式拟合法,建立一组标准化的轨道方程来覆盖整个观测时段,使观测时段的卫星轨道标准化。

设多项式 P_j 为

$$P_j(t) = \sum_{i=0}^{n} a_{ji} t^i \quad (j = x, y, z) \tag{8-1}$$

式中 $P_x(t), P_y(t), P_z(t)$ ——x, y, z 坐标的多项式函数;

$a_{ji}(j = x, y, z; i = 0, 1, 2, \cdots, n)$ ——多项式系数;

t——时间变量。

相应的速度分量的多项式为

$$P'_j(t) = \sum_{i=1}^{n} (i a_{ji}) t^{i-1} \tag{8-2}$$

若根据星历数据计算了 $t_k(k = 1, 2, \cdots, m; m \geqslant n)$ 时刻的卫星位置(x_k, y_k, z_k),则可得到 3 组 $3m$ 个误差方程。例如,对于 $P_x(t)$ 而言,有

$$V_{xk} = -x_k + P_x(t_k) \,|\, a_{x_i} = a_{x_i}^0 \quad (k = 1, 2, \cdots, m) \tag{8-3}$$

取 $a_{x_i}^0 = 0$,则可组成误差方程:

$$\begin{pmatrix} V_{x_1} \\ V_{x_2} \\ \vdots \\ V_{x_m} \end{pmatrix} = \begin{pmatrix} 1 & t_1 & t_1^2 & \cdots & t_1^n \\ 1 & t_2 & t_2^2 & \cdots & t_2^n \\ \vdots & \vdots & \vdots & & \vdots \\ 1 & t_m & t_m^2 & \cdots & t_m^n \end{pmatrix} \begin{pmatrix} a_{x_0} \\ a_{x_1} \\ \vdots \\ a_{x_m} \end{pmatrix} - \begin{pmatrix} x_1 \\ x_2 \\ \vdots \\ x_m \end{pmatrix} \tag{8-4}$$

由于 $m \geqslant n$,则式(8-4)为矛盾方程组,利用最小二乘法即可解出 $a_{x_i}(i = 0, 1, 2, \cdots, n)$。

将多项式系数 $a_{ji}(j = x, y, z; i = 0, 1, \cdots, n)$ 记入标准化星历文件,然后就可以用它们按

式(8-1)计算任一时刻的卫星位置。多项式的阶数 n 一般取 8~10,以保证米级或厘米级轨道拟合的精度。采用多项式拟合的卫星位置占用内存少、计算速度快。

在实际拟合计算时,应考虑 t 的单位问题,如果以秒为单位,则可能会导致计算溢出,因而需要将时间单位规格化。取观测时段开始和结束的规格化时间为-1 和+1,对应的实际时间为 t_1 和 t_m,则对应于 t_i 的规格化时间 T_i 为

$$T_i = \frac{2t_i - (t_1 + t_m)}{t_m - t_1} \tag{8-5}$$

如果在拟合时采用了规格化时间,则在实际轨道计算时亦应利用规格化时间。另外,不应将标准化轨道方程用于外推卫星位置。

(二)卫星钟差的标准化

当星钟改正数来自广播星历时,若观测时段跨整点,则也会有两组或多组星钟改正数,这就需要建立整个观测时段内连续、唯一且平滑的钟差改正多项式。

建立钟差改正多项式,主要是为了确定真正的信号发射时刻,以便计算该时刻的卫星轨道位置。另外,还可以统一各站对卫星的时间基准,以便估算它们之间的相对钟差。当多项式拟合的精度优于±0.2 ns 时,可精确探测整周跳变,估算整周未知数。

(1)钟差改正多项式。

设 t_{sv} 为电文发射时的时间,其对应的 GPS 系统标准时间为 t,则

$$t = t_{sv} - \Delta t_{sv} \tag{8-6}$$

$$\Delta t_{sv} = a_0 + a_1(t - t_{0c}) + a_2(t - t_{0c})^2 \tag{8-7}$$

式中 Δt_{sv}——星钟改正数;

a_0——星钟的钟偏;

a_1——星钟的钟速;

a_2——星钟的钟漂参数;

t_{0c}——星钟参数的参考历元。

计算 Δt_{sv} 时可用 t_{sv} 代替 t。

(2)相对论改正。

广播的时钟参数中已包括了全部相对论效应的影响,其周期部分已被拟合成二次三项式的一部分,定义域为 1 h(长期部分中较大的飘移用人工降低卫星振荡器的频率进行补偿)。为了用一个时间多项式拟合整个观测时段,在拟合前应消去改正数中的相对论影响值,再加上应予顾及的相对论改正项,则 Δt_{sv} 应为

$$\Delta t_{sv} = (a_0 + a_{0r}) + (a_1 - a_{1r})(t - t_{0c}) + (a_2 - a_{2r})(t - t_{0c})^2 + \Delta t_r(t) \tag{8-8}$$

$$\Delta t_r(t) = k \cdot \sin E(t)$$

$$a_{0r} = \Delta t_r(t_{0c}) = k \cdot \sin(t_{0c})$$

$$a_{1r} = [\Delta t_r(t)]' \,|\, t = t_{0c} = k \cdot n \cdot \cos E(t_{0c})/L$$

$$a_{2r} = [\Delta t_r(t)]'' \,|\, t = t_{0c} = -\frac{1}{2}k \cdot n^2 \cdot \sin E(t_{0c})/L^2$$

$$k = (-4.443 \times 10^{-10}) \cdot e \cdot \sqrt{A}$$

$$L = 1 - e \cdot \cos E(t_{0c})$$

式中　n——卫星的平均运动速度；

E——平近点角。

(3)星钟多项式拟合。

设拟合后覆盖整个观测时段的星钟多项式仍为二次三项式，其系数用 A_0、A_1、A_2 表示，参考历元取时段中点 T_{0c}，则有

$$\Delta t_{sv} = A_0 + A_1(t - T_{0c}) + A_2(t - T_{0c})^2 \tag{8-9}$$

为保证其截断误差不大于±1 ns，时段长度应不大于 3 h。当时段内取 n 个等距节点时，依式(8-8)分别计算了这 n 个节点上的 $(\Delta t_{sv})_k(k=1,2,\cdots,n)$，则可组成如下误差方程：

$$\begin{bmatrix} v_1 \\ v_2 \\ \vdots \\ v_n \end{bmatrix} = \begin{bmatrix} 1 & T_1 & T_1^2 \\ 1 & T_2 & T_2^2 \\ \vdots & \vdots & \vdots \\ 1 & T_n & T_n^2 \end{bmatrix} \begin{bmatrix} A_0 \\ A_1 \\ A_2 \end{bmatrix} - \begin{bmatrix} (\Delta t_{sv})_1 \\ (\Delta t_{sv})_2 \\ \vdots \\ (\Delta t_{sv})_n \end{bmatrix} \tag{8-10}$$

式中　$T_i = t_i - T_{0c}$。

于是只要 $n \geqslant 3$ 便可用最小二乘法解算出系数 A_0、A_1 和 A_2，然后用式(8-9)计算观测时段任一时刻的钟差改正数。

(三)观测值文件的标准化

由于接收机不同，其数据记录格式也不相同。例如观测时刻，可以采用接收机的参考历元，也可以采用经过改正归算至 GPS 标准时间。在轨道方程标准化后，仍需对观测值文件标准化，才能同时输入主处理程序进行平差计算。

观测值文件标准化主要有以下内容。

1. 记录格式标准化

经数据解码分流等处理后，提供的观测值文件应是与接收机类型无关的记录格式标准化的数据文件，即各种 GPS 接收机输出的数据文件应在存取方式、记录类型、记录长度方面都采用同一记录格式。

2. 记录格式与项目标准化

标准化文件中的记录类型数量、类型代码、每一种类型的记录及数据项个数都应采用同一记录格式。

3. 采样密度标准化

由于各接收机的数据记录采样间隔可能不同，如有的接收机每 15 s 记录一次，有的接收机每 20 s 记录一次。因此，标准化后应将数据采样间隔统一成标准长度。为此应满足以下两个条件：一是标准长度应大于或等于外业采样间隔最长的标准值；二是标准长度是任一测站任一接收机采样间隔的整倍数。采样密度标准化后，数据量将成倍减少，故也称数据压缩。

数据压缩工作应在整周跳变修复完成后进行。数据压缩后应等价于被压缩区间内的全部数据，在 GPS 观测数据压缩中常用多项式拟合法，并保持各压缩数据间的误差独立。

4. 数据单位标准化

在进行观测值文件标准化时，用户一定要遵循所用处理软件的有关数据文件的技术标准，才能进行正常处理并获得可靠的结果。例如，载波相位观测值统一以周为单位。

为了不损害观测值的原始性，对观测值施加的各种模型改正，不应并入观测值内，如大气折射改正等应独立计算，并在最后处理中将改正后的观测值用于计算误差方程的自由项，以便分析模型误差。

➢ 小贴士

本任务根据数据处理流程进行介绍。要想处理数据，需要先选择经有关业务部门批准的数据处理软件，对原始观测数据进行编辑、加工与整理，统一数据文件格式并将其加工成标准化文件，找出整周跳变点并进行修复，确定整周未知数的初值；对观测值进行各种模型改正。剔除粗差，删除无效无用数据，分流出各种专用的信息文件，为下一步的平差计算做准备。

任务三 GNSS 基线向量的解算

为了通过平差计算求解观测站之间的基线向量，一般均取相位观测值的线性组合，即差分模型。这里以站星二次差分观测值作为平差解算时的观测量，以测站间的基线向量坐标 $b=(\Delta x,\Delta y,\Delta z)^{\mathrm{T}}$ 为主要未知量，建立误差方程式、法方程求解基线向量。

一、误差方程的列立

设在基线两端测站 i,j 同步观测的卫星为 k_1 和 k_2，并以 k_1 为参考卫星，则可得到站星二次差分的观测方程式为

$$\Delta\Phi_{ij}^{k_1k_2}(t_i)=-\frac{f_s^{k_1}}{c}\Delta\rho^{k_1}+\frac{f_s^{k_2}}{c}\Delta\rho^{k_2}+\frac{f_s^{k_1}}{c}(\Delta_i^{k_1}-\Delta_j^{k_1})-\frac{f_s^{k_2}}{c}(\Delta_i^{k_2}-\Delta_j^{k_2})+N_{ij}^{k_1k_2}+\varepsilon_{ij}^{k_1k_2} \tag{8-11}$$

$$\left.\begin{aligned}\Delta\rho^{k_1}&=\rho_i^{k_1}-\rho_j^{k_1}\\ \Delta\rho^{k_2}&=\rho_i^{k_2}-\rho_j^{k_2}\\ N_{ij}^{k_1k_2}&=N_i^{k_1}-N_j^{k_1}-N_i^{k_2}+N_j^{k_2}\\ \varepsilon_{ij}^{k_1k_2}&=\varepsilon_i^{k_1}-\varepsilon_j^{k_1}-\varepsilon_i^{k_2}+\varepsilon_j^{k_2}\end{aligned}\right\} \tag{8-12}$$

式中 ρ——站星距。

为了解算基线向量坐标$(\Delta x_{ij},\Delta y_{ij},\Delta z_{ij})$，假设 i 点为已知点。如图 8-1 所示，设接收机至卫星方向的单位向量为 $\boldsymbol{u}$，则有 $u_i^{k_1},u_i^{k_2},u_j^{k_1},u_j^{k_2}$。

令

$$\left.\begin{aligned}\Delta u_i^{k_1}&=u_i^{k_1}-u_j^{k_1}\\ \Delta u_i^{k_2}&=u_i^{k_2}-u_j^{k_2}\\ u_m^{k_1}&=\frac{1}{2}(u_i^{k_1}+u_j^{k1})\\ u_m^{k_2}&=\frac{1}{2}(u_i^{k_2}+u_j^{k_2})\end{aligned}\right\} \tag{8-13}$$

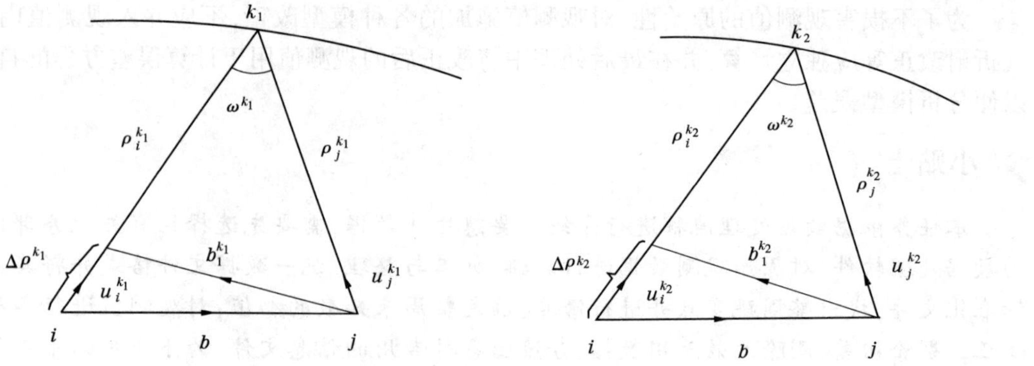

图 8-1　基线向量 b 与站星距 ρ 的关系

则可得

$$\left.\begin{aligned} b_1^{k_1} &= -\rho_j^{k_1}\Delta u^{k_1} \\ b_1^{k_2} &= -\rho_j^{k_2}\Delta u^{k_2} \end{aligned}\right\} \tag{8-14}$$

于是有

$$b + b_1^{k_1} = \Delta\rho^{k_1} \cdot u_i^{k_1} \tag{8-15}$$

即

$$b - \rho_j^{k_1}\Delta u^{k_1} = \Delta\rho^{k_1} \cdot u_i^{k_1} \tag{8-16}$$

同样对卫星 k_2 有

$$b - \rho_j^{k_2}\Delta u^{k_2} = \Delta\rho^{k_2} u_i^{k_2} \tag{8-17}$$

将式(8-16)两边同乘 $u_m^{k_1}$ 取点积,有

$$u_m^{k_1} \cdot b - \rho_j^{k_1}(u_m^{k_1}\Delta u^{k_1}) = \Delta\rho^{k_1}(u_m^{k_1} u_i^{k_1}) \tag{8-18}$$

因为

$$\begin{aligned} \Delta u_m^{k_1}\Delta u^{k_1} &= \frac{1}{2}(u_i^{k_1} + u_j^{k_1})(u_i^{k_1} - u_j^{k_1}) \\ &= \frac{1}{2}(u_i^{k_1}u_i^{k_1} + u_j^{k_1}u_i^{k_1} - u_i^{k_1}u_j^{k_1} - u_j^{k_1}u_j^{k1}) \\ &= \frac{1}{2}(1-1) = 0 \end{aligned}$$

又因

$$\cos\omega^{k_1} = u_i^{k_1}u_j^{k_1} = u_j^{k_1}u_i^{k_1} \tag{8-19}$$

$$\begin{aligned} u_m^{k_1}u_i^{k_1} &= \frac{1}{2}(u_i^{k_1} + u_j^{k_1})u_i^{k_1} = \frac{1}{2}(u_i^{k_1}u_i^{k_1} + u_j^{k_1}u_i^{k_1}) \\ &= \frac{1}{2}(1 + \cos\omega^{k_1}) = \cos^2\frac{\omega^{k_1}}{2} \end{aligned} \tag{8-20}$$

于是式(8-18)变为

$$u_m^{k_1} b = -\cos^2 \frac{\omega^{k_1}}{2} \Delta\rho^{k_1} \tag{8-21}$$

同理,对卫星 k_2 也有

$$u_m^{k_2} b = -\cos^2 \frac{\omega^{k_2}}{2} \Delta\rho^{k_2} \tag{8-22}$$

将式(8-21)和式(8-22)改写成

$$\Delta\rho^{k_1} = -\sec^2 \frac{\omega^{k_1}}{2} u_m^{k_1} b \tag{8-23}$$

$$\Delta\rho^{k_2} = -\sec^2 \frac{\omega^{k_2}}{2} u_m^{k_2} b \tag{8-24}$$

将式(8-23)和式(8-24)两式代入式(8-11)得

$$\Delta\Phi_{ij}^{k_1k_2}(t_i) = \left(\frac{f_s^{k_1}}{c}\sec^2\frac{\omega^{k_1}}{2}u_m^{k_1} - \frac{f_s^{k_2}}{c}\sec^2\frac{\omega^{k_2}}{2}u_m^{k_2}\right) b + \frac{f_s^{k_1}}{c}(\Delta_i^{k_1} - \Delta_j^{k_1}) - \frac{f_s^{k_2}}{c}(\Delta_i^{k_2} - \Delta_j^{k_2}) + N_{ij}^{k_1k_2} + \varepsilon_{ij}^{k_1k_2} \tag{8-25}$$

令 $-\varepsilon_{ij}^{k_1k_2} = V_{ij}^{k_1k_2}(t_i)$,则可得到误差方程为

$$V_{ij}^{k_1k_2}(t_i) = \left(\frac{f_s^{k_1}}{c}\sec^2\frac{\omega^{k_1}}{2}u_m^{k_1} - \frac{f_s^{k_2}}{c}\sec^2\frac{\omega^{k_2}}{2}u_m^{k_2}\right) b + \frac{f_s^{k_1}}{c}(\Delta_i^{k_1} - \Delta_j^{k_1}) - \frac{f_s^{k_2}}{c}(\Delta_i^{k_2} - \Delta_j^{k_2}) + N_{ij}^{k_1k_2} - \Delta\Phi_{ij}^{k_1k_2}(t_i) \tag{8-26}$$

当基线长度小于 40 km 时, $\sec^2\frac{\omega^k}{2}$ 与 1 之差小于 1×10^{-6},因此取 $\sec^2\frac{\omega^k}{2}=1$,另外 $f_s^{k_1}$ 与 $f_s^{k_2}$ 之差也小于 1×10^{-6},故可用标称频率 f_s 代替。

设基线向量 $\boldsymbol{b}$ 的近似值和初始整周未知数 $N_{ij}^{k_1k_2}$ 的近似值分别为

$$(\Delta x_{ij}^0 \quad \Delta y_{ij}^0 \quad \Delta z_{ij}^0)^{\mathrm{T}} \text{ 和 } N_{ij}^{k_1k_2}$$

其改正数分别为

$$(\delta x_{ij} \quad \delta y_{ij} \quad \delta z_{ij})^{\mathrm{T}} \text{ 和 } \delta N_{ij}^{k_1k_2}$$

并且顾及

$$u_p^q = \frac{1}{\rho_p^q}(\Delta x_p^q \quad \Delta y_p^q \quad \Delta z_p^q)^{\mathrm{T}} \quad (p = i, j; q = k_1, k_2) \tag{8-27}$$

代入式(8-26)即可得到纯量形式的误差方程

$$V_{ij}^{k_1k_2} = a_{ij}^{k_1k_2}\delta x_{ij} + b_{ij}^{k_1k_2}\delta y_{ij} + c_{ij}^{k_1k_2}\delta z_{ij} + \delta N_{ij}^{k_1k_2} + W_{ij}^{k_1k_2} \tag{8-28}$$

式中

$$\left.\begin{aligned}
a_{ij}^{k_1k_2} &= \frac{1}{2}\frac{f_s}{c}\left(\frac{\Delta x_i^{k_1}}{\rho_i^{k_1}} + \frac{\Delta x_j^{k_1}}{\rho_j^{k_1}} - \frac{\Delta x_i^{k_2}}{\rho_i^{k_2}} - \frac{\Delta x_j^{k_2}}{\rho_j^{k_2}}\right)\\
b_{ij}^{k_1k_2} &= \frac{1}{2}\frac{f_s}{c}\left(\frac{\Delta y_i^{k_1}}{\rho_i^{k_1}} + \frac{\Delta y_j^{k_1}}{\rho_j^{k_1}} - \frac{\Delta y_i^{k_2}}{\rho_i^{k_2}} - \frac{\Delta y_j^{k_2}}{\rho_j^{k_2}}\right)\\
c_{ij}^{k_1k_2} &= \frac{1}{2}\frac{f_s}{c}\left(\frac{\Delta z_i^{k_1}}{\rho_i^{k_1}} + \frac{\Delta z_j^{k_1}}{\rho_j^{k_1}} - \frac{\Delta z_i^{k_2}}{\rho_i^{k_2}} - \frac{\Delta z_j^{k_2}}{\rho_j^{k_2}}\right)\\
W_{ij}^{k_1k_2} &= a_{ij}^{k_1k_2}\Delta x_{ij}^0 + b_{ij}^{k_1k_2}\Delta y_{ij}^0 + c_{ij}^{k_1k_2}\Delta z_{ij}^0 + (N_{ij}^{k_1k_2})^0 - \Delta\Phi_{ij}^{k_1k_2}
\end{aligned}\right\} \tag{8-29}$$

二、法方程的组成与解算

式(8-28)为任一历元 t_i 测站 i、j 和卫星 k_1、k_2 的双差观测值误差方程。当 t_i 历元两观测站同步观测的卫星为 sv,则可得到 $sv-1$ 个误差方程,相应要引入 $sv-1$ 个初始整周未知数,即 t_i 历元共有$(sv-1)+3$ 个未知数。如果两观测站对所有 sv 个卫星进行了连续观测,其历元数为 n,则总共有 $m=n(sv-1)$个误差方程,写成矩阵形式有

$$\boldsymbol{V} = \boldsymbol{A}\boldsymbol{X} + \boldsymbol{L} \tag{8-30}$$

式中

$$\boldsymbol{V} = (v_1 \quad v_2 \quad \cdots \quad v_m)^{\mathrm{T}}$$

$$\boldsymbol{X} = (\delta x \quad \delta y \quad \delta z \quad \delta N_1 \quad \delta N_2 \quad \cdots \quad \delta N_{sv-1})^{\mathrm{T}}$$

$$\boldsymbol{L} = (W_1 \quad W_2 \quad \cdots \quad W_m)^{\mathrm{T}}$$

$$\boldsymbol{A} = \begin{bmatrix}
a_{11} & a_{12} & a_{13} & 1 & 0 & \cdots & 0\\
a_{21} & a_{22} & a_{23} & 1 & 0 & \cdots & 0\\
\vdots & \vdots & \vdots & \vdots & \vdots & & \vdots\\
a_{j1} & a_{j2} & a_{j3} & 1 & 0 & \cdots & 0\\
a_{j+1,1} & a_{j+1,2} & a_{j+1,3} & 0 & 1 & \cdots & 0\\
a_{j+2,1} & a_{j+2,2} & a_{j+2,3} & 0 & 1 & \cdots & 0\\
\vdots & \vdots & \vdots & \vdots & \vdots & & \vdots\\
a_{2j,1} & a_{2j,2} & a_{2j,3} & 0 & 1 & \cdots & 0\\
\vdots & \vdots & \vdots & \vdots & \vdots & & \vdots\\
a_{m-j,1} & a_{m-j,2} & a_{m-j,3} & 0 & 0 & \cdots & 1\\
\vdots & \vdots & \vdots & \vdots & \vdots & & \vdots\\
a_{m-1,1} & a_{m-1,2} & a_{m-1,3} & 0 & 0 & \cdots & 1\\
a_{m,1} & a_{m,2} & a_{m,3} & 0 & 0 & \cdots & 1
\end{bmatrix}
\begin{matrix}
\left.\begin{matrix}\\ \\ \\ \\ \end{matrix}\right\}\text{第 1 对卫星}\\
\left.\begin{matrix}\\ \\ \\ \\ \end{matrix}\right\}\text{第 2 对卫星}\\
\\
\left.\begin{matrix}\\ \\ \\ \\ \end{matrix}\right\}\text{第 } sv-1 \text{ 对卫星}
\end{matrix}$$

设各类双差观测值等权且彼此独立,即权阵 $\boldsymbol{P}$ 为单位阵,则可组成法方程

$$\boldsymbol{N}\boldsymbol{X} + \boldsymbol{B} = 0 \tag{8-31}$$

式中 $\boldsymbol{N} = \boldsymbol{A}^{\mathrm{T}}\boldsymbol{A}$;

$\boldsymbol{B} = \boldsymbol{A}^{\mathrm{T}}\boldsymbol{L}$ 。

于是可解得 $\boldsymbol{X}$ 为

$$\boldsymbol{X} = -\boldsymbol{N}^{-1}\boldsymbol{B} = -(\boldsymbol{A}^{\mathrm{T}}\boldsymbol{A})^{-1}(\boldsymbol{A}^{\mathrm{T}}\boldsymbol{L}) \tag{8-32}$$

基线向量平差值为

$$\left.\begin{aligned}\Delta x_{ij} &= \Delta x_{ij}^0 + \delta x_{ij}\\ \Delta y_{ij} &= \Delta y_{ij}^0 + \delta y_{ij}\\ \Delta z_{ij} &= \Delta z_{ij}^0 + \delta z_{ij}\end{aligned}\right\} \tag{8-33}$$

基线长度平差值为

$$b = \sqrt{\Delta x_{ij}^2 + \Delta y_{ij}^2 + \Delta z_{ij}^2} \tag{8-34}$$

整周未知数平差值为

$$N_i = N_i^0 + \delta N_i \quad (i = 1,2,\cdots,sv-1) \tag{8-35}$$

三、精度评定

(一)单位权中误差估值

单位权中误差估值 m_0 可由下式计算

$$m_0 = \sqrt{\frac{\boldsymbol{V}^{\mathrm{T}}P\boldsymbol{V}}{m-sv-2}} = \sqrt{\frac{\boldsymbol{V}^{\mathrm{T}}\boldsymbol{V}}{m-sv-2}} \tag{8-36}$$

其中

$$\boldsymbol{V}^{\mathrm{T}}\boldsymbol{V} = (\boldsymbol{AX}+\boldsymbol{L})^{\mathrm{T}}(\boldsymbol{AX}+\boldsymbol{L}) = \boldsymbol{L}^{\mathrm{T}}\boldsymbol{L} + \boldsymbol{B}^{\mathrm{T}}\boldsymbol{X} \tag{8-37}$$

(二)平差值的精度估值

未知数向量 $\boldsymbol{X}$ 中任一分量的中误差估值为

$$m_{x_i} = m_0\sqrt{\frac{1}{P_{x_i}}} = m_0\sqrt{Q_{x_ix_i}} \quad (i = 1,2,\cdots,sv+2) \tag{8-38}$$

式中　$\boldsymbol{P}_{x_i}$——未知数 x_i 的权,可直接由法方程系数阵的逆阵 $\boldsymbol{N}^{-1}$ 的对角元素求得。

(三)基线长度 b 的精度估算

将基线长度公式(8-34)线性化得

$$b = b_0 + \frac{\Delta x_{ij}^0}{b_0}\delta x_{ij} + \frac{\Delta y_{ij}^0}{b_0}\delta y_{ij} + \frac{\Delta z_{ij}^0}{b_0}\delta z_{ij} \tag{8-39}$$

式中　$b_0 = \sqrt{(\Delta x_{ij}^0)^2 + (\Delta y_{ij}^0)^2 + (\Delta z_{ij}^0)^2}$。

则可得到基线长度的权函数式

$$\boldsymbol{\delta b} = \boldsymbol{f}^{\mathrm{T}}\Delta\boldsymbol{X} \tag{8-40}$$

式中　$\boldsymbol{f} = \begin{pmatrix}\frac{\Delta x_{ij}^0}{b_0} & \frac{\Delta y_{ij}^0}{b_0} & \frac{\Delta z_{ij}^0}{b_0}\end{pmatrix}^{\mathrm{T}}$;

$\Delta\boldsymbol{X} = (\delta x_{ij} \quad \delta y_{ij} \quad \delta z_{ij})^{\mathrm{T}}$。

由协因数传播率即可得到

$$\boldsymbol{Q}_{\delta b} = \boldsymbol{f}^{\mathrm{T}}\boldsymbol{Q}_{\Delta X}\boldsymbol{f} \tag{8-41}$$

式中,基线向量坐标未知数 Δx 的协因数阵 $\boldsymbol{Q}_{\Delta X}$ 可由 $\boldsymbol{N}^{-1}$ 中取出,即

$$\boldsymbol{Q}_{\Delta x} = \begin{pmatrix} Q_{\delta x_{ij}} & Q_{\delta x_{ij}\delta y_{ij}} & Q_{\delta x_{ij}\delta z_{ij}} \\ Q_{\delta y_{ij}\delta x_{ij}} & Q_{\delta y_{ij}} & Q_{\delta y_{ij}\delta z_{ij}} \\ Q_{\delta z_{ij}\delta x_{ij}} & Q_{\delta z_{ij}\delta y_{ij}} & Q_{\delta z_{ij}} \end{pmatrix}$$

则基线长度 b 的中误差估值为

$$m_b = m_0 \sqrt{Q_{\delta b}} \tag{8-42}$$

基线长度相对中误差估值为

$$m_r = \frac{m_b}{b} \times 10^6 \tag{8-43}$$

四、基线向量解算结果分析

GNSS 观测值由于受到 GNSS 卫星信号的发射、传播和接收的误差影响,其中包含有各种误差。这些误差一般可以采用适当的作业模式或通过附加模型改正等方法加以消除或减弱,经过基线解算后,在基线向量观测值中仍可能存在某些系统误差或粗差,故在基线处理完成后应对其结果进行下列分析。

(一)残差分析

平差处理时,若存在系统误差和粗差,其结果将有偏差。理论上,载波相位观测精度为1%周,即对 L_1 波段信号观测误差只有 2 mm。因而当偶然误差达 1 cm 时,应认为观测值质量存在较严重的问题;当系统误差达分米级时,应认为所用数学模型有误;当残差分布中出现突然的跳跃或尖峰时,则表明整周跳变处理失败。

观测残差分布合理与否主要体现在平差后的单位权中误差估值上,根据基线长度一般要求在 0.05 周以下,否则表明观测值中存在某些系统误差或粗差。

(二)处理基线结果的精度

(1)验后单位权方差检验。采用 χ^2 检验法对验后单位权方差进行检验,是否与理论值相近。

(2)基线长度的精度。要求处理后基线长度中误差应符合标称精度,目前大多数商用软件的基线长度标称精度公式为 $(5\sim10)$ mm+$(1\sim2)\times10^{-6}D$。对于 20 km 以内的短基线,单频接收机的数据通过差分处理即可有效地消除电离层延迟的影响,从而保证相对定位结果的精度。当基线长度超过 20 km 后,双频接收机的数据通过差分处理消除电离层延迟的影响要明显优于单频接收机。

(3)双差固定解与双差实数解之间的差值。理论上整周未知数 N 为一整数,但其平差值为一实数,称为双差实数解。将实数确定为整数,在进一步平差时不作为未知数求解,这样的结果称为双差固定解。通常要求两者之间的基线向量坐标差小于 5 cm。当双差固定解与实数解的向量坐标差达到分米级时,则处理结果可能有误。当基线长度较长时,以双差实数解为最佳。

(三)粗差检测

对 GNSS 基线向量观测值的粗差检验和模型误差辨识,一般是利用由基线向量构成的多边形闭合差进行。

(四)粗差定位

当经过检验,认为 GNSS 网中还存在粗差时,往往还需要确定粗差源来自哪些观测(组),该过程称为粗差定位。因为每个基线向量观测值 L_1 都是由三维坐标差构成的相关观测值,而各基线向量之间一般认为是独立的。因此,从模式识别技术的观点看,粗差定位实质上是分析粗差向量落在哪些基线向量 L_1 的系数矩阵 $\boldsymbol{A}_1$ 所形成的特征子空间内的概率问题。

小贴士

GNSS 相对定位的结果是确定测站点间的相对位置关系。这种相对位置关系通常用空间直角坐标差（Δx_{ij}，Δy_{ij}，Δz_{ij}）或大地坐标差（ΔB_{ij}，ΔL_{ij}，ΔH_{ij}）表示。我们称这种点位间的相对位置量为基线向量，对应于两点间的长度称为基线长度。本项目主要讨论利用载波相位观测值解算基线向量的平差模型以及基线向量观测值的粗差检测及有关问题。

任务四　GNSS 基线向量网独立平差

在实际工作中，同时参加作业的 GNSS 接收机均多于两台，这样，在同一观测时间段中，就可能在多个观测站上同步观测 GNSS 卫星，同时解算多条基线向量。将不同时段观测的基线向量联结成 GNSS 基线向量网。

目前广泛采用的平差方法，主要有经典自由网平差和亏秩自由网平差。经典自由网平差是仅具有必要起始数据的平差方法，例如取 GNSS 网中任一点的伪距定位坐标，作为 GNSS 网点坐标的起算数据。亏秩自由网平差是一种不需必要起始数据的平差方法，有自由网伪逆和拟稳平差两种。在最小范数条件下，基线网的位置基准由网点坐标近似值的平均值（称为重心坐标）所规定。经典自由网平差广泛应用于城市与矿山等区域性控制网的平差，而亏秩自由网则主要应用于工程变形和地壳运动等监测网的数据处理。

一、基线网按经典自由网平差

（一）误差方程

设网中的固定点点号为 1，网内测站点数为 n，以待定测站点坐标改正数

$$\boldsymbol{\delta x}_i = (\delta x_i \quad \delta y_i \quad \delta z_i)^{\mathrm{T}} \quad (i = 2,3,\cdots,n) \tag{8-44}$$

为平差未知数，以基线向量坐标 $\boldsymbol{\Delta x}_{ij}$ 及其方差 $\boldsymbol{D}_{ij}$ 的逆阵 $\boldsymbol{D}_{ij}^{-1}$

$$\boldsymbol{\Delta x}_{ij} = (\Delta x_{ij} \quad \Delta y_{ij} \quad \Delta z_{ij})^{\mathrm{T}}$$

$$\boldsymbol{P}_{ij} = \boldsymbol{D}_{ij}^{-1} = \begin{bmatrix} \sigma_{\Delta x_{ij}} & \sigma_{\Delta x_{ij}\Delta y_{ij}} & \sigma_{\Delta x_{ij}\Delta z_{ij}} \\ \sigma_{\Delta y_{ij}\Delta x_{ij}} & \sigma_{\Delta y_{ij}} & \sigma_{\Delta y_{ij}\Delta z_{ij}} \\ \sigma_{\Delta z_{ij}\Delta x_{ij}} & \sigma_{\Delta z_{ij}\Delta y_{ij}} & \sigma_{\Delta z_{ij}} \end{bmatrix}^{-1} \quad (i,j = 1,2,\cdots,n) \tag{8-45}$$

为观测值和权阵，并设固定点坐标和待定点近似坐标为

$$\begin{aligned} \boldsymbol{x}_1 &= (x_1 \quad y_1 \quad z_1)^{\mathrm{T}} \\ \boldsymbol{x}_i^0 &= (x_i^0 \quad y_i^0 \quad z_i^0)^{\mathrm{T}} \quad (i = 2,3,\cdots,n) \end{aligned} \tag{8-46}$$

则对于任意 i、j 两点有以下关系

$$\hat{\boldsymbol{x}}_j = \hat{\boldsymbol{x}}_i + \Delta\hat{\boldsymbol{x}}_{ij} = \boldsymbol{x}_j^0 + \boldsymbol{\delta x}_j \tag{8-47}$$

或

$$\Delta\hat{\boldsymbol{x}}_{ij} = (\boldsymbol{x}_j^0 - \boldsymbol{x}_i^0) + (\boldsymbol{\delta x}_j - \boldsymbol{\delta x}_i) \tag{8-48}$$

据此可写出基线向量观测值的误差方程。

含固定点的基线向量观测值 $\boldsymbol{\Delta x}_{1i}$ 的误差方程为

$$\begin{pmatrix} V_{\Delta x_{1i}} \\ V_{\Delta y_{1i}} \\ V_{\Delta z_{1i}} \end{pmatrix} = \begin{pmatrix} 1 & 0 & 0 \\ 0 & 1 & 0 \\ 0 & 0 & 1 \end{pmatrix} \begin{pmatrix} \delta_{x_i} \\ \delta_{y_i} \\ \delta_{z_i} \end{pmatrix} - \begin{pmatrix} \Delta x_{1i} + x_1 - x_j^0 \\ \Delta y_{1i} + y_1 - y_j^0 \\ \Delta z_{1i} + z_1 - z_j^0 \end{pmatrix} \tag{8-49}$$

写成矩阵形式

$$\boldsymbol{V}_{1i} = \boldsymbol{\delta x}_i - \boldsymbol{L}_{1i} \tag{8-50}$$

对应的权阵为 P_{i1}。

不含固定点的基线向量观测值 Δx_{ij} 的误差方程为

$$\begin{pmatrix} V_{\Delta x_{ij}} \\ V_{\Delta y_{ij}} \\ V_{\Delta z_{ij}} \end{pmatrix} = - \begin{pmatrix} 1 & 0 & 0 \\ 0 & 1 & 0 \\ 0 & 0 & 1 \end{pmatrix} \begin{pmatrix} \delta_{x_i} \\ \delta_{y_i} \\ \delta_{z_i} \end{pmatrix} + \begin{pmatrix} 1 & 0 & 0 \\ 0 & 1 & 0 \\ 0 & 0 & 1 \end{pmatrix} \begin{pmatrix} \delta_{x_j} \\ \delta_{y_j} \\ \delta_{z_j} \end{pmatrix} - \begin{pmatrix} \Delta x_{ij} + x_i^0 - x_j^0 \\ \Delta y_{ij} + y_i^0 - y_j^0 \\ \Delta z_{ij} + z_i^0 - z_j^0 \end{pmatrix} \tag{8-51}$$

写成矩阵形式

$$\boldsymbol{V}_{ij} = - \boldsymbol{\delta x}_i + \boldsymbol{\delta x}_j - \boldsymbol{L}_{ij} \tag{8-52}$$

对应的权阵为 $\boldsymbol{P}_{ij}$。

(二)法方程的组成及解算

由于各基线向量观测值之间认为是互相独立的,因而可根据最小二乘准则 $\boldsymbol{V}^{\mathrm{T}}\boldsymbol{PV} = \min$,分别对每个基线向量观测值的误差方程式组成法方程,然后合并这些法方程组成总法方程。

对应于式(8-50)的法方程为

$$\boldsymbol{P}_{1i}\boldsymbol{\delta x}_i - \boldsymbol{P}_{1i}\boldsymbol{L}_{1i} = 0 \tag{8-53}$$

对应于式(8-52)的法方程为

$$\begin{pmatrix} \boldsymbol{P}_{ij} & -\boldsymbol{P}_{ij} \\ -\boldsymbol{P}_{ij} & \boldsymbol{P}_{ij} \end{pmatrix} \begin{pmatrix} \boldsymbol{\delta x}_i \\ \boldsymbol{\delta x}_j \end{pmatrix} - \begin{pmatrix} -\boldsymbol{P}_{ij} & \boldsymbol{L}_{ij} \\ \boldsymbol{P}_{ij} & \boldsymbol{L}_{ij} \end{pmatrix} = 0 \tag{8-54}$$

设总法方程为

$$\boldsymbol{N\delta X} - \boldsymbol{U} = 0 \tag{8-55}$$

式中 $\boldsymbol{\delta x} = (\boldsymbol{\delta x}_2^{\mathrm{T}} \quad \boldsymbol{\delta x}_3^{\mathrm{T}} \quad \cdots \quad \boldsymbol{\delta X}_n^{\mathrm{T}})^{\mathrm{T}}$。

设 m 为独立的基线向量数,则法方程系数阵 $\boldsymbol{N}$ 的阶数为($3m \times 3m$)阶。

于是可解得平差未知数 δx 为

$$\delta x = \boldsymbol{N}^{-1}\boldsymbol{U} \tag{8-56}$$

各待定点坐标平差值 $\hat{\boldsymbol{x}}_i$ 为

$$\hat{x}_i = x_i^0 + \delta x_i \quad (i = 2, 3, \cdots, n) \tag{8-57}$$

(三)精度评定

单位权中误差估值为

$$m_0 = \sqrt{\frac{\boldsymbol{V}^{\mathrm{T}}\boldsymbol{PV}}{3m - 3(n-1)}} \tag{8-58}$$

式中,$\boldsymbol{V}^{\mathrm{T}}\boldsymbol{PV}$ 中基线向量观测值的改正数 $\boldsymbol{V}$ 可将各待定点坐标改正数 $\boldsymbol{\delta x}_i$ 代入式(8-50)和式(8-52)中求得。

各待定点坐标未知数平差值 $\boldsymbol{\delta x}$ 的方差估值为

$$\boldsymbol{D}_{\hat{x}} = m_0^2\boldsymbol{N}^{-1} \tag{8-59}$$

二、基线网按亏秩自由网平差

亏秩自由网平差分为自由网伪逆平差和自由网拟稳平差两种方法，这里仅介绍自由网伪逆平差法。

自由网伪逆平差的基本思想是不提供必要的起始数据，基线网的位置由网点坐标近似值的平均值确定，在满足最小二乘准则的同时，引入附加的最小范数条件，使测站点坐标改正数的平方和为最小。

设 n 为网中测站点数，m 为独立的基线向量数，由于没有固定点，则由式(8-52)可得误差方程组：

$$\boldsymbol{V} = \boldsymbol{A}\boldsymbol{\delta x} + \boldsymbol{L} \tag{8-60}$$

式中　$\underset{(3m\times1)}{\boldsymbol{V}} = (v_1 \quad v_2 \quad \cdots \quad v_m)^{\mathrm{T}}$；

$\underset{(3n\times1)}{\boldsymbol{\delta x}} = (\delta x_1 \quad \delta x_2 \quad \cdots \quad \delta x_n)^{\mathrm{T}}$；

$\underset{(3m\times1)}{\boldsymbol{L}} = (l_1 \quad l_2 \quad \cdots \quad l_m)^{\mathrm{T}}$；

$l_k = (x_j^0 - x_i^0) - \Delta x_{ij}$；

k ——基线向量编号；

$\underset{(3m\times3n)}{\boldsymbol{A}}$ ——误差方程系数阵，其元素由+1、-1 和 0 组成。

根据最小二乘准则

$$\boldsymbol{V}^{\mathrm{T}}\boldsymbol{P}\boldsymbol{V} = \min \tag{8-61}$$

由式(7-60)可得相应的法方程

$$\boldsymbol{N}\boldsymbol{\delta X} + \boldsymbol{U} = 0 \tag{8-62}$$

式中　$\underset{(3n\times3n)}{\boldsymbol{N}} = \boldsymbol{A}^{\mathrm{T}}\boldsymbol{P}\boldsymbol{A}$；

$\underset{(3n\times1)}{\boldsymbol{U}} = \boldsymbol{A}^{\mathrm{T}}\boldsymbol{P}\boldsymbol{A}$；

$\underset{(3m\times3m)}{\boldsymbol{P}} = m_0^2\boldsymbol{D}_{\Delta x}^{-1}$。

由于没有固定点，缺少位置基准，导致误差方程系数阵 $\boldsymbol{A}$ 不是列满秩阵，所以由其所组成的法方程系数阵 $\boldsymbol{N}$ 为奇异阵或亏秩阵，亏秩数 $d=3$，逆阵 $\boldsymbol{N}^{-1}$ 不存在，因而法方程没有唯一解。为了使法方程能有唯一解，需要引入附加的最小范数条件，即使网的平差在满足最小二乘准则的同时，亦满足坐标改正数的平方和为最小的条件：

$$\boldsymbol{\delta x}^{\mathrm{T}}\boldsymbol{\delta x} = \min \tag{8-63}$$

于是由式(8-62)可解得

$$\boldsymbol{\delta x} = -\boldsymbol{N}_m^{-}\boldsymbol{A}^{\mathrm{T}}\boldsymbol{P}\boldsymbol{L} \tag{8-64}$$

式中　N_m^{-}——N 的最小范数逆，可按下式计算

$$\boldsymbol{N}_m^{-} = \boldsymbol{N}(\boldsymbol{N}\boldsymbol{N})^{-} \tag{8-65}$$

平差未知数的协因数阵为

$$\underset{(3n\times3n)}{\boldsymbol{Q}_{xx}} = \boldsymbol{N}_m^{-}\boldsymbol{N}(\boldsymbol{N}_m^{-})^{\mathrm{T}} = \boldsymbol{N}^{+} \tag{8-66}$$

➤ 小贴士

GNSS 基线向量网平差的目的就是为了消除基线向量网中各类图形闭合条件的不符

值,并建立网的基准,即网的位置、方向和尺度基准。基线向量本身已经确定了方向和尺度基准,与网的平差方法无关,而网的位置基准则与平差的方法密切相关。

任务五 坐标系统的转换

一、空间直角坐标与大地坐标的转换

地球上某一点的三维空间位置可用空间直角坐标 (x,y,z) 表示,也可用大地坐标 (B,L,H) 表示。在同一坐标系中,两者之间的转换公式如下。

(一)由大地坐标(B,L,H)转变为空间直角坐标(x,y,z)

$$\left.\begin{aligned} x &= (N+H)\cos B\cos L \\ y &= (N+H)\cos B\sin L \\ z &= [N(1-e^2)+H]\sin B \end{aligned}\right\} \tag{8-67}$$

式中 N——该点的卯酉圈曲率半径,其大小为

$$N = \frac{a}{\sqrt{1-e^2\sin^2 B}} \tag{8-68}$$

式中 a——椭球长半轴;

e——第一偏心率,其大小为 $e=\sqrt{\dfrac{a^2-b^2}{a^2}}$;

b——椭球短半轴。

(二)由空间直角坐标 (x,y,z) 转换为大地坐标 (B,L,H)

$$\left.\begin{aligned} B &= \arctan\left[\frac{1}{\sqrt{x^2+y^2}}\left(Z+\frac{ce^2\tan B}{\sqrt{1+e'^2+\tan B}}\right)\right] \\ L &= \arctan(y/x) \\ H &= \frac{\sqrt{x^2+y^2}}{\cos B}-N \end{aligned}\right\} \tag{8-69}$$

式中 $C=a^2/b$;

$e'^2=\dfrac{e^2}{1-e^2}$。

显然,求 B 时应用迭代法较好,为减少迭代次数,按下述方法求得 B 的初值 B_0,则只需迭代两次即可满足精度要求。

$$\left.\begin{aligned} B_0 &= \varphi+\Delta B \\ \varphi &= \arcsin(Z/R) \\ R &= \sqrt{x^2+y^2+z^2} \\ \Delta B &= A\sin2\varphi(1+2A\cos2\varphi) \\ A &= ae^2/(2R\sqrt{1-e^2\sin^2\varphi}) \end{aligned}\right\} \tag{8-70}$$

二、不同空间直角坐标系之间的坐标转换

(一) 两空间直角坐标系之间的几何关系

如图 8-2 所示。设同一点在两个三维空间直角坐标系中的坐标分别为 $(x_{T_i}, y_{T_i}, z_{T_i})$ 和 $(x_{s_i}, y_{s_i}, z_{s_i})$，研究并确定它们之间的关系我们称为基准转换。基准转换常用布尔沙-沃尔夫(Bursa-wolf)基准转换模型，下面对布尔沙-沃尔夫(Bursa-wolf)基准转换模型进行说明。

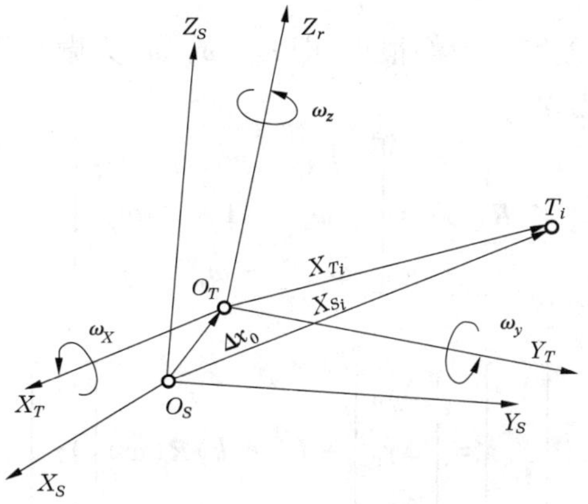

图 8-2　两空间直角坐标系的几何关系

已知两空间直角坐标系的基准转换关系为：

$$\boldsymbol{x}_{S_i} = \Delta\boldsymbol{x}_0 + \boldsymbol{R}(\omega_z)\boldsymbol{R}(\omega_y)\boldsymbol{R}(\omega_x)\boldsymbol{x}_{T_i} \tag{8-71}$$

当考虑两坐标系间的尺度差 k 时，上式应为

$$\boldsymbol{x}_{S_i} = \Delta\boldsymbol{x}_0 + (1+k)\boldsymbol{R}(\omega_z)\boldsymbol{R}(\omega_y)\boldsymbol{R}(\omega_x)x_{T_i} \tag{8-72}$$

式中　$\Delta\boldsymbol{x}_0$—— $\Delta\boldsymbol{x}_0 = (\Delta x_0 \quad \Delta y_0 \quad \Delta z_0)^{\mathrm{T}}$，为坐标系的平移参数；

$\boldsymbol{x}_{S_i} = (x_{S_i} \quad y_{S_i} \quad z_{S_i})^{\mathrm{T}}$；

$\boldsymbol{x}_T = (x_{T_i} \quad y_{T_i} \quad z_{T_i})^{\mathrm{T}}$；

k——尺度因子；

$\boldsymbol{R}(\omega_x)$、$\boldsymbol{R}(\omega_y)$、$\boldsymbol{R}(\omega_z)$ ——坐标平面绕 x、y、z 轴旋转的旋转变换矩阵；

ω_x、ω_y、ω_z ——旋转参数。

$$\boldsymbol{R}(\omega_x) = \begin{pmatrix} 1 & 0 & 0 \\ 0 & \cos\omega_x & \sin\omega_x \\ 0 & -\sin\omega_x & \cos\omega_x \end{pmatrix} \tag{8-73}$$

$$\boldsymbol{R}(\omega_y) = \begin{pmatrix} \cos\omega_y & 0 & -\sin\omega_y \\ 0 & 1 & 0 \\ \sin\omega_y & 0 & \cos\omega_y \end{pmatrix} \tag{8-74}$$

$$\boldsymbol{R}(\omega_z) = \begin{pmatrix} \cos\omega_z & \sin\omega_z & 0 \\ -\sin\omega_z & \cos\omega_z & 0 \\ 0 & 0 & 1 \end{pmatrix} \tag{8-75}$$

我们将 Δx_0、Δy_0、Δz_0、k、ω_x、ω_y、ω_z 统称为坐标系间的转换参数。由式(8-72)所表示的转换关系也称为相似变换。

令 $\boldsymbol{R}(\omega)=\boldsymbol{R}(\omega_z)\boldsymbol{R}(\omega_y)\boldsymbol{R}(\omega_x)$

$$
=\begin{bmatrix}\cos\omega_y\cos\omega_z & \cos\omega_x\sin\omega_z+\sin\omega_x\sin\omega_y\cos\omega_z & \sin\omega_x\sin\omega_z-\cos\omega_x\sin\omega_y\cos\omega_z\\ -\cos\omega_y\sin\omega_z & \cos\omega_x\cos\omega_z-\sin\omega_x\sin\omega_y\sin\omega_z & \sin\omega_x\cos\omega_z+\cos\omega_x\sin\omega_y\sin\omega_z\\ \sin\omega_y & -\sin\omega_x\cos\omega_y & \cos\omega_x\cos\omega_y\end{bmatrix} \tag{8-76}
$$

考虑到坐标轴定向的差别一般都很小,即 ω_x、ω_y、ω_z 为微小量,这时在略去二次微小量的情况下,式(8-76)可简化为

$$
\boldsymbol{R}(\omega)=\begin{bmatrix}1 & \omega_z & -\omega_y\\ -\omega_z & 1 & \omega_x\\ \omega_y & -\omega_x & 1\end{bmatrix} \tag{8-77}
$$

则式(8-72)可简化为

$$
\begin{bmatrix}x_{s_i}\\ y_{s_i}\\ z_{s_i}\end{bmatrix}=\begin{bmatrix}\Delta x_0\\ \Delta y_0\\ \Delta z_0\end{bmatrix}+(1+k)\boldsymbol{R}(\omega)\begin{bmatrix}x_{T_i}\\ y_{T_i}\\ z_{T_i}\end{bmatrix} \tag{8-78}
$$

或

$$
\begin{bmatrix}x_{s_i}\\ y_{s_i}\\ z_{s_i}\end{bmatrix}=\begin{bmatrix}x_{T_i}\\ y_{T_i}\\ z_{T_i}\end{bmatrix}+\boldsymbol{C}_i\boldsymbol{T} \tag{8-79}
$$

式中 $\boldsymbol{C}_i=\begin{bmatrix}1 & 0 & 0 & x_{T_i} & 0 & -z_{T_i} & x_{T_i}\\ 0 & 1 & 0 & y_{T_i} & z_{T_i} & 0 & -x_{T_i}\\ 0 & 0 & 1 & z_{T_i} & -y_{T_i} & x_{T_i} & 0\end{bmatrix}$;

$\boldsymbol{T}=(\Delta x_0\quad \Delta y_0\quad \Delta z_0\quad k\quad \omega_x\quad \omega_y\quad \omega_z)^{\mathrm{T}}$。

(二)转换参数的确定

在实用中,转换参数是根据两坐标系的公共点来确定的,坐标系由点的坐标来体现。要确定式(8-79)中 $\boldsymbol{T}$ 向量的 7 个参数,至少需要 3 个即具有 $O_s-X_SY_ST_S$ 坐标系中坐标又具有 $O_T-X_TY_TZ_T$ 坐标系中坐标的公共点,利用最小二乘法求解 T。当两坐标系分别为卫星网所属的地心坐标系(设为 S)和地面所属的参心坐标系(设为 T)时,该项工作称为卫星网和地面网的联合平差。

联合平差实施的具体步骤如下。

(1)建立误差方程:

以 7 个转换参数和公共点的地面网坐标为未知数,以公共点坐标为观测值,则有如下误差方程:

$$
\left.\begin{aligned}V_{T_i}&=\delta x_{T_i} & \text{权 } P_{T_i}\\ x_{S_i}&=\delta x_{T_i}+C_i\delta T+L_i & \text{权 } P_{S_i}\end{aligned}\right\}\quad (i=1,2,\cdots,n) \tag{8-80}
$$

式中　n——公共点个数。取 T 的近似值 T^0 和地面网点坐标未知数的近似值 $x_{T_i}^0$ 分别为

$$\left.\begin{aligned} T^0 &= 0 \\ x_{T_i}^0 &= (x_{T_i}^0 \quad Y_{T_i}^0 \quad z_{T_i}^0)^{\mathrm{T}} \end{aligned}\right\} \tag{8-81}$$

以 $x_{T_i}^0$ 和 $x_{s_i}^0$ 分别表示公共点 i 的地面网和卫星网的坐标观测值，则有

$$C_i = \begin{bmatrix} 1 & 0 & 0 & x_{T_i}^0 & 0 & -z_{T_i}^0 & y_{T_i}^0 \\ 0 & 1 & 0 & y_{T_i}^0 & z_{T_i}^0 & 0 & -x_{T_I}^0 \\ 0 & 0 & 1 & z_{T_i}^0 & -y_{T_i}^0 & x_{T_i}^0 & 0 \end{bmatrix} \tag{8-82}$$

$$L_i = \begin{bmatrix} x_{T_i}^0 - x_{s_i}^0 \\ y_{T_i}^0 - y_{s_i}^0 \\ z_{T_i}^0 - z_{s_i}^0 \end{bmatrix} \tag{8-83}$$

(2)法方程组成及解算：

根据式(8-82)可组成法方程

$$\begin{bmatrix} P_S + P_T & P_S C \\ C^T P_S & C^T P_S C \end{bmatrix} \begin{pmatrix} \delta x_T \\ \delta T \end{pmatrix} + \begin{bmatrix} P_S L \\ C^T P_S L \end{bmatrix} = 0 \tag{8-84}$$

式中

$$P_S = \begin{bmatrix} P_{S_1} & & & \\ & P_{S_2} & & \\ & & \ddots & \\ & & & P_{S_n} \end{bmatrix}, P_T = \begin{bmatrix} P_{T_1} & & & \\ & P_{T_2} & & \\ & & \ddots & \\ & & & P_{T_n} \end{bmatrix}$$

$$C = \begin{bmatrix} C_1 \\ C_2 \\ \vdots \\ C_n \end{bmatrix}, L = \begin{bmatrix} L_1 \\ L_2 \\ \vdots \\ L_n \end{bmatrix}$$

$$\delta x_T = \begin{bmatrix} \delta x_{T_1} \\ \delta x_{T_2} \\ \vdots \\ \delta x_{T_n} \end{bmatrix}$$

解式(8-84)得

$$\delta T = [C^{\mathrm{T}}(P_S^{-1} + P_T^{-1})^{-1} + C]^{-1} C^{\mathrm{T}}(P_S^{-1} + P_T^{-1})^{-1} L \tag{8-85}$$

则转换参数平差值 $\hat{T}$ 为

$$\hat{T} = T^0 + \delta T \tag{8-86}$$

(3)精度评定：

单位权中误差估值为

$$m_0 = \sqrt{\frac{V^{\mathrm{T}}PV}{3n - m}} \tag{8-87}$$

式中　m——转换参数个数。

$$\boldsymbol{V}^{\mathrm{T}}PV = \sum_{i=1}^{n}(\boldsymbol{V}_{T_i}^{\mathrm{T}}P_{T_i}V_{T_i} + \boldsymbol{V}_{s_i}^{\mathrm{T}}P_{s_i}V_{s_i}) \tag{8-88}$$

转换参数协因数 Q_T 为

$$Q_T = [\boldsymbol{C}^{\mathrm{T}}(P_S^{-1} + P_T^{-1})^{-1}C]^{-1} \tag{8-89}$$

转换参数的方差阵 $\boldsymbol{D}_T$ 为

$$\boldsymbol{D}_T = m_0^2\boldsymbol{Q}_T \tag{8-90}$$

取 $\boldsymbol{D}_T$ 对角线元素的方根即可得到转换参数平差值的中误差估值。

(三)转换参数的精度

当确定了两空间直角坐标系之间的转换参数后,就可将任一点的坐标在两个空间直角坐标系中转换。转换后的坐标精度既与被转换坐标精度有关,也与转换参数的精度有关。

影响转换参数求定精度的主要因素有:

(1)地面网观测值的权与 GNSS 网观测值的权不匹配。

(2)地面网坐标精度和 GNSS 网坐标精度,有两个因素:①如不使用精密星历,则求出的转换参数精度低;②大地水准面差距的精度直接影响转换参数的求定精度。

(3)公共点的个数及分布。要求出 7 个转换参数至少需要 3 个公共点,显然当公共点个数增加时,联合平差解算出的参数的可信度也会相应提高;另外转换参数还具有时间性,即根据某一时段的 GNSS 网坐标求出的转换参数,用于另一时段 GNSS 网的坐标转换时精度也可能降低。

(4)联合平差模型的适宜性。当应用布尔沙-沃尔夫模型求解转换参数时,某些不显著的转换参数应予剔除,以免影响其他参数的求定精度。

总之,转换参数用于坐标转换时,不仅需要注意其精度水平,还应该注意参数的区域性和时间性。

三、不同大地坐标系之间的坐标转换

假设两大地坐标系的椭球参数 a、f^{-1} 是一致的,或已化为一致时,则有以下转换模型:

$$\begin{bmatrix} B \\ L \\ H \end{bmatrix}_S = F\begin{bmatrix} \Delta x_0 \\ \Delta y_0 \\ \Delta z_0 \end{bmatrix} + G\begin{bmatrix} \omega_x \\ \omega_y \\ \omega_z \\ k \end{bmatrix} \tag{8-91}$$

式中　$(B\ L\ H)_S^{\mathrm{T}}$——新大地坐标系的大地坐标;

$(B\ L\ H)$——原大地坐标系的大地坐标;

$(\omega_x\quad \omega_y\quad \omega_z)^{\mathrm{T}}$——旋转参数;

k——尺度因子。

$$F=\begin{bmatrix} -\frac{1}{M}\sin B\cos L & -\frac{1}{M}\sin B\sin L & \frac{1}{M}\cos B \\ -\frac{1}{N\cos B}\sin L & \frac{1}{N\cos B}\cos L & 0 \\ \cos B\cos L & \cos B\sin L & \sin B \end{bmatrix}$$

$$G=\begin{bmatrix} -(1+e^2\cos 2B)\sin L & (1+e^2\cos 2B)\cos L & 0 & -e^2\sin B\cos B \\ (1-e^2)\tan B\cos L & (1-e^2)\tan B\sin L & -1 & 0 \\ -\frac{1}{2}Ne^2\sin 2B\sin L & \frac{1}{2}Ne^2\sin 2B\cos L & 0 & N(1-e^2\sin^2 B) \end{bmatrix}$$

式中 M——原大地坐标系子午圈曲率半径；

N——原大地坐标系卯酉圈曲率半径；

e——第一偏心率。

如果两坐标系的椭球参数 a、f^{-1} 不一致，则应考虑其间椭球参数不同的影响。

四、在高斯平面坐标系统中的坐标转换模型

为了简化计算程序和避免地面网缺乏高程异常资料而导致求解空间直角坐标的较大误差，我国学者周忠谟等提出了 GNSS 网与地面网在高斯平面坐标系统中的坐标转换模型，其推导过程如下：

已知的高斯坐标正算公式可以改写为另一形式：

$$\left.\begin{aligned} x &= x_0 + x_{02}l^2 + x_{04}l^4 + \cdots \\ y &= y_{01}l + y_{03}l^3 + \cdots \end{aligned}\right\} \tag{8-92}$$

式中 $x_{02}=\frac{1}{2}N\sin B\cos B$；

$x_{04}=\frac{1}{24}N(5-6\sin^2 B)\sin B\cos B$；

$y_{01}=N\cos B$；

$y_{03}=\frac{1}{6}N(1-2\sin^2 B)\cos B$；

x_0——赤道至纬度 B 的子午线弧长；

N、l、B 的意义同前。

假设网点的大地坐标产生了微变量 $(\delta B,\delta L)$，则由此引起高斯平面坐标的变化，在略去二次及其以上微小量的情况下，由式(8-92)可得：

$$\left.\begin{aligned} \delta x &= \left(\frac{\partial x_0}{\partial B}+\frac{\partial x_{02}}{\partial B}l^2\right)\partial B + (2x_{02}l + 4x_{04}l^3)\delta l \\ \delta y &= \left(\frac{\partial y_{01}}{\partial B}l+\frac{\partial y_{03}}{\partial B}l^3\right)\delta B + (y_{01} + 3y_{03}l^2)\delta l \end{aligned}\right\} \tag{8-93}$$

顾及关系式

$$\left.\begin{aligned}
\frac{\partial x_0}{\partial B} &= N\left(\frac{1-e^2}{W^2}\right)\\
\frac{\partial x_{02}}{\partial B} &= \frac{1}{2}N(1-2\sin^2B+e^2\sin^2B\cos^2B)\\
\frac{\partial y_{01}}{\partial B} &= -N\left(\frac{1-e^2}{W^2}\right)\sin B\\
\frac{\partial y_{03}}{\partial B} &= -\frac{1}{6}N(1-6\sin^2B)\sin B\\
W &= \sqrt{1-e^2\sin^2B}
\end{aligned}\right\} \tag{8-94}$$

于是式(8-93)可写为

$$\begin{pmatrix}\delta x\\ \delta y\end{pmatrix} = \begin{bmatrix} x_b & x_1\\ y_b & y_1\end{bmatrix}\begin{pmatrix}\delta B\\ \delta l\end{pmatrix} \tag{8-95}$$

式中 $x_b = N\left[\frac{1-e^2}{W^2} + \frac{1}{2}(1-2\sin^2B+e^2\sin^2B\cos^2B)l^2\right]$;

$x_1 = N\left[l + \frac{1}{6}(5-6\sin^2B)l^3\right]\sin B\cos B$;

$y_b = -N\left[\frac{1-e^2}{W^2}l + \frac{1}{6}(5-6\sin^2B)l^3\right]\sin B$;

$y_1 = N\left[1 + \frac{1}{2}(1-2\sin^2B+e^2\cos^4B)l^2\right]\cos B$。

如果网点的大地坐标的变化是由于坐标系统定位、定向和尺度的改变而引起的,则已知关系式:

$$\begin{pmatrix}\delta B\\ \delta l\end{pmatrix} = (\boldsymbol{T} \quad \boldsymbol{R} \quad \boldsymbol{M})\begin{bmatrix}\Delta \boldsymbol{x}_0\\ \boldsymbol{\omega}\\ k\end{bmatrix} \tag{8-96}$$

式中 $\Delta \boldsymbol{x}_0$——平移参数向量,$\Delta x_0 = (\Delta x_0 \quad \Delta y_0 \quad \Delta z_0)^{\mathrm{T}}$;

$\boldsymbol{\omega}$——旋转参数向量,$\omega = (\omega_x \quad \omega_y \quad \omega_z)^{\mathrm{T}}$;

k——尺度因子;

$\boldsymbol{T}$、$\boldsymbol{R}$、$\boldsymbol{M}$——系数矩阵,其形式如下:

$$\boldsymbol{T} = \begin{bmatrix} -\frac{1}{M}\sin B\cos B & -\frac{1}{M}\sin B\sin L & \frac{1}{M}\cos B\\ -\frac{1}{N\cos B}\sin L & \frac{1}{N\cos B}\cos L & 0\end{bmatrix}$$

$$\boldsymbol{R} = \begin{bmatrix} -(1+e^2\cos 2B)\sin L & (1+e^2\cos 2B)\cos L & 0\\ (1+e^2\tan B)\cos L & (1-e^2)\tan B\sin L & 1\end{bmatrix}$$

$$\boldsymbol{M} = \begin{pmatrix} -e^2\sin B\cos B\\ 0\end{pmatrix}$$

将式(8-96)代入式(8-95),得在高斯平面坐标系中两网的坐标转换模型:

$$\begin{pmatrix}\delta x\\ \delta y\end{pmatrix}=\begin{bmatrix}x_b & x_1\\ y_b & y_1\end{bmatrix}(\boldsymbol{T}\quad \boldsymbol{R}\quad \boldsymbol{M})\begin{bmatrix}\Delta\boldsymbol{x}_0\\ \boldsymbol{\omega}\\ k\end{bmatrix}$$

经整理得

$$\begin{pmatrix}\delta x\\ \delta y\end{pmatrix}=\begin{bmatrix}x_{\Delta x} & x_{\Delta y} & x_{\Delta z} & x_{\omega_x} & x_{\omega_y} & x_{\omega_z} & x_k\\ y_{\Delta x} & y_{\Delta y} & y_{\Delta z} & y_{\omega_x} & y_{\omega_y} & y_{\omega_z} & y_k\end{bmatrix}\begin{bmatrix}\Delta\boldsymbol{x}_0\\ \boldsymbol{\omega}\\ k\end{bmatrix} \tag{8-97}$$

式中 $x_{\Delta x}=-(k_1\cos L+k_2\sin L)\sin B$;

$x_{\Delta y}=-(k_1\sin L-k_2\cos L)\sin B$;

$x_{\Delta z}=k_1\cos B$;

$x_{\omega_x}=-Nk_3\sin L+N(1-e^2)k_2\sin^2 B\cos L$;

$x_{\omega_y}=Nk_3\cos L+N(1-e^2)k_2\sin^2 B\sin L$;

$x_{\omega_z}=-Nk_2\sin B\cos B$;

$x_k=-Ne^2k_1\sin B\cos B$;

$y_{\Delta x}=k_2\sin^2 B\cos L-k_1\sin L$;

$y_{\Delta y}=k_2\sin^2 B\cos L+k_1\cos L$;

$y_{\Delta z}=-k_2\sin B\cos B$;

$y_{\omega_x}=Nk_4\sin B\sin L+N(1-e^2)k_1\sin B\cos L$;

$y_{\omega_y}=-Nk_4\sin B\cos L+N(1-e^2)k_1\sin B\sin L$;

$y_{\omega_z}=-Nk_1\cos B$;

$y_k=Ne^2k_2\sin^2 B\cos B$;

$k_1=\left\{1+\frac{1}{2}[1-2(\sin^2 B+e^2\cos^4 B)]l^2\right\}$;

$k_2=\left[1+\frac{1}{6}(5-6\sin^2 B)l^3\right]$;

$k_3=\left\{(1-e^2\sin^2 B-e^4\cos^4 B)+\frac{1}{2}[1-2\sin^2 B+e^2(1-3\sin^2 B\cos^2 B)]l^2\right\}$;

$k_4=\left[(1-e^2\sin^2 B-e^4\cos^4 B)l+\frac{1}{6}(5-6\sin^2 B)l^3\right]$。

若以 $(x\ y)_T^{\mathrm{T}}$ 和 $(x\ y)_S^{\mathrm{T}}$ 分别表示地面点在地面网和 GNSS 网中的高斯平面坐标,则

$$\begin{pmatrix}x\\ y\end{pmatrix}_S=\begin{pmatrix}x\\ y\end{pmatrix}_T+\begin{pmatrix}\delta x\\ \delta y\end{pmatrix} \tag{8-98}$$

由式(8-98),对公共点可列出误差方程:

$$\begin{pmatrix}x\\ y\end{pmatrix}_S-\begin{pmatrix}x\\ y\end{pmatrix}_T=\boldsymbol{A}\begin{bmatrix}\Delta\boldsymbol{x}_0\\ \boldsymbol{\omega}\\ k\end{bmatrix} \tag{8-99}$$

式中 $\boldsymbol{A}$——式(8-97)中系数阵。

这样,根据最小二乘原理组成法方程就可以解算出坐标转换参数。

➤ 小贴士

GNSS 定位系统采用的是 WGS-84 大地坐标系或 2000 大地坐标系,属于协议地心坐标系,而实用的测量成果是属于某一国家坐标系或地方坐标系,为参心坐标系。由于两者的原点位置与坐标轴的指向不同,存在着平移和旋转的关系,因此必须解决 GNSS 定位成果的坐标转换问题。

任务六　GNSS 网与地面网的三维平差

一、概述

目前,在我国建立的 GNSS 定位网大致有以下几种形式;

(1)将已有的国家控制点作为固定点,应用 GNSS 技术加密控制网。

(2)考虑与已有的测量成果的衔接,应用 GNSS 技术建立新的定位网。

(3)对原有的地面控制网进行改造和扩充。

上述 GNSS 网均需要与地面测量数据联合起来,因此 GNSS 定位数据与地面测量数据的三维平差是 GNSS 技术应用中的一个关键问题。

GNSS 网与地面网的三维平差,一般来说,可依据两网的原始观测量为依据,也可依据两网单独平差的结果为依据。考虑到以两网原始观测量为依据的联合平差,数据处理量比较庞大,处理过程较为复杂,同时考虑到现有地面网都已完成了平差计算。所以,为了简化计算和充分利用原有成果,三维平差通常可在地面网和 GNSS 网单独平差的基础上进行。这时,地面测量数据仅提供定位、定向和尺度基准,如固定点坐标、固定方向和固定边长,这种平差形式称为 GNSS 网在地面坐标系中的三维约束平差。反之,地面测量数据除了提供定位、定向和尺度基准外,还包含有常规观测量时,这种平差形式称为 GNSS 网与地面网的三维联合平差。下面分别讨论在空间直角坐标系和大地坐标系中的三维平差问题。

二、在空间直角坐标系中的三维约束平差

设 $\boldsymbol{x}=(x_T \quad x_S)^{\mathrm{T}}$ 为两网单独平差后的坐标向量;$\boldsymbol{x}_S=(x \quad y \quad z)_S^{\mathrm{T}}$ 为 GNSS 网三维平差后的坐标向量;$\boldsymbol{x}_T=(x \quad y \quad z)^{\mathrm{T}}$ 为地面网单独平差后的坐标向量;$\boldsymbol{D}_x$ 为单独平差后网点坐标的方差与协方差阵;$\hat{\boldsymbol{X}}$ 为三维平差后网点的坐标向量;$\boldsymbol{\delta\hat{x}}$ 为三维平差后网点坐标的改正数向量。

(一)以网点坐标作为相关观测量的三维约束平差

当以两网单独平差后的公共网点坐标作为相关观测量时,可写出误差方程为

$$\left.\begin{aligned} V_T &= \delta\hat{x}_T \\ V_S &= \delta\hat{x}_S \end{aligned}\right\} \tag{8-100}$$

由前面所述坐标转换模型,可建立公共网点处的坐标关系式,作为三维平差时的约束条件。

$$\boldsymbol{\delta}\hat{\boldsymbol{x}}_S = \boldsymbol{\delta}\hat{x}_T + \boldsymbol{BZ} + \boldsymbol{L} \tag{8-101}$$

式中 $\underset{(3n\times 7)}{\boldsymbol{B}} = (b_1 \quad b_2 \quad \cdots \quad b_n)^{\mathrm{T}}$；

$\underset{(3\times 7)}{\boldsymbol{b}_i} = \begin{bmatrix} 1 & 0 & 0 & 0 & -z & y & z \\ 0 & 1 & 0 & z & 0 & -x & y \\ 0 & 0 & 1 & -y & x & 0 & z \end{bmatrix}$；

$\underset{(7\times 1)}{\boldsymbol{Z}}$——坐标转换参数向量，$\underset{(7\times 1)}{\boldsymbol{Z}} = (\Delta x_0 \quad \omega \quad k)^{\mathrm{T}}$；

$\Delta\boldsymbol{x}_0$——平移参数向量，$\Delta\boldsymbol{x}_0 = (\Delta x_0 \quad \Delta y_0 \quad \Delta z_0)^{\mathrm{T}}$；

$\boldsymbol{\omega}$——旋转参数向量，$\boldsymbol{\omega} = (\omega_x \quad \omega_y \quad \omega_z)^{\mathrm{T}}$；

$\underset{(3n\times 1)}{\boldsymbol{L}} = x_T - x_S$。

将式(8-101)代入式(8-100)，即可组成法方程：

$$\begin{bmatrix} (P_{X_S} + P_{X_T}) & P_{X_S}B \\ B^{\mathrm{T}}P_{X_S} & B^{\mathrm{T}}P_{X_S}B \end{bmatrix} \begin{bmatrix} \delta_{X_T} \\ z \end{bmatrix} + \begin{bmatrix} P_{X_S}L \\ B^{\mathrm{T}}P_{X_S}L \end{bmatrix} = O \tag{8-102}$$

式中 $P_{X_T} = m_{0_T}^2 \cdot D_{X_T}^{-1}$，地面网坐标的权阵；

$P_{X_S} = m_{0_s}^2 \cdot D_{X_S}^{-1}$，GNSS 网坐标的权阵。

网点坐标的协方差阵 $\boldsymbol{D}_{X_T}$ 和 $\boldsymbol{D}_{X_S}$ 分别由两网单独平差时求得，如果地面网是在大地坐标系中平差的，其网点坐标协方差阵为 $\boldsymbol{D}_{BT}$，则有

$$\boldsymbol{D}_{X_T} = \boldsymbol{F}\boldsymbol{D}_{BT}\boldsymbol{F}^{\mathrm{T}} \tag{8-103}$$

式中

$$\underset{(3n\times 3n)}{F} = \begin{bmatrix} f_1 & 0 & \cdots & 0 \\ 0 & f_2 & \cdots & 0 \\ \vdots & \vdots & & \vdots \\ 0 & 0 & \cdots & f_n \end{bmatrix}$$

$$\underset{(3\times 3)}{f_i} = \begin{bmatrix} -M\sin B\cos L & -N\cos B\sin L & \cos B\cos L \\ -M\sin B\sin L & N\cos B\cos L & \cos B\sin L \\ M\cos B & 0 & \sin B \end{bmatrix}$$

由式(8-102)可解得

$$\begin{pmatrix} \delta\hat{x}_T \\ z \end{pmatrix} = -\begin{bmatrix} (P_{X_T} + P_{X_S}) & P_{X_S}B \\ B^{\mathrm{T}}P_{X_S} & B^{\mathrm{T}}P_{X_S}B \end{bmatrix}^{-1} \begin{bmatrix} P_{X_S} & L \\ B^{T}P_{X_S} & L \end{bmatrix} \tag{8-104}$$

单位权中误差估值可按下式计算：

$$m_0 = \sqrt{\frac{V^{\mathrm{T}}PV}{3n-7}} \tag{8-105}$$

式中 n——两网公共点个数。

平差后未知参数的协因数阵为

$$\boldsymbol{Q}_{\hat{X}} = \begin{bmatrix} (P_{X_T} + P_{X_S}) & P_{X_S}B \\ B^{\mathrm{T}}P_{X_S} & B^{\mathrm{T}}P_{X_S}B \end{bmatrix}^{-1} \tag{8-106}$$

平差后网点坐标的中误差估值为

$$m_{\hat{X}} = m_0 \sqrt{q_{XX}} \tag{8-107}$$

式中　q_{XX} 为平差后未知参数协因数阵 $\boldsymbol{Q}_{\hat{X}}$ 的主对角线的相应元素。

上述各式即为在空间直角坐标系中,以两网单独平差后的坐标值为相关观测量的三维约束平差模型。

(二)以基线向量作为相关观测量的三维约束平差

因为 GNSS 相对定位的结果,通常是观测站之间的基线向量,并由此构成基线向量网。所以,两网平差时以网的空间基线向量作为相关观测量,有时更为适宜。

由于观测方程必须顾及不同坐标系统间的转换参数,WGS-84 坐标系与地面测量坐标系统的转换模型有多种形式,但对于以三维坐标差表示的 GNSS 基线向量来说,其转换关系与平移参数无关。

设网中任意 i、j 两点的基线向量为:

$$\left.\begin{aligned} \Delta \boldsymbol{x}_{S_{ij}} &= x_{Si} - x_{Sj} \\ \Delta \boldsymbol{x}_{T_{ij}} &= x_{T_i} - x_{T_j} \end{aligned}\right\} \tag{8-108}$$

顾及转换参数可得

$$\Delta \boldsymbol{x}_{S_{ij}} = \boldsymbol{x}_{T_{ij}} + \boldsymbol{R}_{ij}\boldsymbol{y} \tag{8-109}$$

式中　$\boldsymbol{R}_{ij} = \boldsymbol{R}_j - \boldsymbol{R}_i = \begin{bmatrix} 0 & -\Delta z_{ij} & \Delta y_{ij} & \Delta x_{ij} \\ \Delta z_{ij} & 0 & -\Delta x_{ij} & \Delta y_{ij} \\ -\Delta y_{ij} & \Delta x_{ij} & 0 & \Delta z_{ij} \end{bmatrix}$;

$\boldsymbol{y} = (\omega_x \quad \omega_y \quad \omega_z \quad k)^{\mathrm{T}}$。

由于在空间直角坐标系中,网的基线向量与网的位置基准无关,由此可得以基线向量为相关观测量的误差方程

$$\left.\begin{aligned} \underset{(3n_1\times 1)}{\boldsymbol{V}_{\Delta T}} &= \underset{(3n_1\times 3n)}{\boldsymbol{C}} \cdot \underset{(3n\times 1)}{\boldsymbol{\delta}\hat{\boldsymbol{x}}_T} \\ \underset{(3n_1\times 1)}{\boldsymbol{V}_{\Delta S}} &= \underset{(3n_1\times 3n)}{\boldsymbol{C}} \cdot \underset{(3n\times 1)}{\boldsymbol{\delta}\hat{\boldsymbol{x}}_S} \end{aligned}\right\} \tag{8-110}$$

由式(8-109)可得约束条件

$$\boldsymbol{C\delta}\hat{x}_S = \boldsymbol{C\delta}\hat{\boldsymbol{x}}_T + \boldsymbol{CRY} + \boldsymbol{L}_\Delta \tag{8-111}$$

$$\underset{(3\times 4)}{\boldsymbol{R}_i} = \begin{pmatrix} 0 & -z & y & x \\ z & 0 & -x & y \\ -y & x & 0 & z \end{pmatrix}$$

$$\underset{(4\times 1)}{\boldsymbol{y}} = (\omega_x \quad \omega_y \quad \omega_z \quad k)^{\mathrm{T}}$$

$$\underset{(3n_1\times 1)}{L_\Delta} = \Delta x_T - \Delta x_S$$

式中　n_1——网中基线向量个数;

C——组成基线向量的系数矩阵,其元素有+1、-1 和 0 组成。

由此可组成法方程:

$$\begin{pmatrix} \boldsymbol{C}^{\mathrm{T}}(\boldsymbol{P}_{\Delta T} + \boldsymbol{P}_{\Delta S})\boldsymbol{C} & \boldsymbol{C}^{\mathrm{T}}\boldsymbol{P}_{\Delta S}\boldsymbol{CR} \\ \boldsymbol{R}^{\mathrm{T}}\boldsymbol{C}^{\mathrm{T}}\boldsymbol{P}_{\Delta S}\boldsymbol{C} & \boldsymbol{R}^{\mathrm{T}}\boldsymbol{C}^{\mathrm{T}}\boldsymbol{P}_{\Delta S}\boldsymbol{CR} \end{pmatrix} \begin{pmatrix} \boldsymbol{\delta}\hat{\boldsymbol{X}}_T \\ \boldsymbol{y} \end{pmatrix} + \begin{pmatrix} \boldsymbol{C}^{\mathrm{T}}\boldsymbol{P}_{\Delta S}\boldsymbol{L}_\Delta \\ \boldsymbol{R}^{\mathrm{T}}\boldsymbol{C}^{\mathrm{T}}\boldsymbol{P}_{\Delta S}\boldsymbol{L}_\Delta \end{pmatrix} = 0 \tag{8-112}$$

式中
$$P_{\Delta T}^{-1}=CD_{xT}C^{\mathrm{T}}$$
$$P_{\Delta S}^{-1}=CD_{xS}C^{\mathrm{T}}$$

由式(8-109)可解得地面网点坐标改正数及转换参数。

$$\begin{pmatrix}\delta\hat{x}_T\\ Y\end{pmatrix}=-Q_{\Delta x}\begin{pmatrix}C^{\mathrm{T}}P_{\Delta S}L_{\Delta}\\ R^{\mathrm{T}}C^{\mathrm{T}}P_{\Delta S}L_{\Delta}\end{pmatrix}\tag{8-113}$$

$$Q_{\Delta x}=\begin{pmatrix}C^{\mathrm{T}}(P_{\Delta T}+P_{\Delta S})C & C^{\mathrm{T}}P_{\Delta S}CR\\ R^{\mathrm{T}}C^{\mathrm{T}}P_{\Delta S}C & R^{\mathrm{T}}C^{\mathrm{T}}P_{\Delta S}CR\end{pmatrix}^{-1}$$

式中　$Q_{\Delta x}$——未知数平面值的协因数阵。

则基线向量平差值的中误差估值为

$$m_{\Delta x}=m_0\sqrt{q_{\Delta x\Delta x}}\tag{8-114}$$

式中　m_0——单位权总误差估值,可按式(8-105)计算;

$q_{\Delta x\Delta x}$——协因数阵 $Q_{\Delta x}$ 主对角线的相应元素。

三、在大地坐标系统中的三维约束平差

当 GNSS 基线向量网的三维约束平差在大地坐标系中进行时,约束条件是属于大地坐标系中的地面网点坐标,固定大地方位角和固定边长。因此,为将 GNSS 网观测值与约束条件联系起来,同样应考虑 WGS-84 坐标系与大地坐标系之间的坐标转换问题。当以 GNSS 基线向量作为相关观测量时,则无须考虑三个平移参数。

(一)误差方程

在地面网所属参考坐标系中,可列出三维 GNSS 基线向量 Δx_{ij} 观测值的误差方程为:

$$\begin{pmatrix}V_{\Delta x_{ij}}\\ V_{\Delta y_{ij}}\\ V_{\Delta z_{ij}}\end{pmatrix}=-\begin{pmatrix}\delta\hat{x}_i\\ \delta\hat{y}_i\\ \delta\hat{z}_i\end{pmatrix}+\begin{pmatrix}\delta\hat{x}_j\\ \delta\hat{y}_j\\ \delta\hat{z}_j\end{pmatrix}+\begin{pmatrix}0 & -\Delta z_{ij} & -\Delta y_{ij} & \Delta x_{ij}\\ \Delta z_{ij} & 0 & -\Delta x_{ij} & \Delta y_{ij}\\ -\Delta y_{ij} & \Delta x_{ij} & 0 & \Delta z_{ij}\end{pmatrix}\begin{pmatrix}\omega_x\\ \omega_y\\ \omega_z\\ k\end{pmatrix}-\begin{pmatrix}\Delta x_{ij}-\Delta x_{ij}^0\\ \Delta y_{ij}-\Delta y_{ij}^0\\ \Delta z_{ij}-\Delta z_{ij}^0\end{pmatrix}\tag{8-115}$$

式中　$\Delta x_{ij}^0=x_j^0-x_i^0,\Delta y_{ij}^0=y_j^0-y_i^0,\Delta z_{ij}^0=z_j^0-z_i^0$。

设以待定点的大地坐标改正数 δB_i 为平差未知数,有

$$\delta\hat{B}_i=\begin{pmatrix}\delta\hat{B}_i\\ \delta\hat{L}_i\\ \delta\hat{H}_i\end{pmatrix}\tag{8-116}$$

由于空间直角坐标$(x_i\quad y_i\quad z_i)^{\mathrm{T}}$与大地坐标$(B_i\quad L_i\quad H_i)^{\mathrm{T}}$之间有如下微分关系:

$$\begin{pmatrix}\delta x_i\\ \delta y_i\\ \delta z_i\end{pmatrix}=A_i\begin{pmatrix}\delta B_i\\ \delta L_i\\ \delta H_i\end{pmatrix}\tag{8-117}$$

式中

$$A_i=\begin{pmatrix}-\frac{1}{\rho}(M_i+H_i)\sin B_i\cos L_i & -\frac{1}{\rho}(N_i+H_i)\cos B_i\sin L_i & \cos B_i\cos L_i\\ -\frac{1}{\rho}(M_i+H_i)\sin B_i\sin L_i & \frac{1}{\rho}(N_i+H_i)\cos B_i\cos L_i & \cos B_i\sin L_i\\ \frac{1}{\rho}(M_i+H_i)\cos B_i & 0 & \sin B_i\end{pmatrix}$$

则式(8-115)可写成

$$\begin{pmatrix}V_{\Delta x_{ij}}\\ V_{\Delta y_{ij}}\\ V_{\Delta z_{ij}}\end{pmatrix}=-A_i\begin{pmatrix}\delta\hat{B}_i\\ \delta\hat{L}_i\\ \delta\hat{H}_i\end{pmatrix}+A_j\begin{pmatrix}\delta\hat{B}_j\\ \delta\hat{L}_j\\ \delta\hat{H}_j\end{pmatrix}+\begin{pmatrix}0 & -\Delta z_{ij} & \Delta y_{ij} & \Delta x_{ij}\\ \Delta z_{ij} & 0 & -\Delta x_{ij} & \Delta y_{ij}\\ -\Delta y_{ij} & \Delta x_{ij} & 0 & \Delta z_{ij}\end{pmatrix}\begin{pmatrix}\omega_x\\ \omega_y\\ \omega_z\\ k\end{pmatrix}-\begin{pmatrix}\Delta x_{ij}-\Delta x_{ij}^0\\ \Delta y_{ij}-\Delta y_{ij}^0\\ \Delta z_{ij}-\Delta z_{ij}^0\end{pmatrix} \tag{8-118}$$

写成矩阵形式有

$$\boldsymbol{V}_{ij}=-\boldsymbol{A}_i\,\boldsymbol{\delta\hat{B}}_i+\boldsymbol{A}_j\,\boldsymbol{\delta\hat{B}}_j+\boldsymbol{R}_{ij}Y-\boldsymbol{L}_{ij} \tag{8-119}$$

式中

$$L_{ij}=\begin{pmatrix}\Delta x_{ij}-\Delta x_{ij}^0\\ \Delta y_{ij}-\Delta y_{ij}^0\\ \Delta z_{ij}-\Delta z_{ij}^0\end{pmatrix}$$

(二)约束条件方程

1. 固定点坐标约束条件方程

设第 k 点为固定点(已知点),则有坐标约束条件:

$$\begin{pmatrix}\delta\hat{B}_k\\ \delta L_k\\ \delta H_k\end{pmatrix}=\begin{pmatrix}0\\0\\0\end{pmatrix} \tag{8-120}$$

在实际处理时,该点的近似坐标应换成固定坐标。当式(8-119)中的某一基线端点为固定点时,应消去该点坐标改正数项。

2. 固定空间弦长的约束条件方程

设 D_{ik} 为地面网中高精度空间弦长值,平差时当作已知值以作为 GNSS 基线向量网的尺度基准,则有约束条件:

$$-\boldsymbol{C}_{ik}\boldsymbol{A}_i\,\boldsymbol{\delta\hat{B}}_i+\boldsymbol{C}_{ik}\boldsymbol{A}_k\delta\hat{\boldsymbol{B}}_k+\boldsymbol{W}_{D_{ik}}=0 \tag{8-121}$$

式中

$$\boldsymbol{C}_{ik}=\begin{pmatrix}\frac{\Delta x_{ik}}{D_{ik}} & \frac{\Delta y_{ik}}{D_{ik}} & \frac{\Delta z_{ik}}{D_{ik}}\end{pmatrix}^{\mathrm{T}}$$

$$W_{D_{ik}}=\sqrt{(\Delta x_{ik}^2+\Delta y_{ik}^2+\Delta z_{ik}^2)}-D_{ik}$$

3. 固定大地方位角的约束条件方程

设 α_{kj} 为地面网中已知的大地方位角,以此作为 GNSS 基线向量平差时的定向基准,则有条件方程

$$-F_{kj}A_k\delta\hat{B}_k + F_{kj}A_j\delta\hat{B}_j + W_{\alpha_{kj}} = 0 \tag{8-122}$$

其中

$$F_{kj} = \begin{pmatrix} \dfrac{\sin\alpha_{kj}\sin B_k^0\sin L_k^0 - \cos\alpha_{k_j}\sin L_k^0}{D_{kj}^0\sin z_{kj}^0} \\ \dfrac{\sin\alpha_{kj}\sin B_k^0\sin L_k^0 + \cos\alpha_{k_j}\cos L_k^0}{D_{kj}^0\sin z_{kj}^0} \\ \dfrac{-\sin\alpha_{kj}\cos B_k^0}{D_{kj}^0\sin z_{kj}^0} \end{pmatrix}^{\mathrm{T}}$$

$$W_{a_{kj}} = \arctan\left(\frac{(N_j^0 + H_j^0)\cos B_j^0\sin(L_j^0 - L_k^0)}{x_{kj}^0}\right) - \alpha_{kj}^0$$

$$x_{kj}^0 = [\cos B_k^0\sin B_j^0 - \sin B_k^0\cos B_j^0\cos(L_j^0 - L_k^0)]\ (N_j^0 + H_j^0) + (N_k^0\sin B_k^0 - N_j^0\sin B_j^0)e^2\cos B_k^0$$

式中　α_{kj}——观测值；

z_{kj}^0——k 点至 j 点的天顶距近似值。

(三)法方程的组成及解算

约束平差实际上就是附有条件的相关间接平差。若将误差方程写为

$$V = B_B\mathrm{d}B - L \tag{8-123}$$

约束条件方程写为

$$C\mathrm{d}B + W = 0 \tag{8-124}$$

则可组成法方程

$$\begin{pmatrix} N & C^{\mathrm{T}} \\ C & 0 \end{pmatrix}\begin{pmatrix} \mathrm{d}B \\ k \end{pmatrix} + \begin{pmatrix} -U \\ W \end{pmatrix} = 0 \tag{8-125}$$

其中

$$N = B_B^{\mathrm{T}}PB_B \quad U = B_B^{\mathrm{T}}PL$$

$$\mathrm{d}B = (\delta\hat{B}_1^{\mathrm{T}}\ \ \delta\hat{B}_2^{\mathrm{T}}\ \ \cdots\ \ \delta\hat{B}_n^{\mathrm{T}}\ \ \omega_x\ \ \omega_y\ \ \omega_z\ \ k)^{\mathrm{T}}$$

式中　k——联系数。

由式(8-125)可解得

$$\left.\begin{aligned} \boldsymbol{k} &= (\boldsymbol{CN}^{-1}\boldsymbol{C}^{\mathrm{T}})^{-1}(\boldsymbol{W} + CN^{-1}U) \\ \mathrm{d}\boldsymbol{B} &= \boldsymbol{N}^{-1}(\boldsymbol{U} - \boldsymbol{C}^{\mathrm{T}}\boldsymbol{K}) \end{aligned}\right\} \tag{8-126}$$

平差后未知数的协因数阵为

$$\left.\begin{aligned} \boldsymbol{Q}_{\hat{B}} &= \boldsymbol{N}^{-1} + \boldsymbol{N}^{-1}\boldsymbol{C}^{\mathrm{T}}\boldsymbol{Q}_{KK}\boldsymbol{CN}^{-1} \\ \boldsymbol{Q}_{KK} &= -(\boldsymbol{CN}^{-1}\boldsymbol{C}^{\mathrm{T}}) - 1 \end{aligned}\right\} \tag{8-127}$$

单位权中误差估值为

$$m_0 = \sqrt{\frac{V^{\mathrm{T}}PV}{3m - t + r}} \tag{8-128}$$

式中　m——GNSS 基线向量个数；

t——未知数个数；

r——条件方程个数。

于是平差后未知数中误差估值为

$$m_{\hat{B}} = m_0 \sqrt{q_{BB}} \tag{8-129}$$

式中　q_{BB}——协因数阵 $\boldsymbol{Q}_{\hat{B}}$ 中主对角线的相应元素。

四、三维联合平差

当同时顾及约束平差中的各类数据和地面网中的常规观测值(如方向、边长)时,其平差就是三维联合平差。

对于三维联合平差,除前述 GNSS 基线向量观测值的误差方程和作为基准的各种约束条件外,还需列出地面网观测值的误差方程。

(一)方向观测值的误差方程

$$V_{\beta_{ij}} = - \mathrm{d}z_i - F_{ij}A_i \begin{pmatrix} \delta\hat{B}_i \\ \delta\hat{L}_i \\ \delta\hat{H}_i \end{pmatrix} + F_{ij}A_j \begin{pmatrix} \delta\hat{B}_j \\ \delta\hat{L}_j \\ \delta\hat{H}_j \end{pmatrix} - L_{\beta_{ij}} \tag{8-130}$$

式中　$L_{\beta_{ij}} = \beta_{ij} + z_i^0 - \alpha_{ij}^0$;

z_i^0——i 点定向角未知数近似值;

$\mathrm{d}z_i$——i 点定向角未知数的改正数;

β_{ij}——方向观测值;

α_{ij}^0——大地方位角近似值。

(二)方位观测值的误差方程

$$V_{\alpha_{kj}} = - F_{kj}A_k \begin{pmatrix} \delta\hat{B}_k \\ \delta\hat{L}_k \\ \delta\hat{H}_k \end{pmatrix} + F_{kj}A_j \begin{pmatrix} \delta\hat{B}_j \\ \delta\hat{L}_j \\ \delta\hat{H}_j \end{pmatrix} - L\alpha_{kj} \tag{8-131}$$

式中

$$L_{\alpha_{kj}} = \alpha_{kj} - \alpha_{kj}^0$$

(三)距离观测值的误差方程

$$V_{D_{ij}} = - C_{ij}A_i \begin{pmatrix} \delta\hat{B}_i \\ \delta\hat{L}_i \\ \delta\hat{H}_i \end{pmatrix} + C_{ij}A_j \begin{pmatrix} \delta\hat{B}_j \\ \delta\hat{L}_j \\ \delta\hat{H}_j \end{pmatrix} - L_{D_{ij}} \tag{8-132}$$

式中

$$L_{D_{ij}} = D_{ij} - D_{ij}^0$$

(四)水准测量高差观测值的误差方程

$$V_{h_{ij}} = - \delta\hat{H}_i + \delta\hat{H}_j - \Delta N_{ij} - L_{hij} \tag{8-133}$$

$$L_{h_{ij}} = h_{ij} - h_{ij}^0$$

式中　ΔN_{ij}——i,j 两点的大地水准面的差距之差。

三维联合平差时,法方程的组成与解算以及精度评定公式与三维约束平差时相同,只是求单位权中误差估值时自由度计算中应加上地面网观测值的个数。

五、GNSS 网三维平差的若干问题

(一) GNSS 网三维平差的适用性

由于地面网通常都是在大地坐标或高斯平面坐标系中表示的,为了计算网点的大地高程,必须以相应的精度确定点的高程异常。目前,在我国地势平缓的东南沿海地区,高程异常的精度一般为±1 m,而在西北高山地区,只能保持数米的精度。当高程异常的精度较差时,其误差将直接影响所求地面网点大地高的精度,从而影响据此计算的空间直角坐标的精度。这样,便会对两网的联合平差造成不利的影响。

(二) 三维平差的转换参数的检验与选取

在 GNSS 网的约束平差和联合平差中,转换参数实际上是作为附加参数引入平差的。因此,必须经过统计假设检验,以确定其是否在一定的置信水平下显著存在。如果不显著,则应予剔除,以免破坏平差方程的性状。检验一般按 t 检验进行。

(三) 验后单位权方差估值 m_0^2 的检验

假定验前单位权方差 $\sigma_0^2 = 1$,则有如下χ^2 检验量:

$$\chi^2 = V^{\mathrm{T}}PV \sim \chi^2(f) \tag{8-134}$$

零假设 H_0: $m_0^2 = 1$

备选假设 H_1: $m_0^2 \neq 1$

选择置信水平 $1-\alpha$,如果

$$\chi^2_{1-\frac{\alpha}{2}} \leqslant V^{\mathrm{T}}PV \leqslant \chi^2_{\frac{\alpha}{2}} \quad 或 \quad \frac{V^{\mathrm{T}}PV}{\chi^2_{1-\frac{\alpha}{2}}} \leqslant m_0^2\ \frac{V^{\mathrm{T}}PV}{\chi^2_{\frac{\alpha}{2}}} \tag{8-135}$$

式中 $\chi^2_{1-\frac{\alpha}{2}}$、$\chi^2_{\frac{\alpha}{2}}$可由$\chi^2$ 分布表查得。

通常拒绝零假设是由以下原因引起的:

(1)函数模型的误差。即包括 GNSS 基线向量观测值或地面网观测值中有个别粗差或某些未被模型化(参数化)的系统误差。

(2)起算数据的误差。当作为平差基准的坐标、边长和方位的误差过大时,也会造成 m_0^2 与理论值相差甚远。这时,应检查哪些起算数据可能有较大误差而不予采用。

(3)随机模型的误差。即 GNSS 基线向量的先验方差因子与地面网观测值的先验方差因子比例不恰当。这一问题可通过方差分量估计来改善随机模型。

(四) 多个固定位置基准相互兼容性的检验与固定位置基准的选取

在约束平差中,多个位置基准之间的兼容性是必须保证的,否则由于起算数据本身的误差太大互不兼容而导致平差后的 GNSS 网严重变形。经过 GNSS 网无约束平差,在各种检验证明 GNSS 基线向量观测值本身不含粗差且协方差估值也是合理的前提下,约束平差中 m_0^2 的χ^2 检验和基线向量改正数分布检验,可以发现多个位置基准之间是否保证兼容一致。这时,应淘汰不相兼容的起始点重新进行平差。

➤ 小贴士

三维约束平差和三维联合平差,原则上可以在空间直角坐标系统中进行,也可以在三维

大地坐标系统中进行。以GNSS网的空间直角坐标作为未知参数时,其误差方程简单,且便于进行进一步的分析讨论,但是不利于将GNSS网的平面与高程部分进行分别处理。以大地坐标作为未知参数时,虽然在大地坐标系中两网的基准转换模型比较复杂,但是便于将GNSS网的平面与高程部分分开处理。

任务七 GNSS网与地面网的二维平差

GNSS基线向量网的二维平差可以在二维大地坐标系中进行,也可以在高斯平面坐标系中进行。本任务仅讨论在高斯平面坐标系中的二维平差。

一、二维无约束平差

(一)误差方程

设网中的固定点点号为1,以待定点坐标改正数

$$\delta x_i = \begin{bmatrix} \delta \hat{x}_i \\ \delta \hat{y}_i \end{bmatrix} \quad (i = 2,3,\cdots,n) \tag{8-136}$$

为平差未知数,以基线向量 $\boldsymbol{\Delta X}_{ij}$ 及其协方差阵 $\boldsymbol{D}_{ij}^{-1}$ 的逆阵 $\boldsymbol{D}_{ij}^{-1}$ 为观测值和权阵。

$$\boldsymbol{\Delta x}_{ij} = \begin{bmatrix} \Delta x_{ij} \\ \Delta y_{ij} \end{bmatrix}, \boldsymbol{P}_{ij} = \boldsymbol{D}_{ij}^{-1} = \begin{bmatrix} \delta_{\Delta x_{ij}} & \delta_{\Delta x_{ij}\Delta y_{ij}} \\ \delta_{\Delta x_{ij}\Delta y_{ij}} & \delta_{\Delta y_{ij}} \end{bmatrix}^{-1} \quad (i,j = 1,2,\cdots,n)$$

设固定点坐标和待定点近似坐标为

$$X_1 = \begin{bmatrix} x_1 \\ y_1 \end{bmatrix}, X_i^0 = \begin{bmatrix} x_i^0 \\ y_i^0 \end{bmatrix} \quad (i = 2,3,\cdots,n)$$

以上各式中 n 为网点个数。

这样就可组成以下误差方程:

(1)含固定点的基线向量观测值 Δx_{1i} 的误差方程为

$$\begin{bmatrix} V_{\Delta X_{1i}} \\ V_{\Delta y_{1i}} \end{bmatrix} = \begin{bmatrix} \delta \hat{x}_i \\ \delta \hat{y}_i \end{bmatrix} - \begin{bmatrix} \Delta x_{1i} + x_1 - x_i^0 \\ \Delta y_{1i} + y_1 - y_i^0 \end{bmatrix} \tag{8-137}$$

(2)不含固定点的基线向量观测值 Δx_{1i} 的误差方程为

$$\begin{bmatrix} V_{\Delta x_{ij}} \\ V_{\Delta y_{ij}} \end{bmatrix} = -\begin{bmatrix} \delta \hat{x}_i \\ \delta \hat{y}_i \end{bmatrix} + \begin{bmatrix} \delta \hat{x}_j \\ \delta \hat{y}_j \end{bmatrix} - \begin{bmatrix} \Delta x_{ij} + x_i^0 - x_j^0 \\ \Delta y_{ij} + y_i^0 - y_j^0 \end{bmatrix} \tag{8-138}$$

合并式(8-137)和式(8-138),写成统一的矩阵形式,得误差方程为

$$\boldsymbol{V} = \boldsymbol{B}\delta\hat{\boldsymbol{x}} - L \tag{8-139}$$

(二)法方程组成及解算

由式(8-139)组成法方程

$$\boldsymbol{N}\delta\hat{\boldsymbol{x}} - \boldsymbol{U} = 0 \tag{8-140}$$

其中

$$\boldsymbol{N} = \boldsymbol{B}^{\mathrm{T}}\boldsymbol{P}\boldsymbol{B}$$

$$\boldsymbol{U} = \boldsymbol{B}^{\mathrm{T}}\boldsymbol{P}\boldsymbol{L} \tag{8-141}$$

$$\boldsymbol{\delta}\hat{\boldsymbol{x}} = (\boldsymbol{\delta}\hat{\boldsymbol{x}}_2^{\mathrm{T}} \quad \boldsymbol{\delta}\hat{\boldsymbol{x}}_3^{\mathrm{T}} \quad \cdots \quad \boldsymbol{\delta}\hat{\boldsymbol{x}}_n^{\mathrm{T}})^{\mathrm{T}} \tag{8-142}$$

于是可解得平差未知数 $\boldsymbol{\delta}\hat{\boldsymbol{x}}$ 为

$$\boldsymbol{\delta}\hat{\boldsymbol{x}} = \boldsymbol{N}^{-1}\boldsymbol{U} \tag{8-143}$$

各待定点坐标平差值为

$$\hat{x}_i = x_i + \delta\hat{x}_i \quad (i = 2,3,\cdots,n) \tag{8-144}$$

(三)精度评定

单位权中误差估值为

$$m_0 = \sqrt{\frac{V^{\mathrm{T}}PV}{2m - 2(n-1)}} \tag{8-145}$$

式中 m——基线向量个数。

平差未知数的方差估值为

$$D_{\hat{x}} = m_0^2 \cdot N^{-1} \tag{8-146}$$

二、二维约束平差

(一)以两网单独平差后的坐标值为相关观测量

以转换参数 T 和公共点的地面网坐标 x_T 为未知数,以公共点坐标作为相关观测量,则可列出误差方程

$$\left.\begin{aligned} V_T &= \delta\hat{x}_T \qquad \text{权为 } P_T \\ V_S &= \delta\hat{x}_S \qquad \text{权为 } P_S \end{aligned}\right\} \tag{8-147}$$

应用相似变换,可得两网的转换模型:

$$\begin{pmatrix} x \\ y \end{pmatrix}_S = \begin{pmatrix} x \\ y \end{pmatrix}_T + \begin{bmatrix} 1 & 0 & x_T & -y_T \\ 0 & 1 & y_T & x_T \end{bmatrix} \begin{bmatrix} \Delta x_0 \\ \Delta y_0 \\ k \\ \omega \end{bmatrix} \tag{8-148}$$

式中 $\Delta x_0, \Delta y_0$——平移参数;

k——尺度因子;

ω——旋转参数。

写成矩阵形式

$$\boldsymbol{x}_S = \boldsymbol{x}_T + \boldsymbol{CT} \tag{8-149}$$

由式(8-149)可得

$$\boldsymbol{\delta x}_S = \boldsymbol{\delta}\hat{\boldsymbol{x}}_T + \boldsymbol{C\delta T} + \boldsymbol{L} \tag{8-150}$$

其中

$$C = (C_1 \ C_2 \cdots \ C_n)^{\mathrm{T}}$$

$$C_i = \begin{bmatrix} 1 & 0 & x_{iT}^0 & -y_{iT}^0 \\ 0 & 1 & y_{iT}^0 & x_{iT}^0 \end{bmatrix}$$

$$L = x_T^0 - x_S^0$$

将式(8-150)代入式(8-147),即可得到相应的法方程

$$\begin{bmatrix} P_S + P_T & P_S C \\ C^{\mathrm{T}} P_S & C^{\mathrm{T}} P_S C \end{bmatrix} \begin{pmatrix} \delta \hat{x}_T \\ \delta T \end{pmatrix} + \begin{bmatrix} P_S L \\ C^{\mathrm{T}} P_S L \end{bmatrix} = 0 \tag{8-151}$$

式中　P_T——地面网坐标的权阵,$P_T = m_{0T}^2 \cdot D_{x_T}^{-1}$;

P_S——GNSS 网坐标的权阵,$P_S = m_{0s}^2 \cdot D_{X_S}^{-1}$。

由式(8-151)可解得

$$\begin{bmatrix} \delta \hat{x}_T \\ \delta_T \end{bmatrix} = -\begin{bmatrix} \boldsymbol{P}_S + \boldsymbol{P}_T & \boldsymbol{P}_S \boldsymbol{C} \\ \boldsymbol{C}^{\mathrm{T}} \boldsymbol{P}_S & \boldsymbol{C}^{\mathrm{T}} P_S \boldsymbol{C} \end{bmatrix}^{-1} \begin{bmatrix} \boldsymbol{P}_S L \\ \boldsymbol{C}^{\mathrm{T}} \boldsymbol{P}_S L \end{bmatrix} \tag{8-152}$$

单位权中误差估值为

$$m_0 = \sqrt{\frac{V^{\mathrm{T}} P V}{2n - m}} \tag{8-153}$$

$$\boldsymbol{V}^{\mathrm{T}} \boldsymbol{P} \boldsymbol{V} = \sum (V_{iT}^{\mathrm{T}} P_{iT} V_{iT} + V_{is}^{\mathrm{T}} P_{is} V_{is})$$

式中　m——转换参数个数;

n——公共点个数。

未知参数平差值的中误差估值为

$$m_x = m_0 \sqrt{q_{xx}} \tag{8-154}$$

式中　q_{xx}——协因数 $\boldsymbol{Q}_{xx}$ 主对角线的相应元素,而

$$\boldsymbol{Q}_{xx} = \begin{bmatrix} P_S + P_T & P_S C \\ C^{\mathrm{T}} P_S & C^{\mathrm{T}} P_S C \end{bmatrix}^{-1}$$

(二)以 GNSS 基线向量作为相关观测量

设有二维基线向量观测值 $\boldsymbol{\Delta x}_{ij} = (\Delta x_{ij} \quad \Delta y_{ij})^{\mathrm{T}}$,以待定点的坐标改正数 $\hat{\boldsymbol{x}}_i = (\delta \hat{x}_i \quad \delta \hat{y}_i)^{\mathrm{T}}$ 和尺度因子 k 以及旋转参数 ω 作为未知参数。

对于网中任意 i、j 两点有

$$\Delta x_{S_{ij}} = x_{S_j} - x_{S_i}$$

$$\Delta x_{T_{ij}} = \Delta x_{T_j} - x_{T_i}$$

将式(8-149)代入上式即得

$$\Delta x_{S_{ij}} = \Delta x_{T_{ij}} + (\boldsymbol{C}_j - \boldsymbol{C}_i)^{\mathrm{T}} \tag{8-155}$$

式中

$$\boldsymbol{C}_j - \boldsymbol{C}_i = \begin{pmatrix} 0 & 0 & \Delta x_{T_{ij}} & \Delta y_{T_{ij}} \\ 0 & 0 & \Delta y_{T_{ij}} & \Delta x_{T_{ij}} \end{pmatrix}。$$

由此可见,在高斯平面坐标中,网的基线向量与网的位置基准没有关系。由此可得基线向量的误差方程

$$\begin{aligned} V_{\Delta T} &= B \delta x_T \\ V_{\Delta S} &= B \delta x_S \end{aligned} \tag{8-156}$$

其约束条件为

$$B \delta \hat{x}_S = B \delta \hat{x}_T + BC \delta T + L_{\Delta} \tag{8-157}$$

而

$$C = (C_1^{\mathrm{T}} \quad C_2^{\mathrm{T}} \quad \cdots \quad C_n)^{\mathrm{T}}$$

$$C_i = \begin{pmatrix} x_T & -y_T \\ y_T & x_T \end{pmatrix}_i$$

$$T = (k \quad \omega)^{\mathrm{T}}$$

$$L_\Delta = \Delta x_T - \Delta x_S$$

由此可得相应的法方程

$$\begin{pmatrix} \boldsymbol{B}^{\mathrm{T}}(\boldsymbol{P}_{\Delta T} + \boldsymbol{P}_{\Delta S})B & \boldsymbol{B}^{\mathrm{T}}\boldsymbol{P}_{\Delta S}\boldsymbol{BC} \\ \boldsymbol{C}^{\mathrm{T}}\boldsymbol{B}^{\mathrm{T}}\boldsymbol{P}_{\Delta S}B & \boldsymbol{C}^{\mathrm{T}}\boldsymbol{B}^{\mathrm{T}}\boldsymbol{P}_{\Delta S}\boldsymbol{BC} \end{pmatrix} \begin{pmatrix} \delta\hat{\boldsymbol{x}}^{\mathrm{T}} \\ \delta\boldsymbol{T} \end{pmatrix} + \begin{pmatrix} \boldsymbol{B}^{\mathrm{T}}\boldsymbol{P}_{\Delta S}\boldsymbol{L}_\Delta \\ \boldsymbol{C}^{\mathrm{T}}\boldsymbol{B}^{\mathrm{T}}\boldsymbol{P}_{\Delta S}L_\Delta \end{pmatrix} = 0 \tag{8-158}$$

式中

$$\boldsymbol{P}_{\Delta T}^{-1} = \boldsymbol{BD}_{xT}\boldsymbol{B}^{\mathrm{T}}$$

$$\boldsymbol{P}_{\Delta S}^{-1} = \boldsymbol{BD}_{xS}\boldsymbol{B}^{\mathrm{T}}$$

由式(8-158)即可解得地面网点坐标改正数及转换参数。

$$\begin{pmatrix} \delta\hat{\boldsymbol{x}}_T \\ \delta\boldsymbol{T} \end{pmatrix} = -\boldsymbol{Q}_{\Delta x}\begin{pmatrix} \boldsymbol{B}^{\mathrm{T}}\boldsymbol{P}_{\Delta S}\boldsymbol{L}_0 \\ \boldsymbol{C}^{\mathrm{T}}\boldsymbol{B}^{\mathrm{T}}\boldsymbol{P}_{\Delta S}\boldsymbol{L}_\Delta \end{pmatrix} \tag{8-159}$$

式中

$$\boldsymbol{Q}_{\Delta x} = \begin{pmatrix} \boldsymbol{B}^{\mathrm{T}}(\boldsymbol{P}_{\Delta T} + \boldsymbol{P}_{\Delta S})\ \boldsymbol{B} & \boldsymbol{B}^{\mathrm{T}}P_{\Delta S}\boldsymbol{BC} \\ \boldsymbol{C}^{\mathrm{T}}\boldsymbol{B}^{\mathrm{T}}\boldsymbol{P}_{\Delta S}\boldsymbol{B} & \boldsymbol{C}^{\mathrm{T}}\boldsymbol{B}^{\mathrm{T}}\boldsymbol{P}_{\Delta S}\boldsymbol{BC} \end{pmatrix}^{-1}$$

基线向量平差值的中误差估值为

$$m_{\Delta x} = m_0\sqrt{q_{\Delta x\Delta x}} \tag{8-160}$$

式中 m_0——单位权中误差估值；

$q_{\Delta x\Delta x}$——协因数阵 $\boldsymbol{Q}_{\Delta x}$ 主对角线的相应元素。

三、二维联合平差

(一) GNSS 基线向量观测值的误差方程

基线向量观测值的误差方程的矩阵形式

$$\boldsymbol{V}_{ij} = -\delta\hat{\boldsymbol{x}}_i + \delta\hat{\boldsymbol{x}}_j + \boldsymbol{CT} - \boldsymbol{L}_{ij} \tag{8-161}$$

记为

$$\boldsymbol{V}_G = \boldsymbol{B}_G\delta\hat{\boldsymbol{x}} + \boldsymbol{CT} - \boldsymbol{L}_G \quad \text{权为 } P_G \tag{8-162}$$

根据厂家提供的标称精度可以确定基线向量观测值的权 P_G。

GNSS 网测边误差可表示为

$$m_S^2 = a^2 + (bS)^2 \tag{8-163}$$

水平方向观测误差表示为

$$m_d^2 = C^2 + d^2/S^2 \tag{8-164}$$

因为

$$\Delta x = S\cos\alpha$$

$$\Delta y = S\sin\alpha$$

则有微分关系式

$$\begin{pmatrix} \mathrm{d}\Delta x \\ \mathrm{d}\Delta y \end{pmatrix} = \begin{pmatrix} \cos\alpha & -S\sin\alpha \\ \sin\alpha & S\cos\alpha \end{pmatrix}\begin{pmatrix} d_S \\ d_\alpha \end{pmatrix} \tag{8-165}$$

根据协方差传播率，可求出基线向量观测值的协方差阵

$$\boldsymbol{D}_{\Delta\Delta}=\begin{pmatrix}\cos^2\alpha m_S^2+S^2\sin^2\alpha m_\alpha^2 & \sin\alpha\cos\alpha m_S^2-S^2\cos\alpha\sin\alpha m_\alpha^2\\ \sin\alpha\cos\alpha m_S^2-S^2\cos\alpha\sin\alpha m_\alpha^2 & \sin^2\alpha m_S^2+S^2\cos^2\alpha m_\alpha^0\end{pmatrix} \tag{8-166}$$

则 $\boldsymbol{P}_G=m_0^2\boldsymbol{D}_{\Delta\Delta}^{-1}$。

(二)地面网观测值的误差方程

将地面网常规观测值化算至高斯平面上,组成误差方程。

(1)方向观测值误差方程

$$V_{\alpha_{ij}}=-\mathrm{d}z_i+a_{ij}\delta\hat{x}_i+b_{ij}\delta\hat{y}_i-a_{ij}\delta\hat{x}_j-b_{ij}\delta\hat{y}_j-L_{ij} \tag{8-167}$$

其中

$$a_{ij}=\frac{\rho''\sin\alpha_{ij}^0}{S_{ij}^0}$$

$$b_{ij}=\frac{\rho\cos\alpha_{ij}^0}{S_{ij}^0}$$

$$L_{ij}=z_i^0+l_{ij}-\alpha_{ij}^0$$

$$\alpha_{ij}^0=\arctan\frac{y_j^0-y_i^0}{x_j^0-x_i^0}$$

式中　$\mathrm{d}z_i$——i 点上的定向角未知数改正数,其近似值为 z_i^0;

l_{ij}——方向观测值;

α_{ij}^0——近似方位角。

写成矩阵形式有

$$\boldsymbol{V}_\alpha=\boldsymbol{B}_\alpha\boldsymbol{\delta}\hat{\boldsymbol{x}}-\boldsymbol{L}_\alpha \qquad \text{权为 } P_\alpha \tag{8-168}$$

(2)边长观测值误差方程

$$V_{S_{ij}}=-\cos\alpha_{ij}^0\delta\hat{x}_i-\sin\alpha_{ij}^0\delta\hat{y}_i+\cos\alpha_{ij}\delta\hat{x}_j+\sin\alpha_{ij}\delta\hat{y}_i+W_{S_j^i}=0 \tag{8-169}$$

其中

$$L_{S_{ij}}=S_{ij}^0-S_{ij}$$

$$S_{ij}^0=\sqrt{(x_j^0-x_i^0)^2+(y_j^0-y_i^0)^2}$$

写成矩阵形式

$$\boldsymbol{V}_S=\boldsymbol{B}_S\boldsymbol{\delta}\hat{\boldsymbol{x}}-\boldsymbol{L}_S \qquad \text{权为 } P_S \tag{8-170}$$

(三)约束条件方程

1. 坐标约束条件

设 i 点为固定点,则约束条件为

$$\delta\hat{x}_i=0,\quad \delta\hat{y}_i=0 \tag{8-171}$$

2. 边长约束条件

设 S_{ij} 为固定边,则其约束条件方程为

$$-\cos\alpha_{ij}^0\delta\hat{x}_i-\sin\alpha_{ij}^0\delta\hat{y}_i+\cos\alpha_{ij}^0\delta\hat{x}_j+\sin\alpha_{ij}\delta\hat{y}_i+W_{S_j^i}=0 \tag{8-172}$$

式中

$$W_{S_{ij}}=S_{ij}^0-S_{ij}$$

写成矩阵形式

$$\boldsymbol{A}_S\boldsymbol{\delta x}+\boldsymbol{W}=0 \tag{8-173}$$

3. 坐标方位角约束条件

设有固定坐标方位角 α_{ij},则其约束条件方程为

$$a_{ij}\delta\hat{x} + b_{ij}\delta\hat{y}_i - a_{ij}\delta\hat{x}_j - b_{ij}\delta\hat{y}_j + W_{\alpha_{ij}} = 0 \tag{8-174}$$

式中

$$W_{\alpha_{ij}} = \alpha_{ij}^0 - \alpha_{ij}$$

写成矩阵形式

$$\boldsymbol{A}_\alpha \boldsymbol{\delta\hat{x}} + \boldsymbol{W}_\alpha = 0 \tag{8-175}$$

(四)基础方程及其解

将式(8-162)、式(8-168)、式(8-170)综合,可组成总误差方程

$$\begin{pmatrix} V_G \\ V_\alpha \\ V_S \end{pmatrix} = \begin{pmatrix} B_G & C \\ B_\alpha & 0 \\ B_S & 0 \end{pmatrix} \begin{pmatrix} \delta\hat{x} \\ T \end{pmatrix} - \begin{pmatrix} L_G \\ L_\alpha \\ L_S \end{pmatrix} \tag{8-176}$$

权阵为

$$\boldsymbol{P} = \begin{pmatrix} P_G & & \\ & P_\alpha & \\ & & P_S \end{pmatrix}$$

记为

$$\boldsymbol{V} = \boldsymbol{BX} - \boldsymbol{L} \tag{8-177}$$

总条件方程为

$$\begin{pmatrix} A_S \\ A_\alpha \end{pmatrix} \delta\hat{x} + \begin{pmatrix} W_S \\ W_\alpha \end{pmatrix} = 0 \tag{8-178}$$

记为

$$\boldsymbol{A\hat{x}} + \boldsymbol{W} = 0 \tag{8-179}$$

则可得法方程为

$$\begin{pmatrix} \boldsymbol{N} & \boldsymbol{A}^{\mathrm{T}} \\ \boldsymbol{A} & 0 \end{pmatrix} \begin{pmatrix} \hat{x} \\ k \end{pmatrix} + \begin{pmatrix} -\boldsymbol{U} \\ \boldsymbol{W} \end{pmatrix} = 0 \tag{8-180}$$

其中

$$\boldsymbol{N} = \boldsymbol{B}^{\mathrm{T}}\boldsymbol{PB}$$

$$\boldsymbol{U} = \boldsymbol{B}^{\mathrm{T}}\boldsymbol{PL}$$

$$\hat{\boldsymbol{x}} = (\delta\hat{x}_1\delta\hat{y}_1 \quad \delta\hat{x}_2\delta\hat{y}_2 \cdots \delta\hat{x}_n\delta\hat{y}_n \quad k \quad \omega)^{\mathrm{T}}$$

式中 k——联系数。

由式(8-180)可解得联系数和未知数

$$\left.\begin{aligned} k &= (AN^{-1}A^{\mathrm{T}}) - 1(W + AN^{-1}U) \\ \hat{x} &= N^{-1}(U - A^{\mathrm{T}}k) \end{aligned}\right\} \tag{8-181}$$

单位权中误差估值为

$$m_0 = \sqrt{\frac{V^{\mathrm{T}}PV}{2n - t + r + d}} \tag{8-182}$$

式中 m——基线个数;

t——未知数个数;

r——条件方程个数;

d——地面网观测值个数。

平差后未知数的协因数阵为

$$Q_{\hat{x}} = N^{-1} + N^{-1}A^{T}Q_{KK}AN^{-1}$$

$$Q_{KK} = -(AN^{-1}A^{T})^{-1}$$

平差后未知数的方差估值为

$$D_{\hat{x}} = m_0^2 \cdot Q_{\hat{x}} \tag{8-183}$$

小贴士

GNSS 基线向量网的二维平差可以在二维大地坐标系中进行,也可以在高斯平面坐标系中进行。本任务仅讨论在高斯平面坐标系中的二维平差,其分为二维无约束平差、二维约束平差和二维联合平差三种,主要任务是组成误差方程、解算以及精度评定。

任务八　GNSS 的高程计算

一、高程系统

由 GNSS 测得 P 点的大地高 H 是以椭球面(WGS-84)起算的,其相对定位得到的基线向量,通过 GNSS 网平差,可以得到高精度的大地高差 H。但在实际应用中,由于大地水准面起算的正高无法精确算出,故地面点的高程常采用正常高系统。其正常高 H_r 是以似大地水准面起算的,如图 8-3 所示。似大地水准面与大地水准面十分接近,其中 ξ 表示似大地水准面至椭球面的高差,叫做高程异常。N 表示大地水准面差距。二者在海平面处重合,在平原地区相差甚微,在高山、深海地区最大相差也不超过 4 m。

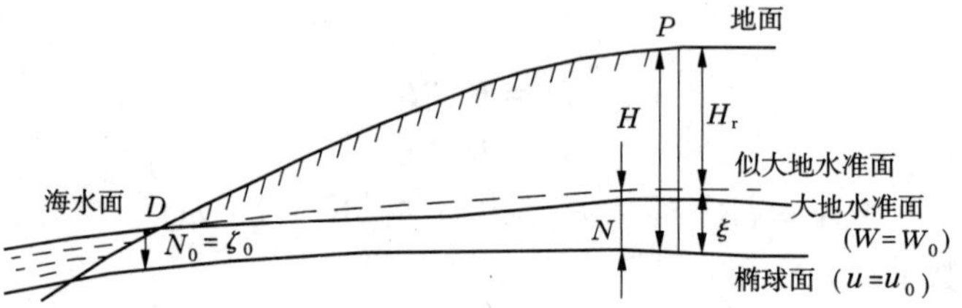

图 8-3　大地高与正常高的关系

(一)大地高系统

大地高系统是以参考椭球面为基准面的高程系统。某点的大地高是该点到通过该点的参考椭球的法线与参考椭球面的交点间的距离。大地高也称为椭球高,大地高一般用符号 H 表示。GNSS 观测所得到的是大地高。大地高是一个纯几何量,不具有物理意义,同一个点,在不同的基准下,具有不同的大地高。

(二)正高系统

正高系统是以大地水准面为基准面的高程系统。某点的正高是该点到通过该点的铅垂线与大地水准面的交点之间的距离,正高用符号 H_g 表示。

(三)正常高系统

正常高系统是以似大地水准面为基准的高程系统。某点的正常高是该点到通过该点的铅垂线与似大地水准面的交点之间的距离,正常高用 H_r 表示。

由图 8-3 可知,地面点 P 处的大地高 H,正常高 H_r和高程异常 ξ 间有如下关系式

$$H = H_r + \xi \tag{8-184}$$

当测区中有一部分点已用 GNSS 定位技术和常规高程测量方法求得其大地高和正常高,可按式(8-184)计算出该点处的高程异常,若测区内测量点的数量足够多,且分布较为均匀,则可拟合测区的似大地水准面形状,进而推算测区中其余未进行水准联测的 GNSS 点的高程异常和求定未测点的正常高,这种方法可称为“几何法”GNSS 水准。可见,GNSS 水准有两个作用:一是精确解算 GNSS 点的正常高,二是求定高精度的似大地水准面。

目前,可用于 GNSS 水准计算的方法主要有:

(1)解析内插:直线内插,曲线内插,样条函数,Akima 等。

(2)曲面拟合:平面拟合,多项式曲面拟合,多面函数拟合等。

(3)绘等值线图。

上述方法大部分已在 GNSS 水准计算中得到应用。当测区地形变化较大时,计算中还应顾及估计量与高程间的相关性。

下面介绍根据测区内的部分 GNSS 点,利用多项式拟合确定各求定点的高程异常值,进而推算各求定点正常高程的方法。

二、拟合法确定正常高

设 GNSS 基线向量网经三维无约束平差后,求得各点的大地高平差值为 H_i,已知网中有 m 个点(网内总点数为 n)为 GNSS 点,即具有正常高程 H_{ri}。为便于讨论,设该点的点号 $i=1,2,\cdots$,则可确定这些点的高程异常 ξ_i 为

$$\xi_i = H_i - H_{ri} \quad (i = 1,2,\cdots,m) \tag{8-185}$$

设测区内的高程异常值 ξ_i 可用一多项式来拟合,即

$$\xi_i = a_0 + a_1\Delta B_i + a_2\Delta L_i + a_3\Delta B_i^2 + a_4\Delta L_i^2 + a_5\Delta B\Delta L \tag{8-186}$$

$$\left.\begin{aligned} \Delta B_i &= B_i - \overline{B}_i \\ \Delta L_i &= L_i - \overline{L}_i \end{aligned}\right\} \tag{8-187}$$

$$\left.\begin{aligned} \hat{B}_i &= \sum_{i=1}^{n} B_i/n \\ \hat{L}_i &= \sum_{i=1}^{n} L_i/n \end{aligned}\right\} \tag{8-188}$$

式中 B ——大地纬度;

L——大地经度。

根据 m 个 GNSS 点的 ξ_i 值可拟合确定多项式(8-186)中的系数。当 $m\geqslant 6$ 时,可确定所有系数;当 $m\geqslant 3$ 且 $m<6$ 时,可拟合确定 a_0、a_1和 a_2 三个系数;当 $m<3$ 时,只能确定 a_0一个系数。所以,这种方法应至少具有 3 个已知高程点。当已知高程点分布均匀且测区内地形平坦时,这种方法拟合确定的高程异常 ξ_i 精度可望达到 10~20 cm,甚至优于 5 cm。当测区

内地形复杂或高程变化较大时,应加上地形改正(地形改正量级可达数十厘米)。

在确定了多项式(8-186)中的系数后,即可应用该式求定其余测站点的高程异常值,然后由

$$H_{r_j} = H_j - \xi_j \quad (j = m + 1, m + 2, \cdots, n) \tag{8-189}$$

计算出各测站点的正常高程值。

这种多项式拟合法确定 GNSS 点的正常高程值是近似的、粗略的,其精度在比较理想的情况下可达到或优于三角高程的精度。目前,GNSS 大地高程转换的方法还有待于进一步研究分析。

三、GNSS 水准应用

随着 GNSS 相对定位技术的不断发展和定位精度的不断提高,GNSS 精密测高对传统的水准测高提出了挑战。GNSS 测高与水准测高相比,最大的优点表现在一个测站跨越距离上。目前 GNSS 高差的精度在 5~10 km 以上的距离上已达到三等水准测量的精度,在大范围内可接近二等水准的精度。GNSS 相对定位具有速度快、精度高、全天候、全自动化的特点,使 GNSS 水准将得到愈来愈多的应用。预计今后 GNSS 水准可望在以下几个方面得到广泛应用。

(一) GNSS 作三四等水准加密

在山区或丘陵地区进行水准测量,工作量大,因此可利用 GNSS 测量进行三四等水准加密。

(二) GNSS 过河水准测量

近年来,在跨越宽水域的水准测量时,人们常用三角高程测量的方法。其实,三角高程测量受到折光、垂线偏差或大地水准面起伏的误差影响。

利用 GNSS 相对定位,跨越距离大、精度高,如果利用一岸已有的国家水准点,选取合理的图形构成 GNSS 水准网(一般 3~5 点)。这样,利用曲线或曲面拟合方法,即可把 GNSS 大地高差转化为正常高差,其精度是完全可以保证的,而三角高程则难于实现。

(三) GNSS 用于变形监测

经典变形监测网,通常是分开测设水平形变和高程变化的,因受到各种因素的限制,未能建立高精度三维监测网。考虑误差传播和通视条件等原因,监测网布设范围不可能很大,常设在变形区内。这就使得在形变分析时难以找到稳定的基准,影响形变分析的质量。

GNSS 技术以其速度快、精度高和不受通视条件、边长限制等优点,将会广泛地应用于地壳变形、海洋面变化等监测,它可以直接测定三维形变,布设范围可扩大至相对稳定区域,以便建立可靠的形变分析稳定基准。

四、提高 GNSS 水准精度的措施

从理论研究和实践经验可知,提高 GNSS 水准精度应注意以下几个方面。

(一) 提高大地高(差)测定的精度

大地高(差)测定的精度是影响 GNSS 水准精度的主要因素之一。因此,要提高 GNSS 水准的精度,必须有效地提高大地高(差)测定的精度,其措施主要有:

(1)提高局部 GNSS 网基线解算的起算点坐标的精度。尽量采用国家 A、B 级 GNSS 网点为局部 GNSS 网的起算点。研究表明,当起算点坐标有 10 m 误差时,对其他 GNSS 点的高程会产生 10 mm 的误差。

(2)尽量采用精密星历。采用精密星历比用广播星历可提高精度 34%。

(3)选用双频 GNSS 接收机。

(4)观测时应选择最佳的卫星分布。

(5)减弱多路径误差和对流层延迟误差。

(6)大于 10 km 的 GNSS 网点应实测气象参数。

实践表明,当边长大于 10 km,两端点气压差为 7 mbar,气温差为 2 ℃,相对湿度差为 4%时,用实测气象参数与取平均气象参数对基线处理的边长仅产生 1 mm 误差,对大地高差产生 0.1 m 误差。

(二)提高联测几何水准的精度

尽量采用三等几何水准来联测 GNSS 点。对有特殊应用的 GNSS 网,用二等精密水准来联测,以利于有效地提高 GNSS 水准的精度。

(三)提高转换参数的精度

利用我国已有的 VLBI 和 SLR 站的地心坐标转换参数,或利用国家 A、B 级 GNSS 网点来推算转换参数。

(四)提高拟合计算的精度

提高拟合计算精度的办法有:

(1)根据测区似大地水准面变化情况,选定足够的已知点,并合理地布设已知点。

(2)根据不同测区,选用合适的拟合模型。对高差大于 100 m 的测区,一般要加地形改正。

(3)对地形复杂的大测区,可采取分区计算的办法。

(4)计算时,坐标取到米(m)或 10 m,但高程异常应取到毫米(mm)。计算结果应由计算机绘出测区高程异常等值线图,以便分析测区高程异常变化情况,提高拟合计算精度。

➤ 小贴士

在局部 GNSS 网中,采用拟合法进行计算,GNSS 水准高程的内符合精度一般可达 2×10^{-6} 左右。对于测区面积不大的平坦地区,特别是测区内高程异常的变化有规律的地区,在公共点分布均匀的情况下,多项式曲面拟合法能够达到比较理想的精度。只要用三等几何水准联测已知点,点位分布合理,点数足够,GNSS 水准可代替四等几何水准;在山区,只要施加地形改正,也可达到四等几何水准的精度。

任务九　数据处理软件作业流程

前面介绍过 GNSS 数据处理软件种类比较多,但对于商用软件来说,处理步骤基本相似,下面主要以华测 GNSS 后处理软件 CGO2.0 为例,具体介绍解算静态数据的操作流程。

一、新建工程

如图 8-4 所示,在 CGO2.0 软件开始菜单下点击“新建”,修改工程名称,单击图标三个小点可选择存储路径。

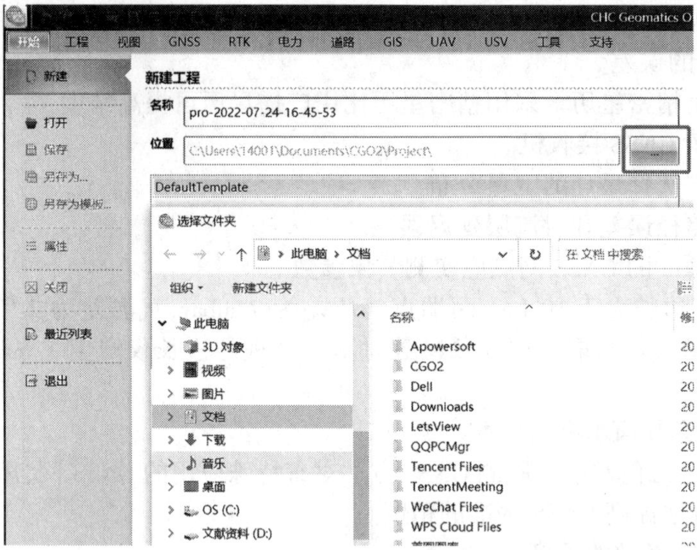

图 8-4　新建项目

二、基本信息设置

(1)在工程菜单下点击基本信息,选择工程对应的时区。具体如图 8-5 所示。

图 8-5　选择工程对应的时区

(2)修改坐标系属性。

点击"坐标系统",一般只要修改坐标系、中央子午线经度、东向加常数(Y 坐标是 8 位的时候需要在 500000 前面加上带号)和投影面高(有特殊要求的才需要填写)。

①选择坐标系:点击图标三个小点弹出坐标系管理器对话框,选中自定义点击修改,然后在右侧选择工程坐标系,最后点击"选择"。具体如图 8-6 所示。

②输入中央子午线经度和投影面高,具体如图 8-7 所示。

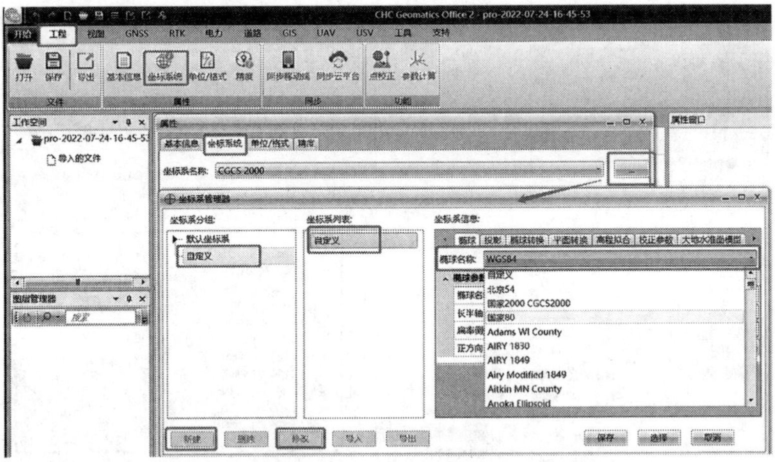

图 8-6　选择工程坐标系

图 8-7　输入中央子午线经度和投影面高

三、导入观测数据

(一) 导入数据

在 GNSS 菜单下点击导入，弹出对话框，打开需要导入的数据，如图 8-8 所示。

(二) 修改观测文件信息

对照外业记录表，修改测站名、量测天线高、天线厂商、天线类型和量测方法等信息，如图 8-9 所示。

图 8-8　导入数据

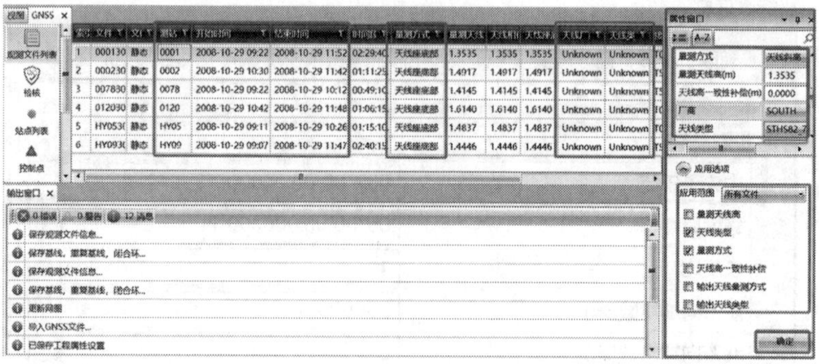

图 8-9　修改观测文件信息

(三)配置信息

点击配置,一般需要根据基线长度设置点位距离阈值(m)和工程要求设置控制网等级,如图 8-10 所示。

四、基线处理

(一)基线配置

单击菜单栏上的配置,可选择参与基线处理的卫星系统,并决定此配置是运用于单条基线还是全部基线,如图 8-11 所示。

(二)基线处理

点击“基线处理”,进行基线的初步处理,如图 8-12 所示。

(三)基线细处理

(1)点击基线,选中一条要处理的基线右键选中“残差数据观测图”,如图 8-13 所示。

(2)在卫星相位跟踪图中,拖动鼠标,可以选择被删除的数据。红线框中的数据将被屏蔽,不参与软件处理。信号特别差的卫星也可以禁止其参与解算,把卫星前面的勾去掉。选中虚线框点击右键,可以“恢复被删除的数据”。编辑卫星相位跟踪数据,点击页面右上方

图 8-10　配置信息

图 8-11　基线配置

"解算",可以对编辑过的基线进行重新解算,如图 8-14 所示。

RATIO 是反映基线质量好坏的关键值,在通常情况下,要求 RATIO 值大于 1.8,且值越接近 99.9 基线质量越好。RMS 表明了观测值的质量。RMS 值越小,观测值质量越好;反之,表明观测值质量越差。它不受观测条件(如卫星分布好坏)的影响,最好小于 0.004 m。

五、网平差

(一)录入控制点

点击左侧站点,选中所需转换的测站右键选择"转换为控制点"。在控制点界面的属性窗口,输入已知点坐标和约束类型,最后一定要点击"确定",如图 8-15 所示。

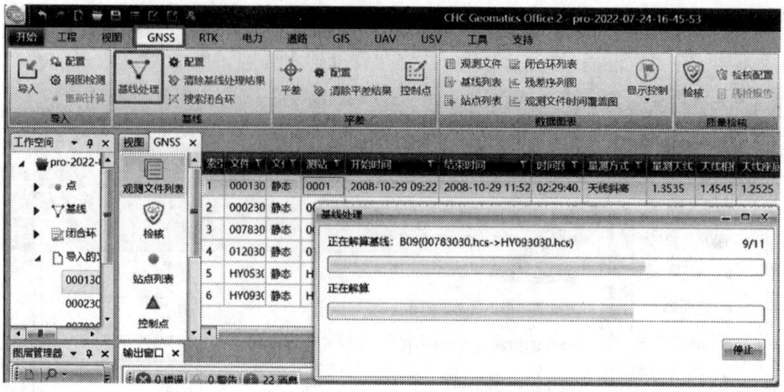

图 8-12　基线处理

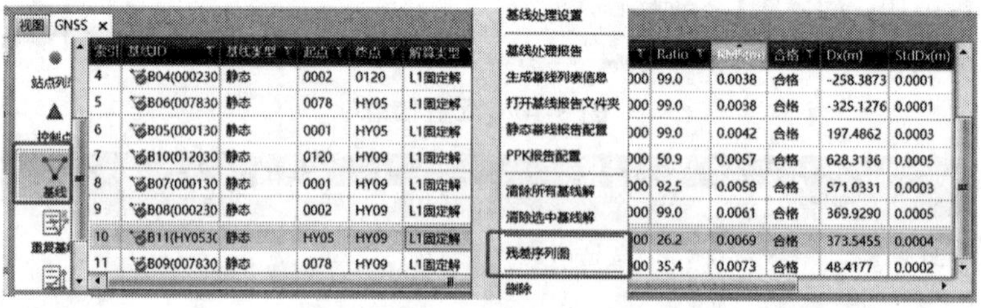

图 8-13　基线细处理

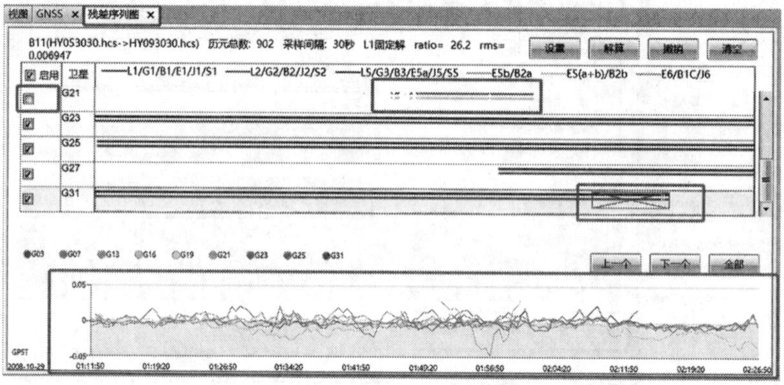

图 8-14　禁止信号特别差的卫星参与解算

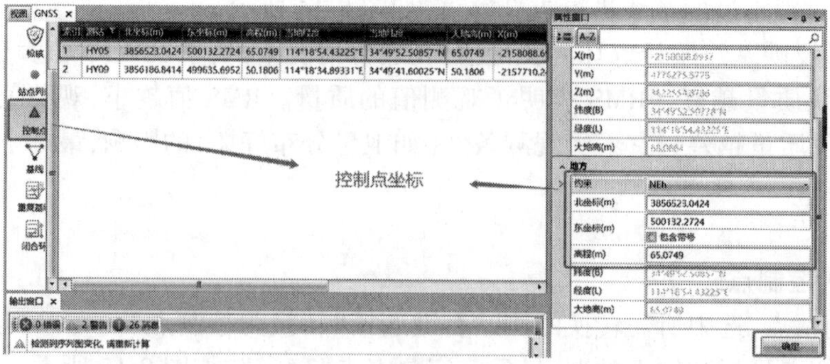

图 8-15　录入控制点

(二)平差

(1)点击“平差”,选择“二维约束平差”+“高程拟合”,然后点击“全自动平差”,如图 8-16 所示。

图 8-16　全自动平差

“单个平差”是指只根据选择的约束类型进行平差以及自由网平差,“全自动平差”是指把所有的平差类型都进行一次平差,建议使用“单个平差”。

(2)下方输出窗口会提示“建议将网络参考因子改为×××”,然后点击“设置”,将网络参考因子改为软件建议的值,点击“确定”后再次平差即可,如图 8-17 所示。

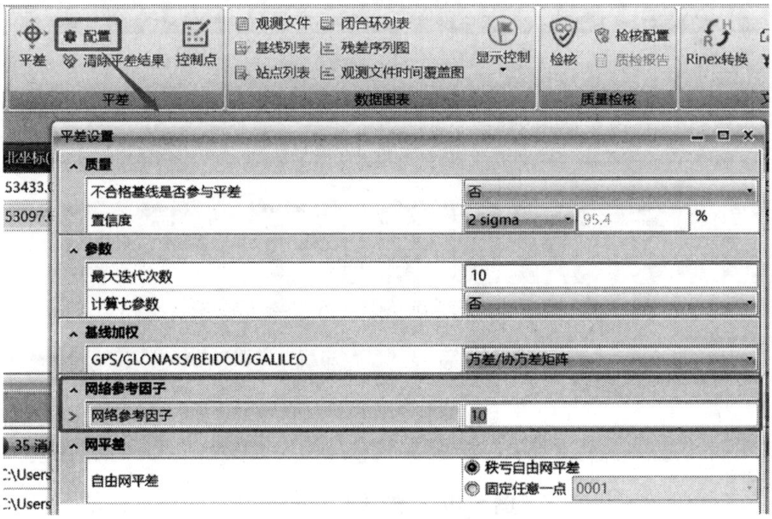

图 8-17　再次平差

(3)输出平差报告。

平差报告下选择二维平差报告,点击“生成报告”,如图 8-18 所示。

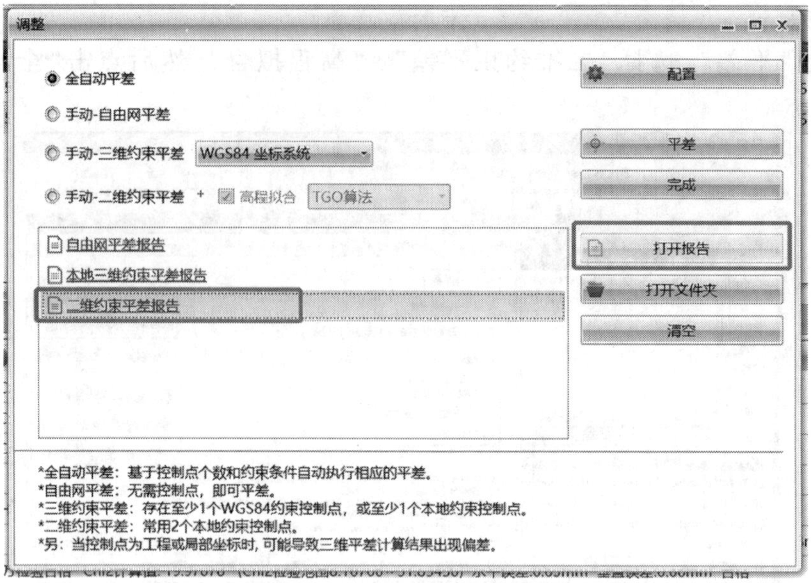

图 8-18　输出平差报告

六、查看平差报告

查看平差报告如图8-19所示。

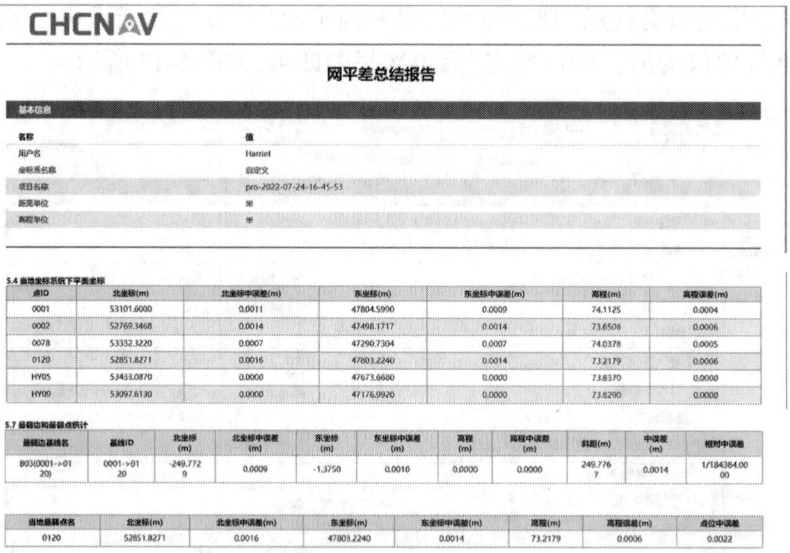

CHCNAV

网平差总结报告

基本信息

名称	值
用户名	Harriet
坐标系名称	自定义
项目名称	pro-2022-07-24-16-45-53
距离单位	米
高程单位	米

5.4 当地坐标系统下平面坐标

点ID	北坐标(m)	北坐标中误差(m)	东坐标(m)	东坐标中误差(m)	高程(m)	高程误差(m)
0001	53101.6000	0.0011	47804.5990	0.0009	74.1125	0.0004
0002	52769.3468	0.0014	47498.1717	0.0014	73.6508	0.0006
0078	53332.3220	0.0007	47290.7304	0.0007	74.0378	0.0005
0120	52851.8271	0.0016	47803.2240	0.0014	73.2179	0.0006
HY05	53433.0870	0.0000	47673.6680	0.0000	73.8370	0.0000
HY09	53097.6130	0.0000	47176.9920	0.0000	73.8290	0.0000

5.7 最弱边和最弱点统计

最弱边基线名	基线ID	北坐标(m)	北坐标中误差(m)	东坐标(m)	东坐标中误差(m)	高程(m)	高程中误差(m)	斜距(m)	中误差(m)	相对中误差
B03(0001->0120)	0001->0120	-249.7729	0.0009	-1.3750	0.0010	0.0000	0.0000	249.7767	0.0014	1/184384.0000

当地最弱点名	北坐标(m)	北坐标中误差(m)	东坐标(m)	东坐标中误差(m)	高程(m)	高程误差(m)	点位中误差
0120	52851.8271	0.0016	47803.2240	0.0014	73.2179	0.0006	0.0022

图 8-19　查看平差报告

➢ 小贴士

掌握如何解算静态数据的操作流程：①新建项目，输入项目名称，设置项目存储路径，项目建成后可以进行项目坐标系统、时间系统、单位格式等配置；②选择要导入数据，精密星历文件也可在此导入;③处理基线并解算所有的基线向量,也可以查看每条基线实时处理的情况;④平差设置,主要是确定已知点和网平差设置;⑤网平差软件将自动根据起算条件,完成平差运算;⑥在线生成并打开网平差报告。

➤ 知识链接

学习本项目时,学生应结合教师的讲解了解接收机中的数据可通过电缆、蓝牙或 Wi-Fi 下载到计算机中,对原始观测数据进行编辑、加工与整理,转换成与数据软件无关的统一格式 RINEX,找出整周跳变点并进行修复,确定整周未知数的初值;对观测值进行各种模型改正。剔除粗差,删除无效无用数据,分流出各种专用的信息文件,为下一步的平差计算做准备。相关软件会根据用户的要求进行平差计算,最后在线生成网平差报告。

阅读与应用

如何编写《测绘技术总结》

测绘技术总结是在测绘任务完成后,对技术设计书和技术标准的执行情况,技术方案、作业方法、新技术的应用、成果质量和主要问题的处理等进行分析研究、认真总结,并作出客观的评价与说明,以便于用户(或下一个工序)的合理使用,有利于生产技术和理论水平的提高,为制定、修订技术标准和有关规定积累资料。测绘技术总结是与测绘成果有直接关系的技术性文件,是永久保存的重要技术档案。

技术总结经单位主要技术负责人审核签字后,随测绘成果、技术设计书和验收(检查)报告一并上交和归档。

技术总结编写的依据有:上级下达任务的文件或合同书;技术设计书、有关法规和技术标准;有关专业的技术总结;测绘产品的检查、验收报告;其他有关文件和材料。

技术总结编写要注意以下几点:

(1)内容要真实、完整、齐全。对技术方案、作业方法和成果质量应作出客观的分析和评价,对应用的新技术、新方法、新材料和生产的新品种要认真细致地加以总结。

(2)文字要简明扼要,公式、数据和图表应准确,名词、术语、符号、代号和计量单位等均应与有关法规和标准一致。

(3)项目名称应与相应的技术设计书及验收(检查)报告一致。幅面封面格式参照图8-20。

大地测量技术总结的主要内容包括平面控制测量和高程控制测量。

一、平面控制测量

(一)概述

(1)任务来源、目的,生产单位,生产起止时间,生产安排概况。

(2)测区名称、范围、行政隶属,自然地理特征,交通情况和困难类别。

(3)锁、网、导线段(节)、基线(网)或起始边和天文点的名称与等级,分布密度,通视情况,边长(最大、最小、平均)和角度(最大、最小)等。

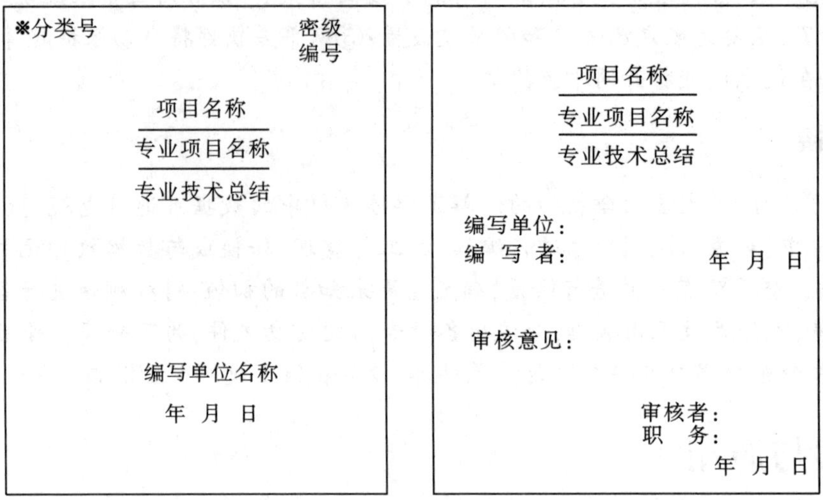

图 8-20　专业技术总结书封面和副封面格式

(4)作业技术依据。

(5)计划与实际完成工作量的比较,作业率的统计。

(二)利用已有资料情况

(1)采用的基准和系统。

(2)起算数据及其等级。

(3)已知点的利用和联测。

(4)资料中存在的主要问题和处理方法。

(三)作业方法、质全和有关技术数据

(1)使用的仪器、仪表、设备和工具的名称、型号、检校情况及其主要技术数据,天文人仪差测定情况。

(2)觇标与标石的情况,施测方法,照准目标类型,观测权数与测回数,光段数,日夜比,重测数与重测率,记录方法,记录程序来源和审查意见,归心元素的测定方法,次数和质量,概算情况与结果等。

(3)新技术、新方法的采用及其效果。

(4)执行技术标准的情况,出现的主要问题和处理方法。保证和提高质量的主要措施,各项限差与实际测量结果的比较,外业检测情况及精度分析等。

(5)重合点及联测情况,新、旧成果的分析比较。

(6)为测定国家级水平控制点高程而进行的水准联测与三角高程的施测情况,概算方法和结果。

(四)技术结论

(1)对本测区成果质量、设计方案和作业方法等的评价。

(2)重大遗留问题的处理意见。

(五)附图、附表

(1)利用已有资料清单。

(2)测区点、线、锁、网的分布图。

(3)精度统计表。

(4)仪器、基线尺检验结果汇总表。

(5)上交测绘成果清单等。

二、高程控制测量

(一)概述

(1)任务来源、目的,生产单位,生产起止时间,生产安排概况。

(2)测区名称、范围、行政隶属,自然地理特征,沿线路面和土质、植被情况,路坡度(最大、最小、平均),交通情况和困难类别。

(3)路线和网的名称、等级、长度,点位分布密度,标石类型等。

(4)作业技术依据。

(5)计划与实际完成工作量的比较,作业率的统计。

(二)利用已有资料情况

(1)采用基准和系统。

(2)起算数据及其等级。

(3)已知点的利用和联测。

(4)资料中存在的主要问题和处理方法。

(三)作业方法、质量和有关技术数据

(1)使用的仪器、标尺、记录计算工具和尺承等的型号、规格、数量、检校情况及主要技术数据。

(2)埋石情况,施测方法,视线长度(最大、最小和平均)及其距地面和障碍物的距离,各分段中上、下午测站不对称数与总站数的比,重测测段和数量,记录和计算方法,程序来源、审查或验算结果。

(3)新技术、新方法的采用及其效果。

(4)跨河水准测量的位置,施测方案,施测结果与精度等。

(5)联测和支线的施测情况。

(6)执行技术标准的情况,保证和提高质量的主要措施,各项限差与实际测量结果的比较,外业检测情况及精度分析等。

(四)技术结论

(1)对本测区成果质量、设计方案和作业方法等的评价。

(2)重大遗留问题的处理意见。

(五)附图、附表

(1)利用已有资料清单。

(2)测区点、线、网的水准路线图。

(3)仪器、标尺检验结果汇总表。

(4)精度统计表。

(5)上交测绘成果清单等。

GNSS 在高速铁路中的应用

高速铁路工程测量的平面、高程控制网,按施测阶段、施测目的及功能可分为勘测控制网、施工控制网、运营维护控制网。为了保证勘测、施工、运营维护各阶段平面测量成果的一致性,各阶段平面控制测量应以平面框架控制网(CP 0)为起算基准,高程控制测量应以线路水准基点控制网为起算基准。平面坐标系应采用工程独立坐标系统。在对应的线路轨道设计高程面上坐标系统的投影长度变形值不大于 10 mm/km。

高速铁路工程测量平面控制网应按分级布网的原则分四级布设,第一级为框架平面控制网(CP 0),第二级为基础平面控制网(CPⅠ),第三级为线路平面控制网(CPⅡ),第四级为轨道控制网(CPⅢ)。

(1)框架平面控制网(CP 0)为满足高速铁路平面控制测量起算基准的要求,沿线路每 50 km 左右建立的卫星定位测量控制网,作为全线(段)的平面坐标起算基准。

(2)基础平面控制网(CPⅠ)在框架平面控制网(CP 0)的基础上,沿线路走向布设,按 GPS 静态相对定位原理建立,为线路平面控制网提供起闭的基准。

(3)线路平面控制网(CPⅡ)在基础平面控制网(CPⅠ)上沿线路附近布设,为勘测、施工阶段的线路平面测量和轨道控制网测量提供平面起闭的基准。

(4)轨道控制网(CPⅢ)沿线路布设的三维控制网,平面起闭于基础平面控制网(CPⅠ)或线路控制网(CPⅡ)、高程起闭于线路水准点,一般在线下工程施工完成后进行施测,为轨道铺设和运营维护的基准。

各级(阶段)平面、高程控制测量完成后,应由建设单位组织评估,并编写评估验收报告。高速铁路工程测量工作必须认真贯彻安全生产的方针,结合各阶段工作的特点和具体情况,制订相应的安全生产措施。各种测量仪器和工具应做好经常性的保养和维护工作,并定期检校和鉴定。

一、平面控制测量

(一)平面控制网技术要求

高速铁路工程平面控制测量分四级布设如表 8-3 所示。

表 8-3　高速铁路各级控制网的精度要求

控制网	测量方法	相邻点的相对中误差/m	点间距
CP 0	GNSS	20	约 50 km
CPⅠ	GNSS	10	约 4 000 m
CPⅡ	GNSS	8	600~8 000 m
	附合导线	8	400~800 m
CPⅢ	自由测站边角交会	1	点对间距 50~70 m
二等水准	二等水准测量	高差中误差 2 mm/km	约 2 000 m

注:1. 相邻点的相对中误差指 X、Y 坐标分量中误差。

2. 相邻 CPⅢ点高程的相对中误差为 0.5 mm。

(1)第一级为框架平面控制网 CP 0,主要为全线(段)的线路平面控制测量提供坐标框架基准。

(2)第二级为基础平面控制网 CPⅠ,主要为勘测、施工、运营维护提供坐标基准。

(3)第三级为线路平面控制网 CPⅡ,主要为勘测和施工提供控制基准。

(4)第四级为轨道控制网 CPⅢ,主要为铺设无砟轨道和运营维护提供控制基准。

(二)平面控制网设计

(1)高速铁路平面控制测量工作开展前,应根据测区地形、地貌及线路工程情况进行平面控制网设计。

(2)平面控制网设计应包括控制网基准、网形和精度设计。需要增补控制点时,须进行控制网改造设计。

(3)平面控制网设计前,应收集线路设计的有关资料和沿线的国家大地点资料,在充分研究线路平、纵断面图的基础上进行控制网设计。收集的资料应包括线路平、纵断面图及测区 1∶1万和 1∶5万地形图;线路沿线的国家或地方控制点资料,包括平面控制网图、水准路线图、点之记、成果表、技术总结等。

(4)控制网基准设计应符合以下规定:

CP 0 控制网应以 WGS-84 坐标系 ITRF2000 国际地球参考框架或 2000 国家大地坐标系作为坐标基准,以 IGS 站或以联测的 2000 国家大地坐标系 A、B 级 GNSS 控制点作为起算点,进行控制网整体三维约束平差。然后把 WGS-84 或 2000 国家大地坐标系的三维坐标转换为高速铁路工程独立平面坐标。CPⅠ控制网应附合到 CP 0 上,并采用固定数据平差;CPⅡ控制网应附合到 CPⅠ上,并采用固定数据平差;CPⅢ控制网应附合到 CPⅠ或 CPⅡ上,并采用固定数据平差。

(5)控制网布设应符合因地制宜、技术经济合理、确保质量的原则。当与国家坐标系统或地方坐标系统联测时,应进行联测方案设计。

二、框架平面控制网(CP 0)测量

CP 0 控制网应沿线路走向布设,每 50 km 左右布设一个点,在线路的起点和终点附近应布设控制点。CP 0 控制网应在勘测阶段采用 GNSS 测量方法完成建网,全线应一次性布网,统一测量,整体平差。

CP 0 测量的数据进行处理时,要求基线解算和整网平差应采用适合长基线的高精度 GNSS 解算软件,采用精密星历解算。应采用多基线解算模式进行基线解算,计算结果应包括相应的协方差阵。基线解算和整网平差时,引入的起算点坐标位置基准应为 ITRF 或 IGS 国际地球参考框架下的坐标成果,该坐标框架应与采用的精密星历坐标框架保持一致。起算点选用联测的 GNSS 永久性跟踪站点,其点位坐标精度应优于 0.1 m。

三、基础平面控制网(CPⅠ)测量

CPⅠ控制点应按要求沿线路走向布设。点位宜设在距线路中心 50~500 m 范围内,且不易被施工破坏、稳定可靠、便于测量的地方。控制点宜兼顾桥梁、隧道及其他大型构(建)筑物布设施工控制网的要求。

CPⅠ采用边联接方式构网,形成由三角形或大地四边形组成的带状网;在线路勘测设

计起点、终点或与其他铁路平面控制网衔接地段,必须有 2 个以上的 CP Ⅰ控制点相重合,并在测量成果中反映出相互关系。CP Ⅰ控制网宜与附近的已知水准点联测。

CP Ⅰ控制网平差及坐标转换应符合下列规定:

(1)首先进行 GNSS 基线网三维无约束平差,然后将已联测的 CP 0 控制点作为固定点进行 CP Ⅰ控制网的三维约束平差,计算 CP Ⅰ控制点的空间直角坐标。

(2)根据独立坐标系投影带的划分,将 CP Ⅰ控制网的空间直角坐标分别投影到相应的坐标投影带中,计算 CP Ⅰ控制点的工程独立坐标。

(3)引入国家或城市平面坐标系统时,应在 GNSS 基线网三维无约束平差的基础上,以联测的国家或城市平面控制点作为固定点进行 CP Ⅰ控制网的二维约束平差,计算 CP Ⅰ控制点的国家或城市平面坐标。

四、线路平面控制网(CP Ⅱ)测量

CP Ⅱ测量应在 CP Ⅰ的基础上采用 GNSS 测量或导线测量方法施测,CP Ⅱ控制点的布设一般选在离线路中线 50~200 m,且不易破坏的范围内。

GNSS 测量时应满足下列要求:

(1)CP Ⅱ控制点应有良好的对空通视条件,点间距应为 600 ~800 m,相邻点之间应通视,特别困难地区至少有一个通视点,以满足定测放线和施工测量的需要。

(2)CP Ⅱ控制点分段起闭于 CP Ⅰ控制点。

(3)CP Ⅱ网采用边联接方式构网,形成由三角形或大地四边形组成的带状网,并与 CP Ⅰ联测构成附合网。

(4)CP Ⅱ网坐标转换宜在 GNSS 基线网三维无约束平差的基础上,以联测 CP Ⅰ控制网作为约束点分带进行二维约束平差,计算 CP Ⅱ控制点的工程独立坐标。

高速铁路工程测量三级平面控制网如图 8-21 所示。

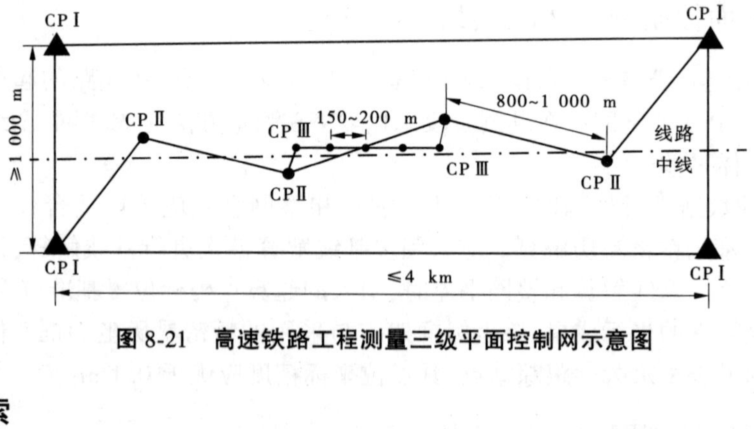

图 8-21　高速铁路工程测量三级平面控制网示意图

➤ 知识搜索

书目

魏二虎. GPS 测量操作与数据处理[M]. 武汉:武汉大学出版社,2004.

李开伟. GNSS 定位测量技术[M]. 成都:西南交通大学出版社,2021.

黄劲松. GPS 测量与数据处理实习教程[M]. 武汉:武汉大学出版社,2010.

中华人民共和国国家质量监督检验检疫总局,中国国家标准化管理委员会. 全球定位系统 GPS 测量规范:GB/T 18314—2009[S]. 北京:中国标准出版社,2009.

中华人民共和国住房和城乡建设部. 卫星定位城市测量技术规范:CJJ 73—2010[S]. 北京:中国建筑工业出版社,2010.

国家测绘局. 测绘技术总结编写规定:CH/T 1001—2005[S]. 北京:测绘出版社,2006.

国家测绘局. 测绘技术设计规定:CH/T 1004—2005[S]. 北京:测绘出版社,2005.

网站

华测导航 CGO2.0 静态解算软件

司南导航 GNSS 数据后处理软件

中海达 HBC 一站式测量办公软件

南方地理数据处理平台 SGO

数据导入　　数据导出　　其他导出

CGO2.0 处理静态数据

项目小结

观测数据、导航电文及其他信息一般都是以二进制形式存储在接收机中,因此在数据后处理之前要先从接收机中输出这些数据。不同仪器公司制造的接收机数据存储格式是不一样的。每种数据后处理软件要求的数据格式也有所不同,这就要求用不同类型的接收机观测的数据在处理时,对原始观测数据进行编辑、加工与整理,转换成与数据软件无关的统一格式 RINEX,找出整周跳变点并进行修复,确定整周未知数的初值;对观测值进行各种模型改正。剔除粗差,删除无效无用数据,分流出各种专用的信息文件,为下一步的平差计算做准备。

首先要做的是利用载波相位观测值解算基线向量的平差模型以及基线向量观测值的粗差检测。消除基线向量网中各类图形闭合条件的不符值,并建立网的位置、方向和尺度基准。因GNSS定位系统采用的是WGS-84大地坐标系或2000大地坐标系,属于协议地心坐标系,而实用的测量成果是属于某一国家坐标系或地方坐标系,为参心坐标系。由于两者的原点位置与坐标轴的指向不同,存在着平移和旋转的关系,因此必须解决GNSS定位成果的坐标转换问题。

三维约束平差和三维联合平差,原则上可以在空间直角坐标系统中进行,也可以在三维大地坐标系统中进行。以GNSS网的空间直角坐标作为未知参数时,其误差方程简单,且便于进行进一步的分析讨论,但是不利于将GNSS网的平面与高程部分进行分别处理。以大地坐标作为未知参数时,虽然在大地坐标系中两网的基准转换模型比较复杂,但是便于将GNSS网的平面与高程部分分开处理。

GNSS基线向量网的二维平差可以在二维大地坐标系中进行,也可以在高斯平面坐标系中进行。在高斯平面坐标系中的二维平差分二维无约束平差、二维约束平差和二维联合平差三种,主要任务是组成误差方程、解算以及精度评定。

在局部GNSS网中,采用拟合法进行计算,GNSS水准高程的内符合精度一般可达2×10^{-6}左右。对于测区面积不大的平坦地区,特别是测区内高程异常的变化有规律的地区,在公共点分布均匀的情况下,多项式曲面拟合法能够达到比较理想的精度。只要用三等几何水准联测已知点,点位分布合理,点数足够,GNSS水准可代替四等几何水准;在山区,只要施加地形改正,也可达到四等几何水准的精度。

对于商用GNSS后处理软件来说,具体的是要根据说明书介绍了解如何解算静态数据的操作流程,①一般从新建项目开始,输入项目名称,设置项目存储路径,项目建成后可以进行项目坐标系统、时间系统、单位格式等配置;②选择要导入数据,精密星历文件也可在此导入;③处理基线并解算所有的基线向量,也可以查看每条基线实时处理的情况;④平差设置,主要是确定已知点和网平差设置;⑤网平差软件将自动根据起算条件,完成平差运算;⑥在线生成并打开网平差报告。

复习和思考题

8-1　GNSS控制网数据处理的目的是什么?

8-2　GNSS测量数据处理的基本过程是什么?

8-3　按每15 s采集一组野外观测数据计算,一台接收机连续观测2 h将有多少组数据?

8-4　测站信息文件包含哪几种?

8-5　在进行数据传输的同时,利用数据处理软件将原始记录中的各项观测数据进行分类整理,剔除无效观测值和冗余信息,自动生成哪几个数据文件?

8-6　怎样才能使观测时段的卫星轨道标准化?

8-7　为什么需要进行时间单位规格化?

8-8　建立钟差改正多项式的目的是什么?

8-9　GNSS基线网平差的目的是什么?

8-10　什么叫 GNSS 水准？其作用是什么？
8-11　什么叫大地高？什么叫正常高？
8-12　怎样将 GNSS 大地高转换成正常高？
8-13　可用于 GNSS 水准计算的方法主要有哪几种？
8-14　提高 GNSS 水准精度应注意哪几个方面？

技能训练

GNSS 接收机数据通信

一、实训目的

(1)了解 GNSS 数据结构。
(2)学会如何下载 GNSS 接收机静态数据。
(3)学会如何下载 GNSS 接收机动态数据。

二、实训内容

(1)下载静态接收机数据,并转换为 RINEX 数据格式。
(2)下载动态坐标数据,并转换成绘图软件能够识别的格式。
(3)下载动态点校正数据。
(4)下载动态坐标系参数信息。

三、仪器设备

(1)GNSS 接收机、手簿、数据传输线。
(2)静态数据传输软件。
(3)同步软件。
(4)电脑。

四、实训步骤

(1)安装数据传输软件,连接接收机与电脑。
(2)设置数据传输参数。一般要设置波特率,波特率值越大数据传输速度越快;数据下载类型可以为仪器本身支持的类型,也可以为其他类型,但是一般选择传输接收机本身支持的格式。
(3)下载作业当天观测的静态数据文件,并根据相位信息修改测站点号、仪器高等信息。
(4)安装同步软件,连接手簿与电脑。
(5)从手簿的测绘软件中导出所需要的信息。
(6)下载动态点位坐标数据文件, 要求文件格式能满足绘图软件需要。

GNSS 静态数据解算

一、实训目的

(1)能独立完成静态数据解算。
(2)能使用软件进行基线解算与平差计算。
(3)会将控制网解算成果导出。

二、实训内容

(1)使用商业静态数据处理软件解算控制网数据。
(2)建立工作坐标系统,并设置相关参数。
(3)解算基线向量、环闭合差。
(4)进行网平差。
(5)导出成果数据及图形。

三、资料准备

(1)静态观测数据。
(2)静态数据处理软件。
(3)外业观测记录手簿。

四、实训步骤

(1)选择合适的数据解算软件,进行安装。

(2)建立坐标系统,填写相关的参数。一般要设置中央子午线、纵轴加常数、椭球长半轴和扁率等参数。

(3)新建项目,填写相关信息,注意项目模板类型和项目存储路径。

(4)解算基线,查看基线相关参数,基线解算一般分为一般基线解算和基线精处理,但先要处理周跳。精密基线解算时要根据残差情况剔除数据。

(5)完成自由平差与约束平差。自由平差要在 WGS-84 坐标系下进行。平差完成后要查看平差报告里给出的χ^2 检验是否通过及点位中误差大小、基线相对中误差等参数。约束平差需要固定已知点的坐标,保证已知点的数量和精度。解算完成后填写表 8-4。

表 8-4 数据解算信息表

建立坐标系统							
坐标系统名称				长半轴			
扁率				中央子午线			
新建项目							
项目名称		模板		存储路径			
坐标系统		垂直限差		数据导入类型			
基线处理							
初次处理基线名称 A-B	比率大于 3						
	参考变量小于 5						
	RMS 值最大						
	红色基线						
查看问题基线残差	基线名称		卫星号		时间		
基线通过时设置值	编辑乘法器			对流层模型的估计天顶延迟			
	最大修复周滑动			应用电离层模型的基线长度大于			
环闭合差	水平差最大值			垂直差最大值			
	水平限差			垂直限差			
	超限闭合环数						
平差							
选择基准	____________(WGS-84、CGCS2000)						
无约束平差基线	通过标准						
	最弱精度基线 RMS/m			最大相对中误差基线			
	最弱点点名	北坐标(直角)	纵轴误差	东坐标(直角)	横轴误差		
约束平差	约束点名	网格点坐标			WGS-84 坐标		
		X/m	Y/m	H_r/m	B(° ′ ″)	L(° ′ ″)	H/m

项目九 GNSS实时动态定位

项目概述

实时载波相位差分(real time kinematic,RTK)技术可以实时向用户提供定位结果和定位精度,实时定位可以达到厘米级及以上的精度,RTK技术可用于地形测图中的碎部点的采集工作,还可以完成地籍图、界址点和宗地图的绘制工作。采用RTK进行放样,只要把放样点的坐标输入到手簿中,测量员拿着GNSS接收机,根据提示移动到放样点上,其精度也较高,各放样点的误差影响也是独立的,这样可以大大提高作业效率。

学习目标

◆知识目标

1. 了解RTK测量作业工作原理;
2. 了解RTK控制测量的技术指标;
3. 掌握RTK数据下载及内业处理过程;
4. 掌握单基站RTK的工作流程和系统配置;
5. 掌握RTK进行地形、地籍测量的作业方法;
6. 掌握用RTK接收机检核放样点的误差和限差。

◆技能目标

1. 能设置基准站和流动站;
2. 能根据图形计算出放样数据;
3. 能完成RTK地形、地籍测量工作;
4. 能根据放样数据的坐标进行点校正;
5. 能进行点放样、直线放样和曲线放样;
6. 能使用RTK进行控制测量和图根控制测量。

➢ 课程导入

RTK技术可用于地形测图中的碎部点的采集工作,还可以完成地籍图、界址点和宗地图的绘制工作,也可用于四等以下控制测量、工程测量工作。由于RTK作业方便、精度较高,现已经被普遍使用。RTK测量可采用单基站RTK测量和网络RTK测量两种方法,已建立CORS系统的城市,宜采用网络RTK测量。在困难地区,也可采用后处理动态测量的模式进行RTK测量。

任务一　RTK 概述

一、差分 GNSS

差分 GNSS 就是首先利用已知精确三维坐标的差分 GNSS 基准站，求得伪距修正量或位置修正量，再将这个修正量实时或事后发送给用户，对用户的测量数据进行修正，以提高 GNSS 定位精度。

差分 GNSS 定位能将卫星钟误差和星历误差消除，并将电离层延迟和对流层延迟误差部分消除，定位精度大大提高。

（一）差分 GNSS 分类

根据时效性可将差分 GNSS 定位分为实时差分和事后差分；根据观测值类型分伪距差分、载波相位差分；根据差分 GNSS 基准站发送的信息方式可将差分 GNSS 定位分为三类，即位置差分、伪距差分和载波相位差分；根据工作原理和差分模型可将差分 GNSS 定位分为局域差分（LADGPS，Local Area DGNSS）和广域差分（WADGNSS，Wide Area DGNSS），局域差分又分单基准站差分和多基准站差分。

（二）差分 GNSS 原理

差分 GNSS 是在正常的 GNSS 外附加（差分）修正信号，此改正信号改善了 GNSS 的精度。位置差分法、伪距差分法和载波相位差分法都是由基准站发送改正数，由用户站接收并对其测量结果进行改正，以获得精确的定位结果。所不同的是，发送改正数的具体内容不一样，其差分定位精度也不同。

1. 位置差分原理

安装在基准站上的 GNSS 接收机观测 4 颗卫星后便可进行三维定位，解算出基准站的坐标。由于存在着轨道误差、时钟误差、SA 影响、大气影响、多路径效应以及其他误差，解算出的坐标与基准站的已知坐标是不一样的，存在误差。参考站利用数据链将此改正数发送出去，由用户站接收，并且对其解算的用户站坐标进行改正，最后得到改正后的移动站坐标能消去参考站和移动站的共同误差，例如卫星轨道误差、SA 影响、大气影响等。位置差分法要求参考站和移动站观测同一组卫星。这种差分法能得到米级定位精度，如沿海广泛使用的无线电指向标/差分全球定位系统（RBN/DGNSS）。

2. 伪距差分原理

伪距差分是目前用途最广的一种技术。几乎所有的商用差分 GNSS 接收机均采用这种技术。国际海事无线电委员会推荐的 RTCM SC-104 也采用了这种技术。

在参考站上的接收机要求得其至可见卫星的距离，并将此计算出的距离与含有误差的测量值加以比较。利用一个 α-β 滤波器将此差值滤波并求出其偏差。然后将所有卫星的测距误差传输给用户，用户利用此测距误差来改正测量的伪距。最后用户利用改正后的伪距来解出本身的位置，就可消去公共误差，提高定位精度。

与位置差分相似，伪距差分能将两站公共误差抵消，但随着用户到参考站距离的增加又出现了系统误差，这种误差用任何差分法都是不能消除的。用户和参考站之间的距离对精度有决定性影响。

3. 载波相位差分原理

测地型接收机利用 GNSS 卫星载波相位进行的静态基线测量获得了很高的精度(10^{-6}～10^{-8}),但为了可靠地求解出相位模糊度,要求静止观测一两个小时或更长时间,这样就限制了在工程作业中的应用,于是探求快速测量的方法应运而生。例如,采用整周模糊度快速逼近技术(FARA)使基线观测时间缩短到 5 min,采用准动态(stop and go),往返重复设站(re-occupation)和动态(kinematic)来提高 GNSS 作业效率,这些技术的应用对推动精密 GNSS 测量起了促进作用。但是,上述这些作业方式都是事后进行数据处理,不能实时提交成果和实时评定成果质量,很难避免出现事后检查不合格造成的返工现象。

差分 GNSS 的出现,能实时给定载体的位置,满足了引航、水下测量等工程的要求。位置差分、伪距差分、载波相位差分等技术已成功地用于各种工程作业中。而载波相位差分技术是更精密的测量技术之一。

二、GNSS-RTK 的概念

RTK(Real-Time-Kinematic)技术是 GNSS 实时载波相位差分的简称。这是一种将 GNSS 与数传技术相结合,实时处理两个测站载波相位观测量的差分方法,经实时解算进行数据处理,在 1～2 s 的时间里得到高精度位置信息的技术。载波相位差分法分为两类:一类是修正法,另一类是差分法。所谓修正法,即将基准站的载波相位修正值发送给用户,改正用户接收到的载波相位,再解求坐标。所谓差分法,即将基准站采集的载波相位发送给用户,进行求差解算坐标。因此,修正法属准 RTK,差分法为真正的 RTK。自 20 世纪 90 年代初这项技术一经问世,就极大地拓展了 GNSS 的使用空间,使 GNSS 从只能做控制测量的局面中摆脱出来,而开始广泛运用于工程测量。

(一)RTK 的工作原理

RTK 的工作原理是在基准站上安置 1 台 GNSS 接收机,另 1 台或几台接收机置于载体(称为流动站)上,基准站和流动站同时接收同一时间相同 GNSS 卫星发射的信号,基准站所获得的观测值与已知位置信息进行比较,得到 GNSS 差分改正值。然后将这个改正值及时地通过无线电数据链电台传递给共视卫星的流动站以精化其 GNSS 观测值,得到经差分改正后流动站较准确的实时位置。如图 9-1 所示。

精密 GNSS 定位都采用相对技术。无论是在几点间进行同步观测的后处理(RTK),还是从基准站将改正值及时地传输给流动站(DGNSS)都称为相对技术。

RTK 的观测模型为

$$\Phi = \rho + c(d_T - d_t) + \lambda N + d_{\text{trop}} - d_{\text{ion}} + d_{\text{prel}} + \varepsilon(\Phi) \tag{9-1}$$

式中　Φ——相位测量值,m;

ρ——星站间的几何距离;

c——光速;

d_T——接收机钟差;

d_t——卫星钟差;

λ——载波相位波长;

N——整周未知数;

d_{trop}——对流层折射影响;

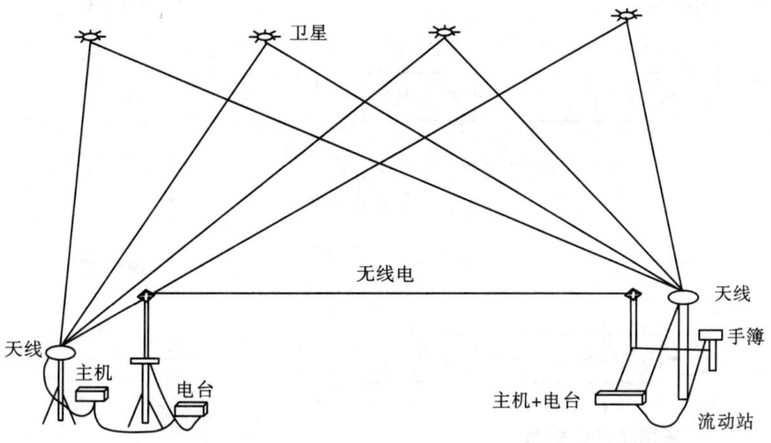

图 9-1 RTK 的工作原理

d_{ion}——电离层折射影响；

$d_{\rho rel}$——相对论效应；

$\varepsilon(\Phi)$——观测噪声参数。

因轨道误差、钟差、电离层折射及对流层折射影响难以精确模型化，所以实际的数据处理中常用双差观测值方程来解算，在定位前需先确定整周未知数，这一过程称为动态定位的"初始化"（On The Fly，OTF）。实现 OTF 的方法有很多种，美国 Trimble 导航有限公司的做法是：采用伪距和相位相结合的方法。首先用伪距求出整周未知数的搜索范围，再用 L_1 和 L_2 相位组合和后继观测历元解算和精化。利用伪距估计初始位置和搜索空间，快速定出精确的初始位置。

（二）RTK 类型

1. 常规 RTK 动态定位技术

只设置一个参考站，并通过数据通信技术接收广播星历改正数的 RTK 测量技术。

2. 网络 RTK（Network RTK）

网络 RTK 是指在一定区域内建立多个参考站，对该地区构成网状覆盖，并进行连续跟踪观测，通过这些站点组成卫星定位观测值的网络解算，获取覆盖该地区和该时间段的 RTK 改正参数，用于该区域内 RTK 测量用户进行实时 RTK 改正的定位方式。其代表有虚拟参考站技术（Virtual Reference Station，VRS）、FKP 技术、主辅站技术（Master-Auxiliary Concept，MAC）、综合误差内插技术（Combined Bias Interpolation，CBI）四类。

三、RTK 系统的基本配置

RTK 系统配置包括参考站、流动站和数据链三个部分。如图 9-2 和图 9-3 所示，在 RTK 作业模式下，参考站通过数据链将其观测值和测站坐标信息一起传送给流动站。流动站不仅通过数据链接收来自参考站的数据，还要采集 GNSS 观测数据，并在系统内组成差分观测值进行实时处理。流动站可处于静止状态，也可处于运动状态。RTK 技术的关键在于数据处理技术和数据传输技术。

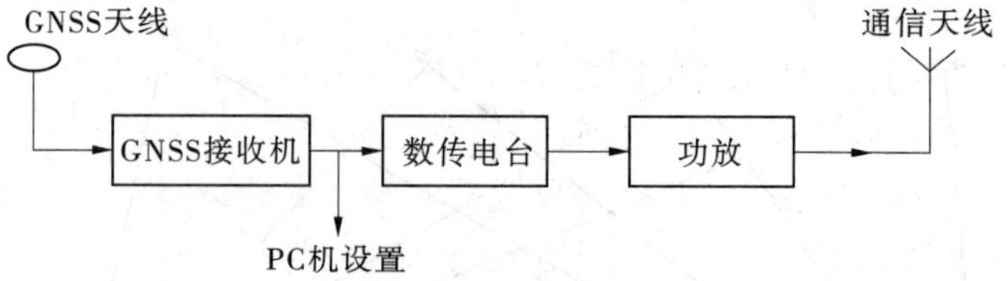

图 9-2　参考站结构图

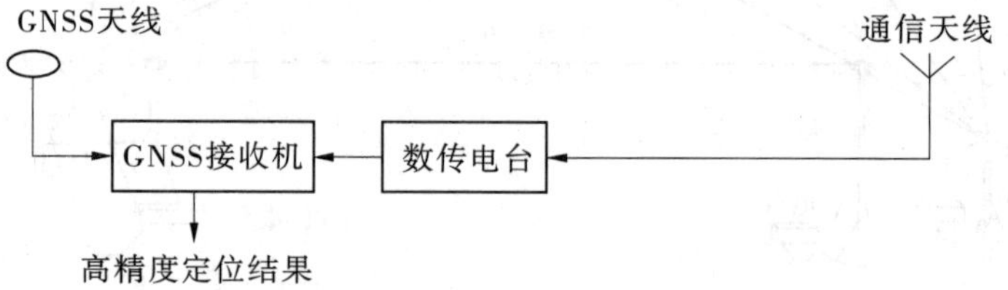

图 9-3　流动站结构图

(一)参考站

参考站(Reference Station),在一定的观测时间内,一台或几台接收机分别在一个或几个测站上,一直保持跟踪观测卫星,其余接收机在这些测站的一定范围内流动作业,这些固定测站称为参考站,也称基准站。

参考站 GNSS 接收机能够接收、通过串口发射参考站观测的伪距和载波相位观测值。参考站数据链电台及电台天线可以将参考站观测的伪距和载波相位观测值发射出去。因为参考站的电台天线是用来发射信号的,所以一般要比流动站的电台天线长一些。参考站电台一般为外置的独立电台,其设置要求如下。

(1)功率要求:有 5 W、25 W、35 W 几种可供选择的频率。

(2)电池供电要足,电瓶选择 12 V/60 A 或 12 V/120 A 为宜,可保证一定的工作时间。

(3)先安装、连接天线,天线尽可能升高。

(4)电台频率设置为本地比较少用的一种,要于本地无线电技术委员会咨询或申请,调试选择也可以。

(5)电源系统:GNSS 接收机和电台可使用同一电源,或采用双电源电池供电。

(二)流动站(Roving Station)

在参考站的一定范围内流动作业,并实时提供三维坐标的接收机称为流动接收机。

(1)流动站 GNSS 接收机:能够观测伪距和载波相位观测值;通过串口接收参考站的坐标、伪距、载波相位观测值;能够差分处理参考站和流动站的载波相位观测值。

(2)流动站电台及天线:能够接收参考站观测的伪距和载波相位观测值、参考站坐标。

(3)手持计算机控制或数据采集器(含各种实用软件)。

(三)数据链

RTK 系统中基准站和流动站的 GNSS 接收机通过数据链进行通信联系。因此,参考站与流动站系统都包括数据链。数据链由调制解调器和电台组成。

1. 调制解调器(MODEM)

调制解调器是将改正数进行编码和调制,然后输入到电台上发射出去的。用户台将其接收下来,并将数据解调后,送入 GNSS 接收机进行改正。

2. 电台

电台是将参考站调制后的数据变成强大的电磁波辐射出去,能在作用范围内提供足够的信号强度,使流动站接收机能可靠地接收。参考站电台因为有发射功能,体积较大,耗电量也较大。发射频率和辐射功率的选择是数据链的重要问题,它视作用距离而定。电台所使用的频率和电台功率必须经过国家和当地无线电管理部门批准,使用时可能会受到某些限制。例如 GDL25 电台频率范围为 450～470 MHz,DL3 数传电台频率范围为 438～470 MHz。

电台的发射功率与电源的电压有关,功率提高在一定程度上能提升作用范围,但对电池的损耗也会增加。当遇到较强干扰时,也应适当提高发射功率。

3. 数据链组成

1)参考站数据链

参考站的数据通过电缆输出到电台,然后又从天线发射出去。

2)流动站数据链

参考站数据链由电台和电台天线组成,参考站电台一般内置在 GNSS 接收机内部,参考站天线为电台接收参考站电台发射的数据,然后输入到流动站内进行实时解算。

GNSS-RTK 作业能否顺利进行,关键因素是无线电数据链的稳定性和作用距离是否满足要求。它与无线电数据链电台本身的性能、发射天线类型、参考站的选址、设备架设情况以及无线电电磁环境等有关。

➤ 小贴士

RTK(Real-Time-Kinematic)技术是 GNSS 实时载波相位差分的简称。这是一种将 GNSS 与数传技术相结合,实时处理两个测站载波相位观测量的差分方法,经实时解算进行数据处理,在 1～2 s 的时间里得到高精度位置信息的技术。

RTK 快速入门

任务二 RTK 仪器架设与配置

一、仪器设备的要求

(一)RTK 测量接收设备

(1)接收设备应包括双频接收机、天线和天线电缆、数据链套件(调制解调器、电台或移动通信设备)、数据采集器等。

(2)参考站接收设备应具有发送标准差分数据的功能。

(3)流动站接收设备应具有接收并处理标准差分数据功能。

(4)接收设备应操作方便、性能稳定、故障率低、可靠性高。

(5)接收机标称精度公式为

$$\delta = a + bd \tag{9-2}$$

式中 a——固定误差,mm;

b——比例误差系数,mm/km;

d——流动站至基准站的距离,km。

RTK 测量宜选用优于下列测量精度(RMS)指标的双频接收机:

平面精度:$8+1\times10^{-6}D$

高程精度:$15+1\times10^{-6}D$

华测 K90 测地型 GNSS 接收机实时动态 RTK 精度中平面精度:$(8+1\times10^{-6}D)$ mm,高程精度为$(15+1\times10^{-6}D)$ mm。

(二)接收设备的检验

1. 接收机的一般检验

(1)接收机及天线型号应与标称一致,外观应良好。

(2)各种部件及其附件应匹配、齐全和完好;紧固的部件应不得松动和脱落。

(3)设备使用手册和后处理软件操作手册及磁(光)盘应齐全。

(4)接收机的检定按 CH 8016 执行,并应在有效的使用周期内。

2. 测量前检验

RTK 测量前宜对设备进行以下的检验

(1)基准站与流动站的数据链联通检验。

(2)数据采集器与接收机的通信联通检验。

(三)接收设备的维护

(1)接收设备应有专人保管,运输期间应有专人押送,并应采取防震、防潮、防晒、防尘、防蚀和防辐射等防护措施,软盘驱动器在运输中应插入保护片或废磁盘。

(2)接收设备的接头和连接器应保持清洁,电缆线不应扭折,不应在地面拖拉、碾砸。连接电源前,电池正负极连接应正确,观测前电压应正常。

(3)当接收设备置于楼顶、高标或其他设施顶端作业时,应采取加固措施,在大风和雷雨天气作业时,应采取防风和防雷措施。

(4)作业结束后,应及时对接收设备进行擦拭,并放入有软垫的仪器箱内;仪器箱应置放于通风、干燥阴凉处,保持箱内干燥。

(5)接收设备在室内存放时,电池应在充满状态下存放,应每隔 1~2 个月存放电一次。

(6)仪器发生故障,应转交专业人员维修。

二、参考站系统设置

在进行野外工作之前,要检查参考站系统的设备是否齐备,电源是否充足。下面主要介绍 RTK 参考站设置步骤。

(一)参考站点位选择

参考站的点位选择必须严格,因为参考站接收机每次卫星信号失锁都会影响网络内所有流动站的正常工作。选择参考站站点主要考虑以下几点:

(1)参考站 GNSS 接收机天线与卫星之间应无或少有遮挡物,也即截止高度角应超过 15°。截止高度角(Elevation Mask Angle)是为了削弱多路径效应、对流层延迟和电离层延迟等卫星定位测量误差影响所设定的角度值,低于此角度视野域内的卫星不予跟踪。

参考站 GNSS 接收机最好安置在开阔的地方,周围无信号反射物(大面积水域、大型建筑物等),以减少多路径干扰,并要尽量避开交通要道、过往行人的干扰。

(2)用电台进行数据传输时,参考站宜选择在测区相对较高的位置,以方便播发差分改正信号。用移动通信进行数据传输时,参考站必须选择在测区有移动通信接收信号的位置。

(3)参考站要远离微波塔、电视发射塔、雷达电视,手机信号发射天线等大型电磁辐射源200 m以上,要远离高压输电线路、通信线路50 m以外。

(4)基准站最好选在地势相对高的地方以利于电台的作用距离。

(5)地面稳固,易于点的保存。

(二)参考站架设

参考站接收机天线可安在已知坐标值点上,也可安置在未知点上,两种情况下都必须有一个实地标志点。参考站上仪器架设要严格对中、整平。接收机天线最常见的是传统的可伸缩三脚架和固定高GNSS三脚架两种支架。固定高三脚架的优点是可免除每架一次都要量天线高的不便。严格量取参考站接收机天线高,量取二次以上,符合限差要求后,记录均值。天线高(antenna height)是指观测时接收机相位中心到测站中心标志面的垂直高度。天线高的量测方法有直高和斜高两种量取方式。

参考站接收机的定向指北线应指向正北,偏离不得超过左右10°。对无标志线的天线,可预先设置标志位置,在同一测区内作业期间,应每次标志指向做到基本一致。

(三)部件连接

1.连接GNSS接收机与GNSS天线

GNSS天线用来接收从卫星传输来的信号,有的类型的GNSS接收机部分与天线部分分离,这就需要连接,现在大部分的GNSS集接收机和天线为一体。

2.连接GNSS接收机与电台

GNSS接收机接收卫星信号,将接收到的差分信号通过电台发射给流动站。电台数据发射的距离取决于电台天线架设的高度与电台发射功率。

3.连接电台与电台天线

参考站电台要有天线才能传输GNSS接收机的原始数据,因此电台天线必须要连接到电台。

只要电缆长度足够,电台天线可架设在基准站点附近的任何位置。发射天线最好远离基准站主机3 m以上。一般电台天线架设在GNSS天线三脚架上,也可将电台天线架于高杆上,以获得基准站和流动站之间的更大工作范围。

4.连接电源与GNSS接收机和电台

GNSS接收机和电台可使用同一电源,或采用双电源电池供电。向参考站GNSS接收机供电的方式有两种。其中一种是使用内置电池,这样不需要电缆,只要把电池插入接收机就可以。如果参考站需要自动运行且时间较长,可使用外接电源。使用外接电源时可不再配置内置电池。

由于参考站电台的发射功率大,耗电量也很大,建议使用外接电源。无线电数据链电台发射功率大,其耗电量大,因而直流电源的电流应大一些,一般选择12 V/60 A或12 V/120 A为宜,也可采用汽车电瓶供电。使用电瓶时注意正负极(红色接正极,黑色接负极)。

5.连接掌上电脑与GNSS接收机

由于参考站掌上电脑是为了配置GNSS接收机而用,所以可不必配专用的掌上电脑,流动站掌上电脑需要连接到参考站。掌上电脑与GNSS接收机可用电缆连接,也可使用蓝牙进行无线连接。

确保 GNSS 接收机、GNSS 天线、电台、电台天线、电源等连接正确无误后再连接电源,以防烧坏设备。

外挂电台基准站架设(DL5-C1 版本)　　外挂电台模式设置

内置电台模式设置　　基站平移

三、配置参考站

(一)配置参考站电台

(1)设置参考站电台的数据传输速率(波特率)。如果使用扩频电台,则不要求选择速率。

(2)设置参考站电台的发射功率。如果作业距离比较远,一般选择大一些的功率,如 20 W,如果平时作业距离在 10 km 以内,功率可设在 10 W 左右即可。

为了尽量避免参考站设备之间的干扰,在 RTK 作业时,大于 25 W 的数据链电台的发射天线,应距离 GNSS 接收天线至少 2 m,最好在 6 m 以上;发射天线与电台的连接电缆必须展开,以免形成新的干扰源。

(3)设置参考站电台的发射频率。不同 GNSS 接收机电台的频段是不一样的,将流动站和基准站电台设置成相同频率,即可顺利进行通信、接收数据。

(二)配置参考站 GNSS 接收机

一般 GNSS 接收机没有面板,要通过使用掌上电脑上的 RTK 应用软件来完成此任务。

1. 掌上电脑与 GNSS 接收机连接

确保掌上电脑与 GNSS 接收机连接,可注意观察掌上电脑的应用软件上是否显示 GNSS 接收机接收到的卫星个数和 GNSS 接收机电量等信息。

2. 确定坐标系统

GNSS 系统采用 2000 国家坐标系统或世界大地坐标系 WGS-84,1954 年北京坐标系、1980 年国家大地坐标系或地方独立坐标系,如表 9-1 所示。要把大地坐标投影到高斯平面坐标上需要设置的参数有:

表 9-1 坐标系参数表

参数名称	WGS-84	1980 年国家大地坐标系	1954 年北京坐标系	2000 国家大地坐标系
长半轴 a/m	6 378 137	6 378 140	6 378 245	6 378 137
扁率 e	1/298.257 223 563	1/298.275	1/298.3	1/298.257 222 101

(1)参考椭球体参数(坐标系统);

(2)长半轴;

(3)扁率;

(4)中央子午线,1954 年北京坐标系或是 1980 年国家大地坐标系都要根据已知点坐标计算出 3°带或 6°带的中央子午线,开封地区一般为 114°;

(5)纵、横坐标的加常数,横坐标加常数一般为 0,纵坐标加常数为 500 000 m;

(6)比例因子,一般为 1;

(7)投影高度。

3. 基准数据

基准站发送的差分数据,有两种差分模式:RTD 和 RTK。

RTD 与 RTK 主要区别在于解算精度的差异,RTD 的精度只能达到亚米级,而 RTK 采用双频可以达到厘米级。

4. 差分电文与差分协议

1)差分电文算法

根据使用的观测值类型区分,主要包括以下三种:

(1)伪距观测值计算差分改正数。

用原始伪距观测值直接计算差分改正信息,RTCM SC-104 DGPS Standard Version 2. 1 中用到了这种算法。

(2)载波平滑伪距观测值计算差分改正数。

由于载波相位观测值的噪声要比伪距观测值小得多,基于这个原因,利用载波相位观测值平滑伪距,再利用平滑后的伪距求解差分改正数,可以有效地提高改正数的精度。

(3)伪距和载波历元单差计算差分改正数。

这种方法的主要特征是对载波相位观测值在历元间做差,并作为观测值,此观测值和伪距观测值在一起利用卡尔曼滤波模型求出差分改正数。

2)差分协议的分类与现状

随着差分技术的发展,国际不同的组织制定了多种标准差分协议,常用的差分协议主要有下面三种。

(1)RTCM(radio technical commission for maritime service)差分协议。

国际海运事业无线电技术委员会(RTCM)于 1983 年 11 月为全球应用差分 GNSS 业务成立了 SC-104 专门委员会,以便论证用于差分 GNSS 业务的各种方法,并制定了 RTCM-104 差分电文标准协议。

(2)RTCA(Radio technical commission for aeronautics service)差分协议。

为了满足局域差分系统(local area dgpa-ladgps)和广域增强系统(wide area augmentation system-waas)的技术要求,航空无线电技术委员会(RTCA)的 129 专门委员会(scs-159)制定了 RTCA SC-159 差分电文标准协议。RTCA 针对 LADGPS 的第一类专用(SCAT)电文协议于 1993 年 4 月公布,针对 WAAS 的规范草案于 1994 年公布。

(3)专门用于实时动态定位的 CMR(COMPACT MEASURE RECORD)差分协议

以上几种差分协议中,目前使用最广泛的是 CMR、RTCM 标准协议。但是由于现代定位技术的不断发展,原有的差分协议并不能完全满足它们的需求。因此,出现了扩展差分协议。

5. 差分数据的发射间隔

发射间隔是指基准站向流动站发送数据的时间间隔。一般为 1 s 或 2 s。

6. 参考站 GNSS 接收机类型

选择当时所用卫星天线类型,如华测 GNSS 接收机天线类型有 A100、A300 或 Inside 等。

7. 设置 GNSS 接收机天线高度

天线高度一般为实测的斜高。

8. 设置卫星高度截止角

默认值为 10°,用户可以根据当时、当地的收星情况适当的改动。高度截止角可以在 0°～89°连续调节,截止角越大,则可视的卫星越少。适当设置此高度截止角的值,可以减少一定的多路径效应。

9. 开始采集的 PDOP 值

PDOP(Position Dilution of Precision)全称为空间位置精度因子,反映定位精度衰减的因子,与所测卫星的空间几何分布有关,空间分布范围越大,PDOP 值越小,定位精度越高;反之,PDOP 值越大,定位精度越低。一般要求 PDOP 值小于 6。

10. 设置参考站坐标

(1)参考站架在已知 WGS-84 坐标系和对应的地方坐标系的点上,在手簿 RTK 应用软件内输入相应点的 WGS-84 坐标。

(2)参考站架设在任意点上,使用接收机进行单点定位测量获取该点的 WGS-84 坐标。

(三)启动参考站

参考站接收机有自启动和手动启动两种方式,启动需要 WGS-84 坐标系下的坐标。当采用手动进行启动时分为参考站在已知点和在未知点上两种方式。

(1)当参考站架设在已知点上时,输入点的 WGS-84 坐标,进行启动。WGS-84 坐标可以通过事先布设好静态控制网,从静态处理结果中获取。

(2)参考站架设在未知点上时,使用 GNSS 接收机进行单点定位测量出参考站所在位置的点的 WGS-84 坐标,使用该坐标进行参考站启动。

(四)参考站功能验证

确定基准站是否正常工作:

(1)确认基准站接收机是否正在观测卫星,这可以使用掌上电脑运行的“电子手簿应用软件”来完成。

(2)确认基准站电台是否在传输数据,这由基准站电台的发射指示灯或查看液晶显示屏即可得知。基准站电台每发送一个数据包,电台的发射指示灯就会闪烁一次。传输速率的默认值是 1 s。因此,传输数据灯每秒钟闪烁一次,表示基准站原始数据传输正常。

四、流动站系统设置

(一)流动站位置选择

(1)RTK 测量流动站不宜在隐蔽地带、成片水域和强电磁波干扰源附近观测。

(2)在信号受影响的点位,为提高效率,可将仪器移到开阔处或升高天线,待数据链锁定后,再小心无倾斜地移回待定点或放低天线,一般可以初始化成功。

(3)在穿越树林、灌木林时,应注意天线和电缆勿挂破、拉断,保证仪器安全。

(二)流动站架设

(1)流动站 GNSS 天线安置在一根测杆上,该杆可精确地在测点上对中、整平。

(2)量测和记录 GNSS 天线高,对卫星的观测是相对于 GNSS 天线的中心点。利用天线高可将天线中心点位置归算到地面测点上。天线高也可固定,一般为 2 m。

(3)安置电台和电台天线,如果流动站电台外置,电台天线安置在外置电台上。一般流动站电台内置在 GNSS 接收机里,流动站电台天线只用来接收信息,所以不用太长。

(4)安置掌上电脑,掌上电脑与 GNSS 接收机可使用电缆进行连接,也可进行蓝牙无线连接。

五、配置流动站

(一)配置流动站电台

(1)设置流动站电台的数据传输速率(波特率)。流动站和基准站通信的波特率是 9 600,为了保证它们之间正常通信,把电台波特率限定为 9 600。

(2)设置流动站电台的接收频率。只要使流动站电台的频率和参考站电台的频率一致,就能使流动站正常工作。因流动站电台只用来接收信息,所以不需要设置电台的接收功率。

(二)配置流动站 GNSS 接收机

(1)确保掌上电脑连接与 GNSS 接收机连接,可注意观察掌上电脑的应用软件上是否显示 GNSS 接收机接收到的卫星个数和 GNSS 接收机电量等信息。

(2)确定坐标系统,方法参照参考站坐标系统设置。

(3)流动站广播格式一般设为标准 CMR(当然也可以设为标准 RTCA 或标准 RTCM),不论设置什么格式都应和基准站保持一致。

像 Trimble 型 GNSS 接收机广播格式一般设为 CMR+,这种格式是 CMR 记录的修改类型,它改进了实时测量中低带宽无线电链路的有效性。

(4)设置流动站 GNSS 接收机天线高度,一般为 2 m。

(5)PDOP 值设置,PDOP 值一般要小于 6 才能满足 RTK 工作要求。

(三)参考站功能验证

确定流动站是否正常工作:

(1)确认流动站接收机正在观测卫星。这个可以使用掌上电脑运行的 RTK 应用软件或接收机的显示面板来完成。

(2)确认流动站电台正在接收参考站的数据,可查看流动站电台的接收指示灯得知。流动站电台每接收一个数据包,数据接收指示灯就会闪烁一下。参考站的传输速率如果设置为 1 s,则电台数据传输灯每一秒钟闪烁一次。

NFC 连接方式　　蓝牙连接方式　　Wi-Fi 连接方式

➤ 小贴士

首先检查接收设备,应包括双频接收机、天线和天线电缆、数据链套件(调制解调器、电台或移动通信设备)、数据采集器等。选择合适的参考站,架设接收机天线并连接 GNSS 接收机,连接 GNSS 接收机与电台、连接电台与电台天线,连接掌上电脑,最后与电源连接。配置流动站与参考站链接,确定流动站是否正常工作。

任务三　RTK 作业过程

一、RTK 作业模式

(1)已知控制点 WGS-84 坐标(一定要无约束平差的)和对应的地方坐标(一般为 1954 年北京坐标)。外业测量时只需要在参考站上输入 WGS-84 坐标,并输入对应的天线高。流动站上通过已知的 WGS-84 坐标和对应的 1954 年北京坐标系来计算坐标转换参数后,直接进行测量或放样。在这种情况下,参考站可以架设在整个控制网中的任何一个有已知 WGS-84 坐标的控制点上,流动站使用相同的转换参数,测量的结果是相同的(要求用于转换的控制点能包含整个作业区,尽量不要外推)。

(2)只有控制点的地方坐标。外业测量时参考站架设在其中的一个控制点上,在仪器中求出该点的 WGS-84 坐标,然后用流动站去测量几个(最好是 3 个以上)控制点的 WGS-84 坐标,要求测量的控制点要能覆盖整个测区。测量完成后,将对应的地方坐标输入到接收机中,计算坐标转换参数,然后流动站可以直接进行测量放样。这种作业时,在整个区域只需在参考站上求一次 WGS-84 坐标值,以后再架在该点时,直接调用上次存储的 WGS-84 坐标;架在其他的点上时,必需有点的 WGS-84 坐标,可以是通过流动站测出后再架的,或是已知地方坐标和转换参数求出的,这样就直接输入到参考站的仪器中,输入天线高开始工作。

(3)若该区域不能提供任何控制点的坐标,可以假设一个点的坐标,用一步法求出这个独立坐标系的参数,建立一个独立坐标系。

测量时可以先将要测量的点的 WGS-84 坐标采集回去,在提交最终成果之前,将坐标转换好再提交。这样可以在测量过程中测量控制点,可以节约时间。有关坐标转换的计算中,通过几个点的相互对应的 WGS-84 坐标和地方坐标,来计算出转换参数(坐标系统)。相反,也可以由 WGS-84 坐标,通过转换参数求出地方坐标;另外已知地方坐标和转换参数,也可以求出点的 WGS-84 的坐标,即 WGS-84;转换参数(坐标系统)、地方坐标三者只需要知道其中两个就可以求出另外一个。

二、RTK 作业的基本条件

(一) RTK 观测的基本条件要求

RTK 观测卫星的状态应符合表 9-2 的基本条件要求。

表 9-2 RTK 测量卫星状态的基本要求

观测窗口状态	卫星数	卫星高度角	PDOP 值
良好窗口	≥5	20°以上	≤5
勉强可用的窗口	4	15°以上	≤8
避免观测的窗口	4	15°以上	≥8
不能观测的窗口	≤3		

RTK 作业应尽量在天气良好的状况下进行,要尽量避免雷雨天气。夜间作业精度一般优于白天。

(二) 卫星预报

RTK 作业前需进行卫星预报,选取 PDOP 值<6,卫星数>6 的时间窗口。编制预报表时应包括可见卫星号、卫星高度角和方位角、最佳观测卫星组、最佳观测时间、点位图形几何图形强度因子等内容。卫星预报表的有效期以 20 d 为宜,当超过 20 d 时,应重新采集一组新的概略星历进行预报。卫星预报时应采用测区中心的经纬度。当测区较大时,应分区进行卫星预报。

目前,由于采用多星座 GNSS 接收机,可用卫星颗数很多,特别是北斗卫星主要照顾我国上空,故 PDOP 值一般<2,所以常规 RTK 测量不需进行星历预报,如果进行星历预报也仅是作为参考。

(三) RTK 作业时设备启动状况基本要求

(1) 开机后经检验有关指示灯与仪表显示正常后,方可进行自测试并输入测站号(测点号)、仪器高等信息。

(2) 接收机启动后,观测员可使用专用功能键盘和选择菜单,查看测站信息接收卫星数、卫星号、卫星健康状况、各卫星信噪比、相位测量残差实时定位的结果及收敛值、存储介质记录和电源情况,如发现异常情况或未预料情况,及时作出相应处理。

(四) RTK 观测期间的作业要求

(1) 不得在天线附近 50 m 内使用电台、10 m 内使用对讲机。

(2) 天气太冷时,接收机应适当保暖;天气太热时,接收机应避免阳光直接照晒,确保接收机正常工作。

(3) RTK 作业期间,参考站不允许下列操作:

①关机又重新启动;

②进行自测试;

③改变卫星截止高度角或仪器高度值、测站名等;

④改变天线位置;

⑤关闭文件或删除文件等。

(4)当 RTK 工作时,参考站可记录静态观测数据;当 RTK 无法作业时,流动站转化快速静态或后处理动态作业模式观测,以利后处理。

(5)在流动站作业时,一般的 RTK 接收机天线姿态要尽量保持垂直(流动杆放稳、放直)。一定的斜倾度,将会产生很大的点位偏移误差。如当天线高 2 m,倾斜 10°时,定位精度可影响 3. 47 cm($\Delta S = 20\sin 10° = 3.47$ cm)。但惯导、影像、视觉、无对中杆、无网惯导的 RTK 接收机除外。

(6)RTK 观测时要保持坐标收敛值小于 5 cm。

三、RTK 流动站初始化

流动站进行任何测量工作之前,首先必须进行初始化工作。初始化是接收机在定位前确定整周未知数的过程。这一初始化过程也被称为 RTK 初始化、整周模糊度解算、OTF(On The Fly)初始化等。

在初始化之前,流动站系统只能在较高的精度下计算位置坐标,其精度在 0. 15 m 到一、两米之间。初始化就是要求解整周模糊度的过程,这对于流动站系统是必不可少的工作。一旦初始化成功,流动站将以预定的精度(厘米级)工作,除非整周模糊度丢失。初始化状态与当前的精度水平均可在掌上电脑上的 RTK 应用软件上获取。

现在 RTK 接收机的初始化过程均为自动进行,部分 RTK 接收机的初始化过程保留了手动启动,初始化所需时间与当时流动站周围是否有遮挡物、当时接收机是否观测到足够卫星数、距参考站的距离有关。如果测站点没有遮挡物影响,且能观测到至少 5 颗卫星,通常可在 5 s 内完成初始化。

测量点的类型有单点解(Single)、差分解(DGPS)、浮点解(Float)和固定解(Fixed)。浮动解是指整周模糊度已被解出,测量还未被初始化。固定解是指整周模糊度已被解出,测量已被初始化。只有当流动站获取到了固定解后初始化过程才完成。

比率是在初始化过程中,接收机确定每颗卫星与 GNSS 天线相位中心之间的波长整数。对于特定的一组整数,可算出其正确组的概率。然后,计算机计算当前最好一组整数的正确性概率与下一组最好的整数的正确性概率之比。高比率说明最好的一组整数远远优于其他任何组。对于新点 OTF 初始化,比率必须大于 5。

RMS 是均方根(Root Mean Square),用来表示点的测量精度。它是在大约 70%的位置固定点内的误差圆半径。它可用距离单位或波长周数表示。RTK 的定位精度一般要求为平面精度是 8 mm+1×10^{-6},高程精度是 15 mm+1×10^{-6};只有流动站的定位精度满足作业要求后,才能进行 RTK 测量工作,一般 RMS 数值可在手簿 RTK 应用软件中获取。

四、点校正

GNSS 卫星定位系统采集到的数据是 2000 国家大地坐标系或 WGS-84 坐标系数据,若有测量成果是 1954 年北京坐标系、1980 年国家坐标系地方或是(任意)独立坐标系为基础的坐标数据,也可将 2000 国家大地坐标系或 WGS-84 坐标转换到地方(任意)独立坐标系。

点校正

点校正的目的是为现有坐标系统加改正值转换。这使得一个特定区域(或点)上,可以最好地与数据相符。由于坐标系统被应用于很大的区域,则必须有改正值转换,但不允许在地方坐标系内转化。

(一)基准转换方法

1. 七参数法

如图 9-4 所示,两个空间直角坐标系分别为 $O-XYZ$ 和 $O-X'Y'Z'$,其坐标系原点不同则存在 3 个平移参数 ΔX_0、ΔY_0 和 ΔZ_0,它们表示 $O-X'Y'Z'$坐标系原点 O'相对于 $O-XYZ$ 坐标系原点 O 在 3 个坐标轴上的分量;又当各坐标轴相互不平行时,既存在 3 个旋转参数 ε_x、ε_y、ε_z。相应的坐标变换公式为:

$$\begin{bmatrix} X_2 \\ Y_2 \\ Z_2 \end{bmatrix} = (1+m)\begin{bmatrix} X_1 \\ Y_1 \\ Z_1 \end{bmatrix} + \begin{bmatrix} 0 & \varepsilon_Z & -\varepsilon_Y \\ -\varepsilon_Z & 0 & \varepsilon_X \\ \varepsilon_Y & -\varepsilon_X & 0 \end{bmatrix}\begin{bmatrix} X_1 \\ Y_1 \\ Z_1 \end{bmatrix} + \begin{bmatrix} \Delta X_0 \\ \Delta Y_0 \\ \Delta Z_0 \end{bmatrix} \tag{9-3}$$

式中有 3 个平移参数、3 个旋转参数和一个尺度变化参数 m,共计有 7 个参数,简称此公式为布尔莎七参数变换公式,是坐标变换中一个非常重要的公式。七参数变换公式,除了布尔莎公式外,还有莫洛琴斯基公式和范氏公式。

2. 三参数法

当式(9-3)中 $\varepsilon_x=\varepsilon_y=\varepsilon_z=m=0$ 时,参数只有 3 个平移参数 ΔX_0、ΔY_0 和 ΔZ_0,称之为三参数公式。三参数公式表明两个空间直角坐标系尺度一致,且两个坐标轴相互平行。

3. 平面四参数法

平面四参数坐标转换方法是一种降维的坐标转换方法,即由三维空间的坐标转换转化为二维平面的坐标转换,避免了由于已知点高程系统不一致而引起的误差。

四参数变化公式为:

$$\left.\begin{aligned} \Delta X = X_2 - X_1 = m[(X_2 - X_1)\cos\alpha - (Y_2 - Y_1)\sin\alpha] \\ \Delta Y = Y_2 - Y_1 = m[(X_2 - X_1)\sin\alpha + (Y_2 - Y_1)\cos\alpha] \end{aligned}\right\} \tag{9-4}$$

式中 ΔX——坐标 X 的平移分量;

ΔY——坐标 Y 的平移分量;

m——尺度因子;

α——旋转量。

(二)校正方法

1. 前提要求

做点校正前应有至少有 3 个控制点的三维已知地方平面坐标和相对独立的 2000 国家大地坐标系或 WGS-84 坐标。公共控制点就均匀分布在测区范围内。

(1)已知点最好要分布在整个作业区域的边缘,能控制整个区域,例如,如果用 4 个点做点校正的话,那么测量作业的区域最好在这 4 个点连成的四边形内部。

(2)一定要避免已知点的线形分布,例如,如果用 3 个已知点进行点校正,这 3 个点组成的三角形要尽量接近正三角形,如果是 4 个点,就要尽量接近正方形,一定要避免所有的已知点的分布接近一条直线,这样会严重地影响测量的精度,特别是高程精度。

(3)如果在测量任务里只需要水平的坐标,不需要高程,建议用户至少要用 2 个点进行校正,但如果要检核已知点的水平残差,那么至少要用 3 个点。

(4)如果既需要水平坐标又要高程,建议用户至少用三个点进行点校正,但如果要检核已知点的水平残差和垂直残差,那么至少需要 4 个点进行校正。

(5)已知点之间的匹配程度也很重要,比如 GNSS 观测的已知点和国家的三角已知点,如果同时使用的话,检核的时候水平残差有可能会很大。

2. 内业校正

内业校正时必须有校正点的地方坐标和其对应的 2000 国家大地坐标系或 WGS-84 坐标,2000 国家大地坐标系或 WGS-84 坐标之间相对矢量关系是准的,2000 国家大地坐标系或 WGS-84 坐标可由一个静态网平差得到,公共点的 2000 国家大地坐标系或 WGS-84 坐标和地方坐标输入到计算软件中进行校正。

3. 外业校正

当地地方坐标输入到计算软件中,2000 国家大地坐标系或 WGS-84 坐标可等流动站获得初始化后,到公共点上实测得到,测量完毕后计算进行校正。

(三)校正检核

点校正做完后,检查水平残差和垂直残差的数值,看其是否满足用户的测量精度要求,一般水平残差和垂直残差都不应超过 2 cm,如果超过 2 cm 则说明参与点校正的已知点不在同一系统下或者有粗差(最大可能就是参差最大的那个点)。先检查已知点输入是否有误或输错,如果无误的话,就是已知点的匹配有问题,要更换已知点了。

五、RTK 的工作范围

移动站离开基准站的最大距离称作 RTK 的作业半径,它的大小取决于基准站电台信号的传输距离,且对 RTK 测量的速度和精度有着直接影响。随着 GNSS 技术的不断完善,仪器制造商采用先进技术,有效地扩大了 RTK 的作业范围。如果在建筑物或树木比较多的地区作业,移动站接收电台信号会比较弱且容易失锁,而且高程精度较差。因此,RTK 的作业半径控制在 10 km 以内为宜。当信号受影响严重时,还应进一步缩短作业半径,以提高 RTK 测量的精度和速度。

(1)RTK 作用距离与参考站 GNSS 接收机架设的高度的关系如表 9-3 所示。

表 9-3　RTK 作用距离与参考站接收机架设高度的关系

高度/m	典型距离/km	理想距离/km
>30	9~11	10~12
20	7~9	8~10
10	5~7	6~8
2	3~5	4~6

注:典型距离指一般的电磁条件下的作用距离。

RTK 流动站系统要和参考站系统保持通信畅通,才能做到精确定位。当流动站接近电台的最大作用域时,通信会变得不稳。达到或超过电台的作用域,由于不能接收来自基准站的数据,也就不可能实现精确定位。

(2)发射距离与电台天线的高度也有关系。由于参考站电台天线发射 UHF 波段差分信号电波,天线的高度对 RTK 测量距离影响很大,天线高与作用距离服从于下列公式:

$$D = 4.24 \times (\sqrt{H_1} + \sqrt{H_2}) \tag{9-5}$$

式中 D——数据链的覆盖范围的半径,km;

H_1——电台的天线高;

H_2——流动站的天线高。

例:天宝 4800GPS 接收机使用的 TRIMMRK Ⅱ 无线电数据链电台发射功率为 25 W,电台天线高为 9 m,流动站的天线高为 2 m,试计算流动站工作的最远距离?

解:已知 $H_1=9$ m,$H_2=2$ m,根据式(9-5)可计算出流动站在开阔地带工作的最远距离为:

$$发射距离(半径) = 4.24 \times (\sqrt{9} + \sqrt{2}) = 18.71(\text{km})$$

注:该距离是在无任何遮挡物的空旷地带的理论值,实际上要根据实地情况来确定,要留有余量,根据经验,在城市要将电台天线架设在高楼顶上,才可能达到 10 km 左右的距离。

(3)通信问题。RTK 流动站系统要和参考站系统保持通信畅通,才能做到精确定位。当流动站接近电台的最大作用域时,通信会变得时断时续。当达到或超过电台的作用域时,由于不能接收来自基准站的数据,也就不可能实现精确定位。掌上电脑上的 RTK 应用软件可随时提供有通信链接状态信息,用户向远离基准站的方向行进时,可随时监测通信质量。

参考站和流动站之间的可允许距离在很大程度上取决于选用的电台系统和测点的环境状况。树林、山岭和建筑物会缩小电台系统的作用域。在良好状况下,UHF/VHF 电台系统的作用域可达 20 km 左右。在最佳状况下,扩频电台系统的作用域只有 2~3 km。目前,常用的单、双频 RTK 系统的数据链电台多为 35 W(参考站)和 2 W(移动站)电台。试验表明,当两山顶之间能够通视时,移动站距基准站 47 km 时,也可收到差分信号。但是,在城镇作业时,如果两点之间有较高的房屋遮挡,即使相距 1 km 也很难进行 RTK 测量。

(4)精确度问题。随着参考站和流动站之间距离的增大,流动站定位的精确度会降低。流动站的精确度以参考站至流动站距离的百万分之一或百万分之二[$(1\sim2)\times10^{-6}$]的比率折减。由此增加的额外定位误差为每千米 0.001~0.002 m。所以,在参考站至流动站距离为 10 km 时,流动站精确度会额外降低 0.01~0.02 m。

六、RTK 定位的精度与可靠性

不同类型的 GNSS 接收机 RTK 定位都有各自的出厂精度,可据此估算 RTK 定位的精度。如华测 K90RTK 定位的水平精度为$\pm(8+1\times10^{-6}D)$ mm,垂直精度为$\pm(15+1\times10^{-6}D)$ mm,D 为参考站 GNSS 接收机至流动站 GNSS 接收机的水平距离。

为了保证流动站的测量精度和可靠性,应在整个测区选择高精度的控制点进行检测校对,选择的控制点应有代表性,均匀地分布在整个测区,如图 9-4 所示。

RTK 定位测量的精度与测区内已知控制点的等级和个数有关,如图 9-5 所示。

(1)测区内仅有 1 个已知控制点的情况。定位测量时,仅已知点上的精度最高,以本点为圆心,离此点越远,精度越低,从理论上讲,在半径为 10 km 的范围内,可达到 2~5 cm 的精度。其坐标转换的方法是 WGS-84 和 1954 年北京的坐标相减而得 ΔX、ΔY、ΔZ。

(2)测区附近有 2 个已知控制点的情况(必须为整体平差结果)。定位测量时,仅 2 个已知控制点和两点的连线上的精度最高,越远离此直线则精度越低。

(3)测区附近有 3 个已知控制点的情况(必须为整体平差结果)。定位测量时,仅 3 个

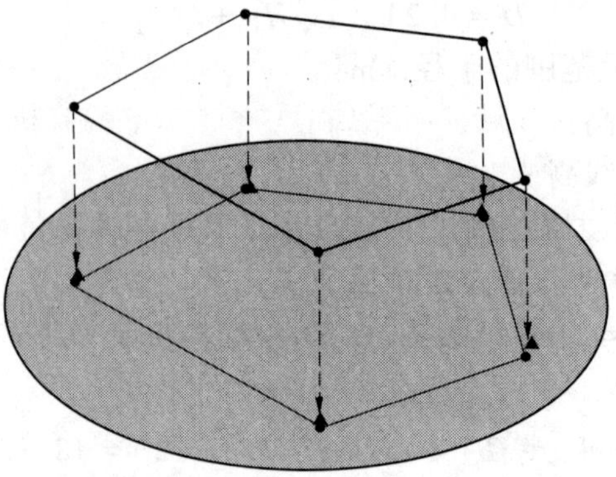

图 9-4　RTK 定位的控制点分布要求

已知控制点和三角形内部的精度最高,越远离此三角形则精度越低。

(4)测区附近有 4 个已知点的情况(必须为整体平差结果)。定位测量时,若 4 个已知点均匀分布在测区四周,仅 4 个已知控制点和四边形内部的精度最高,越远离四边形则精度越低。

当然还有多于 4 个已知控制点的情况,可根据以上内容进行分析。

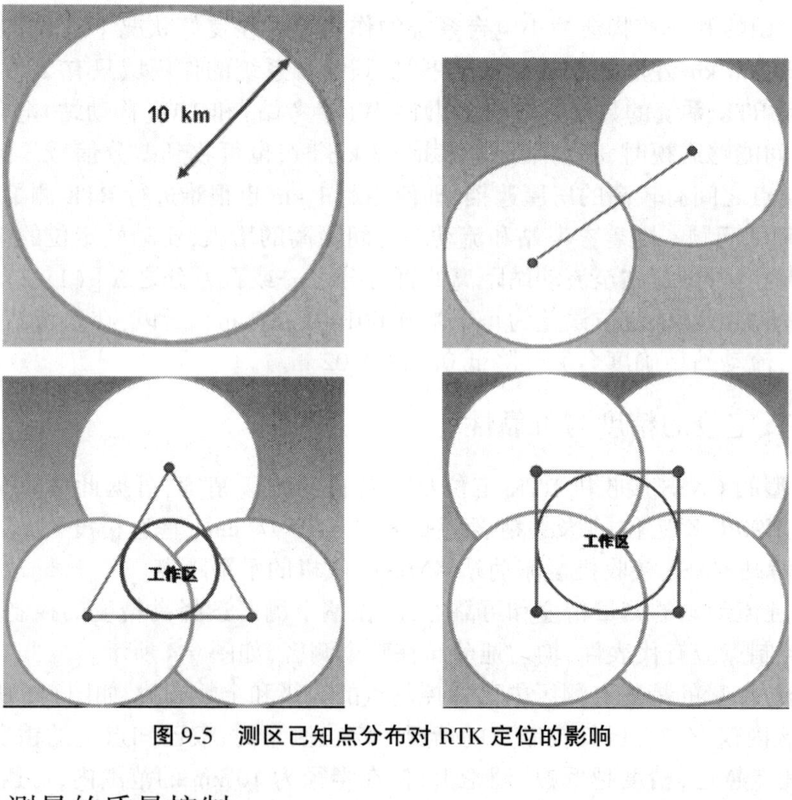

图 9-5　测区已知点分布对 RTK 定位的影响

七、RTK 测量的质量控制

(一)影响 RTK 测量的因素

RTK 的作业需要避免一些不利因素的影响,而造成这些影响的主要原因是源于整个

GNSS 系统的局限性。

GNSS 依靠的是接收从地面以上约 20 000 km 的卫星发射来的无线电信号。相对而言，这些信号频率高，功率低，不易穿透可能阻挡卫星和 GNSS 接收机之间视线的障碍物。事实上，存在于 GNSS 接收机和卫星之间路径上的任何物体都会对系统的操作产生不利的影响。有些物体如房屋、隧道等，会完全屏蔽卫星信号。因此，GNSS 不能在室内、隧道内或水下使用。GNSS 信号的接收在树林茂密的地区会很差。树林中有时会有足够的信号来计算概略位置，但信号清晰度难以达到厘米水平的精确定位。因此，GNSS 在林区也有一定的局限性。但并不意味着 GNSS 只能用于四周相对开阔的地区。GNSS 测量在部分障碍的地区也可以是有效而精确的。这是因为 GNSS 要实现精确可靠的定位必需 5 颗适当分布的卫星，而一般情况下在任何时间，任何地区都可能会有多于 10 颗以上的 GNSS 卫星。有障碍物的地点只要可以观测到至少 5 颗卫星，就有可能进行 GNSS 测量。在树林或大楼四周作测量时，只要该地留有足够的开放空间，使 GNSS 系统可观测到至少 5 颗卫星，GNSS 测量就能完成。

RTK 作业的另一个不利因素来源于 RTK 传输数据链本身。RTK 数据链的工作与周围的电磁环境以及作用距离都有较大关系。

RTK 定位时要求基准站接收机实时地把观测数据（伪观测值、相位观测值）及已知数据传输给流动站接收机，而 RTK 电台功率为 25 W，因此基准站与移动站之间不能有大的障碍物。

理想距离指卫星、大气、电磁条件好的情况下。

考虑到以上因素在基准站架设时应当选择较好的已知点点位，用户注意使观测站位置具有以下条件：

（1）在 10°截止高度角以上的空间部分应无障碍物。

（2）邻近不应有强电磁辐射源，比如电视发射塔、雷达电视，手机信号发射天线等，以免对 RTK 电信号造成干扰，其距离不得小于 200 m。

（3）基准站最好选在地势相对高的地方以利于电台的作用距离。

（4）地面稳固，易于点的保存。

用户如果在树木等对电磁传播影响较大的物体下设站，当接收机工作时，接收的卫星信号将产生畸变。

（二）导致 RTK 测量发生粗差的原因

1. 初始化错误

（1）发生原因：未能正确确定模糊度。

（2）产生后果：导致所有观测结果发生较大偏差。

2. 模糊度未保持错误

（1）发生原因：未正确探测或修复参考站及流动站载波相位数据中的周跳。

（2）产生后果：导致保持失败后的所有观测成果发生较大偏差。

（三）RTK 质量控制的方法

RTK 在野外需要通过初始化过程实时计算出整周未知数。由于初始化过程中存在各种误差，在实际观测中有可能会导致解算出来的整周未知数结果不可靠或不正确，致使观测的整个 RTK 测量全部偏离正确的位置。在实际工作中必须通过对 RTK 测量成果进行质量控制,才能确保实际观测的 RTK 成果正确可靠,一旦发现问题,可以及时采取相应的措施进行处理。

1. 快速静态比较法

这种方法是在进行 RTK 观测的同时,对某些 RTK 点再做一次快速静态观测,事后对这些点的 RTK 成果和快速静态成果进行比较分析,从而检查 RTK 成果是否有质量问题。采用这种方法作快速静态时,需要流动站和参考站约定好同时记录原始观测数据,因为在正常的 RTK 观测时,参考站通常并不记录原始观测数据的。快速静态的采样间隔可以采用 RTK 的采样间隔,观测时间视基线的长短可以为 5~10 min 或更长的时间。

在内业处理时,对 RTK 的成果和快速静态的成果进行比较分析,并按 X、Y、H 坐标的差值、平面位移、空间位移等要素进行报表和图形输出,作为 RTK 测量成果质量控制的资料。

在实际操作中,可以每天测 3~6 个快速静态点,也可以每条测量链观测 1~2 个快速静态点。

2. 重测比较法

重测比较法要求在每次重新初始化成功后,先重测附近已测过的 RTK 点 1~3 个,并现场比较其成果,从而判断这次的初始化是否正确可靠。确认初始化没有问题以后,再进行新的 RTK 观测。由于这种方法要求在已测的 RTK 点上进行重测比较,所以对第一条 RTK 测量链,应该测 1~2 个快速静态点进行质量控制。如果附近有其他已知点,重测比较法也可以在这些点上进行重测比较,以判断本次初始化是否正确可靠。

重测比较法虽然外业时已经实时地对 RTK 成果进行了比较,内业处理时还需要作进一步的分析,并将比较分析的结果进行报表和图示输出,这些和快速静态比较法是基本相同的。

3. 穿线比较法

这种方法和重测比较法略有不同,是在某一部分测区的 RTK 基本完成后,重新布测一条 RTK 测量链,用于对整个该部分测区内的 RTK 成果进行质量控制。该测区内每一条 RTK 测量链上取一个 RTK 点,组成新的一条 RTK 测量链,即新布测的这条 RTK 测量链穿过整个测区。通过比较这条测量链的 RTK 成果,来判断该测区内全部的 RTK 测量链是否有质量问题。

这种方法进行质量控制的实时性不如重测比较法,但可以一次检查多条 RTK 测量链的成果质量,所以一般适用于主管部门对 RTK 测量成果进行质量检查和成果验收。

和重测比较法类似,穿线比较法也需要内业将比较分析的结果进行报表和图示输出,作为 RTK 测量成果质量控制的资料上交。

4. 电台变频法

这种方法是在测区内建立 2 个或 2 个以上的参考站,每个参考站都用各自不同的频率发射差分改正数据;流动站作 RTK 观测时,其电台配有变频开关,可以选择接收不同的参考站发射的差分改正数据,从而在每个 RTK 点上实时地接收某一个参考站的差分改正数据,即可获得一个 RTK 成果。此后电台切换为另一个频率,又可接收到另一个参考站的差分改正数据,得到同一点的另一个 RTK 成果。实时地比较多个 RTK 成果的数据,就可以判断此次观测有无质量问题。

这种方法的最大优点是可以完全实时地对某个 RTK 点进行质量控制,但需要有 2 个或 2 个以上的参考站,流动站的电台则需要改装变频开关,或者是流动站携带多个不同频率的电台备用。

(四)RTK 成果检验

外业工作应加强对 RTK 成果的检验,对 RTK 成果的外业检查有:

(1)与已知点成果的比对检验;

(2)重测同一点的检验;

(3)已知基线长度测量检验;

(4)不同参考站对同一测点的检验。

➤ 小贴士

参考站架设并调试好,计算出转换参数之后,就可以直接进行测量或放样。在测量或放样工作中,一定要注意不要走出 RTK 的工作范围,点校正是必须做的一项工作,它可以确保实际观测的 RTK 成果正确可靠,一旦发现问题,可以及时采取相应的措施进行处理。

任务四 RTK 控制测量

一、RTK 控制测量技术一般要求

GNSS-RTK 可用于四等以下控制测量、工程测量工作。RTK 控制测量前,应根据任务需要,收集测区高等级控制点的地心坐标、参心坐标、坐标系统转换参数和高程成果等,进行技术设计。RTK 平面控制点按精度划分等级为:一级控制点、二级控制点、三级控制点。RTK 高程控制点按精度划分等级为五等高程点。平面控制点可以逐级布设、越级布设或一次性全面布设,每个控制点宜保证有 1 个以上的等级点与之通视。

网络模式设置

RTK 测量可采用单参考站 RTK 测量和网络 RTK 测量两种方法进行。在通信条件困难时,也可以采用后处理动态测量模式进行测量。已建立 CORS 网的地区,宜优先采用网络 RTK 技术测量。RTK 测量卫星的状态应符合表 9-4 的规定。

表 9-4 RTK 测量卫星状态的基本要求

观测窗口状态	截止高度角 15°以上的卫星个数	PDOP 值
良好	≥6	<4
可用	5	≤6
不可用	<5	>6

全球定位系统实时动态测量采用地心坐标系,即 2000 国家大地坐标系,当 RTK 测量成果要求提供其他参心坐标系(如 1954 年北京坐标系、1980 年国家大地坐标系或地方独立坐标系)时,应进行坐标转换。

RTK 控制测量高程系统采用正常高系统,按照 1985 年国家高程基准起算。

当采用经纬度记录格式时,记录精确至 0.000 01″,平面坐标和高程记录精确至 0.001 m,天线高量取精确至 0.001 m。

二、RTK 平面控制点测量

(一)点位选择

RTK 平面控制点的点位选择要求参照《全球定位系统(GPS)测量规范》(GB/T 18314—2009)执行。

(二)RTK 平面控制点的埋石

(1)二级平面控制点地面标石规格及埋设结构如图 9-6 所示。

(2)三级平面控制点地面标石规格及埋设结构如图 9-7 所示。

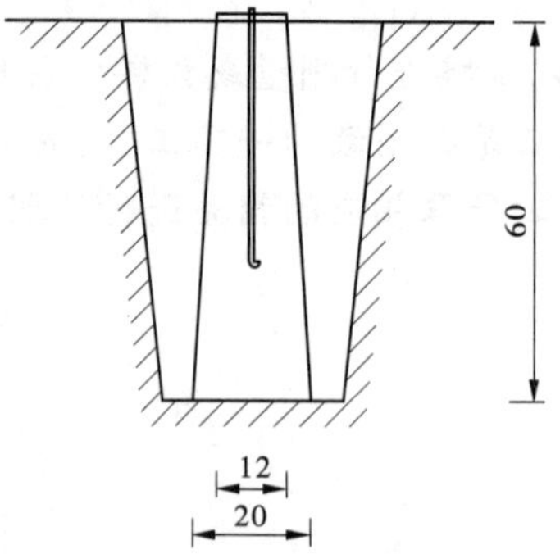

图 9-6　一、二级平面控制点标石规格
(单位:cm)

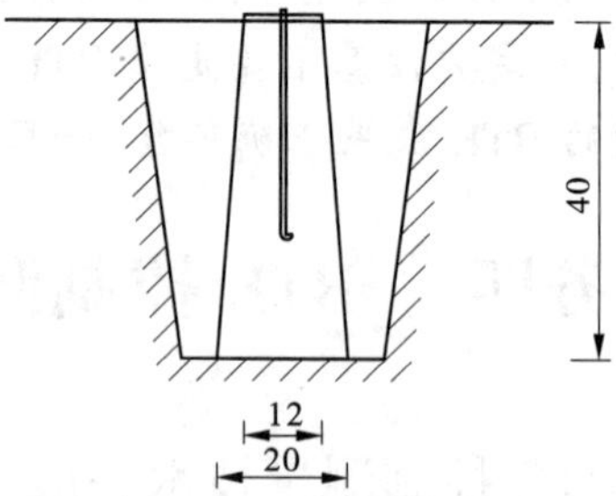

图 9-7　三级平面控制点标石规格
(单位:cm)

(3)建筑物上标石规格及埋设结构如图 9-8 所示。

(4)岩层标石规格及埋设结构如图 9-9 所示。

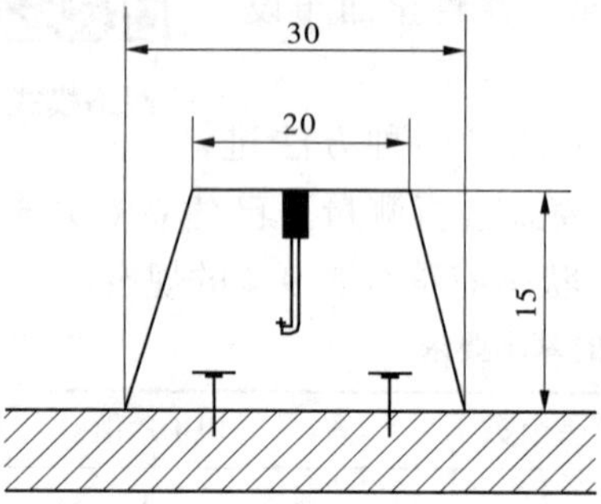

图 9-8　建筑物上标石规格　(单位:cm)

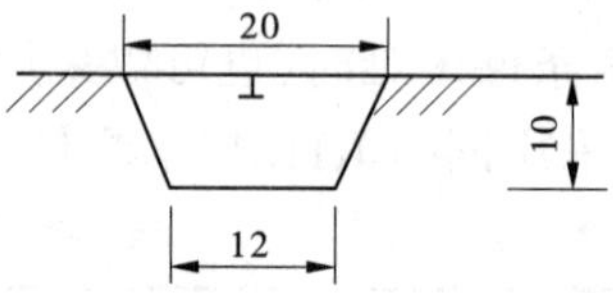

图 9-9　岩层标石规格　(单位:cm)

(5)公路标石规格及埋设结构如图 9-10 所示。

(三)技术要求

RTK 平面控制点测量主要技术要求应符合表 9-5 规定。

三、RTK 平面控制点坐标的测定

RTK 控制点平面坐标测量时,流动站采集卫星观测数据,并通过数据链接收来自参考站的数据,在系统内组成差分观测值进行实时处理,通过坐标转换方法将观测得到的地心坐标转换为指定坐标系中的平面坐标。在获取测区坐标系统转换参数时,可以直接利用已知的参数。在没有已知转换参数时,可以自己求解。地心坐标系(2000 国家大地坐标系)与参心坐标系(如 1954 年北京坐标系、1980 年国家大地坐标系或地方独立坐标系)转换参数的求解,应采用不少于 3 点的高等级起算点两套坐标系成果,所选起算点应分布均匀,且能控制整个测区。转换时应根据测区范围及具体情况,对起算点进行可靠性检验,采用合理的数学模型,进行多种点组合方式分别计算和优选。

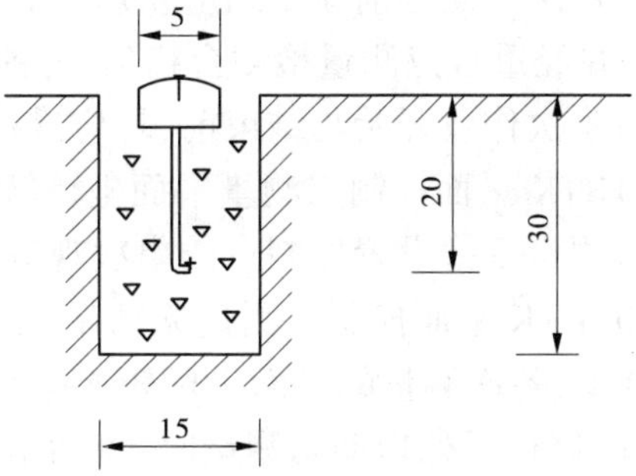

图 9-10　公路标石规格　(单位:cm)

表 9-5　RTK 平面控制点测量主要技术要求

等级	相邻点间距离/m	点位中误差/cm	边长相对中误差	与参考站的距离/km	观测次数	起算点等级
一级	≥500	≤±5	≤1/20 000	≤5	≥4	四等及以上
二级	≥300	≤±5	≤1/10 000	≤5	≥3	一级及以上
三级	≥200	≤±5	≤1/6 000	≤5	≥2	二级及以上

注:1. 点位中误差指控制点相对于起算点的误差。

2. 采用单参考站 RTK 测量一级控制点需更换参考站进行观测,每站观测次数不少于 2 次。

3. 采用网络 RTK 测量各级平面控制点可不受流动站到参考站距离的限制,但应在网络有效服务范围内。

(一)RTK 平面控制点测量参考站的技术要求

(1)采用网络 RTK 测量时,CORS 网点的设立要求按(CH/T 2008—2005)执行。

(2)自设参考站如需长期和经常使用,宜埋设有强制对中的观测墩。

(3)自设参考站应选择在高一级控制点上。

(4)用电台进行数据传输时,参考站宜选择在测区相对较高的位置。用移动通信进行数据传输时,参考站必须选择在测区有移动通信接收信号的位置。

(5)选择无线电台通信方法时,应按约定的工作频率进行数据链设置,以避免串频。

(6)应正确设置随机软件中对应的仪器类型、电台类型、电台频率、天线类型、数据端口、蓝牙端口等。

(7)应正确设置参考站坐标、数据单位、尺度因子、投影参数和接收机天线高等参数。

(二)RTK 平面控制点测量流动站的技术要求

(1)网络 RTK 测量的流动站应获得系统服务的授权。

(2)网络 RTK 测量流动站应在 CORS 网的有效服务区域内进行,并实现数据与服务控制中心的通信。

(3)用测量手簿设置流动站与当地坐标的转换参数、平面和高程的收敛精度,设置与参考站的通信。

(4)RTK 测量流动站不宜在隐蔽地带、成片水域和强电磁波干扰源附近观测。

(5)观测开始前应对仪器进行初始化,并得到固定解,当长时间不能获得固定解时,宜断开通信链路,再次进行初始化操作。

(6)每次观测之前流动站应重新初始化。在作业过程中,如出现卫星信号失锁,应重新初始化,并经重合点测量检测合格后,方能继续作业。

(7)每次作业开始与结束前,均应进行一个以上已知点的检核。

(8)RTK 平面控制点测量平面坐标转换残差应≤±2 cm。

(9)测量手簿设置控制点的单次观测的平面收敛精度应≤±2 cm。

(10)RTK 平面控制点测量流动站观测时应采用三角架对中、整平,每次观测历元数应大于 20 个,各次测量的平面坐标较差应不超过±4 cm 要求后取中数作为最终结果。

(11)进行后处理动态测量时,流动站应先在静止状态下观测 10~15 min,然后在不丢失初始化状态的前提下进行动态测量。

四、RTK 高程控制点测量

RTK 高程控制点的埋设一般与 RTK 平面控制点同步进行,标石可以重合。RTK 高程控制点测量主要技术要求应符合表 9-6 规定。

表 9-6 RTK 高程控制点测量主要技术要求

等级	高程中误差/cm	与基准站的距离/km	观测次数	起算点等级
五等	≤±3	≤5	≥3	四等水准及以上

注:1. 高程中误差指控制点高程相对于起算点的误差。

2. 网络 RTK 高程控制测量可不受流动站到参考站距离的限制,但应在网络有效服务范围内。

RTK 控制点高程的测定是将流动站测得的大地高减去流动站的高程异常获得的。流动站的高程异常可以采用数学拟合方法、似大地水准面精化模型内插等获取。当采用数学拟合方法时,拟合的起算点平原地区一般不少于 6 点,拟合的起算点点位应均匀分布于测区四周及中间,间距一般不宜超过 5 km。当地形起伏较大时,应按测区地形特征适当增加拟合的起算点数。当测区面积较大时,宜采用分区拟合的方法。

RTK 高程控制点测量高程异常拟合残差应≤±3 cm。RTK 高程控制点测量设置高程收敛精度应不超过±3 cm。RTK 高程控制点测量流动站观测时应采用三角架对中、整平,每次观测历元数应大于 20 个,各次测量的高程较差应不超过±4 cm 要求后取中数作为最终结果。当采用似大地水准面精化模型内插测定高程时,似大地水准面模型内符合精度应不超过±2 cm。如果当地某些区域高程异常变化不均匀,拟合精度和似大地水准面模型精度无法满足高程精度要求,可对 RTK 测量大地高数据进行后处理或用几何水准测量方法进行补充。

五、成果数据处理与检查

RTK 控制测量外业采集的数据应及时进行备份和内外业检查。RTK 控制测量外业观测记录采用仪器自带内存卡或测量手簿,记录项目及成果输出包括下列内容。

(1)转换参考点的点名(号)、残差、转换参数(见表 9-7)。

(2)基准站点名(号)、天线高、观测时间(见表 9-8)。

(3)流动站点名(号)、天线高、观测时间。

(4)基准站发送给流动站的基准站地心坐标、地心坐标的增量。

(5)流动站的平面、高程收敛精度。

(6)流动站的地心坐标、平面和高程结果(见表 9-9、表 9-10)。

(7)测区转换参考点、观测点网图。

表 9-7 参考点的转换残差及转换参数表

<table>
<tr><td colspan="4">参考点地心坐标与地方坐标转换残差</td></tr>
<tr><td>序号</td><td>参考点名(号)</td><td>平面残差/cm</td><td>高程残差/cm</td></tr>
<tr><td></td><td></td><td></td><td></td></tr>
<tr><td></td><td></td><td></td><td></td></tr>
<tr><td></td><td></td><td></td><td></td></tr>
<tr><td></td><td></td><td></td><td></td></tr>
<tr><td colspan="4">参考点地心坐标与地方坐标转换参数</td></tr>
<tr><td colspan="4">平面转换参数:</td></tr>
<tr><td colspan="4">高程转换参数:</td></tr>
</table>

表 9-8 RTK 基准站观测手簿

<table>
<tr><td>点名</td><td></td><td>点名</td><td></td><td>参考点等级</td><td></td></tr>
<tr><td>观测记录员</td><td></td><td>观测日期</td><td></td><td>采样间隔</td><td></td></tr>
<tr><td>接收机类型</td><td></td><td>接收机编号</td><td></td><td>开始记录时间</td><td></td></tr>
<tr><td>天线类型</td><td></td><td>天线编号</td><td></td><td>结束记录时间</td><td></td></tr>
<tr><td>近似纬度</td><td>° ′ ″ N</td><td>近似经度</td><td>° ′ ″ E</td><td>近似高程 H</td><td>m</td></tr>
<tr><td colspan="2">天线高测定</td><td colspan="2">天线高测定方法及略图</td><td colspan="2">点位略图</td></tr>
<tr><td>测前</td><td>测后</td><td colspan="2" rowspan="5"></td><td colspan="2" rowspan="5"></td></tr>
<tr><td></td><td></td></tr>
<tr><td></td><td></td></tr>
<tr><td></td><td></td></tr>
<tr><td>平均值:</td><td>平均值:</td></tr>
<tr><td>时间 UTC</td><td>跟踪卫星号
及信噪比</td><td>纬度/
(° ′ ″)</td><td>经度/
(° ′ ″)</td><td>大地高/m</td><td>天气状况</td></tr>
<tr><td></td><td></td><td></td><td></td><td></td><td></td></tr>
<tr><td></td><td></td><td></td><td></td><td></td><td></td></tr>
<tr><td></td><td></td><td></td><td></td><td></td><td></td></tr>
<tr><td></td><td></td><td></td><td></td><td></td><td></td></tr>
<tr><td>备注</td><td colspan="5"></td></tr>
</table>

表 9-9　同一基准站二次观测点位平面坐标结果表

基准站名称:

序号	点号	第一次坐标/m		第二次坐标/m		中数/m	
		X_1	Y_1	X_2	Y_2	X	Y

表 9-10　同一基准站三次观测高程结果表

序号	点号	第一次高程 H_1/m	第二次高程 H_2/m	第三次高程 H_3/m	中数 H/m

用 RTK 技术施测的平面控制点成果应进行 100%的内业检查和不少于总点数 10%的外业检测,外业检测可采用相应等级的卫星定位静态(快速静态)技术测定坐标,全站仪测量边长和角度等方法,检测点应均匀分布测区。检测结果应满足表 9-11 的要求。

表 9-11　RTK 平面控制点检测精度要求

等级	边长校核		角度校核		坐标校核
	测距中误差/mm	边长较差的相对误差	测角中误差/(″)	角度较差限差/(″)	坐标较差中误差/cm
一级	≤±15	≤1/14 000	≤±5	14	≤±5
二级	≤±15	≤1/7 000	≤±8	22	≤±5
三级	≤±15	≤1/4 500	≤±12	34	≤±5

用 RTK 技术实测的高程控制点成果应进行 100%的内业检查和不少于总点数 10%的外业检测。外业检测可采用相应等级的三角高程、几何水准测量等方法,检测点应均匀分布测区。检测结果应满足表 9-12 的要求。

表 9-12 RTK 高程控制点检测精度要求

等级	检核高差/mm
五等	$\leqslant 40\sqrt{D}$

注：D 为检测线路长度，km。

在 GNSS 观测条件良好的地区，例如视场内障碍物的高度角一般不超过 15°，没有强烈干扰卫星信号接收的大型建筑物，RTK 测量技术测量误差分布均匀、相互独立，不存在误差积累，精度较高，能够满足城市测量中控制导线和等外水准测量的技术要求。同时，RTK 测量技术能够实时提供测量成果，不需要像常规控制测量那样分级布网，可以大大提高测量速度和效益。

由于 RTK 测量技术不像常规控制测量那样进行平差，在测量过程中出现粗差时难以发现，而控制点成果要求 100%可靠，因此对 RTK 测量控制点要进行 100%检核。

点测量

六、RTK 图根控制测量

RTK 图根控制测量作业流程与 RTK 控制测量基本相同，在地形测量中对图根点相关技术要求如表 9-13 所示。

表 9-13 RTK 地形测量主要技术要求

等 级	点位中误差 /mm	高程中误差	与基准站的距离/km	观测次数	起算点等级
图根点	不超过±0.1	≤1/10 基本等高距	≤7	≥2	平面三级以上、高程等外以上
碎部点	不超过±0.5	符合相应比例尺成图要求	≤10	≥1	平面图根、高程五等以上

注：1. 点位中误差指控制点相对于最近基准站的误差。
2. 用网络 RTK 测量可不受流动站到基准站间距离的限制，但宜在网络覆盖的有效服务范围内。

图根点标志宜采用木桩、铁桩或其他临时标志，必要时可埋设一定数量的标石。

RTK 平面图根点测量流动站观测时应采用三角架对中、整平，每次观测历元数应大于 10 个。RTK 图根点测量平面坐标转换残差应不超过图上±0.07 mm。RTK 图根点测量高程拟合残差应不大于等高距的 1/12。RTK 图根点测量平面测量 2 次，测量点位较差应不超过图上±0.1 mm，两次结果取中数作为最终成果。高程测量 2 次，测量高程较差应小于等高距的 1/10，最终成果算法同前。

用 RTK 技术施测的图根点平面成果应进行 100%的内业检查和不少于总点数 10%的外业检测，外业检测采用相应等级的全站仪测量边长和角度等方法进行，其检测点应均匀分布于测区内。检测结果应满足表 9-14 的要求。

表 9-14 RTK 图根点平面检测精度要求

等级	边长校核		角度校核		坐标校核
	测距中误差/mm	边长较差的相对误差	测角中误差/(″)	角度较差限差/(″)	平面坐标较差/mm
图根	不超过±20	≤1/3 000	不超过±20	60	不超过图上±0.1

用 RTK 技术施测的图根点高程成果应进行 100%的内业检查和不少于总点数 10%的外业检测,外业检测采用相应等级的三角高程、几何水准测量等方法进行,其检测点应均匀分布测区。检测结果应满足表 9-15 的要求。

表 9-15 RTK 图根点高程检测精度要求

等级	高程检核高差/mm
五等	$\leqslant 50\sqrt{D}$

注:D 为检测线路长度,km。

小贴士

GNSS-RTK 可用于四等以下控制测量、工程测量工作。由于 RTK 作业方便、精度较高,现已经被普遍使用。RTK 测量可采用单基站 RTK 测量和网络 RTK 测量两种方法,RTK 控制点测量分为平面控制点测量和高程控制点测量。RTK 控制测量前,应根据任务需要,收集测区高等级控制点的地心坐标、参心坐标、坐标系统转换参数和高程成果等,以进行技术设计。RTK 平面控制点按精度划分为一级控制点、二级控制点、三级控制点。RTK 高程控制点按精度划分为五等高程点。

任务五 RTK 地形和地籍测量

地形测图是为城市、乡村、矿区以及各种工程提供不同比例尺的地形图,以满足城镇规划和各种经济建设的需要。地籍测量是精确测定土地权属界址点的位置,同时测绘地籍图,并量算面积。应用 RTK 技术进行实时定位可以达到厘米级及以上的精度,RTK 技术可用于地形测图中的碎部点的采集工作,还可以完成地籍图、界址点和宗地图的绘制工作。

一、GNSS-RTK 地形测量优点

(1)作业效率高。在一般的地形地势下,高质量的 RTK 设站一次即可测完 4 km 半径的测区,大大减少了传统测量所需的控制点数量和测量仪器的"搬站"次数,在一般的电磁波环境下几秒钟即可得一点坐标,作业速度快,劳动强度低,节省了外业费用,提高了劳动效率。

(2)定位精度高,数据安全可靠,没有误差积累。只要满足 RTK 的基本工作条件,在一定的作业半径范围内(一般为 4 km),RTK 的平面精度和高程精度都能达到厘米级。

(3)降低了作业条件要求。和传统测量相比,RTK 技术受通视条件、能见度、气候、季节

等因素的影响和限制较小,对传统测量来说,由于地形复杂、地物障碍而造成的难通视地区,只要满足 RTK 的基本工作条件,就能轻松地进行快速的高精度定位作业。

(4)RTK 作业自动化、集成化程度高,测绘功能强大。RTK 可胜任各种测绘内、外业。流动站利用内装式软件控制系统,无须人工干预便可自动实现多种测绘功能,使辅助测量工作极大减少,并降低了人为误差,保证了作业精度。

(5)操作简便,容易使用,数据处理能力强。只要在设站时进行简单的设置,就可以边走边获得测量结果坐标或进行坐标放样。数据输入、存储、处理、转换和输出能力强,能方便快捷地与计算机和其他测量仪器通信。

二、仪器设备的准备

(一)RTK 测量接收设备

接收设备应包括双频接收机、天线和天线电缆、数据链套件(调制解调器、电台或移动通信设备)、数据采集器等;基准站接收设备应具有发送标准差分数据的功能;流动站接收设备应具有接收并处理标准差分数据功能;接收设备应操作方便、性能稳定、故障率低、可靠性高。接收机标称精度公式为

$$\delta = a + bD \tag{9-6}$$

式中 a——固定误差,mm;

b——比例误差系数,mm/km;

D——流动站至基准站的距离,km。

RTK 测量宜选用优于下列测量精度(RMS)指标的双频接收机:

(1)平面精度:8 mm+$2\times10^{-6}D$;

(2)高程精度:15 mm+$2\times10^{-6}D$。

例如,华测 K90 测地型 GNSS 接收机实时动态 RTK 精度中平面精度为 8 mm+$1\times10^{-6}D$,高程精度为 15 mm+$1\times10^{-6}D$。

(二)接收设备的检验

接收机的一般检验有以下几个方面:

(1)接收机及天线型号应与标称一致,外观应良好。

(2)各种部件及其附件应匹配、齐全和完好;紧固的部件应不得松动和脱落。

(3)设备使用手册和后处理软件操作手册及磁(光)盘应齐全。

(4)接收机的检定按《全球定位系统(GPS)测量型接收机检定规程》(CH 8016—1995)执行,并应在有效的使用周期内。

RTK 测量前宜对设备进行基准站与流动站的数据链联通检验;数据采集器与接收机的通信联通检验。

(三)接收设备的维护

接收设备应有专人保管,运输期间应有专人押送,并应采取防震、防潮、防晒、防尘、防蚀和防辐射等防护措施,接收设备的接头和连接器应保持清洁,电缆线不应扭折,不应在地面拖拉、碾砸。连接电源前,电池正负极连接应正确,观测前电压应正常。当接收设备置于楼顶、高标或其他设施顶端作业时,应采取加固措施,在大风和雷雨天气作业时,应采取防风和防雷措施。作业结束后,应及时对接收设备进行擦拭,并放入有软垫的仪器箱内;仪器箱应

置放于通风、干燥、阴凉处,保持箱内干燥。接收设备在室内存放时,电池应在充满状态下存放,应每隔 1~2 月存放电一次。仪器发生故障,应转交专业人员维修。

三、GNSS-RTK 碎部点测量作业要求

当 RTK 碎部点测量因测区面积较大而采用分区求解转换参数时,相邻分区应不少于 2 个重合点。

RTK 碎部点测量平面坐标转换残差应不超过图上±0. 1 mm。RTK 碎部点测量高程拟合残差应小于等于等高距的 1/10。RTK 碎部点测量流动站观测时可采用固定高度对中杆进行对中、整平,每次观测历元数应大于 5 个。连续采集一组地形碎部点数据超过 50 个点时,应重新进行初始化,并检核一个重合点。当检核点位坐标较差不大于图上 0. 30 mm 时,方可继续测量。

RTK 地形测量外业采集的数据应及时从数据记录器中导出,并进行数据备份,同时对数据记录器内存进行整理。

RTK 地形测量外业观测记录采用仪器自带内存卡和测量手簿,记录项目及成果输出包括下列内容。

(1)转换基准点的点名(号)、残差、转换参数。

(2)基准站、流动站的天线高、观测时间。

(3)流动站的平面、高程收敛精度;流动站的 2000 国家大地坐标、平面和高程成果数据。

导出的成果数据在计算机中用相应的成图软件编辑成图。

四、作业流程

首先架设基准站,在确保各部件连接正确后,开机并求取测区参数。

求取参数后流动站要到其他控制点上去检核,满足相关精度要求后,即可开始作业。一般为一人一组,测量员到每个碎部点上立杆并记录数据,一般取几秒作为一个记录单元,在记录数据时要求测量人员立点要准确,尽量稳住对中杆。可以画出草图,也可以使用编号法记录点位属性信息,以便内业整图时提供参考。采集数据点时,可以根据现场地形的实际情况进行测量设定。在测量特殊地物点时,可设定按距离进行采集,距离可以人为设定;在匀速运动测量的过程中,可以设定按时间进行采集,时间间隔也可人为设定。有些 GNSS 接收机提供隐蔽点测量功能,可以无须费时等待固定解,节省时间,提高效率。

外业测量存储的文件是专用的数据库文件, 不可直接用来给成图软件调用,用“测点成果输出”功能可以把原数据文件转换为用户所需要的格式,转换后的格式与所用软件格式相一致,结合外业的草图,可快速地完成数字化内业成图工作。

五、上交资料与成果验收内容

(一)RTK 测量任务完成后需提交的资料

(1)技术设计、技术总结和检查报告。

(2)接收机检定资料。

(3)按要求应提交的控制点点之记。

(4)坐标系统转换资料。

(5)测量数据成果资料。

(二)RTK 成果验收内容

(1)技术设计和技术总结是否符合要求。

(2)转换参考点的分布及残差是否符合要求。

(3)观测的参数设置、观测条件及检测结果和输出的成果是否符合要求。

(4)实地检验控制点的精度及选点、埋石质量。

(5)实地检验地形测量各质量元素的质量。

六、提高 RTK 测量精度的对策

(一)基准站的选择

基准站应该设在测区中部,要求地域开阔,无树木等物体遮挡,远离高压线、无线电信号发射塔,避开大面积水域等容易引起 RTK 不稳定或精度降低的因素。

(二)转换参数

一般采用三参数或七参数方法转换,求转换参数所利用的控制点数量应该足够,一般来讲,平面控制点至少 3 个,高程控制点一般 4 个以上。控制点应以能覆盖整个测区为原则,最好均匀分布。另外,转换参数的精度不仅与所选点的位置与数量有关,还与所选点的坐标精度密切相关,因此在选择控制点时应该对测区内的已知点进行筛选。

(三)RTK 测量图根控制点的要求

用 RTK 作图根控制测量时,应该使用三脚架,以提高精度。图根控制点应该选在适合全站仪测量的地方,两点需要通视。每个控制点最好观测两次取其平均值作为结果,两次观测值的较差不宜超过 3 cm。

(四)观测时间的要求

观测时间需在点位 PDOP 值小的时间段(小于 6,可以通过卫星预报信息查看),利用良好的时段进行 RTK 测量,不仅速度快,而且精度高。

(五)观测者要求

严格规范操作,减少人为因素对测量精度影响。实践证明,观测者的专业水平和经验对成果的精度影响很大,例如,对中误差、测量天线高或输入基准站坐标的任何误差,都将影响整个测量成果。

➢ 小贴士

RTK 操作简便,容易使用,数据处理能力强。只要在设站时进行简单的设置,就可以边走边获得测量结果。降低了人为误差,保证了作业精度。使用 RTK 进行地形、地籍测量在作业过程中需要注意什么?作业的流程是什么?这些是本任务需要解决的问题。

任务六 手机 RTK 地形和地籍测量*

随着科学技术的不断发展,手机向高端智能化发展,可以自行安装软件,并可以通过移动通信网络来实现无线网络接入。从广义上说,智能手机除具备手机的通话功能外,还具备了 PDA 的大部分功能,特别是个人信息管理以及基于无线数据通信的浏览器和电子邮件功能。智能手机为用户提供了足够的屏幕尺寸和带宽,既方便随身携带,又为软件运行和内容服务提供了广阔的舞台。

如果将 RTK 测量软件安装在手机内,手机可以完全代替 PDA 手簿完成 RTK 作业。这样就出现一种新的作业模式,GNSS 接收机+手机+手机测量软件。

一、作业特点

(1)节省成本,使用手机代替手簿。只需要一个人就可以完成测图工作。

(2)测量直观、简单。在手机的测量软件上加载卫星底图,测量成果一目了然。

(3)方便放样作业。手机上加载背景地图,待放样的点在背景地图上不停闪烁蓝光,箭头从当前点指向待放样点,箭头上实时提示距离差;屏幕上实时显示当前点和放样点的坐标差和距离差,双重提示。

二、应用领域

该系统可以广泛应用于地形图测量、城市规划、城市数字化、地籍测量、地形图更新等领域,如图 9-11 所示。

三、作业过程

(一)架设基准站并配置

基准站点位选择应注意以下几点:

(1)基准站应尽量选在交通便利的地方,以便于迁站。

(2)基准站应远离强电磁干扰源(如电视台、微波站、变压站、高压线等),以提高 GNSS 信号接收的质量。

(3)基准站周围应便于安置天线和 GNSS 接收机,视野开阔,视场内周围障碍物的高度角尽量小于 15°。

(4)基准站天线与流动站之间无大的遮挡物(如高层建筑、高山等)。

(5)基准站应选在地势较高的地方,以保证电台的有效发射范围。

(6)基准站应尽量选在工作区域中间。

(7)对于设站困难地区,先测定一个点作为基准站点。

架好 GNSS 接收机和天线,正确连接好各个电缆线,打开 GNSS 接收机及手机内测绘处理软件,在软件内建立或打开、配置工作项目,启动基准站测量选择,输入基准站点名、坐标及天线高;手机从接收机上分离。

(二)架设流动站并连接手机

流动站接收机架设完成后,手机与接收机使用无线蓝牙的方式连接。利用手机输入正确的流动站高度,同时输入其他控制点的 WGS-84 坐标,联测已知控制点,解算转换数据并接收。流动站的作业范围受基站距离控制。移动站距基准站误差随距离增长而增长,最佳作业范围是 3~4 km。

(三)手机 RTK 地形测量

完成以上工作后,流动站即可进行碎部测量。每个碎部点的测量时间为 2~3 s。碎部

(a)地形图测量

(b)市政测量

(c)全站仪测量

(d)施工放样

(e)地籍测量

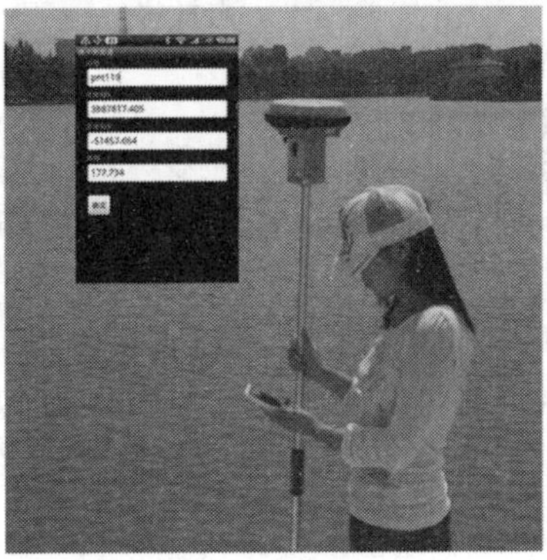

(f)水库湖泊测量

图 9-11　手机 RTK 应用

点密度应满足相关规范要求。RTK 在具体作业时,有以下三种作业模式:

(1)特征点测量。根据测图比例尺及目的的需要,进行地物和地貌的特征点测量。这种方法是一个点一个点地进行测量。在测量时要注意点位的精度,即点号和编号的输入。

(2)连续地形点测量。对于规范的地物或地貌特征,可以采用连续地形点测量的模式。连续地形点测量方式分间隔一定时间测量和间隔一定距离测量。用户可根据需要选择。

(3)隐蔽点测量。当进行地形测量时,可能会因为没有卫星信号或没有差分信号,导致一些位置无法直接测量,此时,可以采用这个方法。

外业采集数据后进行内业时,应及时将测得的数据进行处理。在电脑上一般要安装手机 USB 驱动软件,结合白天所画草图和预设编码进行内业成图。此工作必须当天完成,以免事后遗忘,影响成图的准确性造成返工重测。

➢ 小贴士

实际上本任务是使用手机代替测量手簿的功能进行 RTK 地形和地籍测量,如果将 RTK 测量软件安装在手机内,手机完全可以代替 PDA 手簿完成 RTK 作业。这样就出现一种新的作业模式,GNSS 接收机+手机+手机测量软件。智能手机为用户提供了足够的屏幕尺寸和带宽,既方便随身携带,又为软件运行和内容服务提供了广阔的舞台。

任务七　GNSS-RTK 点放样

RTK 现在在工程施工测量中的应用越来越普及。使用 RTK 进行放样的工作原理是什么?具体的作业步骤是什么?使用 RTK 作业有哪些优点?这些将是本任务主要介绍的内容。

点放样　　新建代码

一、RTK 放样原理

在 RTK 作业模式下,只要正常连接和配置基准站与流动站,GNSS 接收机可以获取差分解。在正常的作业模式下,接收机可以实时获取接收机所处位置坐标。另外,将待放样的数据导入手簿内,如果数据少可以直接输入,但是如果点位数据量大可以编辑成数据文件直接导入手簿中。现假设待放样点的坐标为($X_{放}$,$Y_{放}$,$H_{放}$),而 GNSS 接收机在时间 t 时的位置为(X_t,Y_t,H_t),则接收机与待放样点之间关系如下

$$\Delta X = X_{放} - X_t$$

$$\Delta Y = Y_{放} - Y_t$$

$$\Delta H = H_{放} - H_t$$

$$D = \sqrt{(X_{放} - X_t)^2 + (Y_{放} - Y_t)^2}$$

式中　D——接收机距待放样点的距离。

(一)以北方向为作业指示方向

由于测量坐标系 X 轴正方向指向北方向,Y 轴正方向指向东方向。当 $\Delta X > 0$ 时,说明 $X_{放} > X_t$,即接收机要在 X 轴方向向北移动,移动的数量就是 $|\Delta X|$。当 $\Delta X < 0$ 时,说明 $X_{放} < X_t$,也即接收机要在 X 轴方向向南移动,移动的数量就是 $|\Delta X|$。具体情况参见表 9-16。

表 9-16 RTK 放样分析

坐标差值	情况	移动方向	数值
ΔX	>0	北	$\lvert\Delta X\rvert$
	<0	南	$\lvert\Delta X\rvert$
	=0	不移	0
ΔY	>0	东	$\lvert\Delta Y\rvert$
	<0	西	$\lvert\Delta Y\rvert$
	=0	不移	0
ΔH	>0	上	$\lvert\Delta H\rvert$
	<0	下	$\lvert\Delta H\rvert$
	=0	不移	0
D	放样点到接收机当前位置的直线距离		

如果 ΔX、ΔY、ΔH 三个量等于零,那就说明接收机当前的位置就是待放样点位。

(二)以箭头方向为作业指示方向

箭头指向的标准要确定前进方法,假设 GNSS 接收机在时间 t_1 时刻的位置记为 $P_1(X_{t1}, Y_{t1}, H_{t1})$。如果测量员向前移动了一个位置,在时间 t_2 时刻 GNSS 接收机位置记为 $P_2(X_{t2}, Y_{t2}, H_{t2})$。则 P_1 至 P_2 的矢量就可作为前进行方向,而与该方向垂直的方向为左右方向。这样就如同建立了一个独立坐标系。有些软件会直接表示为前后或左右。

二、RTK 放样具体过程

在工程项目中,建筑物、构筑物的形状和大小是通过其特征点在实地上表示出来的,如建筑物的中心、四个角点、转折点等。因此,点放样是建筑物和构筑物放样的基础。用 RTK 进行点位放样前要进行坐标转换,直接用 2000 国家大地坐标或把 WGS-84 坐标转换成待放样点所用的坐标系统。放样结束后,测量所放点的坐标和设计坐标的差值,如果差值在要求范围以内,则继续放样其他各点,否则重新放样,标定该点。

(一)放样数据的获取

在放样之前,如果放样点数量较少,可以将放样点的坐标信息直接手工输入到测量控制器中。如果放样点数量多,可采用台式电脑制作数据文件,然后将文件导入至测量控制器中。需要注意的是,尽量在点校正完成后再导入放样数据,或者是进行点校正后不要将项目内已有的数据进行转换。

(二)野外放样作业

当初始化完成后,在测量控制器软件主菜单上点击打开“测量”图标,选择“放样”命令,即可进行放样作业。在作业时,在测量控制器上显示箭头及目前位置到放样点在东、西、南、北方向四个方向上的水平距离及垂直距离,观测者只需根据箭头的指示放样。当流动站距放样点的距离小于设定值时,测量控制器上显示同心圆和十字丝,它们分别表示放样点位置和天线中心位置。当流动站天线整平后,十字丝与同心圆圆心重合时,即初步完成点的放样。按“测量”键对该放样点进行实测检核,并保存观测值。

(三)放样误差分析

点放样的误差,有可能是 RTK 系统自身的误差,也有可能是测量环境对 RTK 的影响产生的误差,或许是由操作的不正确造成的误差。但在通常情况下是由于放样时存在测量环境影响中的多路径误差或信号干扰误差造成的。

在放样过程中如果点位误差超限,可以根据误差的原因,采取措施消除或减小误差,如改变基准站的位置,选择地形开阔的地点,远离无线电发射源、雷达装置、高压电线等,或采用有削弱多路径误差的各种技术的天线等。对于误差较大,RTK 又难以削弱其误差的点,可采用其他的测设方法。

三、RTK 放样的优缺点

RTK 放样的优点如下:

(1)使用 RTK 进行放样,减少人力费用。

(2)定位精度高,测站间无须通视,只要对空通视即可。

(3)操作简便、直观,容易使用。

(4)能全天候、全天时地作业。

RTK 也存在着一些不利因素,GNSS-RTK 并不能完全替代全站仪等常规仪器,在影响 GNSS 卫星信号接收的遮蔽地带,可在附近用流动站及时做出 2 个控制点,再用全站仪、测距仪、经纬仪等测量工具弥补 GNSS-RTK 的不足。

➤ 小贴士

放样的目的主要是把图上设计的坐标与高程在实地标定出来,是测量坐标的一个反过程。常规作业时主要采用全站仪放样,一般至少需要两人合作,且要求测站点与放样点要通视才行,若不通视,还要进行转站。采用 RTK 进行放样,只要把放样点的坐标输入到手簿中,测量员拿着 GNSS 接收机,根据提示移动到放样点上,其精度也较高,各放样点的误差影响也是独立的。

任务八　GNSS-RTK 道路放样

GNSS-RTK 技术在公路测量中具有选点灵活,布网方便,不受通视和网形的限制,测量速度、精度高等优点,大大提高了工作效率,保证了公路勘测、放线精度。用 RTK 附带软件可直接导入设计的平曲线、竖曲线、标准横断面、超高、加宽、边坡、结构物等参数,相当于把整个道路设计数据导入手簿,外业中软件可根据流动站位置实时显示当前里程、横坡、填挖值等,基本避免了对图纸和计算器的依赖,外业放样效率得到极大提高。

一、RTK 直线放样

RTK 直线放样常用于电杆排放、线路放样等。根据界面的导航信息可以快速到达待定直线,方便快捷。可以用两点确定一条直线,也可以用一点及一个方位角确定一条直线。具体分为以下几种情况:

(1)到直线:放样直线上的任意点。该方法可用于直线定线。

(2)在直线上的桩号:放样用户设定桩与桩之间的间距后,有目的地放样直线上的控制桩,用户可以任意加桩。该方法可用于里程桩的放样。

(3)从直线的桩号/偏移量:放样偏离设定直线的任意桩号,向右偏为正,向左偏为负,垂直方向类似。该方法可用于线路边桩的放样。

(4)从直线的桩号/偏角:放样偏角设定直线的任意桩号。该方法可用于横断面测量。

点击“选项”选择是否显示桩号及设置其他内容。

当流动站位置在放样直线的方向时,点击“测量”软按键,得出标定点与设计桩号坐标的差值,根据差值的大小确定是否需要重新放样该点。

线放样

二、RTK 道路中线放样

公路、铁路、渠道、输电线以及其他管道工程都属于线形工程,线形工程的中线通称为线路。线路实际上是由空间的直线段和曲线段组合而成的。在线路方向发生变化的地段,连接转向处的曲线称为平曲线。平曲线有圆曲线和缓和曲线两种。圆曲线是有一定曲率半径的圆弧。

一般曲线放样方法是首先放样曲线主要点,即 ZY(直圆点)、QZ(曲中点)、YZ(圆直点)。再根据线路偏角 α、圆曲线半径等要素计算出切线长、曲线长、外矢距及切曲差四项曲线要素。根据曲线要素放样出曲线主点,再用已放样出的主点放样出其他点,由于放样时依据的是已放样的主点,容易造成误差的累积。

(一)RTK 中线放样方法

道路放样中最常用的是放样点位或者道路中线放样。首先进入 RTK 手簿的道路中线放样界面,然后输入所要放样的起始桩号,RTK 手簿马上就显示出当前点的信息,并自动解算出平面、高程数据;将当前点的位置显示在导航图的中央,并显示出当前点与放样点实际位置的偏移量,同时在导航图上显示出 RTK 天线应移动的方向和距离;当 RTK 天线位置与放样点的实际位置重合时,即可得到放样点的位置,同时采集该点的实地坐标和高程,并存放于坐标文件中。至此道路的中桩平面坐标与高程(纵断面)数据已经获取。

(二)道路放样精度分析

用 RTK 进行测设,曲线的点位误差、横向和纵向偏差完全可以满足工程的要求,由于 RTK 放样不存在误差累计,所以比常规仪器测设的精度高。

如有误差超限的点,可以根据测量的条件,判断出误差的来源,对于放样点在市区的工程,误差多为信号干扰误差。对于接近水域的地区,则为多路径误差。

道路放样-数据导入　　道路放样-中边桩放样　　道路放样-数据导出

三、RTK 道路横断面测量

传统的断面测量工作需要将仪器放置在一已知点,然后指挥跑点人员在线路的断面上进行测量。有些断面测量尤其是在进行曲线测量时,要先靠跑点人员的工作经验大致跑到曲面的断面点上,经过仪器操作人员测量后再计算出跑点人员断面点的偏移量,跑点人员再到真正的断面点上测量。遇到视线上有障碍物时还要转测站,非常费工费时。

横断面测量主要是根据设计的要求,沿中线方向大约每隔 20 m 的间隔,垂直于中线,在中线两侧测量一定距离宽度的地形变化数据。RTK 测量时采用线路放样模式,横断面的流动站在任意位置时,都会显示距中线的垂直距离,因此只需移动到设计中桩号对应的地方,根据地形变化情况采集该变化点的位置数据(包含距中线距离、高程),然后读取前面的中线测量数据记录,计算出变化点相对应的桩号的横断面数据(相对中线的距离、高差)。为便于处理,在采集记录时各断面按里程桩编号。

比如用南方 RTK 进行横断面采集时,只需要定义待测断面的里程桩号和断面边距,仪器可显示出横断面线,同时显示出离横断面线的垂距和纵断面中线的偏距,测量起来非常方便。

放样完成后,设备可以保存最具检查价值的原始坐标数据格式,坐标数据文件,可以直接导入到南方 CASS 中,方便我们检查纵横断面实测和设计的偏移量。当然,还可以根据用户需要,导出各种不同的格式,如纵断面可以导出坐标高程,也可直接导出里程高程,横断面的格式更多,如常用的格式:1 //断面序号;47 //断面里程。如:

-0.015 -0.436 //离中心点距离 高差(左边)

0.013 -0.329 0.034 -0.036 //离中心点距离 高差(右边)

用户也可以根据自己需要的格式,定义各种成果输出法,方便生成断面图所采用的不同程序。

通过内业数据整理:将所采集的中线坐标、纵断面数据文件与横断面数据进行整理并输出到计算机,可以用于后期的道路纵横断面设计。

在道路纵横断面测量中,条件允许的情况下,尽可能采用 RTK 一体化作业取代传统作业方法,缩短工期,纵横断面数据不会与所测地形图产生矛盾。因此,可以大大减少野外工作,节约成本,提高工作效率,而且其优越性更为明显。

道路放样-横断面测量

四、RTK 道路曲线放样

通常我们进行道路测量时,设计者会给我们提供一个曲线要素表如表 9-17 所示。

表 9-17 为交点法的要素表(一部分),利用 RTK 测量时,可以方便快捷地把这些要素文件编辑为仪器可读入格式,然后可以预览平面、进行里程坐标检查,如图 9-12 所示。

(一)RTK 曲线放样过程

用 RTK 放样时,曲线的准备工作与 RTK 的点的放样一样,如果曲线各点的坐标是已知数据,则可按放样点的方法进行曲线放样。但是如果不知道曲线坐标,也可以将曲线要素输入手簿,由手簿解算主点和细部点的坐标进行放样。如南方 RTK 所提供的解算软件是按一定的里程进行解算坐标的，待坐标解算完毕后就可按点的放样方法进行放样。

表 9-17　直线、曲线及转角表

交点号	交点坐标/m		交点桩号	转角值	曲线要素值/m					
	$N(X)$	$E(Y)$			半径	缓和曲线长度	缓和曲线参数	切线长度	曲线长度	外矢距
1	2	3	4	5	6	7	8	9	10	11
JD	3 452 113. 208	474 750. 699	K49+927. 513							
JD	3 453 417. 461	474 013. 560	K51+408. 494	21°41′18″	2 800			536. 363	1 059. 886	50. 910
JD	3 456 157. 270	473 638. 932	K54+160. 958	22°13′56″	4 000			785. 937	1 552. 102	76. 481
JD	3 458 388. 030	474 213. 609	K56+444. 779	23°43′42″	1 680	170	534. 415	438. 077	865. 751	37. 404

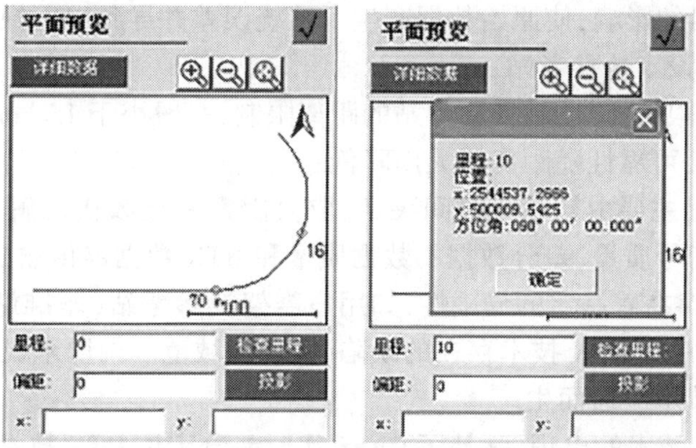

图 9-12　平面预览

当检查各项数据无误后，便可以进行道路放样，按照设计数据和纵断面的各项要求放出纵断面中桩并测量记录下来。如图 9-13 所示，仪器会直接告诉我们偏距和方向，测量放样起来方便快捷。

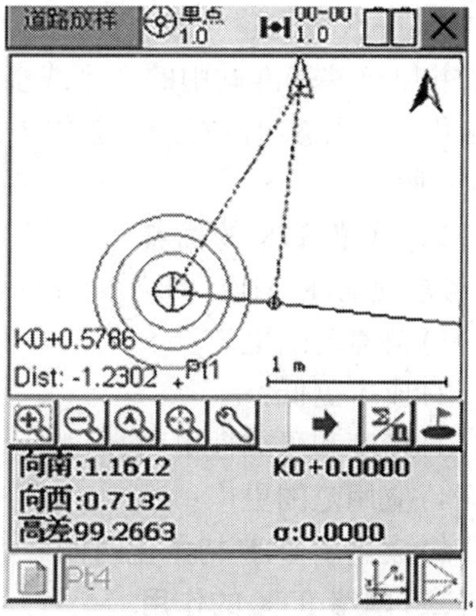

图 9-13　道路放样

（二）曲线放样精度分析

用 RTK 进行测设，曲线的点位误差、横向和纵向偏差完全可以满足工程的要求，由于 RTK 放样不存在误差累计，所以比常规仪器测设的精度高。

如有误差超限的点，可以根据测量的条件，判断出误差的来源，对于放样点在市区的工程，误差多为“信号干扰误差”；对于接近水域的地区，则为“多路径误差”。

➤ 小贴士

道路放样-道路检核

用 RTK 附带软件可直接导入设计的平曲线、竖曲线、标准横断面、超高、加宽、边坡、结构物等参数,相当于把整个道路设计数据导入手簿,当检查各项数据无误后,便可以进行道路放样,按照设计数据和要求放样并记录,放样时仪器会直接给出流动站位置与放样点的偏距和方向(注意,一定要是固定解),基本避免了对图纸和计算器的依赖,外业放样效率得到极大提高。

任务九　GNSS 网络 RTK 技术

一、概述

GNSS 实时差分定位 RTK 技术是目前广泛使用的测量技术之一,但它的应用受到电离层延迟和对流层延迟的影响,使原始数据产生了系统误差并导致以下缺点:

(1)用户需要架设本地参考站;

(2)覆盖区域有限,受流动站和参考站的距离限制,一般小于 15 km;

(3)精度不均匀,可靠性随距离增大而降低;

(4)测量速度慢,主要由初始化时间决定,取决因素有接收机的解算技术、流动站接收到的卫星的数量和信号质量、差分数据的数据质量和 RTK 数据链传输质量。

常规 RTK 技术存在着一定的局限性,如用户需架设参考站(基准站),误差随距离增长而增加等,为了解决常规 RTK 技术存在的缺陷,实现区域范围内厘米级、精度均匀的实时动态定位,网络 RTK 技术应运而生。

GNSS 网络 RTK 技术的出现,弥补了 GNSS 实时差分定位 RTK 技术的缺点,它代表了未来 GNSS 发展的方向,由此可带来巨大的社会效益和经济效益。

(一)网络 RTK 定位

在某一区域内建立多个(一般为 3 个或 3 个以上)的 GNSS 基准站,对该地区构成网状覆盖,并以这些基准站中的一个或多个为基准,计算和发播 GNSS 改正信息,对该地区内的 GNSS 用户进行实时改正的定位方式,称为 GNSS 网络 RTK,又称为多基准站 RTK,如图 9-14 所示。

(二)网络 RTK 的优点

与常规 RTK 相比,网络 RTK 的优点如下:

(1)覆盖范围更广;

(2)成本更低;

(3)精度和可靠性更高;

(4)应用范围更广;

(5)改进了 OTF 初始化时间。

(三)网络 RTK 的作用

(1)提供 GNSS 基准站原始数据服务。

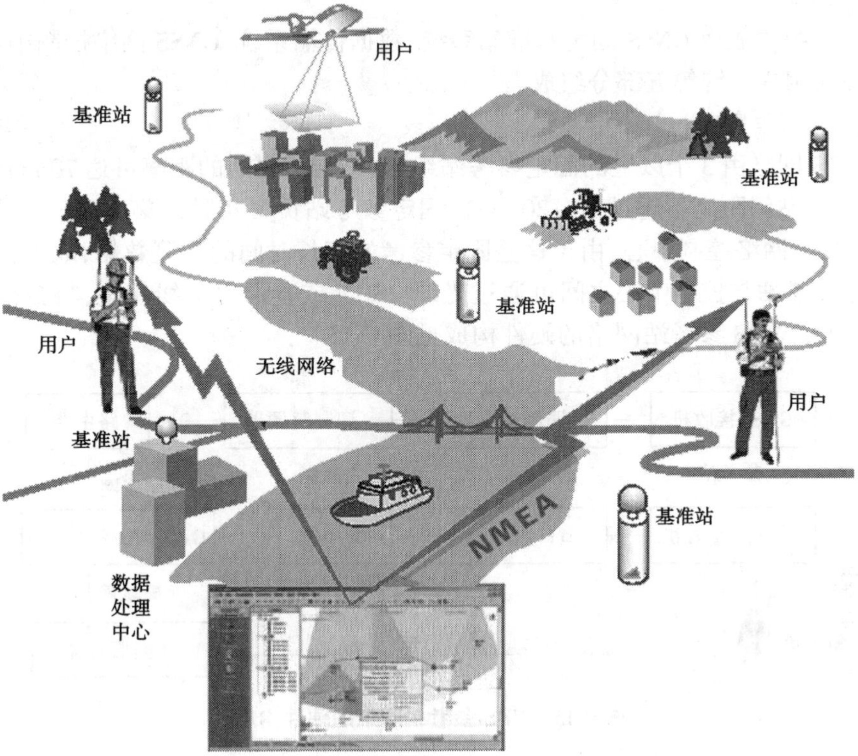

图 9-14 网络 RTK 系统示意图

(2)分米级实时定位可以满足城市和市政测图、资源管理、精细农业、环境监测、水利测量、车辆自动定位导航系统、GIS、资产和市政管理等。

(3)厘米级高精度定位可以满足地籍测量、建筑放样和施工控制、港口和受限制水道的精密导航、线路道路测量、高精度资产管理、地形测量和工程测量、油气勘探等。

1. *虚拟参考站技术*(VRS)

VRS 是德国 Terrasat 公司于 1999 年推出的实用化、商品化的技术和软件系统。分别估计电离层、对流层模型,并对观测值进行修正,每邻近的 3 个参考站产生一组区域改正参数,结合用户站反馈的定位信息生成一个虚拟参考站。VRS 要求 CORS 系统具备和用户应用系统的双向数据通信链路,用户接收机需要通过 NMEA 格式把它的点位信息发送给中央控制站,CORS 通过正常的 RTCM 信息发送给用户接收机,用户无须添加额外设备。

虚拟参考站(VRS)的实施将使一个地区的测绘工作成为一个有机的整体,改变了以往 GNSS 作业单打独斗的局面,同时它使 GNSS 技术的应用更为广泛,精度和可靠性得到进一步的提高,使许多从前难以完成的任务成为可能,最重要的是建立 GNSS 网络的成本反而降低了很多。由于 VRS 技术的种种先进性,一经问世就受到世界各国的广泛关注,并得到积极的实施,德国、瑞士等一些国家的 VRS 网络已经建成。我国深圳市第一个建成了 VRS 技术卫星定位服务系统,为深圳市的经济发展、城市信息化和数字化发挥了重要的作用。

VRS 系统集 GNSS、Internet、无线通信和计算机网络管理技术于一身。整个系统是由若干个(3 个以上)连续运行的 GNSS 基准站和一个 GNSS 网络控制中心构成,如图 9-15 所示。

1) VRS 的系统构成

VRS 的系统构成由 GNSS 固定基准站系统、数据传输系统、GNSS 网络控制中心系统、数据发播系统和用户系统等五部分组成。

2) VRS 的工作原理

一个 VRS 网络由 3 个以上的固定参考站组成,站与站之间的距离可达 70 km(传统高精度 GNSS 网络,站间距离不超过 10~20 km),固定参考站负责实时采集 GNSS 卫星观测数据并传送给 GNSS 网络控制中心,由于这些固定参考站有长时间的观测数据,故点位坐标精度很高。固定参考站与控制中心之间可通过光缆、ISDN 或普通电话线相连,将数据实时地传送到控制中心。VRS 参考站网络的硬件构成见图 9-15。

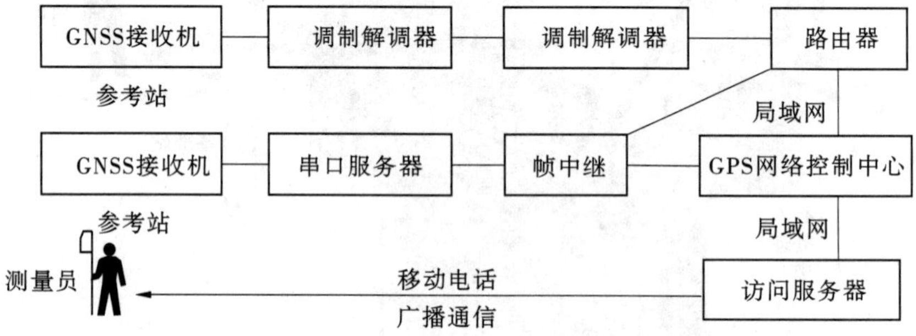

图 9-15　VRS 参考站网络的硬件构成

控制中心是整个系统的核心。它既是通信控制中心,也是数据处理中心。它通过通信线(光缆、ISDN:电话线)与所有的固定参考站通信,接收固定参考站发来的所有数据,也接收从流动站发来的概略坐标,然后根据用户位置,自动选择最佳的一组固定站数据,整体改正 GNSS 轨道误差及电离层、对流层和大气折射引起的误差,将经过改正后的高精度的,RTC 差分信号通过无线网络(GSM、CDMA、GPRS 等)发送给用户,与移动用户通信。这个差分信号的效果相当于在流动站旁边,生成一个虚拟的参考基站,从而解决了 RTK 作业距离上的限制问题,并保证了用户的精度。

用户部分是指用户的 GNSS 接收机,加上无线通信的调制解调器。根据自己的不同需求,放置在不同的载体上。接收机通过无线网络将自己的初始位置发给控制中心,并接收控制中心的差分信号,生成厘米级的位置信息。

2. 区域改正参数技术(FKP)

区域改正参数(FKP)技术由德国 Geo++公司推出。该技术采用整体的网络解,对数据用卡尔曼滤波进行非差处理。整个网络仅生成一组 FKP 参数,并通过扩展协议发给流动站。该技术只需要单向数据传输链路,但用户需要增加相关设备以进行扩展协议的变换。

FKP 技术是集互联网技术、无线通信技术、计算机网络管理技术和 GNSS 定位技术于一体的定位系统,由若干个连续运行的参考站、数据控制中心、流动站(用户 GNSS 接收机)组成,其工作原理和流程如下:

(1)各个参考站通过互联网连续不断地向数据控制中心发送观测数据。

(2)数据控制中心实时处理包括整周未知数的解算,以及归算各站至公共整周未知数水平。

(3)控制中心接收到来自移动站的 NMEA CGA 点位信息。主站被尽可能地选在最靠近移动站点位的所在地。

(4)数据控制中心为这个流动站计算网络改正数,并将它应用于来自主站的观测值。

(5)用来自参考站网的信息计算高精度的流动站点位。

3. 主辅站技术(MAC)

主辅站技术是由徕卡测量系统公司与 Geo++公司一起推出的。主辅站技术的基本要求就是将参考站的相位距离简化为一个公共的整周未知数水平。如果相对于某一个卫星与接收机"对"而言,相位距离的整周未知数已经被消去或被平差过,那么当组成双差时,整周未知数就被消除了,此时可以说两个参考站具有一个公共的整周未知数水平。网络处理软件的主要任务就是将网络中(或子网络中)所有参考站相位距离的整周未知数归算到一个公共的水平。一旦此项任务得以完成,接着就有可能为每一对卫星与接收机及为每一个频率分别计算出弥散性的和非弥散性的误差,如图 9-16 所示。

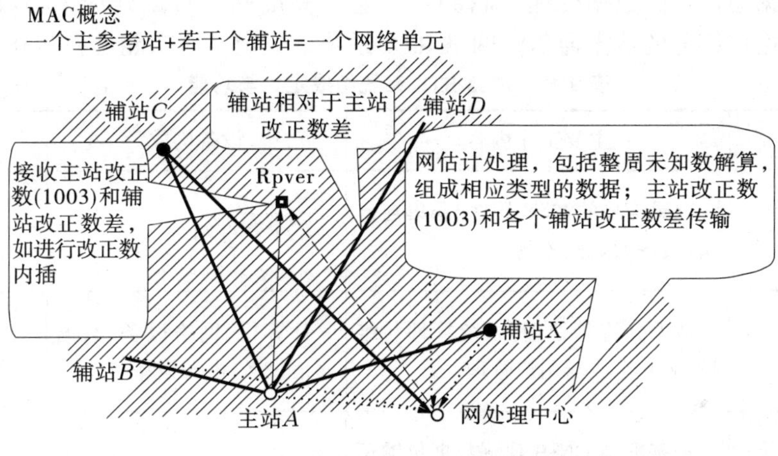

图 9-16 MAC 技术

弥散性的误差是直接对应于信号的频率,而非弥散性的误差则对所有的频率来说都是相同的。由于频率相关的电离层误差是已知的,因而对所有频率(L_1,L_2),它可以表达成完全的改正数。MAC 技术的代表软件为 SpiderN ET。

MAC 技术的优势在于支持单向和双向通信,克服以前方法的缺点(如误差模拟不完善,仅仅使用 3 个最近的参考站的信息生成网络改正数据、需要双向通信、数据量大且不标准等问题),将成为网络 RTK 的发展目标;为流动站用户提供了极大的灵活性,能够对网络改正数进行简单的、有效的内插;对流动用户的数量也不限制;提供网络数据是相对于真实的参考站,不是虚拟的;流动站可以获取参考站网的所有有关电离层和几何形态误差的信息,并以最优化的方式利用这些信息,增强了系统和用户的安全性。

4. 综合误差内插技术(CBI)

CBI 由武汉大学 GPS 中心于 2002 年推出,综合误差内插(CBI)技术是利用卫星定位误差的相关性计算参考站上的综合误差,并内插出用户站的综合误差。在电离层变化较大的时间段和区域内,应用该技术较有优势。采用 CBI 技术,只需要单向数据传输链路,但用户需添置设备。CBI 技术是根据双关组合的优点,在参考站计算改正信息时,没必要将电离层延迟、对流层延迟等误差都进行区分,并单独计算出来,也没必要将由各参考站所得到的改正信息都发给用户。而是由监控中心统一集中所有参考站观测数据,选择、计算和播发用户的综合误差改正信息。因为多种误差在主辅站之间存在较强的线性相关性,用综合误差表示双差观测方程中的所有系统误差的综合影响。该技术利用卫星定位误差的相关性计算参考站上的综合误差,并内插出用户站的综合误差。

CBI 技术的优点是在消除电离层、对流层的误差时,不使用模型,而是由已知误差直接改正,改正效果受外界影响小;根据流动站的位置合理选择基准站;能直接消除或削弱卫星轨道误差与其他误差的影响;在电离层变化较大的时间段和区域内,该技术较有优势。

二、网络 RTK 系统组成与作业模式

(一)网络 RTK 系统组成

网络 RTK 由基准站网、数据通信链路数据处理(监控)中心、用户数据中心、用户部分四部分组成。数据通信链路数据处理(监控)中心包括基准站与数据处理中心数据通信和数据处理中心与用户部分的数据通信。网络 RTK 系统组成定义与功能见表 9-18 所示。

表 9-18　网络 RTK 系统组成定义与功能

系统名称	主要工作内容	设备构成	技术实现
基准站网子系统(RSS)	卫星信号的捕获、跟踪、采集与传输;设备完好性监测	单个基准站	3 个或 3 个以上基准站
系统控制中心(SMC)	数据分流与处理;系统管理与维护;服务生成与用户管理	计算机、网络设备、数据通信设备、电源设备	一个中心
数据通信子系统(DCS)	把基准站 GNSS 观测数据传输至系统控制中心	有线网络	SDH
用户数据中心(UDC)	向用户提供数据服务	Internet、GSM	因特网、GSM
用户应用子系统(UAS)	按照用户需求进行不同精度定位	GNSS 接收设备、数据通信终端、软件系统	适于 DGPS、RTK 软件系统

(二)网络 RTK 作业模式

网络 RTK 系统根据通信方式不同,分为单向数据通信和双向数据通信。在单向数据通信中,数据处理中心直接通过数据发播设备把误差参数广播出去,用户收到这些误差改正参数后,根据自己的位置和相应的误差改正模型计算出误差改正数,然后进行高精度定位。在双向数据通信中,数据处理中心实时侦听流动站的服务请求和接收流动站发过来的近似坐标,根据流动站的近似坐标和误差模型,求出流动站处的误差后,直接播发改正数或者虚拟观测值给用户。基准站与数据处理中心间的数据通信可采用数据网 DDN 或无线通信等方法进行。流动站和数据处理中心间的双向数据通信则可通过 GPRS、CDMA 等方式进行。

➤ 小贴士

目前常用的四种网络 RTK 技术主要还是以虚拟参考站技术(VRS)为主,在我国很多城市广泛采用,虚拟参考站(VRS)的实施将使一个地区的测绘工作成为一个有机的整体,改变了以往 GNSS 作业单打独斗的局面,同时它使 GNSS 技术的应用更为广泛,精度和可靠性得到进一步的提高,使许多从前难以完成的任务成为可能,最重要的是建立 GNSS 网络的成本降低了很多。由于 VRS 技术的种种先进性,一经问世就受到世界各国的广泛关注,我国深圳市第一个建成了 VRS 技术卫星定位服务系统,为深圳市的经济发展、城市信息化和数字化发挥了重要的作用。

➤ 知识链接

学习本项目时,学生应结合教师的讲解思考 RTK 技术可以实时向用户提供定位结果和厘米级及以上的精度,RTK 技术可用于地形测图中图根点和碎部点的采集工作,还可以完成地籍图、界址点和宗地图的绘制工作。采用 RTK 进行放样,效率和精度也较高,各放样点的误差影响也是独立的,由于 RTK 作业方便、精度较高,现已经被普遍使用。RTK 测量可采用单基站 RTK 测量和网络 RTK 测量两种方法,已建立 CORS 系统的城市,宜采用网络 RTK 测量。在困难地区,也可采用后处理动态测量的模式进行 RTK 测量。

阅读与应用

视觉 RTK 放样,一杆到位到底有多爽

2022 年 2 月推出的视觉 RTK 产品在测绘领域收获不俗反响,在测量员群体中因自简单、直观、一杆到位的放样体验得到广泛好评。实测结果显示,利用视觉 RTK 能够实现施工测量 50%以上效率提升,快速缩短测量小白与老测工的实践差距。这样的优秀表现,究竟是如何实现的?

如图 9-17 所示,视觉 RTK 是一款长“眼睛”的 RTK,在每一台视觉 RTK 的机头下方,都有一颗不惧弱光环境的高清摄像头。依靠这只“眼睛”,视觉 RTK 能够实现高动态的实景影像和辅助虚拟影像融合,在 RTK 手簿上显示直观明了的第一视角实景放样指引。如此一来,放样更具“沉浸感”,找点跟着“导航”走,对手感和经验的依赖便大大降低。

图 9-17　长“眼睛”的 RTK

在视觉辅助以外,这款 RTK 同时具备听觉辅助,一旦放样人员靠近放样点,设备就会发出类似倒车雷达的声音提醒,越近声音越密,直到一杆戳中。视觉与听觉的结合,让快速辨识东南西北的高超方向感不再是放样的必须。

值得一提的是,视觉 RTK 支持就近点放样功能,能够自动选择最近点进行指引,省去了“万里挑一”的烦琐甄别,如图 9-18 所示。

图 9-18　自动选择最近点进行指引

如图 9-19 所示,在实现独到放样优势的同时,这款 RTK 仍然继承了华测 RTK 信号就是强的可贵优点,能够在恶劣环境下快速固定,避免在树林、墙角等场景遭遇有点遮挡就浮动的烦恼。

图 9-19　恶劣环境下快速固定

通过内置的基带射频一体化 SOC 芯片,视觉 RTK 的信号灵敏度较此前提升 15%。利用窄带抗干扰技术,带内噪声可以得到有效抑制,保证整机数据质量进一步提升。而多频双差解算则能做到有效检测周跳,让固定精度更准。

此外,在软件层面,视觉 RTK 还能够全面满足带图作业的各种需要,让带图作业不再难。如图 9-20 所示,可以让 CAD 图形的操作流畅度较此前提升 52%。换句话说,200 Mb 大小的 CAD 图纸眨眼之间就能打开,刷新速度能到毫秒级,放样人员再也不用为加载图纸而苦苦等待。

同时,完美兼容主流 CAD 文件,图纸几乎都能导,导了之后就能用。打开外部参照、切换图纸坐标系、设置图纸长度单位及高效编辑、标注、量算等功能也一应俱全。

图 9-20 完美兼容主流 CAD 文件

影像 RTK 高效快速测量放样三维空间

放样找点难、定点难、复杂环境不固定、测点够不到采不了等作业难题一直困扰着测绘工程单位,如今国产新一代影像 RTK 的推出,通过影像测量和实景放样功能,实现了测量放样一步到位,让作业更简单、更高效。

如何简单、快速、高效获取三维空间成果,一直是用户对测绘装备的需求。为了实现这个目标,影像 RTK 这一新装备诞生了,如图 9-21 所示。

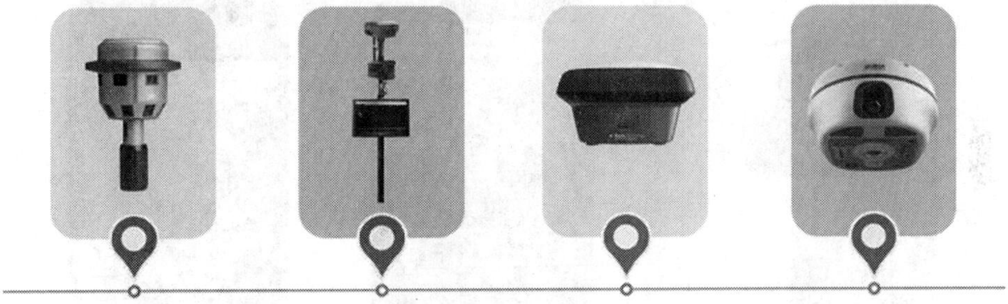

图 9-21 各个时期推出的影像 RTK 接收机

2013 年,美国的天宝公司首次将 RTK 技术与摄影测量技术结合,研发了全球首款影像 RTK 1.0 产品(见图 9-22),影像 RTK 元年正式开启。在 RTK 技术与近景摄影测量技术的碰撞下,依托安装在主机上的 12 个摄像头,7 个用于全景拍摄,5 个用于俯视拍摄。用户无须走到每个待测点的位置就能实现非接触式测量,内业处理后即可测量图像点,不仅有效解决了测点够不到、采不了及复杂作业环境下人员安全等问题,而且解决了全站仪点测量效率低和 RTK 不能做立面测量的痛点。由于数据不能实时处理,影像 RTK 1.0 版本没有得到广泛的推广使用。尽管如此,影像 RTK 这一新事物犹如一颗种子,遇到条件成熟的时机,便会生根发芽。

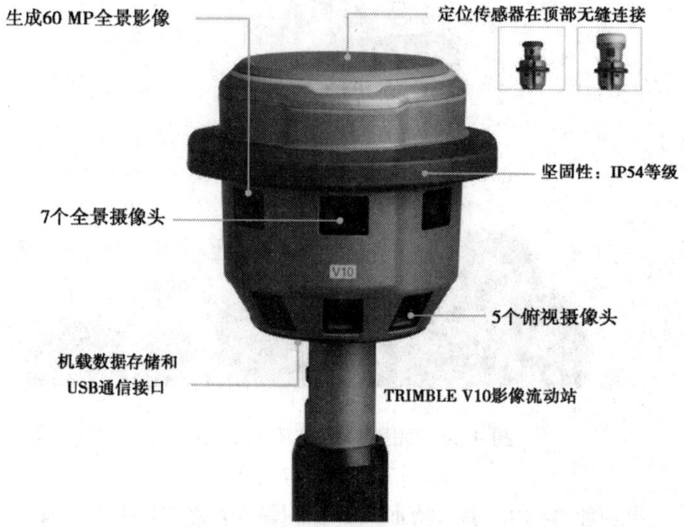

图 9-22　天宝影像 RTK 1.0 接收机

2022 年全新一代的影像 RTK 除优化影像测量功能外,还实现了与测量软件统一及适配 Android 系统,更是加入了实景放样功能,将影像 RTK 的实用性推向了另一个高度,如图 9-23 所示。

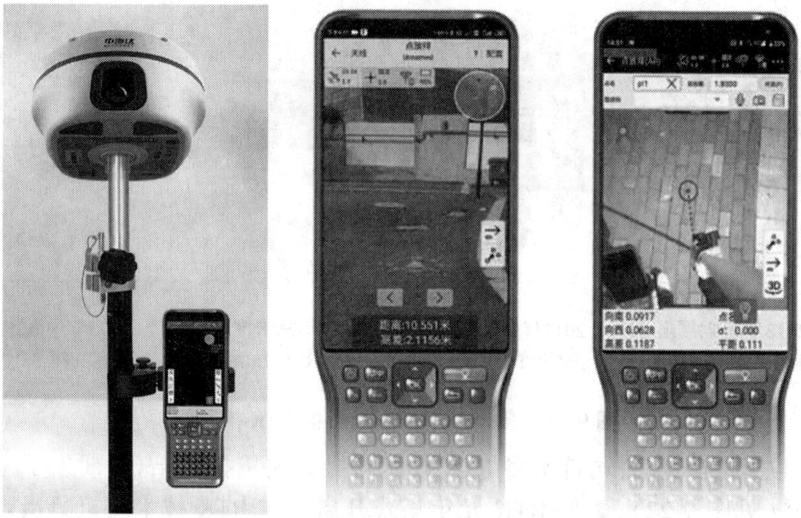

图 9-23　影像 RTK 利用实景放样与 AR 放样功能开展放样

由于采取了先捕获所有数据,再测量的方式,能够避免返工,同时提高质量控制并改善数据检核。影像流动站允许先从外业直观地观测和捕获整个作业的现场的数据,然后在内业处理这些数据。回到内业,用强大的照片点测量功能测量并创建点、线、多边形和其他影像成分,自动和手动处理都可以为强有力的用户控制进行数据处理,同时综合质量控制功能还可以加快内业处理时间,提高效率。多用户选项可以根据不同的精度要求而生成多种数据。该系统可以让用户使用熟悉的现有工作流程,既能为客户创建传统的交付成果,也能创建新的交付成果。

基于实景放样功能,用户在靠近放样点时,摄像头将实时拍摄放样点周边区域影像,软件将放样点的位置直接在实景影像中实地标出,让用户可以直观地通过影像来确认位置并快速放样,实现了放样又快又准,真正做到了一步到位,如图 9-24 所示。

图 9-24 影像 RTK 利用影像测量功能开展立面测量

如果说测量放样一步到位的性能,让影像 RTK 满足了用户高效作业的需求,那么提供丰富的数据成果类型的性能,则让影像 RTK 满足了用户多元化的需求。在近景摄影测量技术的支撑下,影像 RTK 可提供基于三维空间信息的各种产品。有了这些丰富的数据成果,用户可以做更多的应用延展。

当前,国家正在全面推进的实景三维中国建设项目,需要构建地形级、城市级、部件级三个层次的实景三维。基于每个层次的建设需求,影像流动站产出的成果用于制做 CAD 文件、GIS 数据、数量、库存、环境条件和其他类型的报告。影像 RTK 可以在精细展现城市部件等地理实体的部件级实景三维建设中大有作为。

➢ 知识搜索

书目

魏浩瀚,沈飞,桑文刚,等. 北斗卫星导航系统原理与应用[M]. 南京:东南大学出版社,2020.

赵长胜,孙小荣,周立,等. GNSS 原理及其应用[M]. 北京:测绘出版社,2020.

曹冲. 北斗与 GNSS 系统概论(系统篇)[M]. 北京:电子工业出版社,2016.

周建郑. GPS 定位测量[M]. 郑州:黄河水利出版社,2017.

周建郑. GNSS 定位测量[M]. 北京:测绘出版社,2021.

相关网站

华测导航测地通 8.0 软件

华测导航测地通 7.3.6.6.20220617 软件

华测导航测放王软件

华测导航 LS6.1.3 测地通软件

面放样　　图形作业　　道路放样-涵洞放样　　道路放样-边坡放样

道路放样-自由边坡　　道路放样-结构物放样　　电力线勘测

项目小结

本项目主要学习和了解实时载波相位差分(real time kinematic,RTK)技术,该技术可以实时向用户提供定位结果和定位精度,精度可达厘米级,广泛应用于四等以下控制测量、工程测量、地形测图、地籍测图中的碎部点的采集工作,界址点和宗地图的绘制工作。用于放样时,只需把放样点的坐标输入手簿中,测量员根据 GNSS 接收机的提示移动到放样点上,即可定位,各放样点的误差不相互影响,可大大提高作业效率。

RTK 系统配置包括参考站、移动站和数据链三个部分。在 RTK 作业模式下,参考站通过数据链将其观测值和测站坐标信息一起传送给流动站。流动站不仅通过数据链接收来自参考站的数据,还要采集 GNSS 观测数据,并在系统内组成差分观测值进行实时处理。流动站可处于静止状态,也可处于运动状态。RTK 技术的关键在于数据处理技术和数据传输技术。

参考站架设并调试好,计算出转换参数之后,就可以直接进行测量或放样。在测量或放样工作中,一定要注意不要走出 RTK 的工作范围,点校正是必须做的一项工作,它可以确保实际观测的 RTK 成果正确可靠,一旦发现问题,可以及时采取相应的措施进行处理。

RTK 测量可采用单基站 RTK 测量和网络 RTK 测量两种方法,RTK 控制点测量分为平面控制点测量和高程控制点测量。RTK 控制测量前,应根据任务需要,收集测区高等级控制点的地心坐标、参心坐标、坐标系统转换参数和高程成果等,以进行技术设计。RTK 平面控制点按精度划分为一级控制点、二级控制点、三级控制点。RTK 高程控制点按精度划分为五等高程点。

目前常用的网络 RTK 技术主要还是以虚拟参考站技术(VRS)为主,在我国很多城市广泛采用，虚拟参考站(VRS)的实施将使一个地区的测绘工作成为一个有机的整体，改变了以往 GNSS 作业单打独斗的局面，同时它使 GNSS 技术的应用更为广泛，精度和可靠性得到进一步的提高，使许多从前难以完成的任务成为可能。

复习和思考题

9-1 什么是 RTK 技术？

9-2 RTK 的系统由哪几部分组成？

9-3 RTK 定位测量实施的具体方法？

9-4 RTK 采用的电台频率和电台功率都必须经过哪些部门批准？

9-5 已知 $H_1=6$ m，$H_2=2$ m，则流动站在开阔地带工作的最远距离为多少？

9-6 基准站启动方法有哪几种？

9-7 点位的精确 WGS-84 坐标如何获取？

9-8 点校正方法有几种方法？

9-9 RTK 定位测量时，测区内的已知控制点有什么作用？

9-10 前应用于 GNSS 网络 RTK 数据处理的方法有哪几种？

9-11 一个 VRS 网络至少应有几个以上的固定基准站组成？站与站之间的距离可达多少千米？

9-12 VRS 系统的优势有哪些？

技能训练

RTK 控制测量

一、实训目的

(1)能独立使用 RTK。

(2)能完成 RTK 控制测量。

(3)会检查控制测量数据。

二、实训内容

(1)架设基准站和流动站。

(2)配置 RTK。

(3)建立坐标系统。

(4)完成点校正。

(5)完成 RTK 控制测量。

三、仪器设备及资料准备

(1)RTK 作业相关设备。

(2)点校正数据。

(3)作业相关规范。

四、实训步骤

(1)基准站架设。基准站接收机天线可安置在已知坐标值的点上,也可安置在未知点上,两种情况下都必须有一个实地标志点。基准站上仪器架设要严格对中、整平。接收机天线最常见的是传统的可伸缩三脚架和固定高 GNSS 三脚架两种。固定高三脚架的优点是可免除每架一次都要量天线高的不便。严格量取基准站接收机天线高,量取 2 次以上,符合限差要求后,记录均值。天线高是指观测时接收机相位中心到测站中心标志面的垂直高度。天线高的量测方法有直高和斜高两种。

基准站接收机的定向指北线应指向正北,偏离不得超过±10°。对无标志线的天线,可预先设置标志位置,在同一测区内作业期间,应每次标志指向做到基本一致。

(2)开机进行设置。开机后经检验有关指示灯与仪表显示正常后,方可进行自测试并输入测站号(测点号)、仪器高等信息。接收机启动后,观测员可使用专用功能键盘和选择菜单,查看测站信息接收卫星数、卫星号、卫星健康状况、各卫星信噪比、相位测量残差实时定位的结果及收敛值、存储介质记录和电源情况,如发现异常情况或未预料情况,及时作出相应处理。

(3)建立坐标系统,配置中央子午线,纵轴加常数。

(4)进行点校正,并检查结果是否正确。

(5)进行控制测量,并进行检核。

(6)完成表 9-19。

表 9-19　坐标转换信息表

<table>
<tr><td rowspan="2">建立坐标系统</td><td colspan="2">参考椭球长半轴/m</td><td colspan="2"></td><td colspan="2">参考椭球扁率</td><td></td></tr>
<tr><td colspan="2">投影中央子午线/(°)</td><td colspan="2"></td><td colspan="2">投影坐标轴东移/m</td><td></td></tr>
<tr><td rowspan="7">坐标转换</td><td rowspan="2">点名</td><td colspan="3">控制点的地方坐标</td><td rowspan="2">点名</td><td colspan="3">控制点的 WGS-84 坐标</td></tr>
<tr><td>X/m</td><td>Y/m</td><td>Z/m</td><td>B/(°　′　″)</td><td>L/(°　′　″)</td><td>H/m</td></tr>
<tr><td></td><td></td><td></td><td></td><td></td><td></td><td></td><td></td></tr>
<tr><td></td><td></td><td></td><td></td><td></td><td></td><td></td><td></td></tr>
<tr><td></td><td></td><td></td><td></td><td></td><td></td><td></td><td></td></tr>
<tr><td></td><td></td><td></td><td></td><td></td><td></td><td></td><td></td></tr>
<tr><td></td><td></td><td></td><td></td><td></td><td></td><td></td><td></td></tr>
</table>

续表 9-19

<table>
<tr><td rowspan="2">建立坐标系统</td><td colspan="3">参考椭球长半轴/m</td><td colspan="2"></td><td colspan="3">参考椭球扁率</td><td></td></tr>
<tr><td colspan="3">投影中央子午线/(°)</td><td colspan="2"></td><td colspan="3">投影坐标轴东移/m</td><td></td></tr>
<tr><td rowspan="11">坐标转换检核</td><td colspan="9">坐标转换残差</td></tr>
<tr><td colspan="2">水平残差</td><td colspan="3">(小于 2 cm)</td><td>垂直残差</td><td colspan="3">(小于 2 cm)</td></tr>
<tr><td colspan="9">当前坐标系统参数</td></tr>
<tr><td colspan="2">旋转角</td><td colspan="3">(小于 3°)</td><td>比例因子</td><td colspan="3">(接近 1 年)</td></tr>
<tr><td colspan="2">坐标转换参数采取方式</td><td colspan="7">□已知控制点的 WGS-84 坐标和对应的地方坐标
□仅有控制点的地方坐标　□没有控制点的坐标</td></tr>
<tr><td colspan="2">坐标重置</td><td colspan="7">□否
□是　坐标重置的控制点点名;________,测量时间为________ s。</td></tr>
<tr><td rowspan="4">控制点实测检核</td><td>点名</td><td></td><td>ΔX/m</td><td></td><td>ΔY/m</td><td></td><td>ΔH/m</td><td></td></tr>
<tr><td>点名</td><td></td><td>ΔX/m</td><td></td><td>ΔY/m</td><td></td><td>ΔH/m</td><td></td></tr>
<tr><td>点名</td><td></td><td>ΔX/m</td><td></td><td>ΔY/m</td><td></td><td>ΔH/m</td><td></td></tr>
<tr><td>点名</td><td></td><td>ΔX/m</td><td></td><td>ΔY/m</td><td></td><td>ΔH/m</td><td></td></tr>
</table>

RTK 数字测图

一、实训目的

(1)掌握 RTK 作业的过程、作业所需准备内容。
(2)能独立完成 RTK 图根控制测量。
(3)能根据需要选择合适的作业进行碎部点测量。

二、实训内容

(1)进行 RTK 基准站的架设和设置。
(2)进行点校正。
(3)进行 RTK 特征点的测量。
(4)掌握 RTK 连续运动测量地形的方法。
(5)进行测量数据的质量分析,绘制地形图。

三、仪器设备及资料准备

(1)基准站 GNSS 接收机、发射电台、天线、流动站接收机、接收天线、手簿、电源。
(2)点校正数据资料。
(3)测量绘图依据的规范。
(4)数据下载软件、数据处理软件。

四、实训步骤

(1)架设 RTK 基准站、流动站,并进行配置。

(2)进行点校正,并检查其正确性,记录下转换残差、转换参数。
(3)进行特征点测量,要求测量时间设置为 5 s。
(4)进行连续测量,按时间间隔和距离间隔分别进行练习。
(5)数据下载、数据处理,完成表 9-20。

表 9-20 RTK 地形测量信息表

<table>
<tr><td rowspan="2">建立坐标系统</td><td colspan="2">参考椭球长半轴/m</td><td colspan="2"></td><td colspan="3">参考椭球扁率</td><td></td></tr>
<tr><td colspan="2">投影中央子午线/(°)</td><td colspan="2"></td><td colspan="3">投影坐标轴东移/m</td><td></td></tr>
<tr><td rowspan="8">坐标转换</td><td rowspan="2">点名</td><td colspan="3">控制点的地方坐标</td><td rowspan="2">点名</td><td colspan="3">控制点的 WGS-84 坐标</td></tr>
<tr><td>X/m</td><td>Y/m</td><td>Z/m</td><td>B/(° ′ ″)</td><td>L/(° ′ ″)</td><td>H/m</td></tr>
<tr><td></td><td></td><td></td><td></td><td></td><td></td><td></td><td></td></tr>
<tr><td></td><td></td><td></td><td></td><td></td><td></td><td></td><td></td></tr>
<tr><td></td><td></td><td></td><td></td><td></td><td></td><td></td><td></td></tr>
<tr><td></td><td></td><td></td><td></td><td></td><td></td><td></td><td></td></tr>
<tr><td>坐标重置</td><td colspan="7">□否
□是 坐标重置的控制点点名:________,测量时间为________ s。</td></tr>
<tr><td>检核</td><td>点名</td><td></td><td>ΔX/m</td><td></td><td>ΔY/m</td><td></td><td>ΔH/m</td></tr>
<tr><td>碎部测量</td><td colspan="8">(1)观测碎部点的点名为________,观测碎部点的时间为________ s,测量控制器中设置的水平限差为________、垂直限差为________。
(2)观测点的水平中误差为________、垂直中误差为________。
(3)利用 RTK 进行地形测量时,什么地方有可能没有信号或是观测误差超限?</td></tr>
<tr><td>数据传输处理</td><td colspan="8">(1)手簿内数据导出的文件名________,数据文件类型为________。
(2)数据传输需要用到的软件是________,数据传输端口采用________。【COM1、COM2、USB】
(3)数据导入到台式电脑后文件名及扩展名为____________。
(4)写出一行数据文件记录的内容并解释其含义。
(5)地形图绘制使用什么软件?________________</td></tr>
</table>

RTK 点放样

一、实训目的

(1)掌握 RTK 作业的过程、作业所需准备内容。
(2)能独立完成 RTK 点校正。

(3)能独立进行点放样。

二、实训内容

(1)RTK 基准站的架设和设置。
(2)进行点校正。
(3)计算放样数据并导入手簿内。
(4)放样点、直线。
(5)检验放样点。

三、仪器设备及资料准备

(1)基准站 GNSS 接收机、发射电台、天线、流动站接收机、接收天线、手簿、电源。
(2)点校正数据资料。
(3)施工放样依据规范。
(4)放样图形或放样参数。

四、实训步骤

(1)架设 RTK 基准站和流动站。
(2)计算放样数据,然后根据接收机规定的数据格式编辑成放样数据文件。
(3)进行点校正,检核校正结果。
(4)使用同步软件连接手簿与电脑,将数据复制到手簿指定路径下,在手簿 RTK 软件下打开工作项目,将数据导入到项目内。
(5)根据作业流程填写表 9-21。

表 9-21 放样设置表

<table>
<tr><td rowspan="2">建立坐标系统</td><td colspan="3">参考椭球长半轴/m</td><td></td><td colspan="3">参考椭球扁率</td><td></td></tr>
<tr><td colspan="3">投影中央子午线/(°)</td><td></td><td colspan="3">投影坐标轴东移/m</td><td></td></tr>
<tr><td rowspan="8">坐标转换</td><td rowspan="2">点名</td><td colspan="3">控制点的地方坐标</td><td rowspan="2">点名</td><td colspan="3">控制点的 WGS-84 坐标</td></tr>
<tr><td>X/m</td><td>Y/m</td><td>H/m</td><td>B/(° ′ ″)</td><td>L/(° ′ ″)</td><td>H/m</td></tr>
<tr><td></td><td></td><td></td><td></td><td></td><td></td><td></td><td></td></tr>
<tr><td></td><td></td><td></td><td></td><td></td><td></td><td></td><td></td></tr>
<tr><td></td><td></td><td></td><td></td><td></td><td></td><td></td><td></td></tr>
<tr><td></td><td></td><td></td><td></td><td></td><td></td><td></td><td></td></tr>
<tr><td>坐标重置</td><td colspan="7">□否
□是 坐标重置的控制点点名:________,测量时间为________ s。</td></tr>
<tr><td>检核</td><td>点名</td><td></td><td>ΔXm</td><td></td><td>ΔY/m</td><td></td><td>ΔH/m</td></tr>
</table>

续表 9-21

<table>
<tr><td rowspan="2">建立坐标系统</td><td colspan="3">参考椭球长半轴/m</td><td colspan="3"></td><td colspan="4">参考椭球扁率</td><td colspan="2"></td></tr>
<tr><td colspan="3">投影中央子午线/(°)</td><td colspan="3"></td><td colspan="4">投影坐标轴东移/m</td><td colspan="2"></td></tr>
<tr><td rowspan="3">放样数据</td><td>点放样</td><td colspan="11">(1)少量坐标输入测量控制器内的方法是____________。
(2)大量数据输入测量控制器内的方法是____________。</td></tr>
<tr><td rowspan="2">直线放样</td><td>两点式</td><td>直线名</td><td></td><td>起点</td><td></td><td>终点</td><td colspan="4"></td><td>起始桩号</td><td></td></tr>
<tr><td>点角式</td><td>直线名</td><td></td><td>起点</td><td></td><td>方位角</td><td></td><td>长度</td><td></td><td>桩号间隔</td><td></td></tr>
<tr><td rowspan="2">放样检核</td><td>点位</td><td colspan="6">放样完成后测量该点坐标与设计坐标相比</td><td>ΔX/m</td><td colspan="2"></td><td>ΔY/m</td><td></td></tr>
<tr><td>边长</td><td colspan="6">图形放样完成后测量边长与设计值进行比较</td><td>ΔS/m</td><td colspan="4"></td></tr>
</table>

RTK 道路放样

一、实训目的

(1)掌握 RTK 作业的过程、作业所需准备内容。
(2)能独立完成 RTK 点校正。
(3)能独立完成道路放样。

二、实训内容

(1)RTK 基准站的架设和设置。
(2)进行点校正。
(3)计算放样数据并导入手簿内。
(4)放样道路。
(5)检验放样点或距离。

三、仪器设备及资料准备

(1)基准站 GNSS 接收机、发射电台、天线、流动站接收机、接收天线、手簿、电源。
(2)点校正数据资料。
(3)施工放样相关规范。
(4)放样图形或放样参数。

四、实训步骤

(1)架设 RTK 基准站和流动站。
(2)计算放样数据,然后根据接收机规定的数据格式编辑成放样数据文件。
(3)进行点校正,导入放样数据(如果先导入数据再进行点校正,那么放样有可能被点校正改变)。

项目十　GNSS 网络 RTK 技术和连续运行参考站*

项目概述

网络 RTK 是在一定区域内建立多个基准站(一般为 3 个或 3 个以上),反解出基准站间的残余误差项,然后用户根据自己的概略坐标内插出自己与基准站间的残余误差项(常规 RTK 将其视为零),进行实时厘米级精度的定位方式,又称为多基准站 RTK。网络 RTK 系统是利用网络 RTK 技术建立起来的实时 GNSS 连续运行卫星定位服务网络。

学习目标

◆知识目标

1. 了解连续运行参考站的工作原理;
2. 了解连续运行参考站的建立过程。

◆技能目标

1. 会申请 CORS 账号;
2. 会使用 CORS 进行测量和放样。

➢ 课程导入

CORS 是卫星定位技术、计算机网络技术、数字通信技术等高新科技多方位、深度结晶的产物。CORS 系统由参考站(基准站)网、数据处理中心、数据传输系统、定位导航数据播发系统、用户应用系统五个部分组成,各参考站与监控分析中心间通过数据传输系统连成一体,形成专用网络。

任务一　连续运行参考站建立*

随着国家信息化程度的提高以及计算机网络和通信技术的飞速发展,电子政务、电子商务、数字城市、数字省区和数字地球的工程化和现实化,需要采集多种实时地理空间数据,因此,中国发展连续运行参考站系统(Continuous Operational Reference System,CORS)的紧迫性和必要性越来越突出。当前,利用多基站网络 RTK 技术建立的 CORS 系统已成为城市 GNSS 应用的发展热点之一。

一、建立 CORS 的必要性和意义

CORS 系统是基于网络的、是动态、连续,同时也是快速、高精度地获取空间数据和地理特征的现代信息基础设施之一;运用了移动通信、计算机网络、GNSS、现代大地测量、地球动力学等技术和方法;提供移动定位、动态连续的空间参考框架和地球动力学参数等服务。

空间数据基础设施是信息社会、知识经济时代必备的基础设施。城市 CORS 是空间数据基础设施最为重要的组成部分,可以获取各类空间的位置、时间信息及其相关的动态变化。通过建设若干永久性连续运行的 GNSS 基准站,提供国际通用格式的参考站站点坐标和 GNSS 测量数据,以满足各类不同行业用户对精准定位,快速和实时定位、导航的要求,及时地满足城市规划、国土测绘、地籍管理、城乡建设、环境监测、防灾减灾、交通监控,矿山测量等多种现代化、信息化管理的社会要求。建立 CORS 的必要性和意义主要体现在以下几个方面:

(1)CORS 的建立可以大大提高测绘精度、速度与效率,降低测绘劳动强度和成本,省去测量标志保护与修复的费用,节省各项测绘工程实施过程中约 30% 的控制测量费用。由于城市建设速度加快,对 GNSS 的 C、D、E 级控制点破坏较大,一般在 5~8 年需重新布设,至于在路面的图根控制就更不用说,一两年就基本没有了,各测绘单位不是花大量的人力重新布设,就是仍采用支站方式。这不但保证不了精度,还造成了人力、物力、财力的大量浪费。随着 CORS 基站的建设和连续运行,形成了一个以永久基站为控制点的网络。所以,可以利用已建成的 CORS 对外开发使用,收取一定的费用,收费标准可以根据各地的投入和实际情况制定。

(2)CORS 的建立可以对工程建设进行实时、有效、长期的变形监测,对灾害进行快速预报。CORS 项目完成将为城市诸多领域如气象、车船导航定位、物体跟踪、公安消防、测绘、GIS 应用等提供精度达厘米级的动态实时 GNSS 定位服务,将极大地加快该城市基础地理信息的建设。

(3)CORS 将是城市信息化的重要组成部分,并由此建立起城市空间基础设施的三维、动态、地心坐标参考框架,从而在实时的空间位置信息面上实现城市真正的数字化。CORS 建成能使更多的部门和更多的人使用 GNSS 高精度服务,它必将在城市经济建设中发挥重要作用。由此带给城市的社会效益和经济效益是不可估量的,它将为城市发展进一步提供良好的建设和投资环境。

二、系统设计

连续运行参考站建立的流程是先进行用户需求分析,然后进行系统设计,再进行施工,最后进行测试、试运行,交付使用。CORS 系统的建立流程如图 10-1 所示。

系统设计内容包括项目概况、已有资料分析、技术依据及指标、系统总体设计方案、系统结构设计、关键技术及解决方案、项目验收、项目组织与管理、质量控制等。

(一)系统设计依据

系统设计依据有:国内标准规范;项目合同、协议等;技术设计书;其他相关文件。设计依据主要有以下几个:

(1)《国家大地测量基本技术规定》(GB 22021—2008);

(2)《全球导航卫星系统连续运行参考站网建设规范》(CH/T 2008—2005);

(3)《全球定位系统(GPS)测量规范》(GB/T 18314—2009);

(4)《建筑物防雷设计规范》(GB 50057—2010);

(5)《混凝土结构设计规范》(GB 50010—2010);

(6)《混凝土结构工程施工质量验收规范》(GB 50204—2002);

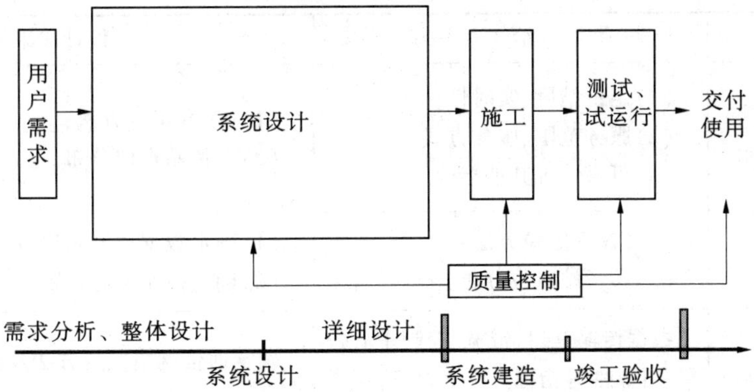

图 10-1 CORS 系统的建立流程

(7)《电子信息系统机房设计规范》(GB 50174—2008);
(8)《全球定位系统(GPS)测量型接收机检定规程》(CH 8016—1995);
(9)《测绘技术设计规定》(CH/T 1004—2005);
(10)《测绘技术总结编写规定》(CH/T 1001—2005);
(11)《测绘成果质量检查与验收》(GB/T 24356—2009);
(12)《卫星定位城市测量技术规范》(CJJ/T 73—2010)。

(二)系统设计方案

系统设计可分为网络设计和工程设计两部分,网络设计类似于整体设计,目标是根据需求得到 CORS 各种网络结构,如表 10-1 所示。

表 10-1 CORS 网络结构

分类	作用
业务网络设计	根据需求确定采用的 GNSS 技术手段以及服务范围
覆盖网络设计	确定共享关系
通信网络设计	确定通信方式及其结构

工程设计类似于详细设计,目标是根据网络设计成果得到土建施工、设备组成等可操作性的实施方案。

1. 网络设计

网络设计的最终目的是得到通信网络的拓扑结构和具体指标,作为工程设计的技术依据。覆盖网络和业务网络是虚拟的,只有通信网络是实际的。3 种网络分开设计的目标是保证最终的系统具有所要求的精度、服务范围、可靠性等服务质量(quality of service,QoS)指标。大型系统的设计,必须要考虑覆盖网络基本特性对系统稳定性、可靠性的影响。网络设计成果如表 10-2 所示。

表 10-2　网络设计成果

阶段	给定	设计成果
业务网络	(1)定位精度、实时性; (2)服务范围、服务方式; (3)可靠性等其他指标	(1)GNSS 定位方法; (2)参考站点位分布
覆盖网络	(1)GNSS 定位方法; (2)参考站点位分布	(1)确定数据传输延迟、带宽等; (2)确定控制中心位置
通信网络	数据传输延迟、带宽、控制中心位置、可靠性等指标	确定通信网络实现方法及其网络拓扑结构

参考站分布着重考虑地域条件、现代 GNSS 定位技术的限制因素。参考站作用范围如表 10-3 所示。

表 10-3　参考站范围

分类	分布范围
采用常规 RTK	北方:20~50 km,南方:10~20 km
采用网络 RTK	北方:50~100 km,南方:30~50 km
采用 CDGPS	可以达到 100~200 km
采用 PPP	可以达到 200~500 km

注:CDGPS 为普通差分全球定位系统(Common Differential Global Positioning System)。

参考站点位必须经过 24 h(以上)的连续观测,利用 GNSS 数据预处理软件(translationediting and quality checking,TEQC)等工具分析数据有效性、多路径影响等参数。参考站选址时要考虑参考站观测环境、参考站供电、安全性考察和多路径影响等。

可在系统服务范围之内单独建立一个参考站,作为固定流动站使用,即接收系统差分信息,不间断地定位,精度超差时向控制中心报警,也可以将系统中的任何一站作为固定流动站使用,方法同上。

2. 工程设计

工程设计的目的是得到土建施工、设备组成等可操作性的实施方案。具体设计内容包括基建设计(观测墩设计、机房设计)、内部局域网设计、安全性设计(防护设计、信息安全性设计)、软件系统设计等。

三、连续运行参考站构成

(一)连续运行参考站

连续运行参考站(以下简称参考站)是由卫星定位系统接收机(含天线)、计算机、气象设备、通信设备及电源设备、观测墩等构成的观测系统。它长期连续跟踪观测卫星信号,通过数据通信网络定时、实时或按数据中心的要求将观测数据传输到数据中心。它可独立或组网提供实时、快速或事后的数据服务。

(二)数据通信网络

数据通信网络是利用通信链路实现参考站与数据中心、数据中心与用户数据交换的系统。它完成数据传输、数据产品分发等任务。

(三)数据中心

数据中心是汇集、存储、处理和分析参考站数据资源,远程监控参考站运行状态,并形成产品和开展服务的系统。

用户只需 1 台 GNSS 接收机,进行野外作业时,即可进行毫米级、厘米级、分米级、米级的,准实时、实时地快速定位、事后定位或导航定位。

四、分类与布设原则

依据管理形式、任务要求的应用范围,连续运行参考站网可划分为国家参考站网、区域参考站网、专业应用站网。国家参考站网可作为区域参考站网、专业应用站网建设和应用的参考基准。

(一)国家参考站网

国家参考站网是用于维持和更新国家地心坐标参考框架的参考站网,是国家地理空间信息的基础框架之一,也是国家经济建设、国防建设的基础设施,用于开展全国范围内高精度定位、导航、工程建设和科学研究服务。

国家参考站网的布设应顾及社会发展、经济建设和自然条件等因素,参考站间距离为 300 km 左右,并满足事后厘米级精度定位服务的要求。

(二)区域参考站网

区域参考站网是在省、市地区建立的参考站网,用于构成高精度、连续运行的区域坐标参考框架,提供不同精度的位置服务和相关信息服务。国家 CORS 中心与区域 CORS 中心的关系如图 10-2 所示。

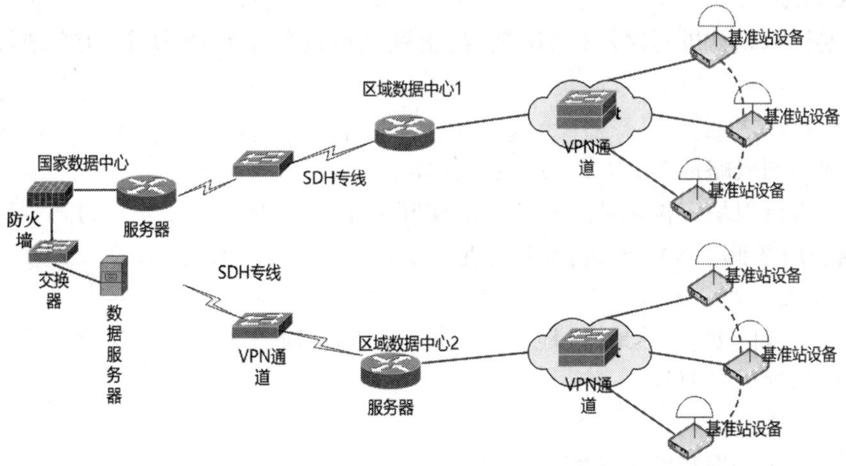

图 10-2 国家 CORS 中心与区域 CORS 中心的关系

区域参考站网的布设按实时定位服务精度的不同选择参考站间距离,具体要求按表 10-4 规定。

表 10-4　参考站间距离

实时定位精度	分米级	厘米级
参考站间距离/km	50~150	20~50

(三)专业应用站网

专业应用站网是由专业部门或机构根据专业需求建立的参考站网,用于开展专业信息服务。专业应用站网的布设根据专业服务目标进行设计,满足位置服务要求的参考站间距离按表 10-4 执行。

五、参考站建立

(一)选址

1. 观测环境

应距易产生多路径效应的地物(如高大建筑、树木、水体、海滩和易积水地带等)的距离不小于 200 m;应有 10°以上地平高度角的卫星通视条件;距电磁干扰区(如微波站、无线电发射台、高压线穿越地带等)的距离不小于 200 m;避开易产生振动的地带。

2. 地质环境

国家参考站网的参考站应建立在稳定块体上,避开地质构造不稳定地区(如断裂带、易发生滑坡与沉陷等局部变形地区)和易受水淹或地下水位变化较大的地区;区域参考站网和专业应用站网的参考站参照上述要求或依据自身特殊需求选择稳定的建站环境。

3. 维持条件

便于接入公共或专用通信网络;具有稳定、安全可靠的电源;交通便利,便于人员往来和车辆运输;便于长期保存。

4. 实施步骤

(1)根据技术设计进行踏勘,确认基岩、土壤类型及其承重能力等,在实地按要求选定点位。

(2)实地绘点之记。

(3)实地绘制概略地图,供参考站设计使用。

(4)实地进行卫星定位观测,以 15 s 采样间隔记录不少于连续 4 h 的观测数据。当载波相位数据利用率低于 80%时,应变更站址。

5. 提交成果

(1)所属行政区划、自然地理、地震地质概况、交通、通信、物质、水电、治安等情况。

(2)点位的远近景照片。

(3)选址点之记。

(4)实地测试数据和结果分析。

(5)收集的其他资料。

CORS 旨在建立一个高精度、高时空分辨率、高效率、高覆盖率的 GNSS 信息服务网,把 GNSS 这一高新科技综合应用于地籍测量、工程测量、气象检测、地面沉降检测以及城市信息化等领域,同时兼顾社会公共定位服务,以满足日益增长的城市综合管理与城市化建设的需求。它是卫星导航定位技术、测绘学科、气象学科、地理信息系统、计算机技术与现代通信技术等的有机结合,可为经济持续、健康的发展提供基础信息。CORS 系统将在数字城市的建设和城市规划、建设、管理中发挥巨大的作用。表 10-5 为 CORS 系统在行业中的应用。

表 10-5 CORS 系统在行业中的应用

精度	应用领域	主要用途	精度需求/m	实时性需求
厘米级	地表及建筑物变形监测	安全监测	±(0.001~0.005)	准实时或事后
	测绘工程	测图、施工控制	±(0.01~0.1)	准实时或事后
	工程施工	施工、放样、管理	±(0.01~0.1)	准实时
分米级	农业管理	精细农业、土地平整	±(0.1~0.3)	延时≤5 s
	海、空、港管理	船只、车辆、飞机进港后调试	±(0.5~1)	延时≤3 s
	地理信息更新	城市规划、管理	±(0.1~5.0)	准实时
	线路施工及其测绘	通信、电力、石油、化工、沟渠、施工及竣工测绘	±(0.1~5.0)	准实时
米级	空中交通监控	飞机进近与着陆	±(0.5~6)	延时≤1 s
	地面交通监控	车、船行程管理、自主导航	±(1~10)	延时≤3 s
	公共安全	特种车辆监控事态应急	±(1~10)	延时≤3 s

(二)基建

1. 观测墩

观测墩一般为钢筋混凝土结构,依照参考站地理、地质环境,观测墩可分为基岩观测墩、土层观测墩和屋顶观测墩三类。

2. 观测室

观测室面积不小于 15 m^2。观测室应建在地基牢固的地点,设计时应考虑防水、排水、防风、防雷等因素;电力和信号管线应分别布设,预埋两种管线通道,并进行动物防护处理。观测室内的温度和相对湿度应满足仪器设备正常运行的要求。

3. 提交成果

参考站设计方案,包括整体样式、观测墩结构、观测室结构、管线、排水、安防等专项设计,施工方案、经费预算等。

参考站基建工程报告,包括施工进度、经费使用、建筑结构图、竣工地形图(站周围 20 m 范围)等。

(三)设备配置

参考站主要设备由 GNSS 接收机、天线、气象设备、不间断电源、通信设备、雷电防护设备、计算机、集成柜等组成。

GNSS 连续运行基准站室外及室内设备如图 10-3 所示。

1. 接收机

(1)具有同时跟踪不少于 12 颗全球导航定位卫星的能力。

(2)至少具有 1 s 采样数据的能力。

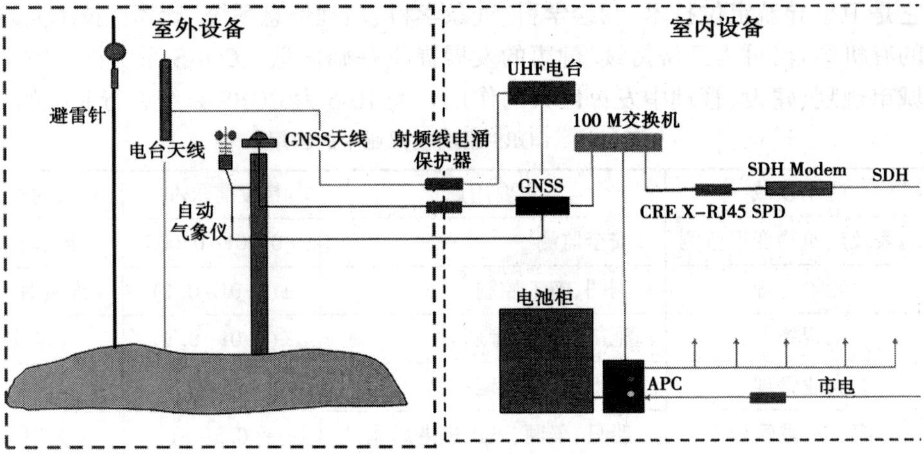

图 10-3　GNSS 连续运行基准站室外及室内设备

(3)观测数据至少包括:双频测距码、双频载波相位值、卫星广播星历。

(4)具有在-20~ +55 ℃、湿度 95%的环境下工作的能力。

(5)具备外界频标输入口,可配 5 MHz 或 10 MHz 的外接频标。

(6)具备 3 个以上的数据通信接口,接口可包括 RS232、USB、LAN 等。

(7)具有输出原始数据、导航定位数据、差分修正数据、1PPS 脉冲的能力。

(8)在 30 s 采样率的条件下,接收机内存可连续保存至少 7 d 的数据。

2. 天线

(1)相位中心稳定性优于 1 mm。

(2)具备抗多路径效应的扼流圈或抑径板。

(3)具有抗电磁干扰能力。

(4)具有定向指北标志。

(5)在-40~ +65 ℃的环境下正常工作。

(6)气候条件恶劣地区应配有保护罩,如图 10-4 所示。

3. 气象设备

(1)可精确测定气压、温度、湿度气象元素。

(2)气压测定精度±0. 1 hPa,温度测定精度±0. 5 ℃,湿度测定精度±1%。

(3)可连续测定气象元素,具有多采样间隔设置的能力。

(4)具备数据实时传输的功能。

4. 电源设备

(1)单相市电供电,并加装线式不间断电源(uninterruptible power supply,UPS)。

(2)后备电源可选择使用太阳能、大容量电池组等。

(3)后备电源单独供电时,至少能维持参考站连续运行 12 h。

图 10-4　扼流圈和保护罩

(4)电源线路应做接地保护并加装电泳防护设备。

5. 计算机与软件

(1)应选择符合工业标准的计算机。

(2)计算机应具备 4 个以上的数据通信接口,包括 RS232、USB、LAN 等。

(3)计算机至少应具备连续存储一年采样率为 30 s 的观测数据的能力。

(4)应用软件应具有数据下载、格式转换、自动存储、自动传输等功能。

(5)应用软件选用商用软件或自行研制。

(四)数据中心

数据中心主要由参考站网管理系统、数据处理分析系统和产品服务系统组成。数据中心以计算机及网络技术为基础,用于数据存储、处理分析和产品服务。

1. 参考站网管理系统

参考站网管理系统负责对参考站设备状况进行远程监控,对参考站产生的数据源进行采集、分流、整理和存储,对数据中心产生的各类结果数据进行规范化管理。其中源数据包括参考站原始观测数据、广播星历、气象观测数据等;成果数据包括参考站信息、参考站坐标、速度、大气参数、坐标转换参数、精密星历等。

2. 数据处理分析系统

数据处理分析系统对参考站源数据进行处理和分析,产生成果数据。数据处理应进行源数据、站信息、卫星星历、地球动力学参数等数据准备,完成格式转换、粗差探测、周跳修复等预处理,进行基线解算和网平差等工作。数据分析包括参考站坐标时间序列分析、速度场分析、数据质量分析等。专业应用站网根据专业需求进行数据处理分析。

3. 产品服务系统

根据产品的内容,产品服务可分为位置服务、时间服务、气象服务、源数据服务等类型,如表 10-6 所示。

表 10-6 服务类型

参考站网类型	位置服务			卫星轨道服务		时间服务		气象服务	源数据服务
	实时	快速	事后	预报	事后	预报	事后		
国家参考站网	*	提供	提供	提供	提供	提供	提供	可选	提供
区域参考站网	提供	提供	提供	可选	可选	可选	可选	可选	提供
专业应用站网	可选	可选	提供	可选	可选	可选	可选	可选	提供

注:“*”表示随着技术发展,国建参考站网根据需求可提供。

(五)数据通信网络

国家参考站网应在专用网络上构建数据通信网络;区域参考站网和专业应用站网中纳入国家参考站网的参考站,应通过数据共享机制连接到国家参考站网数据中心。

1. 基本要求

(1)采用 TCP/IP 作为数据通信协议。

(2)连接参考站的通信链路可以采用数据专线、无线扩频等通信方式。

(3)连接数据中心的通信链路可采用数据专线、卫星通信等通信方式。

(4)国家参考站网的参考站数据应每日定时传输。

(5)区域参考站网和专业应用站网需要提供实时服务时,应具备数据实时传输能力。

2. 参考站接入端技术指标

(1)通信速率大于 16 kb/s。

(2)误码率小于 10^{-8}。

(3)可用性大于 95%。

3. 数据中心接入端技术指标

(1)通信速率大于 2 Mb/s。

(2)误码率小于 10^{-9}。

(3)可用性大于 98%。

(六)参考站网测试

参考站网建成后应进行整网运行测试,并形成测试报告。可进行如下测试:

(1)测试参考站数据采集、数据完好性。

(2)测试参考站到数据中心和数据中心到用户之间数据传输的稳定性,提供网络通信链路的通信速率、误码率、可用性以及数据传输的延迟大小。

(3)测试数据中心对参考站的监控能力,包括通过数据通信网络监视和控制参考站工作状况、参数配置、数据采集和传输等。

(4)测试实时定位的覆盖范围和有效作业时间。

(5)测试站网数据产品服务内容和精度指标,包括坐标框架、实时定位、快速定位、事后定位、卫星轨道、源数据服务等内容以及相应的精度测试。

(七)参考站维护

(1)应保障全年每天连续 24 h 正常运行,必要时宜安装报警系统。

(2)应定期进行设备检测,必要时进行设备更新。

(3)应定期与国际 IGS 站进行联测解算,维持坐标框架更新。

(4)根据需要对埋设的水准标志按照国家水准联测纲要进行定期测定。

(5)根据需要对埋设的重力标石与国家重力基本网进行定期联测。

➤ 小贴士

连续运行参考站(CORS)可以定义为一个或若干个固定的、连续运行的 GNSS 参考站,利用计算机、数据通信和互联网组成的网络,实时地向不同类型、不同需求、不同层次的用户自动地提供经过检验的不同类型的 GNSS 观测值(载波相位、伪距)、各种改正数、状态信息以及其他有关 GNSS 服务项目的系统。

任务二　申请使用连续运行参考站网程序(1)*

连续运行参考站(CORS)是一种基础设施、综合服务系统,不仅可以应用网络 RTK 技术、PPP 技术为用户提供实时定位服务,而且具有很多其他的功能,比如变形监测、气象服务、地震服务等。网络 RTK 系统是 CORS 系统中为用户提供实时高精度动态定位服务的系统。

一、国外 CORS 发展概况

国际大地测量发展的一个特点是建立全天候、全球覆盖、高精度、动态、实时定位的卫星导航系统。在地面则建立相应的永久性连续运行的 GNSS 参考站。目前,世界上较发达的国家都建立或正在建立 CORS 系统。

美国的 CORS 系统由美国国家大地测量局负责,该系统的当前目标是:①使全部美国领域内的用户能更方便地利用该系统来达到厘米级水平的定位和导航;②促进用户利用 CORS 来发展 GIS;③监测地壳形变;④支持遥感的应用;⑤求定大气中水汽分布;⑥监测电离层中自由电子浓度和分布。

美国国家大地测量局为了强化 CORS,不断增加参考站来改善该系统的空间覆盖率。CORS 的数据和信息包括接收的伪距和相位信息、站坐标、站移动速率矢量、GNSS 星历、站四周的气象数据等,用户可以通过信息网络如互联网,很容易下载得到。

英国的 CORS 系统的功能和目标类似于上述 CORS,但结合英国本土情况,多了一项监测英伦三岛周围海平面的相对和绝对变化的任务。

德国的全国卫星定位网由 100 多个永久性 GNSS 跟踪站组成。它也提供 4 个不同层次的服务:①米级实时 DGNSS,精度为±(1~3)m;②厘米级实时差分 GNSS,精度为(1~5)cm;③精度为 1 cm 的准实时定位;④高精度大地定位,精度优于 1 cm。

其他欧洲国家,即使领土面积比较小的芬兰、瑞士等也已建成具有类似功能的永久性 GNSS 跟踪网,作为国家地理信息系统的基准,为 DGNSS 差分定位、导航、地球动力学和大气提供科学数据。

在亚洲,目前日本已建成近 1 200 个 GNSS 连续运行站网的综合服务系统。它在以监测地壳运动地震预报为主要功能的基础上,结合大地测量部门、气象部门、交通管理部门开展 GNSS 实时定位与差分定位、GNSS 气象学、车辆监控等服务。

二、国内 CORS 发展概况

随着国家信息化程度的提高及计算机网络和通信技术的飞速发展,电子政务、电子商务、数字城市、数字省区和数字地球的工程化和现实化,需要采集多种实时地理空间数据,因此中国发展 CORS 系统的紧迫性和必要性越来越突出。几年来,国内不同行业已经陆续建立了一些专业性的卫星定位连续运行网络。目前,为满足国民经济建设信息化的需要,一大批城市、省区和行业正在筹划建立类似的连续运行网络系统。

深圳市是我国第一个建立 CORS 系统的城市,现在全国大部分省、市也已初步建成或正在建立省、市级 CORS 系统。四川地震局建立的 CORS 系统原本主要目的是用来监控四川地区地震灾害,但是通过对其潜在功能的挖掘,在 GNSS 大地测量方面开发利用,通过授权拨号登录,对外开放网络使用权,实现用户 GNSS 实时高精度差分定位,从而取得了一定的收益。

三、申请使用连续运行参考站网程序

(一)提出申请

目前各省的连续运行参考站(CORS)均由各省或市的相关部门负责。如果相关部门想使用当地的 CORS 系统,而用户又具备了使用网络 RTK 的条件,例如用户有 GNSS 接收机,或是具有测绘资质,或是能使用 GPRS 或 CDMA 等无线网络通信等方面,则可向连续运行参考站的负责单位提出申请,并填写用户注册申请表。江苏 CORS 的网络 RTK 用户注册申请表如表 10-7 所示。

表 10-7　JSCORS 网络 RTK 用户注册申请表

编号:

申请信息(本栏由用户填写并加盖单位公章)	单位名称			
	单位地址		邮编	
	法人代表		法人电话	
	联系人		联系人手机	
	联系人电话		联系人 E-mail	
	设备型号 1		SIM 卡电话号码 1	
	用户名 1		用户密码 1	
	设备型号 2		SIM 卡电话号码 2	
	用户名 2		用 户 密 码 2	
	设备型号 3		SIM 卡电话号码 3	
	用户名 3		用户密码 3	
	设备型号 4		SIM 卡电话号码 4	
	用户名 4		用户密码 4	
	申请类型(限选一种)	☐ RTK　☐ RTD		
其他需说明内容				
注册开通	经　办　人		日　　期	

注:1. 本表按申请用户名分别填写,一式二份,用户与系统服务方各执一份。

2. 每个用户对应一份申请表。

(二) 签订协议

为推进测绘信息化体系建设和测绘基础框架体系,扩展 CORS 系统的服务及应用,提高测绘生产效率,满足测绘单位基于 CORS 系统的应用要求,CORS 管理中心会面向测绘单位提供 CORS 系统的数据服务工作及技术支持。为了能更好地发挥 CORS 的功能,就 CORS 技术支持服务的事情达成协议。一般协议文件包括合作背景、合作条件、技术支持服务内容、用户约定、特殊情况的责任承担、资费标准及结算方式、协议的变更、转让与终止、其他约定。

(三) 获取账号和密码

手续办理完成后,CORS 管理使用期间仅限一台仪器及一张 SIM 卡捆绑使用。所有用户不得泄漏、出借注册用户名和密码。

➤ 小贴士

目前各省的连续运行参考站(CORS)均由各省或市的测绘相关部门负责。如果想使用当地的CORS系统,则可向连续运行参考站的负责单位提出申请,就CORS技术支持服务的事情达成协议,并填写用户注册申请表,缴纳一定的使用费用即可使用。

任务三　申请使用连续运行参考站网程序(2)*

2015年8月18日,备受各界关注的中国位置——千寻位置网络有限公司(简称千寻位置)经过国家工商总局核准名称后在上海市杨浦区正式挂牌成立。这标志着中国人自己的北斗卫星导航系统的应用迈出了重要步伐,是数字时代时空智能基础设施。通过北斗地基增强全国一张网的整合与建设,掀开了新的篇章。千寻位置网络有限公司注册资本20亿元人民币,由中国兵器工业集团公司和阿里巴巴集团共同出资设立,各占50%股权。2019年10月,完成A轮10亿元人民币融资,估值超130亿元人民币。

千寻位置计划以卫星定位为基础,融合各类定位技术,针对特定的应用场景,不同的应用终端,推出与实际场景相结合的解决方案,向各类终端和应用系统提供米级至厘米级的高精准位置服务;并分享对位置相关的海量数据接入、存储、融合和开放的能力,为企业和开发者的集成开发、应用推广提供一站式的服务支撑;让精准位置服务成为连接、激活和驱动位置(北斗)生态发展的新的互联网基础设施。

千寻位置既可以利用阿里的云服务,又能够直接和北斗导航系统对接。千寻位置已经在全国建立2 200个地基增强站,而在海外也铺设了120个地基增强站,接收北斗卫星系统(兼容GPS、GLONASS、Galileo)的基础定位数据,然后利用自主定位算法,通过互联网技术进行大数据运算,提供精准定位及延展服务,这是其提供高精度定位服务的底气。千寻的地基信号增强站则可以通过自有的观测,为卫星定位信号提供辅助,修正误差,提高定位精度。当然,阿里的云计算、储存在其中也发挥了重要作用。

2018年5月16日,千寻位置在发布了天音计划——星地一体高精度时空服务(以简称天音计划)。这项计划由国家北斗地基增强系统"全国一张网"、星基增强系统、星地一体融合能力及千寻位置的全球站网系统构成,与单一星基产品相比,天音计划动态厘米级定位服务首次定位时间缩短97%以上,定位精度可提高50%,服务可用率高达99.999%。为用户提供高精度、高可靠、实时无缝的高精度时空服务。

地基增强系统是在地面建立一个物理基站,而星基增强则是租用通信卫星中的一个频段。目前千寻已经面向全球开放1 545.955 MHz星基频段,提供高精度定位服务。此外,千寻位置背后的阿里云等基础设施资源,也为天音计划提供了帮助。千寻位置的每一个基站都是通过专线接入阿里云,这为数据传输效率提供了保障。

天音计划动态厘米级定位服务,与千寻跬步(FindM)亚米级高精度定位服务、千寻跬步专业版(FindM Pro)亚米级高精度定位服务、千寻立见(FindNow)加速定位服务共同组成千寻位置高精度实时定位服务产品线。天音计划动态厘米级定位服务具有覆盖范围更广、成本更低的特点,可以被更低功耗、更小体积的物联终端使用,满足智能物联网时代对于无缝、连续、安全可靠的精准定位和复杂时间协同的需求,在自动驾驶、无人机等涉及用户人身和生产安全的应用场景中发挥重要价值,赋能全球智能物联网应用产业生态。

天音计划采用地球同步轨道卫星和互联网双路播发,为包括沙漠、海洋、高空等无网络覆盖区域、网络覆盖断续的区域提供 7×24 h 高可用的动态厘米级定位服务。天音计划的目标是覆盖全球,但是会有阶段性计划,第一期会覆盖亚太地区,2019 年覆盖欧洲和非洲,到 2021 年实现星地一体的全球覆盖。

申请使用连续运行参考站网程序如下所述。

一、服务内容

首先要登录千寻位置公司的网站,其可提供多种服务,如图 10-5 所示。他们分别是千寻知寸-FindCM、千寻跬步 专业版-FindM Pro、千寻云踪-FindS、千寻跬步专业版 FindM Pro-Q、FindTrace、千寻立见 FindNow、千寻见微 FindMM、FindPixel 和千寻数境(QXMap)。这 9 种服务内容如表 10-8 所示。

图 10-5　千寻位置公司的网站首页

二、签订协议

根据千寻位置网络有限公司服务协议,如果相关部门想购买千寻位置的相关产品服务,需先完善个人或企业基本信息。用户必须具备使用网络 RTK 的条件,例如用户有 GNSS 接收机,或是具有测绘资质,或是能使用 GPRS 或 CDMA 等无线网络通信,并在网络上填写注册申请,在付费之后,千寻位置才开始提供服务。若下单后未付费的,本服务条款以及就服务所达成的一切行为或允诺将即时失效。付款成功后,用户有权在工作日时间内(周一至周五 09:00—18:00,节假日除外,下同)向千寻位置索要发票,千寻位置收到需求后将及时邮寄发票给用户。

用户在申请使用千寻位置网络服务时,必须向千寻位置提供真实、正确及完整的个人资料,如个人资料有任何变动,必须及时更新,千寻位置将按法律法规之要求对上述资料进行实名认证并将不定期审核。因用户提供个人资料不真实、不正确、不完整或擅自供给他人使用而引发的一切后果由用户承担,同时,千寻位置保留采取法律措施的权利。图 10-6 是千寻位置网络有限公司账号登录页面。

表 10-8　千寻位置服务内容

序号	名称	服务内容	图标
1	千寻知寸 FindCM	厘米级高精度定位，基于双频 RTK（载波相位差分）技术开发，能够为全国 33 个省（市、自治区）提供位置数据服务。支持移动通信网络接入，使用范围内的各类终端和应用系统均可使用。具有稳定性、高效性的特点，能够为全国地区（除西部无人区）提供位置数据服务	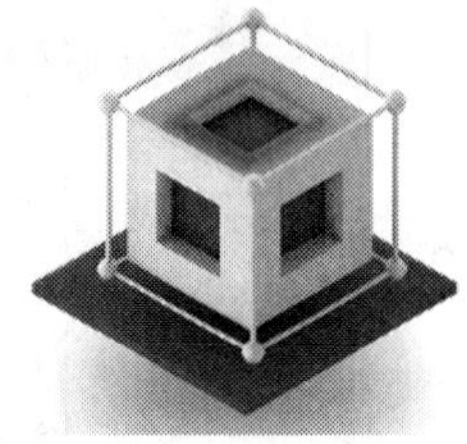
2	千寻跬步专业版 FindM Pro	亚米级高精度定位，基于 RTD（实时动态码相位差分）技术开发，能够提供全国 33 个省（市、自治区）覆盖范围内的位置数据服务。通过互联网提供 7×24 h 高可用播发，可为物流监控、车辆导航、可穿戴设备提供精度更高的实际应用。能够为全国地区（除西部无人区）提供位置数据服务	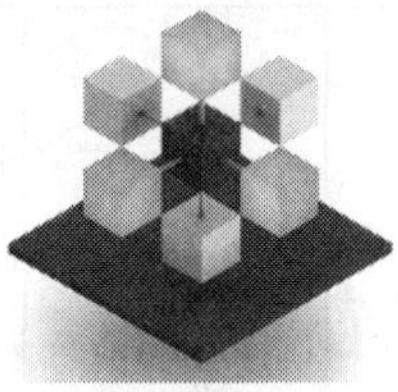
3	千寻云踪 FindS	基于云计算的位置数据接入、存储、计算和调用的云数据平台。支持用户自定义数据存储时间，是否开启轨迹抽稀、漂移点检测、道路匹配、电子围栏等扩展功能。服务支持个性化定制，并整合多种算法能力，为开发者提供“一站式”服务支持	
4	千寻跬步专业版 FindM Pro-Q	亚米级高精度定位产品，基于单频 RTK（载波相位差分）技术开发，能够为全国大部分地区提供位置数据服务。通过互联网提供 7×24 h 高可用播发，产品使用范围内的各类终端和应用系统均可使用。产品具有稳定性、高效性、支持高并发的特点，兼顾成本和精度，可为智能驾驶、手机、精细农业、可穿戴等行业提供实际应用	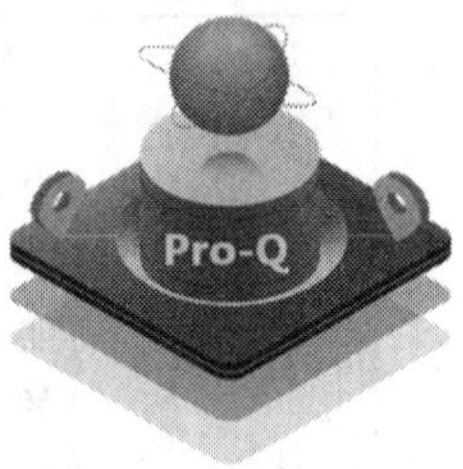
5	FindTrace	高精度（GNSS+INS）后处理位置解算服务，通过智能组网、长基线 RTK、卫星与惯导融合、反向平滑等算法，全面提升数据解算精度与可靠性，为高精度地图采集、测量测绘、精准农业、飞行巡检等行业提供后处理的高精度的轨迹、姿态数据	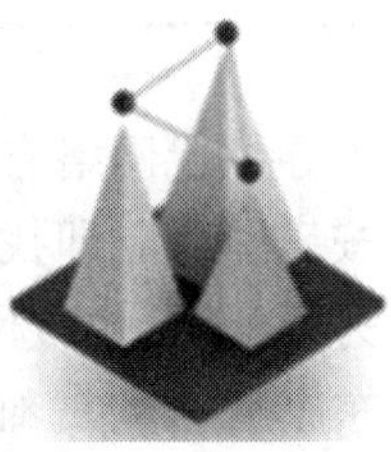

续表 10-8

序号	名称	服务内容	图标
6	千寻立见 FindNow	卫星加速辅助定位系统,是全方位支持 A-GPS / A-GLONASS / A-北斗三大卫星系统的标准化 A-GNSS 服务,也是全球首个支持 A-BDS 的辅助定位系统。终端首次定位时间 3 s,为用户提供准确性更高的定位服务,完全支持使用我国自主研发的北斗导航系统的终端用户,大大提高北斗终端用户的位置服务体验。具有高灵活性、低成本的特点,适合大规模推广。适用于智能手机、车载导航、可穿戴设备定位等各类移动终端	
7	千寻见微 FindMM	后处理高精度定位产品,遍布全国的北斗地基增强站、自主研发的定位算法,FindMM 静态 GNSS 高精度定位服务可 7×24 h 提供的高精度位置数据,包括区域网平差、后处理解算、实时解算三种级别的解算模式。主要应用于变形监测领域,在边坡监测、矿山监测、铁塔监测、房屋监测、大坝桥梁监测、区域性沉降监测等场景中提供实际应用	
8	FindPixel	3D 高精度技术,重构现实世界。集高精度定位、大数据、专业三维建模引擎等技术于一身,零门槛、高效率、按需使用。提供从倾斜摄影粗模到精模的一站式服务,可获得细节更精致、更美观的实景三维模型,满足各类现场建模的应用需求	
9	千寻数境 (QXMap)	面向数字孪生打造的新一代 3D 地图引擎。它基于数字地球内核,采用 Web 零客户端和 WebGL2.0 技术,实现了 GIS 技术与游戏引擎技术的深度融合,内置丰富的空间分析工具集,支持海量 3D 数据的流畅加载与渲染,并提供了多样的时空数据统计图表	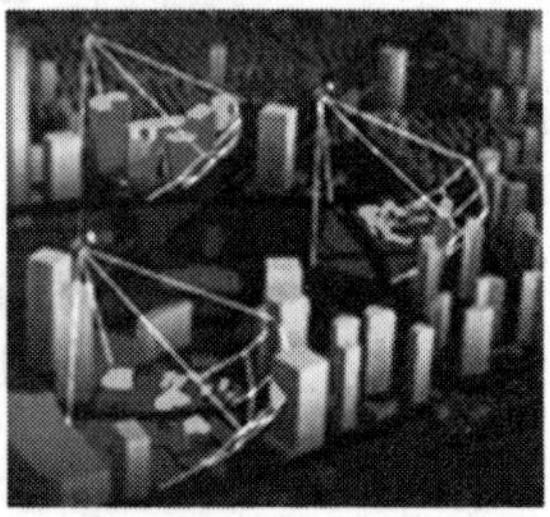

千寻位置网络有限公司根据用户需求的快速登录页面,见图 10-7,用户可根据需求点击相应按钮即可立即找到相应的位置服务内容,方便快捷。

另外,千寻位置网络有限公司还提供了手机千寻位置 APP,通过千寻位置天猫旗舰店和京东旗舰店的二维码扫描,可购买千寻位置网络有限公司提供的各种服务,如图 10-8 所示。

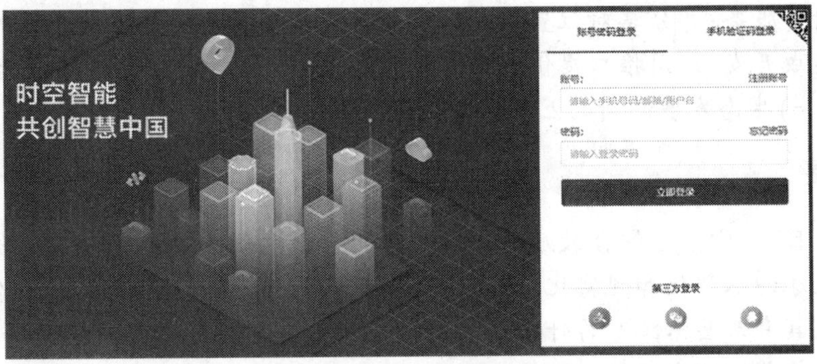

图 10-6　千寻位置网络有限公司账号登录页面

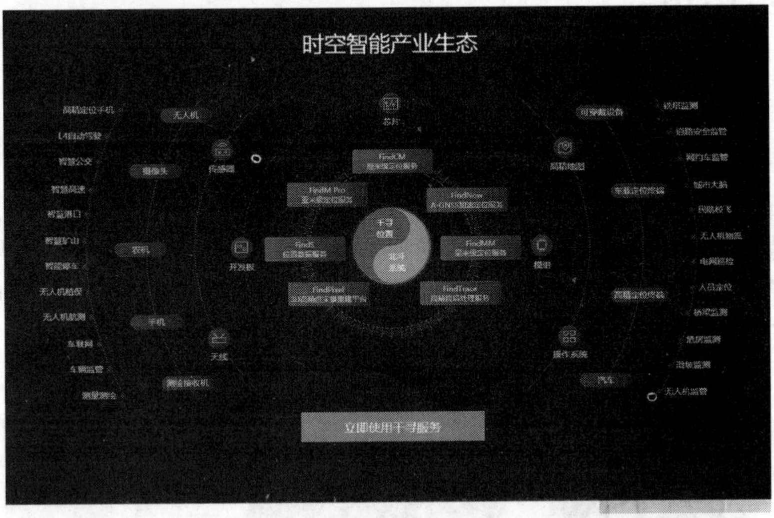

图 10-7　千寻位置时空智能产业生态

图 10-8　掌上千寻

➢ 小贴士

千寻位置计划以卫星定位为基础，融合各类定位技术，针对特定的应用场景，不同的应用终端，推出与实际场景相结合的解决方案，向各类终端和应用系统提供米级至厘米级的高精准位置的付费服务;并分享对位置相关的海量数据接入、存储、融合和开放的能力,为企业和开发者的集成开发、应用推广提供一站式的服务支撑;让精准位置服务成为连接、激活和驱动位置(北斗)生态发展的新的互联网基础设施。

➢ 知识链接

学习本项目时,学生应结合教师的讲解思考为什么电子政务、电子商务、数字城市、数字省区和数字地球的工程化和现实化,需要采集多种实时地理空间数据?地理空间数据对我国现代化发展具有哪些意义?为什么这些地理空间数据需要分不同的精度要求?具体情况可以查看本书推荐的官方网站。

阅读与应用

GNSS 无网惯导测量

想要更高精度?有遮挡,想提高固定率?网络信号弱、不稳定,甚至无网,还要赶工作,怎么办?千寻推出的无网惯导测量方法,受到了测绘行业用户的热追。经过大家的使用,一致体验是:竟然还可以在无网络环境下实时作业,测量精度达到实时 RTK 精度。用于无网惯导测量的 RTK 接收机如图 10-9 所示。

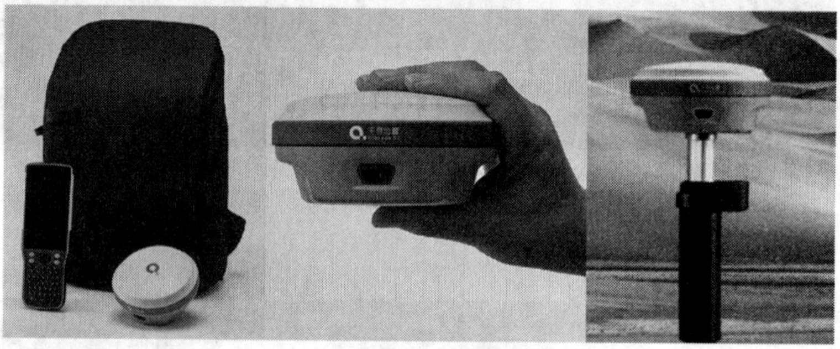

图 10-9　用于无网惯导测量的 RTK 接收机

一、GNSS 无网测量,让外业更轻松

无网测量不仅能满足外业测量中对精度要求极高的控制点、图根点测量,还可以应对楼房、山地等遮挡场景,帮助提升测量固定率。对于外业测量经常遇到网络较弱的环境,甚至无通信网络状况,无网测量能力的应对效果显而易见。

二、独具 4 大优势,解锁测量新姿势

千寻推出的无网惯导测量接收机支持 5 星 16 频服务,配置智能语音工作模式、切换界面、测量放样,真正释放双手,开机就可固定测量,遮挡场景获得更优定位效果如图 10-10 所示,基于多历元反向冗余解算,无网测量精度优于实时 RTK 性能,无须架设基站,使用成本

更低,关键是可以持续使用,不担心无网测量使用时长问题。在更大的范围内、无网络地区实现测绘作业的固定超快 、坐标统一 、精度高可用。无网测量的 4 大能力优势:

(1)可用范围覆盖全国 33 个省级行政区;

(2)采用统一的坐标框架,无须坐标转换;

(3)测量精度可达实时 RTK 精度,甚至更高;

(4)无网测量作业时长连贯持续,不受时间限制。

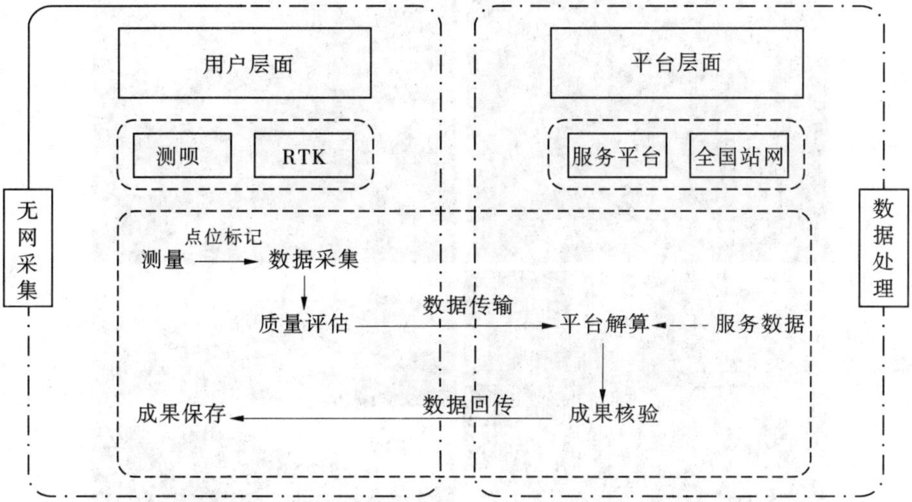

图 10-10 基于全国服务+整机硬件+测量软件+算法协同能力

无网测量结合北斗地基增强系统的全国一张网能力,用户可在无网状态下完成所需点位的数据采集,GNSS RTK 终端算法在无网状态下对所测点位进行质量评估,确保采集点位的可靠性,在返回有网络环境下自动进行数据解算,并将成果直接反馈到千寻测呗 APP 点库中。

三、支撑 3 大能力,无网测量发挥价值

作为端云协同能力的典型融合,目前只有千寻位置 GNSS RTK 能够提供无网测量功能。第一,无网测量需要依赖于全国服务站点数据进行在线解算;第二,需具备强大的终端算法能力,以保障离线数据的质量评估,避免用户返工;第三,千寻星矩 SRmini/SR6、千寻星耀 Xmini/X,均具备三网 eSIM 免流量服务,用户无需考虑数据解算的流量消耗。

无网测量代表机型包括千寻星矩 SRmini、千寻星耀 Xmini 等,目前正在各类外业场景中发挥积极作用,尤其是在各地森林资源清查项目中,更是有着重要的应用价值。

四、应用案例:林业调查

因林业调查现场作业的大部分区域都被树木遮挡,传统调查所使用的卫星导航设备搜星效果不佳、精度较低、罗盘仪测角误差较大,造成后续重复调查样方的数据存在偏差。而无网测量能力,有效解决密林、遮挡、搜星不佳等问题,不仅提高林业调查的精度,而且大幅度提高现场作业效率。

基于端云协同、数据融合、全链路闭环算法的技术创新力,无网测量不仅能满足外业测量中对精度要求极高的控制点、图根点测量,还可以应对遮挡场景,帮助提升测量固定率。对于外业测量经常遇到网络较弱的环境,甚至无通信网络状况,无网测量能力的应对效果显而易见,如图10-11所示。

图10-11 GNSS无网测量

GNSS在航空摄影测量中的应用

摄影测量是利用摄影所得的像片,研究和确定被摄物体形状、大小、位置、属性相互关系的一种技术。摄影测量技术的发展可分为三个阶段:

(1)经典的摄影测量,属光学机械等模拟方法。

(2)解析法摄影测量,属数字化的方法。

(3)GNSS辅助法摄影测量。

摄影测量有两大任务,其中之一就是空中三角测量,即以航摄像片所量测的像点坐标或单元模型上的模型点为原始数据,以少量地面实测的控制点地面坐标为基础,用计算方法解求加密点的地面坐标。在GNSS出现以前,航测地面控制点的施测主要依赖经纬仪、测距仪及全站仪等,在测量中都必须满足控制点间相互通视的条件,若通视条件较差,施测则十分困难。GNSS测量不需要控制点间相互通视,而且测量精度高、速度快,所以GNSS定位技术很快就成为航测地面控制点测量的主要手段。但从总体上讲,地面控制点测量仍是一项十分耗时的工作,未能从根本上解决常规方法“第一年航空摄影,第二年野外控制联测,第三年航测成图”的作业周期长、成本高的缺点。

近年来,GNSS 动态定位技术的飞速发展导致了 GNSS 辅助航空摄影测量技术的出现和发展,目前该技术已进入实用阶段。我国已在全国各省市实施了 GNSS 航空摄影测量。实际表明该技术可以极大地减少地面控制点的数目,缩短成图周期,降低成本。这一技术的推广应用,必将会引起测绘行业从技术到队伍结构的质变,从而产生重大的社会效益和经济效益。现在的无人机飞行平台,其倾斜摄影系统内置双链路高精度多功能终端 POS,可支持正射、倾斜、LiDAR;具有飞行可靠性高、操作使用简便、起飞和着陆场地要求低、成果丰富等特点,结合 FindPixel 三维实景能力、FindTrace 高精度轨迹后处理能力,能够极大地提高作业效率,如图 10-12 所示。

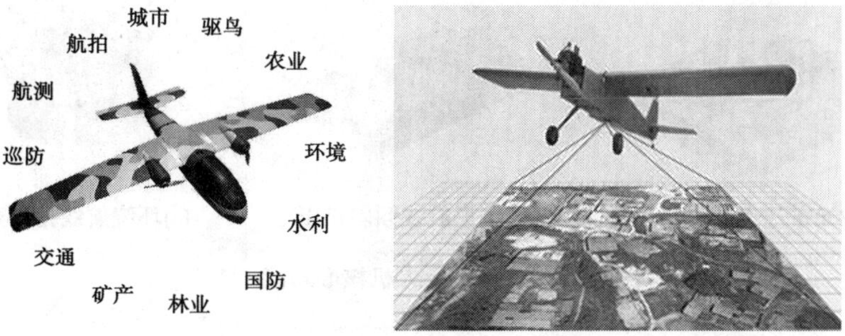

图 10-12 无人机航空测量

如图 10-13 所示,无人机航点级变高飞行能力能使每一个拍照点都会根据地形改变飞行高度,这种飞行模式,能够最大程度保障分辨率的高度统一,为高精度成果打下重要基础。

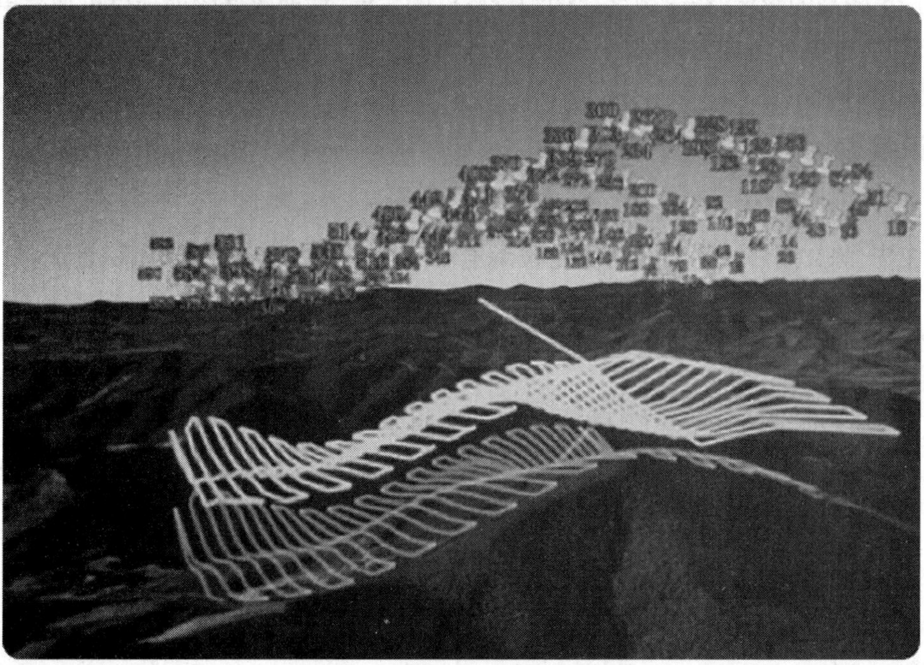

图 10-13 航点级变高飞行能力

航测三维实景建模解决方案融合无人机系列飞行平台的终端能力,实现全域实景三维中国场景建设,是包括空间信息数据采集、数据解析、数据加工服务、数据质量检查与应用等全流程解决方案。该方案能够快速准确生产正射影像图、数字表面模型、地形图以及三维点云和真三维模型。输出成果:正射影像(DOM)、倾斜三维建模、数字表面模型(DSM)、创建 BIM 应用、土地确权、地产旧城改造、高速公路规划等无人机测绘测量成果,落实数字中国、平安中国、数字经济战略的重要举措,是落实国家新型基础设施建设的具体部署。无人机核心功能如图 10-14 所示。

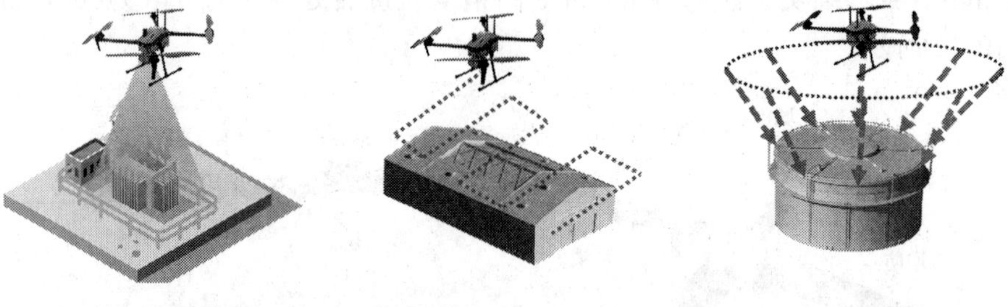

(a)激光雷达点云采集　(b)弓字形航线倾斜摄影　(c)环绕航线精细建模

图 10-14　无人机核心功能

总之,随着科技的不断发展,高科技产品在生活和生产中的应用不断推广。安装有 GNSS 的无人机因为精准度较高,能在人们不易到达的地方完成任务等优点,得到广泛的应用。在进行像片控制、空中三角、航空摄影的立体采编等方面,无人机的航空摄影可以快速获取分辨率较高的影像,结合数字化的测量软件的发展,后期数据的处理也更加简单和精准化,成图的质量也有了大大的改善。利用无人机的航空摄影技术进行数据处理时,总的费用较低,性价比较高。

➢ 知识搜索

书目

黄俊华,陈文森. 连续运行卫星定位综合服务系统建设与应用[M]. 北京:科学出版社,2009.

魏浩翰,沈飞,桑文刚,等. 北斗卫星导航系统原理与应用[M]. 南京:东南大学出版社,2020.

黄丁发,张勤,张小红,等. 卫星导航定位原理[M]. 武汉:武汉大学出版社,2015.

典丁发,周乐韬,李成钢. GPS 增强参考站网络理论[M]. 北京:科学出版社,2011.

夏林元. 北斗在高精度定位领域中的应用[M]. 北京:电子工业出版社,2016.

周建郑. GPS 定位测量[M]. 郑州:黄河水利出版社,2017.

周建郑. GNSS 定位测量[M]. 北京:测绘出版社,2021.

网站及词条

江苏省连续运行卫星定位参考站综合服务系统

千寻位置官网 1

千寻位置官网 2

千寻位置服务　　千寻 CORS 模式

项目小结

本项目主要学习和了解 CORS 是卫星定位技术、计算机网络技术、数字通信技术等高新科技多方位、深度结晶的产物。CORS 系统由参考站(基准站)网、数据处理中心、数据传输系统、定位导航数据播发系统、用户应用系统五个部分组成,各参考站与监控分析中心间通过数据传输系统连成一体,形成专用网络。

目前各省的连续运行参考站(CORS)均由各省或市的测绘相关部门负责。如果想使用当地的 CORS 系统,则可向连续运行参考站的负责单位提出申请,就 CORS 技术支持服务的事情达成协议,并填写用户注册申请表,缴纳一定的使用费用即可使用。

千寻位置计划以卫星定位为基础,融合各类定位技术,针对特定的应用场景,不同的应用终端,推出与实际场景相结合的解决方案,向各类终端和应用系统提供米级至厘米级的高精准位置的付费服务;并分享对位置相关的海量数据接入、存储、融合和开放的能力,为企业和开发者的集成开发、应用推广提供一站式的服务支撑;让精准位置服务成为连接、激活和驱动位置(北斗)生态发展的新的互联网基础设施。

复习和思考题

1. 连续运行参考站的含义是什么?
2. 连续运行参考站由哪几部分构成?
3. 参考站建设包括哪些内容?
4. 连续运行参考站的应用领域有哪些?
5. 总结网络 RTK 作业特点。
6. 对比网络 RTK 与 RTK 区别。

技能训练

模拟申请网络 RTK 的使用权

一、实训目的

(1)掌握网络 RTK 申请过程。
(2)能独立完成网络 RTK 申请书的填写工作。

二、实训内容

(1)掌握网络 RTK 申请过程。
(2)了解连续运行参考站网程序。

三、资料准备

(1)用户测绘资质。
(2)CORS 技术支持协议书。
(3)CORS 技术服务资费标准。

四、实训步骤

(1)分配角色。
(2)向连续运行参考站管理中心提出申请。
(3)完成网络账号的分配工作。

网络 RTK 使用*

一、实训目的

(1)掌握网络 RTK 作业流程。
(2)能独立完成网络 RTK 的部件连接。
(3)能处理网络 RTK 数据。

二、实训内容

(1)架设 RTK 流动站。
(2)配置网络 RTK。
(3)进行点校正。
(4)在获取差分解的情况下测量。
(5)使用网络 RTK 进行点放样。

三、仪器设备及资料准备

(1)网络 RTK 使用账号。
(2)RTK 流动站。
(3)点校正所需的控制点坐标。
(4)点放样数据。

四、实训步骤

(1)架设 RTK 流动站,连接流动站和手簿。

(2)输入网络 RTK 账号与密码,配置网络 RTK。

(3)建立工作项目,配置坐标系。

(4)点校正检核其结果。

(5)点放样并检查点位正确性。

附录　GNSS 与北斗词汇

北斗卫星导航系统(BeiDou Navigation Satellite System,BDS):北斗卫星导航系统是中国着眼于国家安全和经济社会发展需要,自主建设、独立运行的卫星导航系统,是为全球用户提供全天候、全天时、高精度的定位、导航和授时服务的国家重要空间基础设施。

北斗卫星导航系统建设实施“三步走”发展战略。第一步,2000 年建成北斗一号系统,也称北斗卫星导航试验系统,为中国用户提供服务;第二步,2012 年建成北斗二号系统,为亚太地区用户提供服务;第三步,2020 年建成北斗三号全球卫星导航系统,为全球用户提供服务。

2020 年 7 月 31 日,中共中央总书记、国家主席、中央军委主席习近平出席北斗三号全球卫星导航系统建成暨开通仪式,并宣布北斗三号全球卫星导航系统正式开通。

国家综合定位导航授时体系(National Integrated Positioning and navigation timing system, PNT):目前,在国家有关部门的大力支持下,国家综合定位导航授时体系(PNT)建设正在推动实施。

我国将在 2035 年前建成更加泛在、更加融合、更加智能的国家综合定位导航授时体系,构建覆盖天空地海、基准统一、高精度、高安全、高弹性、高效益的时空信息服务基础设施,服务全球,造福人类。

全球卫星导航系统(Global Navigation Satellite System,GNSS):GNSS 指的是全球卫星导航系统,是能在全球范围内提供导航服务的卫星导航系统的通称。美国 GPS、俄罗斯 GLONASS、中国北斗卫星导航系统和欧洲 Galileo,是联合国全球卫星导航系统国际委员会认可的四大核心供应商。

地球静止轨道(geostationary orbit,GEO):GEO 卫星轨道高度约 36 000 km,轨道倾角为 0°,相对地球静止,单星覆盖区域较大,3 颗卫星可覆盖亚太大部分地区。

倾斜地球同步轨道(Tilt the geosynchronous orbit,IGSO):IGSO 卫星轨道高度与 GEO 卫星相同,轨道倾角为 55°,星下点轨迹为 8 字。

中圆地球轨道(Mid-earth orbit,MEO):MEO 卫星轨道高度约为 22 000 km,轨道倾角为 55°,绕地球运行,通过多颗卫星组网可实现全球覆盖。

北斗三号全球卫星导航系统由 24 颗中圆地球轨道、3 颗地球静止轨道和 3 颗倾斜地球同步轨道,共 30 颗卫星组成,为全球用户提供高质量的定位导航授时服务。

位置服务(Location Based Service,LBS):是基于卫星导航或其他手段获取时空信息,向用户提供与位置相关联的服务。

卫星无线电导航业务(Radio Navigation Satellite Service,RNSS):即我们常说的无源定位。由用户接收卫星无线电导航信号,自主完成至少 4 颗卫星的距离测量,进行用位置、速度及时间参数的计算。

卫星无线电测定业务(Radio Determination Satellite Service,RDSS),即我们常说的有源定位。用户至卫星的距离测量和位置计算不是由用户自身独立完成的,而是由外部系统通过用户应答方式完成的。

短报文服务是北斗卫星导航系统基于RDSS提供的一种双向报文通信服务,是北斗卫星导航系统的特色服务之一。目前,北斗区域短报文通信、全球短报文通信已面向大众用户和部分实际用户提供服务。

星基增强系统(Satellite-Based Augmentation System,SBAS):利用卫星播发差分修正、完好性信息及其他信息,以大范围提高卫星导航用户精度及其他性能的增强系统。系统按照国际民航组织标准建设,服务中国及周边地区用户,支持单频及双频多星座两种增强服务模式,满足国际民航组织相关性能要求。目前,北斗星基增强系统服务平台已基本建成,即将开展民航应用验证评估工作。

地基增强系统(Ground-Based Augmentation System,GBAS):利用地面发射台播发差分修正、完好性信息及其他信息,以提高一定范围内卫星导航用户精度及其他性能的增强系统。已在中国范围内建设155个框架网基准站和2 200余个区域网基准站,提供实时米级、分米级、厘米级和后处理毫米级增强定位服务。

精密单点定位(Precise point positioning,PPP):利用GNSS接收机的载波相位观测值、精密星历和精密卫星钟差实现高精度定位的方式。

全球卫星导航系统国际委员会(International Committee on Global Navigation Satellite Systems,ICG):全球卫星导航系统国际委员会是在联合国框架下倡导成立的卫星导航领域的国际专业组织,旨在推动卫星导航系统的全球应用,是世界卫星导航领域交流、协调与合作的重要多边舞台,是卫星导航领域的“联合国”。我国是全球卫星导航系统国际委员会核心成员国,两次成功举办全球卫星导航系统国际委员会大会,分别是2012年第七次会议和2018年第十三次会议。

北斗卫星导航系统作为四大全球卫星导航系统核心供应商之一,积极参与ICG相关活动,连续担任供应商论坛主席,有多名专家任国际GNSS监测评估任务组、应用子工作组、互操作任务组和IDM任务组等多个重点议题相关的子工作组和任务组主席;持续紧密跟踪研究ICG沿革发展、议题内涵等;深度参与重要议题协调,通过提提案、作报告,提出北斗主张,维护导航系统发展利益。

国际民用航空组织(International Civil Aviation Organization,ICAO):国际民用航空组织于1944年为促进全世界民用航空安全、有序的发展而成立。我国是国际民航组织的创始国之一,积极参与国际民航组织各类活动和项目。

国际民航组织导航系统专家组第六次全体会上,北斗三号全球系统189项性能指标技术验证全部通过,标志着北斗三号全球系统进入国际民航组织标准工作的最核心和最主要任务圆满完成,为全面推进北斗航空应用奠定坚实基础。

国际海事组织(International Maritime Organization,IMO):国际海事组织是联合国负责海上航行安全和防止船舶造成海洋污染的一个专门机构,总部设在英国伦敦。我国于1973年恢复在国际海事组织中的成员国地位,1989年第16届大会上当选为A类理事国并连任至今。

北斗卫星导航系统是国际海事组织认可第三个世界无线电导航系统,国际海事组织批准发布了《船载北斗接收机设备性能标准》。

第三代合作伙伴计划(3rd Generation Partnership Project,3GPP):第三代合作伙伴计划是 1998 年 12 月成立的全球影响力最大的移动通信国际标准制定组织之一,其制定的通信技术规范拥有全球最大的产业和用户规模。3GPP 是制定 2G、3G、4G 以及 5G 国际标准的主要组织。

2012 年我国就启动了北斗进入 3GPP 的工作。2020 年 7 月,随着 5G R16 版本标准冻结,首批支持北斗三号新信号的 5G 标准正式发布。后续将结合日益广泛的高精度定位需求,积极推动北斗三号信号高精度定位标准的研究和制定。

国际海事无线电技术委员会(Radio Technical Commission for Maritime services,RTCM):2020 年 12 月,全面支持北斗全球新信号的 RINEX 3.05 版本经过国际海事无线电技术委员会(RTCM)与国际全球卫星导航系统服务局(IGS)联合成立的 RINEX 工作组批准并发布,标志着北斗全球新信号完整进入 RINEX 标准,北斗全球新信号数据格式标准推进工作取得阶段性重要成果。

国际电工委员会(International Electrotechnical Commission,IEC):国际电工委员会(IEC)成立于 1906 年,是世界上成立最早的国际性电工标准化机构,负责有关电气工程和电子工程领域中的国际标准化工作。

2020 年,国际电工委员会发布首个北斗船载接收设备检测国际标准。北斗国际标准化工作取得的重大阶段性成果,进一步提升了北斗卫星导航系统的国际地位和国际影响力,为北斗国际化发展和规模化应用打下坚实基础。

国际电信联盟(International Telecommunication Union,ITU):简称“国际电联”,是主管信息通信技术事务的联合国机构,总部设于瑞士日内瓦,其成员包括 193 个成员国和 700 多个部门成员及部门准成员和学术成员。我国作为成员国之一,一直积极参与国际电信联盟的各项活动。

近年来,北斗在 ITU 框架下表现活跃,积极申报北斗系统卫星网络资料,主动与欧洲、美国、俄罗斯、日本、印度等国家开展国际频率协调;参与世界无线电通信大会以及 ITU 研究组、工作组活动,发表观点,将北斗系统的性能指标、保护标准纳入电联的相关建议书。

国际导航卫星系统服务(International GNSS Service,IGS):提供全球导航卫星系统(GPS、GLONASS、Galileo 等)卫星星历、卫星钟差以及相应卫星系统的地面基准站坐标等方面信息的国际系统服务组织。

国际地球自转服务(International Earth Rotation Service,IERS):是一家提供全球时间和参考系标准的机构。1987 年由国际天文联合会和国际大地测量学与地球物理学联合会共同创立,1988 年 1 月正式开始运作。IERS 通过分布在全球各地的观测网获得各种观测数据,IERS 中心局根据各分析中心的处理结果进行综合分析,得出最终结果,由 IERS 年度报告和技术备忘录向全世界发布。

国际时间局(International Time Bureau,BIH):1912 年 10 月在巴黎由法国经度局组织的国际会议上提议成立,1922 年开始活动,总部设于巴黎。其主要任务是:收集和处理世界上各天文台的测时测纬结果,提供精确的世界时和地极坐标值;主持天文台的国际经度联测,提出其经度采用值;收集和处理全世界原子钟的比对和时号发播资料,提供国际原子时和协调世界时的各种资料;建立并维持一个全球自洽和稳定的参考坐标系;开展关于世界时、极移测量和处理以及地球自转理论的研究等。它通过定期出版各种报告向全世界发播资料。1988 年起改组,其业务活动分别由国际地球自转服务和国际计量局承担。

国际协议原点(Conventional International Origin,CIO):地球的自转轴相对于地球体的位置不是固定的,而是有一定的摆动,地极点在地球表面上的位置是随时间变化的。地极移动使地球坐标系坐标轴的指向发生变化。因此,国际天文学联合会和国际大地测量学协会建议,采用国际有关部门确定的平均地极位置作为基准点。相应于这个基准点的地球自转轴的平均位置,称为国际协议原点。

国际原子时(International Atomic Time,TAI):针对某些元素的原子能级跃迁频率有极高的稳定性,可采用基于铯原子的能级跃迁原子秒作为时标。国际计量局根据世界 20 多个国家的实验室的 100 多台原子钟提供的数据进行处理,得出国际原子时。原子时秒长为铯 133 原子基态的两个超精细能级间在零磁场下跃迁辐射周期 9 192 631 770 倍所持续的时间。

采样(sampling):以周期性的时间间隔取某一连续变量值的过程。

残差(residual error):指观测值与预测值(拟合值)之间的差,即实际观察值与回归估计值的差。

差分 GNSS(difference GNSS):又称为 GNSS 相对定位,是指对同时跟踪相同卫星的接收机的相对位置的精确测量。即采用两台或两台以上的接收机同步观测相同的 GNSS 卫星,以确定接收机天线间的相互位置关系的一种方法。

超短基线(mine base line):指边长 5~10 m 的基线。

大地水准面(geoid):设想一个与静止的平均海水面重合并延伸到大陆内部的,包围整个地球的、封闭的重力位水准面。

导航电文(navigation message):也称数据码,它包含卫星的星历、卫星工作状态、时间系统、卫星钟运行状态、轨道摄动改正、大气折射改正、由 C/A 码捕获 P 码的信息等。

地极原点 JYD1968.0:利用国内 41 个台站的纬度观测资料,分别就地极的长期和周期分量进行研究。建立了以 1968 年平北极为原点的地极坐标系统,用极原点三字的汉语拼音缩写 JYD,1968.0)表示,并给出 1949.0—1976.9 年的地极坐标。

地球重力场模型(earth gravitational model,EGM):用一组重力位系数来表示相应的地球重力场。

电离层延迟(ionosphere delay):电波通过电离层(非均匀和色散介质)产生的延迟。相延迟取决于电子含量并影响载波信号,群延迟取决于电离层色散并影响信号调制码。相延迟和群延迟的辐度相同,符号相反。

动态定位(dynamic positioning):确定运动着的接收机随时间变化的测点坐标的方法。每次测量结果由单次数据采样获得并实时计算。

多路径误差(multipath error):由两条以上传播路径的无线电信号间干扰而引起的定位误差。

反电子欺骗政策(anti spoofing,AS):美国的 GPS 反电子欺骗政策。它是由 P 码和保密的 W 码相加而形成的 Y 码,用于代替 P 码,其结构更为严格保密。一般用户无法解译。该技术仅在特殊情况下使用。

高程异常(height anomaly):从地面点正常重力线量取正常高所得端点构成的封闭曲面

(似大地水准面)相对于参考椭球面的高度。

广播星历(broadcast ephemeris):卫星实时发播的卫星轨道参数。

基线(baseline):基线向量是利用由两台或两台以上的接收机所采集的同步观测数据形成的差分观测值,通过参数估计的方法所计算出的两两接收机间的三维坐标差。

几何精度衰减因子(geometric dilution of precision):在动态定位中,描述卫星几何位置对误差的贡献因子。在 GPS 中有如下几种术语:几何精度衰减因子(GDOP),空间位置的位置精度衰减因子(PDOP),平面位置的水平精度衰减因子(HDOP),高程的垂直精度衰减因子(VDOP),时间精度衰减因子(TDOP)。

截止高度角(elevation mask angle):是为了削弱多路径效应、对流层延迟和电离层延迟等卫星定位测量误差影响所设定的角度值,低于此角度视野域内的卫星不予跟踪。

精密星历(precise ephemeris):利用全球或区域导航卫星跟踪站网的观测数据,经后处理确定的导航卫星精密轨道参数。

均方根(root mean square,RMS):将 N 个项的平方和除以 N 后开平方的结果。

连续运行参考站(continuously operating references tation,CORS):由多个 GNSS 参考站组成,通过互联网或无线通信网络向系统覆盖的服务区内用户提供参考站坐标和参考站卫星观测数据。用户根据参考站数据进行事后精密定位,也可接收数据播发站发播的载波相位观测数据进行实时精密定位。

零基线(zero baseline):两台或多台接收机通过多路功分器接收来自同一天线的卫星信号,由此构成的基线,其理论值为零。

码分多址(code division multiple access,CDMA):基于码分技术(扩频技术)和多址技术的通信系统,系统为每个用户分配各自特定地址码。地址码之间具有相互准正交性,从而在时间、空间和频率上都可以重叠;将需传送的具有一定信号带宽的信息数据,用一个带宽远大于信号带宽的伪随机码进行调制,使原有的数据信号的带宽被扩展,接收端进行相反的过程,进行解扩,增强了抗干扰的能力。

甚长基线射电干涉测量技术(very long baseline interferometry,VLBI):一种独立站射电干涉测量技术。基线两端的射电望远镜各自以独立的时间标准,同时接收同一个射电源的信号,并记录于磁带上,然后将两磁带的记录一起送入处理机作相关处理,求出两相同信号到达基线两端的时刻之差和相对时延变化率,即是观测量。

甚高频(very high frequency,VHF):介于 30~300 MHz 的射频(介于 10~1 m 之间的波长)。

实时伪距差分(real time difference,RTD):与 RTK 类似,实时处理基准站的位置或伪距信息,通过数传的方法传输给流动站,提高定位精度。

世界时(Universal Time):基于格林尼治子午线的地区日照平均时间的时间标准。

收敛精度(convergence precision):指在一定迭代次数下的误差大小。

锁相环(phase locked loop,PLL):用来统一整合时脉讯号,使内存能正确地存取资料。锁相环用于振荡器中的反馈技术。许多电子设备要正常工作,通常需要外部的输入信号与内部的振荡信号同步,利用锁相环路就可以实现这个目的。

特高频(ultra high frequency,UHF):介于 300~3 000 MHz 的射频(介于 1 m~10 cm 的波长)。

天线高(antenna height):GNSS 天线相位中心在观测点以上的高度。天线高的量测方法有直高和斜高两种。从被测点到天线上已知点所测得的不正确的天线高,在软件中由人工或自动修改为正确的垂直距离。

天线相位中心(antenna phase center):天线相位中心(平均天线相位中心)是指微波天线的电气中心。其理论设计与天线几何中心一致。天线相位中心与几何中心之差称为天线相位中心偏差。天线视在相位中心与天线相位中心之差称为天线相位中心的变化。

通用横轴墨卡托投影(universal transverse mercator projection,UTM):又称正轴等角圆柱投影,横向分割椭圆柱 6°分带投影,用于南北纬 80°之间的地区。

伪距(pseudo range):指在测定的卫星至接收机的距离中,不可避免地包含着两台钟不同步的误差和电离层、对流层延迟误差影响,它并不是卫星与接收机之间的实际距离。

伪随机噪声码(pseudorandom noise code,PRN):具有随机码的良好自相关性,又具有某种确定的编码规则,有周期性,容易复制。

卫星激光测距(satellite laser ranging,SLR):是利用安置在地面上的卫星激光测距系统所发射的激光脉冲,跟踪观测装有激光反射棱镜的人造地球卫星,以测定测站到卫星之间的距离的技术和方法,是卫星单点定位中精度最高的一种,可达厘米级。可精确测定地面测站的地心坐标、长达几千千米的基线长度、卫星的精确轨道参数、地球自转参数、地心引力常数、地球重力场球谐系数、潮汐参数以及板块运动和地壳升降速率等。

协调世界时(Coordinated Universal Time,UTC):以原子时秒长为基础,在时刻上尽量接近于世界时的一种时间计量系统。协调世界时是为了既满足精度要求,又适应各方面的需要而采用介于世界时与原子时之间的一种计时方法。

星历(ephemeris):表示不同时刻卫星在轨道位置的一组参数。

延迟锁相环(delay locked loop,DLL):是在锁相环技术的基础上改进得到的,被广泛应用于时序领域中。它继承了锁相环电路的锁相技术,但去掉了锁相环电路内的振荡器部分,取而代之的是一根延迟量可控制的延迟线。

载波(carrier):作为载体的电波,其上由已知参考值的调制波进行频率、幅度或相位调制。载波由卫星上的钟在一个基准频率的控制下产生。载波可以加载和传递信号,并且能测量卫星到接收机之间的伪距。

载波相位动态实时差分(real time kinematic,RTK):是一种将 GNSS 与数传技术相结合,实时处理两个测站载波相位观测量的差分方法,经实时解算进行数据处理,在 1~2 s 里得到高精度位置信息的技术。

整周模糊度(ambiguity):GNSS 卫星和 GNSS 接收机间的载波相位中伪距的整周数。

周跳(cycle skipping):在干扰作用下,环路从一个平衡点,跳过数周,在新的平衡点上稳定下来,使相位整数周期产生错误的现象。

信噪比(signal to noise ratio,SNR):对卫星信号强度的衡量,某一端点上信号功率与噪声功率之比,越大越好。

参考文献

[1] 朱华统. 常用大地坐标系及其变换[M]. 北京:解放军出版社,1990.

[2] 王昆杰,王跃虎,李征航. 卫星大地测量学[M]. 北京:测绘出版社,1990.

[3] 王广运,陈增强,陈武,等. GPS 精密测地系统原理[M]. 北京:测绘出版社,1988.

[4] 许其凤. GPS 卫星导航与精密定位[M]. 北京:解放军出版社,1989.

[5] 李庆海,崔春芳. 卫星大地测量原理[M]. 北京:测绘出版社,1989.

[6] 周忠谟,易杰军,周琪. GPS 卫星测量原理与应用[M]. 北京:测绘出版社,1992.

[7] 刘基余,李征航,王跃虎,等. 全球定位系统原理及其应用[M]. 北京:测绘出版社,1993.

[8] 金国雄,刘大杰,施一民. GPS 卫星定位的应用与数据处理[M]. 上海:同济大学出版社,1994.

[9] 王广运,等. GPS 测地研究与应用文集[M]. 北京:测绘出版社,1992.

[10] 徐绍铨,张华海,杨志强. GPS 测量原理及应用[M]. 武汉:武汉大学出版社,1998.

[11] 张凤举,王宝山. GPS 定位技术[M]. 北京:煤炭工业出版社,1997.

[12] 刘基余. GPS 卫星导航定位原理与方法[M]. 北京:科学出版社,2003.

[13] 周建郑. GPS 测量定位技术[M]. 北京:化学工业出版社,2004.

[14] 夏林元. 北斗在高精度定位领域中的应用[M]. 北京:电子工业出版社,2016.

[15] 谢刚. 全球导航卫星系统原理——GPS、格洛纳斯和伽利略系统[M]. 北京:电子工业出版社,2019.

[16] 魏浩翰,沈飞,桑文刚,等. 北斗卫星导航系统原理与应用[M]. 南京:东南大学出版社,2020.

[17] 黄丁发,张勤,张小红,等. 卫星导航定位原理[M]. 武汉:武汉大学出版社,2015.

[18] 魏二虎. GPS 测量操作与数据处理[M]. 武汉:武汉大学出版社,2004

[19] 黄秉英. 新一代原子钟[M]. 武汉:武汉大学出版社,2006

[20] 谢刚. GPS 定位原理与接收机设计[M]. 北京:电子工业出版社,2017.

[21] 鲁郁. GPS 全球定位接收机:原理与软件实现[M]. 北京:电子工业出版社,2009.

[22] [美]齐德娜. 弱信号全球导航卫星系统接收机[M]. 张欣,译. 北京:国防工业出版社,2008.

[23] 蔡昌盛. 多模 GNSS 融合精密单点定位理论与方法[M]. 北京:科学出版社,2017

[24] 赵兴旺,王胜利,刘超. GNSS 精密单点定位理论与方法[M]. 合肥:中国科学技术大学出版社,2015.

[25] 吴石林,张玘. 误差分析与数据处理[M]. 北京:清华大学出版社,2010.

[26] 熊年禄,唐存琛,李行健. 电离层物理概论[M]. 武汉:武汉大学出版社,1999.

[27] 黄劲松. GPS 测量与数据处理实习教程[M]. 武汉:武汉大学出版社,2010.

[28] 赵长胜,孙小荣,周立,等. GNSS 原理及其应用[M]. 北京:测绘出版社,2020.

[29] 曹冲,北斗与 GNSS 系统概论(系统篇)[M]. 北京:电子工业出版社,2016.

[30] 黄俊华,陈文森. 连续运行卫星定位综合服务系统建设与应用[M]. 北京:科学出版社,2009.

[31] 典丁发,周乐韬,李成钢. GPS 增强参考站网络理论[M]. 北京:科学出版社,2011.

[32] 夏林元. 北斗在高精度定位领域中的应用[M]. 北京:电子工业出版社,2016.

[33] 建涛,苗猛,唐卫明,等. 沿海无线电指向标——差分全球卫星导航系统(RBN-DGNSS)台站应用管理指南[M]. 大连:大连海事大学出版社,2019.

[34] 周建郑. GPS 定位测量[M]. 郑州:黄河水利出版社,2017.

[35] 周建郑. GNSS 定位测量[M]. 北京:测绘出版社,2021.

[36] 中华人民共和国国家质量监督检验检疫总局,中国国家标准化管理委员会. 全球定位系统(GPS)测

量规范:GB/T 18314—2009[S].北京:中国标准出版社,2009.

[37] 国家测绘局.测绘技术总结编写规定:CH/T 1001—2005[S].北京:测绘出版社,2006.

[38] 国家测绘局.测绘技术设计规定:CH/T 1004—2005[S].北京:测绘出版社,2006.

[39] 中华人民共和国交通运输部.沿海无线电指向标-差分全球卫星导航系统播发标准:JT/T 377—2020[S].北京:中国标准出版社,2020.

[40] 国家测绘局.全球定位系统(GPS)测量型接收机检定规程:CH8016—1995[S].北京:测绘出版社,1995.

[41] 国家质量监督检验检疫总局.全球定位系统(GPS)接收机(测地型和导航型)校准规范:JJF 1118—2004[S].北京:中国标准出版社,2004.